“双一流”研究生教学用书系列

药品生产质量管理工程

Drug Manufacturing and Quality Management Engineering

刘伟强　主　编
张　华　唐燕辉　副主编

華東理工大學出版社
EAST CHINA UNIVERSITY OF SCIENCE AND TECHNOLOGY PRESS
·上海·

图书在版编目(CIP)数据

药品生产质量管理工程/刘伟强主编. —上海：华东理工大学出版社，2020.9

全国工程专业学位研究生教育国家级规划教材

ISBN 978-7-5628-6245-1

Ⅰ.①药… Ⅱ.①刘… Ⅲ.①制药工业—工业企业管理—质量管理—研究生—教材 Ⅳ.①F407.763

中国版本图书馆 CIP 数据核字(2020)第 117623 号

内容简介

本教材编写基于以患者为中心，为患者提供优质药品的思想，将伦理道德、法律法规、质量管理融会其中，以典型案例为引导，从工程实践的角度，阐述如何理解遵守相关法规要求，着重分析违反法规的风险。

教材的整体结构分为上、中、下三篇。上篇是基础知识，包括导论、药品监管、质量管理体系，共三章。中篇以文件数据管理为基础，分别阐述制药生产企业生产质量管理的主要要求，即质量保证系统，厂房、设施、设备管理，物料管理，生产管理，质量控制实验室管理，共六章。下篇以特殊类别产品为例，包括无菌药品、生物制品、中药、原料药，共四章，在章节中阐述各类产品的特点和风险。

本教材可作为全国高等院校制药工程领域专业学位研究生教学用书，同时也可作为药品生产企业从事生产、质量管理等相关工作的工程技术人员的参考用书。

项目统筹 / 薛西子
责任编辑 / 胡慧勤　赵子艳
装帧设计 / 徐　蓉
出版发行 / 华东理工大学出版社有限公司
地址：上海市梅陇路 130 号，200237
电话：021-64250306
网址：www.ecustpress.cn
邮箱：zongbianban@ecustpress.cn
印　刷 / 广东虎彩云印刷有限公司
开　本 / 787 mm×1092 mm　1/16
印　张 / 23.5
字　数 / 569 千字
版　次 / 2020 年 9 月第 1 版
印　次 / 2020 年 9 月第 1 次
定　价 / 68.00 元

编　委　会

主　编　刘伟强

副主编　张　华　唐燕辉

编委会成员（按姓氏笔画排序）

王　旭　韦　欣　刘伟强　李建平　杨　军

沈　晴　张　华　郑金旺　柳　涛　俞佳宁

施绿燕　唐燕辉　朗豫和　熊发高　颛孙燕

前言

改革开放后，随着经济的快速发展、人们生活水平的提高和对自身健康重视程度的不断提升，以及医疗卫生支出的逐年提高，我国医药市场规模一直保持快速增长，在全球医药市场的占比已达11%，成为仅次于美国的全球第二大医药市场。

早期我国人力、原材料、场地等方面具有成本优势，但技术创新实力不足，因此国内的制药工业存量市场以仿制药为主。但现在国内仿制药绝大部分品种存在大量重复批文，而且大量的所谓“仿制药品”与原研药品相比，临床疗效存在明显差异，因此我国的制药工业远不能满足国民的需求。

2015年5月30日习近平主席在中共中央政治局第二十三次集体学习时提出“要切实加强食品药品安全监管，用最严谨的标准、最严格的监管、最严厉的处罚、最严肃的问责，加快建立科学完善的食品药品安全治理体系，坚持产管并重，严把从农田到餐桌、从实验室到医院的每一道防线”，提出了食品药品“四个最严”的监管要求。2015年8月9日国务院印发《国务院关于改革药品医疗器械审评审批制度的意见》(国发〔2015〕44号)，就此拉开了我国医药监管制度改革的大幕。2017年10月8日中共中央办公厅、国务院办公厅印发《关于深化审评审批制度改革鼓励药品医疗器械创新的意见》，为医药监管制度改革指明了方向。

在此大背景下，2017年7月全国制药工程领域研究生教育协作组组织领域行业专家和高校教师共同开展“药品生产质量管理工程”教材的编写，几经调研和研讨，历时3年完成。教材编写基于国际工程届普遍遵守的“将公众的安全、健康和福祉放在首位”的原则，以药品生产过程中的质量风险管理、知识管理、风险管理等为主线，结合法规和技术规范的要求，以典型案例为引导，从工程实践的角度，阐述如何理解遵守相关法规要求，着重分析违反法规的风险，并强调相应的伦理规范和道德准则；教材同时对药品法规的框架和历史进行较为全面的介绍，并提供相关的链接。通过学习对药品全生命周期的管理有清晰认识，理解药品全生命周期监管的意义，建立制药工程伦理意识，从而在掌握专业理论知识的同时，以期在药品生产质量管理的实际工作中能主动有效地贯彻执行，达到“知法、明理、有德、守则”。

本书以质量风险管理、知识管理、风险管理为主线，突出保护患者的理念，教材编写不过于深入探讨相关技术要求，但希望读者对药品生产质量管理过程的基本思想和要求能够理解。教材编写过程结合法规和技术规范的要求但又不仅仅进行书面解释，而是以案例为引导，通过典型案例分析，读者能够理解法规要求的目的、需要控制的风险和相应的伦理规范和道德准则，使读者在理解药品生产质量管理相关要求的基础上主动有效地贯彻执行。对药品法规的框架和历史进行介绍，并提供相关的链接，通过学习后，读者能够对药品生产质量管理和法规有较为全面、系统的认识，在今后的工作中能够运用所学知识和方法开展工作并进行二次学习。

本书由华东理工大学与上海市药品监督管理局上海药品审评核查中心共同编著，在编著过程中得到了全国工程专业学位研究生教育指导委员会的大力支持，得到了广东天普生化医药股份有限公司、上海上药杏灵科技药业股份有限公司、上海和黄药业有限公司、上海康桥中药饮片有限公司的大力帮助，教材的出版得到了华东理工大学研究生院的资助，作者深表感谢。

限于编者水平，书中难免存在疏漏及不足，恳请广大读者批评指正。

编　者

2020 年 6 月

目录

第 1 章　导论 …… 1
1.1　什么是药品？ …… 1
1.2　药品的特殊性 …… 2
1.3　制药工业的历史及特点 …… 6
1.3.1　制药工业的历史及其发展 …… 6
1.3.2　制药工业的将来 …… 9
1.3.3　制药工业的特点 …… 9
1.3.4　制药工业的伦理 …… 10
1.4　制药企业 …… 11
1.4.1　制药企业的定义 …… 11
1.4.2　制药企业的运营模式 …… 11
1.4.3　制药企业的组织结构 …… 12
1.4.4　制药企业的管理 …… 13
1.5　制药企业的质量管理体系 …… 14
1.5.1　药品的质量 …… 14
1.5.2　制药质量管理体系 …… 15
思考与讨论 …… 16
第 2 章　药品监管及法规 …… 17
2.1　概述 …… 17
2.2　中国药品监管 …… 21
2.2.1　药品监管体系的演变 …… 21
2.2.2　药品监管法规体系 …… 23
2.2.3　药品监管机构 …… 25
2.2.4　药品监管制度改革 …… 28
2.3　美国药品监管 …… 30
2.3.1　法规框架 …… 30
2.3.2　药监机构 …… 31
2.3.3　与药品相关的主要监管机构及其职责 …… 31
2.3.4　药品生产监管法规 …… 33
2.3.5　与检查相关的手册 …… 33

Contents

2.4 欧盟药品监管 …… 34
2.4.1 欧盟药事法规框架 …… 34
2.4.2 欧盟 GMP …… 35
2.4.3 《欧盟检查和交流信息法规汇编》…… 36
2.4.4 欧洲药典 …… 36
2.4.5 欧盟药品监管机构 …… 36
2.4.6 欧盟药品上市许可流程 …… 37
2.5 国际人用药品注册技术协调会(ICH) …… 39
2.5.1 目的和使命 …… 39
2.5.2 成员 …… 39
2.5.3 指导原则 …… 40
2.6 药品检查合作机制 …… 41
2.6.1 组织架构和运行模式 …… 41
2.6.2 主要指南 …… 41
2.7 总结 …… 41
思考与讨论 …… 42
第 3 章 药品质量管理体系 …… 43
3.1 概述 …… 43
3.1.1 法规要求 …… 44
3.1.2 基本概念及相互关系 …… 45
3.1.3 ICH Q10 …… 45
3.2 国外监管质量管理体系的要求 …… 48
3.3 质量风险管理 …… 49
3.3.1 药品质量风险管理 …… 50
3.3.2 上市后药品的质量风险管理 …… 54
3.3.3 ICH Q9 药品质量风险管理 …… 56
3.3.4 常用的风险评估工具 …… 59
3.3.5 质量风险管理的应用 …… 62
3.3.6 质量风险的预防 …… 62
3.4 药品生命周期的知识管理 …… 63
3.4.1 质量源于设计(QbD) …… 63
3.4.2 QbD 相关概念 …… 64
3.5 管理者职责 …… 65
3.5.1 质量管理体系的范围 …… 65
3.5.2 建立组织架构和职责授权 …… 66
3.5.3 质量方针/目标/计划 …… 67
3.5.4 资源管理(Resource Management) …… 67
3.5.5 保证有效沟通 …… 68
3.5.6 管理评审/持续改进 …… 68

3.6 药物警戒(Pharmacovigilance) …… 69
3.6.1 药物警戒的目的 …… 69
3.6.2 药物警戒与药品不良反应监测 …… 70
3.7 总结 …… 71
思考与讨论 …… 72
第4章 文件和数据管理 …… 73
4.1 概述 …… 73
4.1.1 文件的目的和意义 …… 73
4.1.2 存在的问题 …… 74
4.2 文件管理 …… 76
4.3 文件管理与知识管理 …… 81
4.4 数据可靠性 …… 83
4.4.1 数据可靠性管理背景 …… 84
4.4.2 数据可靠性与企业持续发展的关系 …… 86
4.4.3 数据不可靠的后果 …… 90
4.4.4 数据可靠性要求 …… 91
4.4.5 数据可靠性管理 …… 96
4.5 总结 …… 98
思考与讨论 …… 98
第5章 质量保证系统 …… 99
5.1 概述 …… 99
5.2 质量保证 …… 100
5.2.1 工艺性能和产品质量监测 …… 100
5.2.2 纠正措施和预防措施 …… 118
5.2.3 变更控制管理 …… 119
5.2.4 工艺性能和产品质量的管理评审 …… 123
5.3 全面合规与质量保证 …… 132
5.4 总结 …… 133
思考与讨论 …… 133
第6章 厂房、设施、设备管理 …… 134
6.1 厂房与设施 …… 134
6.1.1 GMP对厂房与设施的基本要求 …… 134
6.1.2 医药工业洁净厂房与设施的建造 …… 140
6.1.3 医药工业洁净厂房建造实例 …… 158
6.2 设备 …… 167
6.2.1 设备对产品质量的影响 …… 167
6.2.2 设备生命周期管理 …… 168
6.3 计算机化系统 …… 176
6.3.1 计算机化系统定义 …… 177

6.3.2 计算机化系统管理理念 …… 178
6.3.3 计算机化系统软硬件的分类及相应典型验证方法 …… 180
6.3.4 未来制药设备展望 …… 183
6.4 总结 …… 185
思考与讨论 …… 185
第7章 物料管理 …… 186
7.1 概述 …… 186
7.2 物料的质量标准 …… 189
7.3 物料供应商的确定及变更管理 …… 190
7.3.1 物料供应商的管理 …… 190
7.3.2 物料分级管理 …… 193
7.3.3 供应商评估 …… 194
7.3.4 合格物料供应商的批准与使用 …… 196
7.3.5 物料供应商的变更管理 …… 197
7.4 物料的管理要求 …… 198
7.4.1 物料管理职能 …… 198
7.4.2 物料采购 …… 199
7.4.3 物料验收、放行 …… 199
7.4.4 物料的储存 …… 201
7.5 总结 …… 202
思考与讨论 …… 203
第8章 生产管理 …… 204
8.1 概述 …… 204
8.2 药品生产工艺管理和控制 …… 205
8.2.1 药品注册批准工艺及处方 …… 205
8.2.2 生产工艺的控制管理及评价 …… 206
8.3 药品生产过程管理 …… 208
8.3.1 生产前准备 …… 209
8.3.2 生产过程中 …… 209
8.3.3 生产结束后 …… 212
8.3.4 放行检查 …… 212
8.3.5 药品的批次管理 …… 212
8.4 药品生产过程风险管理 …… 213
8.4.1 污染和交叉污染风险控制 …… 213
8.4.2 差错和混淆风险控制 …… 216
8.5 批生产记录 …… 219
8.6 委托生产 …… 221
8.7 返工和重新加工 …… 222
8.8 包装和贴签 …… 222

8.9 总结 …… 224
思考与讨论 …… 225
第9章 质量控制实验室管理 …… 226
9.1 概述 …… 226
9.2 药品质量标准 …… 227
9.2.1 相关标准 …… 227
9.2.2 药典 …… 228
9.3 质量控制实验室人员管理 …… 231
9.3.1 法规要求 …… 231
9.3.2 行业规则要求 …… 231
9.3.3 基本要求 …… 231
9.4 传统质控实验室管理 …… 232
9.4.1 样品管理 …… 232
9.4.2 留样、稳定性考察、持续稳定性 …… 233
9.4.3 试剂、试液、培养基和检定用菌种的管理 …… 234
9.4.4 标准品和对照品的管理 …… 234
9.4.5 特殊物料的管理 …… 235
9.4.6 传统实验室检验管理流程 …… 235
9.5 基于信息管理系统的质控实验室管理 …… 238
9.5.1 基本概念 …… 238
9.5.2 实验室信息管理系统的基本功能 …… 239
9.5.3 量化管理模式 …… 239
9.6 质量控制实验室仪器管理 …… 240
9.6.1 基本要求 …… 240
9.6.2 仪器设备的管理 …… 241
9.6.3 仪器分类管理 …… 244
9.7 分析方法确认与验证、分析方法转移 …… 245
9.7.1 方法验证 …… 246
9.7.2 方法确认 …… 247
9.7.3 方法转移 …… 248
9.7.4 方法验证、方法确认和方法转移的管理 …… 248
9.8 超出质量标准的实验结果(OOS)和实验室偏差 …… 249
9.8.1 定义 …… 250
9.8.2 实施 OOS/OOT 调查原则和流程 …… 250
9.8.3 特殊检验方法和微生物实验结果调查 …… 252
9.9 实验室偏差 …… 252
9.9.1 实验室偏差与 OOS/OOT 的区别 …… 252
9.9.2 实验室偏差调查 …… 252
9.10 总结 …… 253

思考与讨论 …… 253

第 10 章 无菌药品生产质量管理 …… 254

10.1 概述 …… 254

10.2 无菌药品生产人员 …… 258

10.3 厂房与设施 …… 265

10.3.1 无菌药品生产的洁净区 …… 265

10.3.2 公共介质分配 …… 266

10.4 组分、容器/密封件 …… 267

10.4.1 组分 …… 267

10.4.2 容器/密封件 …… 267

10.5 内毒素控制 …… 268

10.5.1 内毒素污染途径与去除方法 …… 269

10.5.2 内毒素控制 …… 271

10.6 时间限制 …… 271

10.7 无菌药品生产关键工艺 …… 272

10.7.1 湿热灭菌法 …… 272

10.7.2 干热灭菌法 …… 274

10.7.3 过滤除菌法 …… 276

10.7.4 无菌生产工艺 …… 279

10.8 无菌检验 …… 281

10.9 洁净室的类型 …… 282

10.10 “吹灌封”三合一无菌灌装技术 …… 284

10.10.1 BFS 无菌灌装工艺的优势 …… 285

10.10.2 BFS 无菌灌装机的工艺流程 …… 285

10.10.3 设备设计 …… 287

10.11 总结 …… 287

思考与讨论 …… 287

第 11 章 生物制品生产质量管理 …… 289

11.1 概述 …… 289

11.2 生物制品与化学药品的区别 …… 290

11.3 生物制品制造检定管理 …… 292

11.3.1 菌毒种管理 …… 292

11.3.2 原材料管理 …… 294

11.3.3 厂房、设施、设备 …… 294

11.4 生物制品制造检定过程生物安全风险控制 …… 296

11.4.1 病原微生物污染来源 …… 297

11.4.2 病原微生物风险控制 …… 297

11.5 生物制品变更管理 …… 299

11.5.1 可比性研究 …… 299

11.5.2 变更分类 …… 301

11.6 总结 …… 302

思考与讨论 …… 302

第12章 中药生产质量管理 …… 303

12.1 概述 …… 303

12.2 中药饮片 …… 304

12.2.1 中药饮片的概念 …… 304

12.2.2 中药材基源、产地 …… 305

12.2.3 中药材生产质量管理规范 …… 306

12.2.4 中药材鉴定与检测 …… 307

12.2.5 炮制工艺及目的 …… 307

12.2.6 供应商 …… 311

12.2.7 产地加工 …… 311

12.2.8 厂房设施与设备 …… 311

12.2.9 贮存与养护 …… 312

12.3 中药制剂 …… 312

12.3.1 前处理和中药提取 …… 313

12.3.2 工艺变更控制 …… 321

12.4 总结 …… 322

思考与讨论 …… 322

第13章 原料药生产质量管理 …… 323

13.1 概述 …… 323

13.2 原料药 …… 323

13.3 原料药的研发管理 …… 324

13.3.1 《药物的研发与生产》指南(Q11) …… 324

13.3.2 起始物料的选择 …… 325

13.3.3 杂质研究 …… 326

13.3.4 关键工艺参数的确定 …… 327

13.4 原料药的生产特点 …… 329

13.4.1 原料药工艺特点 …… 329

13.4.2 GMP管理要求 …… 329

13.4.3 安全生产 …… 329

13.4.4 绿色与环保 …… 330

13.4.5 特定操作 …… 332

13.5 原料药生产的新趋势 …… 333

13.5.1 过程分析技术(Process Analytical Technology, PAT) …… 333

13.5.2 连续化生产 …… 335

13.6 生产管理与过程控制 …… 337

13.6.1 产业化的要素 …… 337

13.6.2 中间体或 API 的混合 …… 338
13.6.3 原料药的精制、干燥与包装 …… 339
13.6.4 污染与交叉污染控制 …… 340
13.6.5 过程监控与验证 …… 340
13.6.6 特殊限制 …… 342
13.6.7 溶剂回收与套用 …… 343
13.7 生产质量管理 …… 344
13.7.1 ICH Q7 的重要性与适用范围 …… 345
13.7.2 GMP 六大系统的管理要点 …… 346
13.8 总结 …… 355
思考与讨论 …… 355

参考文献 …… 356

第 1 章

导 论

1.1 什么是药品？

案例 1 完达山制药厂"刺五加注射液[①]"致患者死亡的严重不良事件

2008 年 10 月 6 日，国家食品药品监督管理局接到云南省食品药品监督管理局报告，云南省红河州 6 名患者使用了标示为黑龙江省完达山制药厂（2008 年 1 月更名为黑龙江完达山药业股份有限公司）生产的两批刺五加注射液（批号：2007122721、2007121511，规格：100 毫升/瓶）后出现了严重不良反应，其中有 3 例死亡。

10 月 7 日，国家食品药品监督管理局同卫生部组成联合调查组，在云南、黑龙江两省地方政府及相关部门的配合下，对事件原因展开调查。国家食品药品监督管理局在中国药品生物制品检定所和云南省、黑龙江省药品检验所开展药品检验和动物实验工作的同时，还组织广东、江苏、河北、山东、江西、陕西等省药品检验所对市场上该企业生产的刺五加注射液进行检验。

10 月 14 日，卫生部、国家食品药品监督管理局联合通报，中国药品生物制品检定所检验初步结果显示，黑龙江省完达山制药厂生产的刺五加注射液部分批号的部分样品存在被细菌污染的问题。

10 月 17 日，卫生部、国家食品药品监督管理局联合发出《关于暂停销售使用标示为黑龙江省完达山制药厂生产的所有注射剂的通知》（国食药监电〔2008〕41 号），暂停销售使用该企业生产的刺五加注射液，并开展相关调查和产品检验工作。为确保药品使用安全，该企业自 10 月 17 日起主动召回其所有规格和批号的注射剂产品。后经调查，问题批次的刺五加注射液在流通环节被雨水浸泡，使药品受到细菌污染，后被更换包装标签并销售。2008 年 7 月 1 日，昆明特大暴雨造成库存的刺五加注射液被雨水浸泡。完达山药业公司云南销售人员张某从完达山药业公司调来包装标签，更换后销售。完达山药业公司印刷包装材料管理存在严重缺陷，管理人员质量意识淡薄，印刷包装材料管理不严，提供标签、说明书和包装盒给销售人员在厂外重新贴签包装。

思考：

（1）什么是药品？什么是合格的药品？

---

① 刺五加注射液是心脑血管药和肝胆用药，主要用于肝肾不足所致的脑血栓、脑栓塞等，亦用于冠心病、心绞痛合并神经衰弱和更年期综合征等。

(2) 与一般商品相比,药品有哪些特殊性?

(3) 假如你是一名患者,你期望使用什么样的药品?你期望制药企业如何保证产品质量?

(4) 政府在药品监管中发挥什么作用?

要理解药品生产质量管理规范,首先要明确药品的定义。

我国对药品的定义可见《中华人民共和国药品管理法》(2019年修订)第二条,"本法所称药品,是指用于预防、治疗、诊断人的疾病,有目的地调节人的生理机能并规定有适应证或者功能主治、用法和用量的物质,包括中药、化学药和生物制品等。"

上述对药品的定义是基于国内用药的实际情况,比较有特色的是,我国将中药也纳入药品,这与我国有两千多年源远流长的中医药使用传统有关。另一个比较有特色的是,我国将化学原料药也归类为药品,而在欧美发达国家和地区,药品仅限于可供患者使用的制剂,化学原料药只是作为活性药物成分(Active Pharmaceutical Ingredient)来监管。

原料药在ICH Q7A中有完整的定义,指用于药品制造中的任何一种物质或其混合物,而且在用于制药时成为药品的一种活性成分。此种物质在疾病的诊断、治疗、症状缓解,处理或疾病的预防中有药理活性或其他直接作用,或者能影响机体的功能或结构。

原料药不能被患者直接使用,一般根据临床治疗或预防的需要,按照一定的剂型要求,将原料药与辅料、包装材料共同加工成可以最终供患者使用的药物制剂,简称为制剂。制剂按照不同的分类标准可分为多种剂型。

按形态可分为:

(1) 固体制剂(如片剂、硬胶囊剂、丸剂、散剂、膜剂)。

(2) 半固体制剂(如软膏剂、霜剂、凝胶剂)。

(3) 液体制剂(如注射液、口服溶液、洗剂、搽剂、滴眼液、滴耳液)。

(4) 气体制剂(如喷雾剂、气雾剂)。

按给药途径可分为:

(1) 胃肠道给药制剂(如口服制剂)。

(2) 非胃肠道给药制剂。按照给药方式划分如下。

① 注射给药(如静脉注射、肌肉注射、皮下注射和皮内注射等)。

② 呼吸道给药(如吸入剂、喷雾剂、气雾剂等)。

③ 皮肤给药(如外用溶液剂、洗剂、搽剂、软膏剂、糊剂、贴剂等)。

④ 黏膜给药(如滴眼剂、滴鼻剂、含漱剂、舌下片剂、栓剂、膜剂等)。一般把直肠给药也归于黏膜给药一类(如灌肠剂、栓剂、直肠用胶囊栓等)。

药品是涉及公众生命健康和安全的产品,通常在全球各个国家和地区都被纳入政府严格监管的范围,药品的定义实际也限定了政府监管药品的范围。

1.2 药品的特殊性

药品虽然也是一种商品,具有普通商品的一般属性,但由于药品的用途是治病救人,它还具有不同于普通商品的特殊性。这些特殊性包括专属性、二重性、需求迫切性、患者低选择性、质量严格性、限时性、缺乏需求价格弹性和社会公共性。

（1）专属性

在药品的说明书中通常会标识出“适应证”，无论是医生还是患者，都应当按照适应证来正确选用适当的药品，不得随意用药，一般情况下，不得超适应证用药。这是因为，说明书上标识的适应证都是药品在批准上市前经过药学评价和临床试验证明对患者安全、有效的。对患者来讲，超适应证用药实际是有一定风险的，虽然人们对已批准上市药品的安全性有一定的了解，但是药品对新的适应证是否有效、用多大的剂量才有效都没有经过临床试验的研究，给患者带来利益和风险究竟哪个更大，没有经过科学的评价。

（2）二重性

人们常说“是药三分毒”，意思就是药品虽然能治病救人，但通常都具有毒副作用，药品的这种特性就称为二重性。例如，地高辛是临床常用的强心药，但是该药有效治疗的安全范围狭窄，治疗量与中毒量非常接近，个体差异亦较大，若服用不当，极易发生中毒反应，常见有消化道反应，如厌食、恶心、呕吐、腹泻等；视觉障碍，如黄视、绿视、视力模糊、畏光等；神经系统症状，如眩晕、头痛、失眠、谵妄、精神错乱等；心脏反应，表现为与心脏病本身症状很难区别的各种心律失常，如室性早搏、阵发性室上性和室性心动过速、心房颤动及不同程度的房室传导阻滞等。特别是老年心衰病人，更易发生中毒症状。因此，在使用地高辛时需要谨慎。

又如吗啡，它是1806年德国化学家泽尔蒂纳首次从鸦片中分离出来的成分，使用希腊梦神Morpheus的名字命名，其衍生物盐酸吗啡是临床上常用的麻醉剂，有极强的镇痛作用，而且它的镇痛作用有较好的选择性，多用于创伤、手术、烧伤等引起的剧痛，也用于心肌梗死引起的心绞痛，还可用于镇痛、镇咳和止泻。吗啡的二乙酸酯又被称为海洛因，其最大缺点是易成瘾，这使得长期吸食者无论从身体上还是心理上都会对吗啡产生严重的依赖性，造成严重的毒物癖，从而对自身和社会均造成极大的危害。

药品的毒副作用是与治疗效果同时存在的，其发生具有个体差异性。只要患者使用某一种药品治疗疾病，就有可能发生因毒副作用带来的不良反应，但这与药品的质量没有关系，不能与药品因质量缺陷而给患者造成的危害混为一谈。药品的毒副作用通常会在说明书中写明，供医生和患者参考，以期合理用药、安全用药。

（3）质量严格性

从完达山制药厂刺五加注射液致患者死亡的严重不良事件中，我们不难理解，药品的质量对患者的生命与健康有直接的影响，劣药非但不能治病救人，反而会危害患者健康，甚至致死。这就要求上市流通和供患者使用的药品必须都是合格产品，不能是次品和不合格品之类的劣药，更不能是假药。

2010年9月10日，据上海市卫生局通报，上海市第一人民医院有116名眼部出现“黄斑变性”患者接受“阿伐斯汀”的注射治疗，其中61人出现眼部红肿、视力模糊等局部反应症状，专家初步诊断为眼内炎。事件发生后，上海市食品药品监督管理局对涉嫌的瑞安诊所和上海市第一人民医院进行了立案调查。经罗氏公司总部和上海市药品鉴定机构对查获药品进行鉴定，确定上海市第一人民医院使用的标示为罗氏公司生产的在香港销售的批号为B6001B01的“阿伐斯汀注射剂”为假药。经调查，该假冒的阿伐斯汀注射剂系由上海瑞安肿瘤诊所从非法渠道购入，经香港走私直接销售给眼科病人，由病人带到上海市第一人民医院接受治疗。上海罗氏制药公司则表示，阿伐斯汀虽已获得国家药监部门批准，但还未上市销售。而走私药避开了生产、物流、销售等环节的监管，药品以次充好，风险性大大提升，安全隐患巨大。

(4) 患者低选择性

药品的说明书上除了会写明适应证、毒副作用或不良反应外，有的还会写明禁忌证和药物的相互作用，即哪些情况下或哪些病人不得使用此药，此药品与其他药品共同使用会产生什么结果，如拮抗作用、协同作用。因此，使用药品通常需要专业的医学和药学知识，患者一般只有通过医生的检查诊断，并在医生与执业药师的指导下合理使用安全、有效、均一、稳定的合格药品，才能达到防病、治病、保护身体的目的。

根据药品品种、规格、适应证、剂量及给药途径不同，可将药品分为处方药和非处方药。处方药必须凭执业医师或执业助理医师处方才可调配、购买和使用；非处方药不需要凭执业医师或执业助理医师处方即可自行判断、购买和使用。

非处方药相对处方药来说，安全性更高，疗效确切，适应证简单。一般消费者通过查看药品包装或者说明书即可区分处方药和非处方药。带有 OTC(Over the Counter)标识的是非处方药，红色 OTC 为甲类非处方药，绿色 OTC 为乙类非处方药，没有 OTC 标志的即为处方药。

医学和药学专业知识匮乏或用药谨慎的人群通常会依赖执业药师的指导来选择购买和使用某些非处方药，特别是甲类非处方药。因此，从总体上说，药品属于患者低选择性的商品。

(5) 需求迫切性

药品治病救人的用途决定了其具有需求迫切性，当发生中毒、急救、灾情、疫情、战争等紧急情况时，能否及时获得足够的药品关系到一个人甚至成千上万人的生死存亡。因此，药品的可及性至关重要，没有对症治疗的药品，再高明的医生也无法治愈患者，挽救病人的生命。

例如，青霉素是一种高效、低毒、临床应用广泛的重要抗生素，在 20 世纪 40 年代之前，对细菌感染性疾病一直缺乏有效的治疗方法，很多患者因此而离世。青霉素最早于 1928 年被英国细菌学家弗莱明发现。1941 年前后，英国牛津大学病理学家霍华德・弗洛里与生物化学家钱恩实现了对青霉素的分离与纯化，并发现其对传染病的疗效，但是青霉素会使个别患者发生过敏反应，所以在使用前必须做皮试。1943 年，英国和美国正在和德国交战，制药公司此时已经发明了对控制伤口感染非常有效的青霉素的批量生产方法。1943 年 10 月，弗洛里和美国军方签订了首批青霉素生产合同。到 1944 年，青霉素的供应已经足够治疗第二次世界大战期间所有参战的盟军士兵。第二次世界大战后，青霉素更得到了广泛应用，拯救了千万人的生命，同时促进了抗生素家族的诞生。1945 年，弗莱明、弗洛里和钱恩因“发现青霉素及其临床效用”而共同荣获了诺贝尔生理学或医学奖。

又如，艾滋病是一种危害性极大的传染病，又称获得性免疫缺陷综合征，由感染 HIV 病毒引起。通常经血液、体液、性行为或母婴传播。HIV 属于逆转录病毒，是一种能攻击人体免疫系统的病毒。它把人体免疫系统中最重要的 CD4T 淋巴细胞作为主要攻击目标，大量破坏该细胞，使人体丧失免疫功能，易于感染各种疾病，并可形成恶性肿瘤，病人因发生长期消耗，以至全身衰竭而死亡。自 20 世纪 80 年代艾滋病被发现以来，全世界已有 5 300 万人受到感染，由于没有特效药，已有2 000多万人死亡。艾滋病的重灾区在非洲，中非和南非感染比例一度高达10%，高感染率和发病率使这些地区的人均寿命下降，给社会和经济发展带来重大的灾难，被称为“20世纪的瘟疫”。1996年，美籍华裔科学家何大一发明了“鸡尾酒疗法”，即高效抗反转录病毒治疗，通过三种或三种以上的抗病毒药物联合使用来治疗艾滋病。该疗法的应用可以减少单一用药产生的抗药性，最大限度地抑制病毒的复制，使被破坏的机体免疫功能部分甚至全部恢复，从而延缓病程进展，延长患者生命，提高患者生活质量。该疗法把蛋白酶抑制剂与多种抗病毒的药物混合使用，从而使艾滋病得到有效的控制。目前，“鸡尾酒疗法”已成为治疗艾滋病的标准方法，随着更有效的抗病毒新药的出现，“鸡尾酒疗法”的临床治疗效果日益提高，人们也就不再“谈艾色变”了。

(6) 限时性

药品是只有在人们患病时才使用的商品，但药品的需求迫切性要求只能“药等病人”，不能“病人等药”。因此，适当的药品储备就成为必需。为国防、防疫和防灾需要，国家通常会储备药品，而药品生产、经营企业和医院为满足临床需要，一般也会适当储备药品。有些药品虽然用量少、效期短，宁可到期报废，也要有所储备；有些药品即使无利可图，也必须保证生产、供应。

例如，抗蛇毒血清自1896年制成用于临床以来，至今仍是治疗毒蛇咬伤中毒的首选特效药。它以蛇毒为抗原，通过免疫动物(一般是马)使其产生相应的抗体，再采集含有抗体的血清精制而成。随着人们生活水平的提高，户外活动的人数也越来越多。野外游玩不免遇到一些突发状况，蛇虫咬伤便是比较凶险的情况之一。毒蛇咬伤后两小时会出现低血压、心律失常、肢体严重水肿或白细胞大量升高，伤口局部或全身反应严重者发病4小时内注射足量的抗蛇毒血清，能明显降低病死率。但是抗蛇毒血清平时在医院很少使用，国内仅有一家企业生产，而其有效期为3年，因此，国家将其作为战备物资长期进行储备，有些医院将其作为救命药加以少量储备，以备不时之需。

又如，硫酸鱼精蛋白注射液主要用于因肝素钠或肝素钙严重过量而致的出血症及自发性出血，如咯血等，它具有强碱性基团，在体内可与强酸性的肝素结合，形成稳定的复合物，从而使肝素失去抗凝能力。当医生要对患者进行心脏手术时，必须先让心脏暂停工作，将心脏中的血液引导到体外，依靠人工心肺机进行体外血液循环。这时必须使用具有抗凝作用的肝素钠让血液在手术过程中不会凝结。当医生完成手术后，要把体外循环的血液重新引入心脏，此时必须给病人注射硫酸鱼精蛋白注射液，以消除肝素钠的抗凝作用。如果没有硫酸鱼精蛋白注射液，许多常见的心脏手术就无法开展，比如冠脉搭桥手术、心脏瓣膜置换术以及一些先天性心脏病手术等，硫酸鱼精蛋白注射液因此成为不可或缺的药品。然而，这种“救心药”因为价格便宜，生产企业极少，且生产用原材料特殊，国内多次发生药物短缺，许多医院频频告急。有些病人的心脏手术可以择期，但如果是紧急的心脏手术，延迟手术会影响病情发展，甚至导致病人死亡。

(7) 缺乏需求价格弹性

对于患者而言，药品属于必需品，为了治疗疾病、恢复健康、维持生命，患者或其家属不会因为药品价格的上升而减少或停止购买、使用药品，这是一种刚性需求。而对于健康者而言根本无须用药，他们不会因为药品价格下降而购买、使用药品。也就是说，药品价格的变化不会明显地影响公众对药品的需求。西方经济学的供求理论称这种特殊性为缺乏需求价格弹性。

正是基于这种特殊性，有些制药企业为追求高额利润，将药品价格定得畸高，导致有些患者因买不起药而无法获得治疗。最为典型的例子是美国图林制药公司（Turing Pharmaceuticals）的达拉匹林（Daraprim）。达拉匹林的药物活性成分是乙胺嘧啶，用于治疗弓形虫病。患有艾滋病和进行癌症化疗的病人因自身免疫能力比较弱，容易受到寄生虫感染，从而产生并发症，需要用到达拉匹林。该药于1953年由葛兰素史克研制成功后上市，专利早已失效，全球有很多达拉匹林的仿制药。2015年，32岁的对冲基金经理马丁·史克雷利（Martin Shkreli）成立了图林制药。同年9月，他采用收购老药再高价出售的策略，花了5 500万美元购买了达拉匹林的商标和生产销售权，成为全美唯一一家生产该药的公司。随即达拉匹林在美国的售价从每片13.5美元一路飙升到750美元，患者、政府和医疗保险机构因此受到要挟。因大幅度抬高药价及其个人的嚣张态度，“图林坏小子”史克雷利一举成为“全美国最可恨的人”，并于2015年12月17日被联邦调查局（FBI）逮捕，罪名是“证券欺诈、让投资者蒙受损失，并非法转移资产”。

（8）社会公共性

生老病死是人类难以摆脱的生命现象。然而，人类的生物本能促使其一直追求不断增进健康，延长生命，保证人类的繁衍。药品因其能防病治病，自古以来就一直受到人类社会的重视。在漫长的人类历史中，随着各种药品不断被研制出来，人类预防和治疗各种疾病的手段日益丰富，全球人类的寿命也大大得以延长。

从天花成为在全球范围被消灭的第一个传染病，人类战胜疾病的巨大成就便可见一斑。天花（Smallpox）是由天花病毒引起的一种烈性传染病，没有患过天花或没有接种过天花疫苗的人，均能被感染，染病后死亡率高。天花至少有3 000年以上的历史，这一点已被考古学家所证实。他们从西元前1157年去世的古埃及法老拉美西斯五世木乃伊的脸部、脖子和肩膀上，都找到了患过天花所造成的外形丑陋、皮疹发作的印迹。根据晋代名医葛洪在《肘后备急方》中的记载，推断天花大约是在西元1世纪传入中国。西元4世纪，中国感染天花的迹象增多，西元6世纪，天花由中国经朝鲜传入日本。

16—18世纪，欧洲每年死于天花的人数约为50万人，亚洲每年死于天花的人数约为80万人，而整个18世纪，欧洲死于天花的总人数则在1.5亿人以上。18世纪，天花传入澳大利亚，“杀死”了50%的澳大利亚原住民。

早在11世纪的宋朝，中医就开始应用“人痘”接种预防天花，其方法是将痊愈后的天花患者身上的痂皮，研成粉末，吹进健康儿童的鼻子里，用来简单预防天花。1798年，英国乡村医生詹纳发明了给人种“牛痘”预防天花。经过近200年坚持不懈的疫苗接种，到20世纪70年代末，人类彻底消灭了天花。1979年10月26日，世界卫生组织（World Health Organization，WHO）宣布了这一结果，并在全世界停止了普遍“种痘”。停止“种痘”40多年来，再也没有发现天花病例。

1.3 制药工业的历史及特点

1.3.1 制药工业的历史及其发展

制药工业开始于19世纪中叶。1870—1930年，早期的药剂师在实验室开始成批生产当时常用的药品,如吗啡、奎宁、马钱子碱等。在1880年,当时的染料企业和化工厂开始建立实验室研究和开发新的药物。例如,默克制药公司开始时就是1668年在德国达姆施塔特建立的一个小药房,它的药品批发始于19世纪40年代。在19世纪30年代到19世纪90年代,从药房成长为药品批量生产商的类似企业还有德国先令制药公司,瑞士的霍夫曼-拉-罗氏制药公司,英国的威康制药公司,法国的 Etienne Poulene 制药公司,美国的雅培制药公司、史克制药公司、礼来制药公司、普强制药公司和派德药厂等。有些现今的制药企业过去是化工厂和染料厂,如德国的阿克发公司、拜耳公司、赫斯特公司;瑞士的汽巴制药公司、嘉基制药公司和山道士制药公司;英国的卜内门公司以及美国的辉瑞制药公司。

19世纪末,这些企业开始兼并成真正的制药企业,其科学基础是药物化学和药理学。合成化学和药理学的应用,特别是对化合物适应证的研究,使得制药行业得到了长足的发展。在19世纪末,有的染料工业和化学工业合并成为制药工业,并有科学家开始研究药物的构效理论,新生的制药企业研究方向是鉴别和制备合成药物,研究其在治疗方面的作用。制药企业在德国开始和学术界合作,如同现在在欧美一样。当时的研究使用染料、免疫抗体及其他生理活性物质,以了解它们对于致病菌的作用。1906年 Paul Ehrlich 发现有的合成化合物可以选择性地杀死寄生虫、病菌和其他致病菌,从而引发了大规模的工业研究,延续至今。

19世纪初,化学家已经能够从植物中提取和浓缩有效成分,用于治疗目的,如吗啡和奎宁。20世纪初则可以用类似的方法,从动物体内提取有效成分,如肾上腺素,应该说,这是第一个用于治疗目的的激素。当时,人们已经学会从焦炭中提取染料,并且通过染色杀死细菌,这已经可以从显微镜的观察得到证实。化学家很快对这些染料进行了结构改进,包括其副产物,使新的化合物更有效果。合成化学在这时候得到了快速的发展。很多产品至今仍然得到广泛的应用,如泰诺、百服宁、白加黑等药品中使用的对乙酰氨基酚(扑热息痛),它是 *N*-乙酰苯胺和非那西丁的活性代谢产物。另一个例子是拜耳公司化学家 Felix Hoffmann 从柳酸合成了阿司匹林,阿司匹林目前仍然是产量最大的药物之一。

19世纪后期,疫苗也得到了应用,包括卡介苗疫苗和白喉疫苗。构效理论开始研究时就使用了动物和人做疫苗、抗毒素、抗体试验,试验中利用了当时在染料方面的化学知识和分子结构方面的知识。构效理论使 Ehrlich 合成了梅毒治疗药物洒尔弗散(Salvarsan),它被认为是第一个通过系统方法合成的药物。

1909年美国化学学会成立了制药化学分会,反映了当时对于在制药行业化学家和化学科学的重视。1906年公布的美国食品药品法也促使制药企业雇佣更多的化学家以精确地分析药品。当时,美国的化学家没有自由合成新的化合物,药厂也仅仅生产简单的化合物药品,德国的化学家处于垄断的地位。第一次世界大战使德国的技术没有办法到达美国,促使美国开始重视自身开发生产阿司匹林、洒尔弗散、弗罗那(Veronal)等药物,弗罗那可以在战争中用于治疗受伤人员的伤痛。1920年该分会更名为药物分会,1927年又更名为制药分会,该名沿用至今。

20世纪30年代至60年代是制药行业的黄金时代,因为在这段时间内人们发明了大量的药物,包括合成维生素、磺胺类药物、抗生素、激素(甲状腺素、催产素、可的松类药物等)、抗精神病药物、抗组胺药物、新的疫苗等。其中,有很多是全新的药物种类。在这期间,婴儿的死亡率下降了50%以上,儿童因为感染而死亡的病例下降了90%。很多过去无法治疗的疾病,如肺结核、白喉、肺炎都可以得到治愈,这在人类历史上也是第一次。

当然，在另一方面，战争也加速了药物的研究开发，有些与战争相关的项目得到了政府的资助，如抗疟疾药物、可的松(可以使飞机上的人员在高空时没有暂时性眩晕现象)。特别是青霉素，有11家美国药厂参与了青霉素的开发工作，这项工作由战时生产部直接领导。二次世界大战后，美国成为世界制药工业的“领头羊”。到1940年末，美国几乎生产了全世界一半的药品，在药品国际贸易中占1/3。

随着药品研发、市场的投资增加，西方国家制药企业得到了迅速壮大。研究开发和学术界的合作也加强了。药物发明的方法也有很大的改变，如在抗生素开发中，制药厂等筛选了成千上万的土壤样本，寻找抗菌剂。这个时期典型的化合物有：默克制药公司的链霉素、力达制药公司的金霉素、培达公司的氯霉素、雅培制药公司和礼来制药公司的红霉素，辉瑞制药公司的四环素等，从这些药品市场的利润回报，促使制药企业更重视科研工作。

制药企业的药品研发也从自然物质中发现新药，转向天然物质修饰，再到合成化学合成全新化合物，从合成的化合物中筛选新药。在这个过程中，分析化学和仪器分析技术也得到了长足的发展，因为要测定化合物的化学结构。其中包括：X-衍射技术、紫外光谱技术和红外光谱技术，研发实验室从使用烧瓶、试管的湿法化学时代逐步向使用微量样本和分子模型的干法化学时代发展。这些技术的发展使化学家可以更科学地解释构效理论，了解化学结构和生物活性之间的关系。这引起了新一代药物的产生。

同时期，由于重大药害事件的发生。如1937年发生的磺胺药害事件导致100多人，多数是儿童死亡的事件，使美国药品管理部门意识到药品安全性在法规上的缺失。这也很快使得1938年的食品药品化妆品法得到通过，其中主要的修改是药品管理部门批准新药的责任，要求官员审查临床前试验数据和临床试验数据，有权要求申请者增加试验项目，有权拒绝其批准上市。美国当时在药物安全性方面属于世界上先进前列。

尽管政府部门加强了药物安全性监管，但是事实上，药物的临床试验责任仍然由制药企业负责，而不是政府或第三方。临床试验数据使得制药企业了解市场的目标受众，有利于药品的销售。由于制药企业的目标受众不是病人，而是医生，医生开处方，药房发药，所以病人仍然在盲目地吃药。

1961年欧洲发生了反应停(沙利度胺)事件，全球包括欧洲、南美洲、亚洲有约10 000名儿童畸胎，原因是临床试验不适当及药品审查不严。尽管沙利度胺没有对美国造成伤害，但是，Kefauver等仍然提出提案，要求国会研究通过新法规，交叉批准药品专利、药品价格限制、药品促销等，以降低药品价格。法规还应该涉及药品安全性和有效性的标准。

1962年国会通过了FDA食品药品化妆品法的Kefauver－Harris补充法规。要求用定量的方法评价药品的使用，FDA可以用新法规延期或不批准NDA新药申请。制药企业则因此投入大量资金进行临床前试验和临床试验。试验病例数从原来的10～100例增加到上千例甚至以上。

1980年至今，制药工业又将一系列新产品带给市场，包括中枢神经系统药物、抗病毒和逆转录病毒感染的药物(特别是治疗艾滋病和癌症的药物)等。在这个时期，生物技术得到了很大的发展，如干扰素、白介素、促红细胞生长素、单克隆抗体药物等，可以模拟或支持人体免疫系统，过去从动物体内提取的胰岛素已经可以从基因修饰的微生物中获得高纯度产品。在科研方面有很多新方法产生，如计算机化学、组合化学、用生物技术高速化合物筛选方法等，已经改变了传统的药物研究，很多制药企业都有自己的化合物数据库。由于新药物预测很困难，政府也通过法规控制进入制药行业，所以新的制药企业很少，而生物技术作为一种新的技术，已经成为制药行业不可或缺的一个重要组成部分。它致力于结合生物学、遗传学、基因组等新技术，根据最近的统计资料，近年上市的新药中超过30%是生物技术产品，在开发中的新药项目有50%是生物技术产品，而且，经过1999—2002年的新经济浪潮低谷后，生物技术企业已经进行了重新洗牌，有的生物技术企业已经成为新的巨人，如安进公司、Genentech公司等。在生物技术领域美国仍然处于领先地位，欧洲正在计划增加研究开发投资。一些欧洲企业和美国制药企业建立合资企业或者在北美成立研究开发机构。

新药的开发尽管有很多手段，但是仍然在很大程度上依靠运气，所以可以说，新产品的产生是理论研究和运气的结合，现今仍然没有改变。很多化合物的发现是先合成一系列可能有用的化合物，然后进行快速筛选，如物理分析、生物分析方法等，快速分析其在体内的代谢过程，是否和标的物结合和反应以及毒性反应等。另一个发现是遗传工程师已经可以用DNA重组的方法制备目标微生物，可以产生所需要的化合物分子，这个方法已经得到广泛的应用。今后的发展方向可能包括用工程细胞进行基因修复。

1.3.2 制药工业的将来

传统化学制药企业和生物制药企业将加强合作和并购。随着社会的发展，民众对于健康和医疗的需求持续增加。社会效益和企业利益之间仍然会有冲突，政府作为医疗保险的最大买家，将持续协调这些问题，包括药价控制，鼓励使用仿制药，加强药物不良反应监管，防止药品滥用等。医疗体制改革将继续进行，医药行业相关法规、技术文件也将不断完善，因此医药行业的全面合规将越来越受到行业的重视，相关监管部门如我国的药品监督管理部门、美国食品药品监督管理局(Food and Drug Administration, FDA)、欧盟药品审评局(The European Agency for the Evaluation of Medicinal Products, EMEA)等将强化监管和管理，处罚力度也会不断加强。

1.3.3 制药工业的特点

药品的专属性、两重性、质量严格性、患者选择性低、需求迫切性、限时性、缺乏需求价格弹性和社会公共性，决定了制药工业具有高技术、高风险、高投入、高回报、政府高度监管的特点。

(1) 高技术

药品的社会公共性决定了人们总是试图利用最先进的手段和技术来改进、装备医药研发、制造和使用体系，先导性技术进展一直是制药行业取得进展的动力源。18世纪末，可丁、吗啡、奎宁、烟碱等的成功分离为现代制药工业的发展奠定了基础。19世纪末20世纪初，一些化学合成药如阿司匹林的出现和有机砷制剂的发明开创了制药行业的新纪元。20世纪80年代至今，基于基因技术的治疗自身免疫性疾病的药物陆续出现……制药工业的发展史就是药物不断创新的历史，技术是制药工业的生命线，对其生存与发展起着至关重要的作用。

(2) 高风险

高风险既来自药品自身的特殊性，又来自药品使用的对象是人类本身。新药的研发尽管有很多手段，但是在很大程度上仍然依靠运气，所以可以说，新产品的产生是理论研究和运气的结合，现今仍然没有改变。药物在研发过程中常会面临关乎生命或健康的风险或后果，研发过程中的淘汰率也非常高，“胎死腹中”的药物比比皆是。

很多药品在使用过程中也是充满风险，不仅需要依赖具有专业医学和药学知识的医生和药师，而且需谨慎使用。稍有不慎，药品在发挥治病作用的同时，也会危害患者的健康甚至生命。上海市曾经调查过特殊教育学校的 1 168 名学生，其中有 948 名(占 81.16%)是用药不当造成的。在药物导致聋哑的儿童中，有 7%是母亲在妊娠和哺乳期用药造成的。

(3) 高投入

高投入是由于药品的研发需要在人体上进行临床试验来评价其安全性和有效性，而其生产又需要进行严格的质量控制，不允许残次品上市销售，需要投入巨额的资本，有效控制研发和生产过程中的风险。

自 20 世纪 40 年代现代制药诞生以来，成功研发一种新药需要 8 亿美元左右，制药行业的研发投入强度在各产业中位居前列，而且在新药研发的各个阶段都存在化合物被淘汰或项目失败的风险，即使药物最终通过新药申请顺利上市，十个新药中也仅有三个的销售收益能够弥补或者超过平均研发成本。

(4) 高回报

高回报是由于药品不同于一般的商品，它是用于治病救人的，当患者需要使用药品时，即使价格再高昂也在所不惜。因此，制药工业的投资回报一般都比较高。许多制药企业因为成功研制出年销售额超过 10 亿美元以上的“重磅炸弹药”而迅速成长为全球知名的跨国公司和制药行业中的巨头。

(5) 政府高度监管

政府高度监管是指药品从研发、技术转移、商业化生产到产品退市的整个产品生命周期中都会受到政府机构全面的监管，需要严格遵从相关法律法规的要求。以我国为例，《中华人民共和国药品管理法》是药品监管的根本大法，对药品研制、生产、包装、经营、储备、进出口、使用、定价、广告和监督都有全面的一系列规定。每种药品上市前都必须经过科学而严谨的药学评价和临床试验，证明其安全、有效、质量受控，未经药品监督管理部门批准的药品不得上市销售。药品的生产必须在严格受控的条件下进行，符合 GMP 的要求，处方、生产工艺和产品质量需要严格监测与控制，包装必须符合要求。产品上市前必须进行检验和放行审核，不符合国家药品标准或者不按照省、自治区、直辖市人民政府药品监督管理部门制定的中药饮片炮制规范炮制的，不得出厂。药品流通到市场后，必须在批准的条件下贮存和使用，避免药品变质，避免假药、劣药流入正常的流通渠道，避免药品的不合理使用和滥用，危及患者的健康与生命。

从制药工业发展历史看，全球药品的监管日趋严格、科学，同时，随着全球经济的一体化，为了有利于药品在全球范围内的贸易，各个国家的药品监管法规和技术标准日益趋同。

1.3.4 制药工业的伦理

药品是用来防病治病的，药品的质量关乎患者的健康和生命，因此，制药工业的伦理极为重要，一切以人为本，一切以患者为中心，是制药工业的根本。默克制药公司的创始人乔治·W. 默克先生有句名言，“我们应当永远铭记：药品是为人类而生产，不是为追求利润而生产。只要我们坚守这一信念，利润必将随之而来。”

案例 2 毒胶囊事件

2012 年 4 月 15 日，中央电视台《每周质量报告》曝光，河北一些企业用生石灰为皮革废料进行脱色漂白和清洗，随后熬制成工业明胶，卖给浙江新昌县药用胶囊生产企业，最终流向药品生产企业。经调查发现，9 家药厂的 13 个批次药品所用胶囊重金属铬含量超标，其中超标最多的达 90 多倍。铬是一种毒性很大的重金属，容易进入人体内蓄积，具有致癌性并可能诱发基因突变。救人的药品变成了害人的“毒药”，不法企业的行为之恶劣让人震惊，甚至不少知名药企也卷入其中。

制药工业的伦理最为关键的是从业人员必须具有高尚的职业道德，这是生产优质药品的基础和前提。但从业人员不是制药工业伦理的全部，它还表现在药品生产和质量管理的方方面面，譬如厂房和设施的设计、设备的选型、物料的管理、生产工艺的执行和控制、产品质量的控制，都来不得半点马虎。这要求从业人员需要具有高度的工作责任心，还要具备良好的专业素质，自觉的守法意识。

1.4 制药企业

1.4.1 制药企业的定义

制药企业是指从事药品生产活动的企业，所生产的产品包括原料药和制剂。制药企业也可称为药品生产企业。

1.4.2 制药企业的运营模式

企业运营管理最基本和最主要的职能是财务会计、技术、生产运营、市场营销和人力资源管理。企业的经营活动是这五大职能有机联系的一个循环往复的过程。企业为了达到自身的经营目的，必须对上述五大职能进行统筹管理，这种管理就是运营。运营模式是指企业内部人、财、物、信息等各要素的结合方式。现代企业管理把运营战略、新产品开发、产品设计、采购供应、生产制造、产品配送直至售后服务看作一个完整的“价值链”，对其进行集成管理。运营模式有多种分类方法。如果将制药企业按其在药品研发、生产、销售的产业链中的位置进行划分，主要可分为以下四种运营模式。

（1）生产＋销售型

这类制药企业不具有创新研发能力，只进行药品的生产和销售，企业最大的特点就是模仿，一旦市场上行业领导企业推出新药，其马上就进行仿制。国内制药企业中采用这种经营模式的最为普遍，企业之间的竞争非常激烈，通常要求企业具有良好的生产灵活性，能够适应产品的变化。

(2) 研发＋生产＋销售型

这类制药企业具备一定的新药研发能力，可根据临床需求，自主开发出新药，同时对已上市的药品进行改良。企业具有一定的生产能力，生产灵活性较好，能采用已有设备生产所研发的新药，或者有足够的资金建造新生产线。对于自主生产的产品能通过自身的营销体系建立自身的客户群体。国际上的跨国制药企业往往都采用这类运营模式。

(3) 研发＋销售型(哑铃形)

这类制药企业不涉及药品生产，只负责研发和销售，要求企业具有很强的研发和销售能力，拥有自己的知名品牌。企业研发出患者所需的新药后，寻找合适的受托生产企业进行生产。这类企业和市场的联系非常密切，对于市场动态和患者的需求非常敏感，是市场最快的响应者。

(4) 受托生产型(纺锤形)

这类企业不涉及药品的研发和销售，是产业链中下游企业的供应商，极少拥有自己的产品，一般根据委托方的要求负责药品或中间产品的生产。例如，受托生产制剂以及专门进行压片、分装或贴签包装活动的制药企业。这类企业往往具有很强的生产能力，相对于产业链中某个环节具有出众的竞争优势，其中最重要的是质量和成本优势，其他优势还有交货期、生产灵活性等。

除了上述传统的制药企业外，随着药品上市许可持有人制度在国内开展试点，现在出现一类专门从事药品研发的科研机构和企业，这类机构和企业具有很强的创新研发能力，但没有生产和销售能力，一般通过委托生产和经营的方式进行新药的生产和销售。国外企业中比较著名的是吉利德科学公司，这家企业研发出全球知名的抗流感药品达菲，主要以全球委托生产的方式生产自研的创新药。

1.4.3 制药企业的组织结构

制药企业根据其规模大小常会有不同的组织结构。对于小规模的制药企业而言，通常会采用职能制组织结构(图 1-1)，这是一种极为古老的组织结构。对于大规模的制药企业而言，通常会采用联邦分权制组织结构，也称事业部制组织机构。跨国制药企业通常采用事业部制组织机构。因此，制药企业可在发展的不同阶段采用不同的组织结构，有效达成企业的目标。

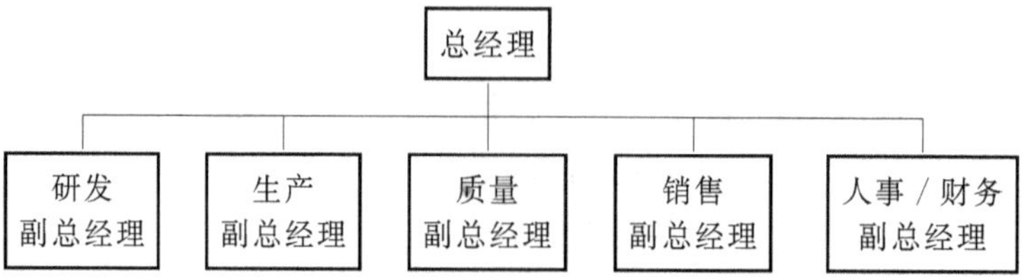

图 1-1 制药企业职能制组织结构

制药企业因其所生产药品的特殊性，在组织结构的设置上也具有一些自身的特点。

(1) 独立的质量管理部门不可或缺

无论制药企业规模大小，无论采用哪种运营模式，也无论设立哪一种组织结构，质量管理部门都是企业中不可或缺的、独立的职能部门，这是由药品的质量严格性这一特殊性决定的，也是各个国家和地区药品监管法律或法规的一致要求，是企业落实药品质量责任在组织上的保证。对小规模制药企业来讲，质量管理部门一般直属企业最高层管理人员，对大规模制药企业来讲，质量管理部门直属各个产品事业部的最高负责人。图 1－2 为制药企业事业部制组织结构示意图。

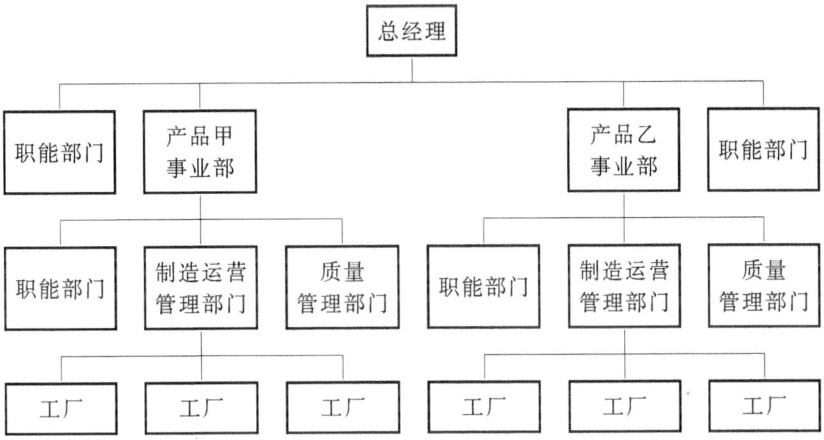

图 1－2　制药企业事业部制组织结构

（2）通常设有专人或部门处理法规事务

制药工业是政府高度监管的行业，因此，在制药企业中通常还会设立法规事务部门，专门处理与药品监管机构相关的各项活动，并对企业从药品研发、技术转移、工业化生产、产品退市各阶段的活动是否符合药品监管机构的相关要求做出专业的判断。如果制药企业规模小，则可不设立法规事务部门，相关工作一般由研发（或技术）部门或质量管理部门专人负责。

（3）由专业人员或部门负责上市后药品不良反应监测

由于药品具有二重性，且药品在研发过程中所做的临床试验是在严格受控的条件下进行的，所录选的受试者都事先经过严格筛选，药品上市后可能因患者的个体差异、饮食习惯不同、同时服用多种药品等情况产生严重程度不一、发生频率不同的不良反应。因此，制药企业一般还会有专人负责药品从研发、生产到退市全生命周期内的不良反应监测工作，规模大的制药企业会设立专门的部门从事这项工作，这也是药品监管法规对制药企业的要求之一。

1.4.4　制药企业的管理

企业管理是对企业生产经营活动进行计划、组织、指挥、协调和控制等一系列活动的总称，目的是尽可能利用人、财、物和信息等资源，多、快、好、省地实现企业经营目标，取得最大的投入产出效率。

制药企业的管理按照职能划分包括计划管理、研发管理、生产管理、采购管理、销售管理、质量管理、仓库管理、财务管理、项目管理、人力资源管理、信息管理、法规事务管理、专利和知识产权管理、药物警戒管理等；按照从药品研发、生产到上市销售的流程来划分包括药品研发管理、技术转移管理、生产管理、营销管理等;按照管理对象划分包括人力资源、项目、资金、技术、市场、信息、设备、工艺、法规事务、专利和知识产权、文化制度、经营环境等。

制药企业的管理具有诸多特点。研发管理的特点是药品研发周期长、投资巨大,药品上市前需要经过药品监管机构评价和审批,未经批准的产品不得上市;生产管理的特点是药品生产过程需要严格受控,必须按照已上报药品监管机构审评的处方、工艺和质量标准进行生产,同时整个生产过程必须符合药品 GMP 要求;质量管理的特点是质量管理部门对药品研发、技术转移、生产和退市的各个环节都进行严格监督,需要建立完整的质量管理体系,有问题的研发数据和记录不得用于产品注册报批,不合格的产品或残次品不得上市销售;药品销售管理的特点是产品定价机制复杂,医疗保险对药品销售影响重大,销售渠道特殊,进入公立医院的药品都需要通过政府招标采购,专业要求高,通常由具备医药专业知识的医药代表向医生推介销售新药。

1.5 制药企业的质量管理体系

1.5.1 药品的质量

制药企业管理同其他企业一样,面临三个至关重要的议题:生产率、成本和质量。生产率(对于效率的衡量,定义为单位投入所实现的产出量)、运营成本以及能够让顾客满意的产品和服务的质量,这三者都是影响利润率的重要因素。在这三个影响盈利能力的因素中,长远而言,质量是决定一个组织成败的最关键因素。

根据国家标准《质量管理体系 要求》(GB/T 19001—2016),质量被定义为"一组内在属性满足要求的程度"。对患者而言,他们通常期望药品至少具有以下属性:

① 安全;② 能符合预定用途;③ 均一;④ 稳定;⑤ 合格;⑥ 合法。

药品的安全属性是不言而喻的,好的药品对患者一定是安全的,在治愈疾病的同时,不会对患者的健康和生命带来危害,即使有毒副作用,也在可接受的范围内,给患者带来的益处一定大于风险。人类历史上还有许多药品因为其严重的毒副作用而被淘汰。梅毒是人类特有的一种性传染病,在青霉素还没有被发明之前,人们曾用汞剂、碘剂、砷剂、铋剂等有毒性的药物来治疗梅毒。但自从对梅毒有明显疗效的青霉素被发明后,汞剂、碘剂、砷剂、铋剂就被迅速淘汰了。

能符合预定用途是指药品能对特定的疾病产生一定的治疗效果,有的能彻底治愈疾病,有的能缓解病痛,有的能延长病人的生命,这是患者用药的目的所在,也称为有效性。譬如扑热息痛片能解热镇痛,阿苯达唑能驱除蛔虫,接种水痘疫苗能预防水痘。想让一种药品发挥出药效,患者必须遵照说明书或医嘱,按规定的方法、剂量和频次用药,否则治疗效果就会打折扣,而用药过量、过频的话可能会引发严重毒副作用。

均一是指每个生产批次内以及批次间药品的质量都是一致的,同样都能满足患者的需求。药品的生产通常采用批量生产的方式,即按照规定的批量投入各种物料,在同一生产周期内经一个或若干加工过程生产而成。如片剂的工业化生产批量可从几万片到上百万片不等,装量在 10 mL 以下的注射液生产批量可从几千瓶到几十万瓶不等。现在国外也有制药企业采用先进的连续制造方式生产药品。但无论采用哪种生产方式，不论批量多大，也不论生产多少批次，患者总是期待服用的每一粒药片或注射的每一瓶药液质量都是一致的。

稳定是指同一批次的药品在生产、储存、销售、使用的过程中，其质量在规定条件下和一定时限内能始终保持在预定的可接受的范围内，能满足患者的需求，不会因变质而无法使用。一般的药品都标识有储存条件和有效期。很多口服固体制剂在室温条件下能保存两到三年，但疫苗、血液制品、血清、重组基因工程产品、单克隆抗体等生物制品与化学制剂相比稳定性较差，通常都需要在其制剂中添加稳定剂，以提高其稳定性，且一般需要在2～8℃下冷藏，有的甚至要冷冻保存，运输过程也要保持全程冷链。最为特殊的是放射性药品，人们利用其释放出射线具有的穿透性，可透过人体并与组织发生电离作用而达到疾病诊断和治疗的目的，其发射的核射线种类、能量都有严格的质量控制要求，但由于放射性药品中的同位素都有半衰期，有的半衰期很短，稳定性更差，如常用的即时标记放射性药品锝[^{99m}Tc]的半衰期仅有6.02 h，因此，相关制剂完成生产后，甚至不能完成所有质量标准项目检验就必须立即送往医院给病人使用，否则就会失效。

合格是指药品应该符合预定的质量标准。通常人们一般将质量标准理解成可供检验的一系列质量指标。根据ICH Q6A，质量标准(Specification)通常是由一系列的检测、依据的分析方法和适当的可接受标准组成，可接受标准可以是限度、范围或其他在检测中所描述的标准。无论原料药还是制剂都必须符合预定的质量标准，以便人们据此判定可以将其用于预定的用途。该质量标准通常由制药企业提出、论证，并经过药品监管机构审批，这是药品批准上市的条件之一。

合法是指患者所使用药品的上市、生产和使用都是经过药品监管机构批准的。合法之所以重要，是因为信息不对称，大多数人不具备充分的医学和药学专业知识，对药品的质量缺乏专业的判断能力，从而将自己的权利让渡给政府，由政府代为做出专业判断。药品监管机构就是代表公众对药品质量进行专业判断的政府部门。只要药品是合法的，也就是公众可以信赖的。合法是以公众对政府的信赖为基础的。

1.5.2 制药质量管理体系

由于药品具有特殊性，为保证药品质量，早在1963年美国食品药品监督管理局(Food and Drug Administration, FDA)就正式颁布了全球首部药品生产质量管理规范(Good Manufacturing Practice, GMP)，强制要求制药工业界实施，凡是向美国出口药品的制药企业以及在美国境内生产药品的制药企业，都要符合美国GMP要求。随后，GMP迅速被世界各个国家和地区所接受和采纳，被制药工业界奉为“金科玉律”。GMP实际是具有制药工业特点的质量管理体系标准，但其适用范围仅限于药品生产环节，未涵盖包括药品研发在内的整个产品生命周期，因此，它是一个不完整的质量管理体系标准。

国际公认的质量管理体系标准是由国际标准化组织颁布的ISO9000系列标准，我国已等同采用并颁布了相应的GB/T19000系列标准。该标准适用于各种类型、不同规模和提供不同产品及服务的组织，包括制药企业，以证实其具有稳定提供满足顾客要求及适用法律法规要求的产品和服务的能力，并通过体系的有效应用，包括体系改进的过程以及保证符合顾客要求和适用的法律法规要求，旨在增强顾客的满意度。该质量管理体系标准强调了以下管理原则：① 以顾客为关注焦点；② 领导作用；③ 全员参与；④ 过程方法；⑤ 改进；⑥ 循证决策；⑦ 关系管理。

为了弥补GMP的不足，药品监管机构和制药工业界依据ISO9000系列标准完善了制药质量管理体系标准。国际人用药品注册技术协调会（the International Council for Harmonization of Technical Requirements for Registration of Pharmaceuticals for Human Use, ICH）于2008年6月4日正式颁布了指南《ICH Q10 制药质量体系》，该指南为制药工业界描述了一个有效的质量管理体系理论模型，被称为制药质量体系，期望ICH Q10在整个产品生命周期内予以实施，鼓励将基于科学和风险的方法应用于整个产品生命周期的每个阶段，使药品研发和生产活动之间的联系更加紧密，促进持续改进，旨在提高全球范围内药品的质量并使药品更加便于使用。

同其他普通产品一样，药品也有新药研发、进入市场到被市场淘汰退市的过程，经历形成、成长、成熟、衰退的周期，被称为产品生命周期。ICH Q10的制药质量体系适用的产品生命周期的技术活动包括以下方面。

（1）药品研发

① 原料药（即活性药物成分）研发；② 处方研发（包括包装容器/密封系统）；③ 制剂产品的生产；④ 释药系统的研发（必要时）；⑤ 生产工艺的研究和放大；⑥ 分析方法的开发。

（2）技术转移

① 新药从研发向生产转移；② 已上市产品在生产和检验场所内部或之间的转移。

（3）工业化生产

① 物料的采购和控制；② 厂房、设施和设备的准备；③ 生产（包括包装盒贴签）；④ 质量控制和保证；⑤ 产品放行；⑥ 贮存；⑦ 分销（不包括药品批发）。

（4）产品退市

① 文件保留；② 样品保留；③ 后续的产品评估和报告。

ICH Q10的目标是实现产品上市、建立并维持受控状态，促进持续改进。鼓励制药企业采用知识管理和质量风险管理两大手段助力制药质量体系的有效实施。制药质量体系的要素有：① 工艺性能和产品质量监控系统；② 纠正和预防措施系统（Corrective Action and Preventive Action, CAPA）；③ 变更管理系统；④ 工艺性能和产品质量的管理回顾。

思考与讨论

1. 什么是药品？
2. 药品有哪些特殊性？
3. 制药工业有哪些特点？
4. 请举例说明药品生产过程中的主要风险有哪些，并说明这些风险可能导致的后果。
5. 制药企业为什么要实施药品GMP？
6. 你对中国的制药工业有什么看法？为什么？

第2章

药品监管及法规

2.1 概　述

药品在人类健康保健中扮演着重要角色。由于传统和公共政策存在差异，世界各地对药品的定义不尽相同，但一般都包含三个方面：① 药品的主要用途是防病、治病；② 药品是以人体为发挥作用的对象；③ 药品的类别或制造标准。

《中华人民共和国药品管理法》(2019 年修订)第二条对药品进行了明确的定义。药品是一种特殊的商品，是人类生存发展所必需的，通常需要在医生的指导下使用。世界上大部分国家和地区对药品实行政府监管，具体包括药品的安全性、有效性、质量可控性，尤其是药品安全性受到人们的广泛关注。

药品行业发展到如今，已经成为注重科学性，高度重视安全、有效和产品质量的国民经济中不可或缺的重要行业。对于药品的监管也由起初的主要依靠行业自律和社区规则来保障药品安全，过渡到现代监管模式，即政府颁布法律，成立药品监管机构，建立适用于药品生命周期的监管体系，并且还在不断地发展演变。

美国食品药品监督管理局是世界上第一个尝试对食品和药品进行广泛监管的机构，它的监管模式是被世界各个国家和地区模仿频率最高的。从美国 FDA 及其法规演变的过程中可以看到药品现代监管模式的形成过程以及行业与监管体系之间密不可分的关系。

在整个 19 世纪的发展过程中，美国使用的多数药品都是由植物类物质制成，其中大量成分是无用处、无价值的，而且含有不安全的活性成分。当时一旦有新的化学合成物出现，总是被引入新药，比如三价氮(1844 年发现)、乙醚(1846 年发明)和硝化甘油(1869 年发明)等，但的确没有任何有效药物问世，而且也缺少能证明它们对治疗有效的科学方法。

哈维·华盛顿·韦利(Harvey Washington Wiley)是美国 FDA 的创始者，1902 年他在农业部就任化学局长时建立了“毒品稽查分队”，专门查找和记录使用食品添加剂引起的有害副作用，简单地提供了一种保证在美国国内销售的食品和药品安全可靠的公共服务，这也是 FDA 最初的使命。韦利和同事完成的报告详述了食品造假的各种手段，引起了公众和国会的震惊，因此他们从国会获得了 5 000 美元用于食品防腐剂的研究。通过实验，韦利宣布美国每年大约有几万人死于“专利”药品和伪劣食品。这个实验使科学第一次在政府决策中发挥了作用。但纯净食品法案的立法过程并不顺利，众议院两次通过了全国性的纯净食品法案，每次都被有共和党把持的参议院拒绝。转折点出现在媒体对于行业乱象的报告后，亚当斯(Samuel Hopkins Adams)写了一系列的文章阐述对含有高度致瘾物质药品的调查,列举了22名因服用"退热冰"(Acetanilide)而死亡的患者的姓名和地址,这些文章立刻产生了巨大的影响。随后新闻记者阿普顿·辛克莱(Upton Sinclair)出版了一本名为《丛林》的小说,对制肉行业工人家庭的艰难生活进行了描述,形象地揭露了"有毒肉产业"加工黑幕,引起了社会上的极大恐慌,继而使得要求对食品药品行业立法的呼声越来越高。仅仅几个月后,1906年6月30日第26届美国总统罗斯福就正式签署《食品药品纯净法案》(Pure Food and Drugs Act)。法规的主要内容有:① 在美国领土内制造掺假食品或药物为非法行为,违者将处以罚款或监禁;② 禁止在州际从事掺假或错误标识货物的贸易;③ 财政部部长、农业部部长和商务劳动部部长制定一致的规章制度,以贯彻食品药物监管政策的理念;④ 对食品药物样品的检验;⑤ 农业部部长必须将任何对食品药物监管规定的违反情况报告检察官。这个法规的创立具有深远的意义,赋予了FDA监管食品、药品安全的科学使命。1927年,化学局被重组为食品药物和杀虫剂管理局、化学和土壤局两个局。其中监管职能由食品药物和杀虫剂管理局承担。1930年,食品药物和杀虫剂管理局的名称在一项农业拨款法案中被简称为"食品药品监督管理局"(Food and Drug Administration, FDA)。自此,美国联邦政府有了统一的对食品药物实施监管的机构,开始对食品药物实行全面的政府监管。

但是这部法案只是政府监管药品市场的起步,由于法律本身的漏洞以及执法上的困难,这部法律的作用迅速消失。1937年夏末,一起药品不良反应危机事件"万能磺胺"(Elixir of Sulfanilamide)又推动了法案的修正。马森基尔公司出售一种磺胺酏剂,为了使口感更好,加入了"二甘醇"作为矫味剂,但FDA很快就接到了出现肾脏衰竭直至死亡等严重不良反应的报告,最后证实死亡人数达到107人,大部分是儿童,而引发这一惨剧的元凶正是矫味剂"二甘醇"。始作俑者马森基尔公司的首席化学家哈罗德·沃特金斯(Harold Watkins)自杀身亡。这起事件促使国会重新考虑修正食品药品法案,1938年6月1日,富兰克林·罗斯福总统签署了《联邦食品药品和化妆品法案》(Federal Food, Drug and Cosmetic Act)。该法案的主要内容是:① 把监管的范围扩展到化妆品和医疗设备;② 新药物投入州际运输之前必须向FDA提交一份新药申请报告;③ 禁止危险药物的生产和销售以及虚假和误导性的标注;④ 必须公布新药中所有有效成分的分子式及作用机理;⑤ 非处方药必须标有对可能的错误使用行为的指南和警告;⑥ 加重对所有违反食品药物监管的行为的处罚;⑦ 新药在上市前必须被证明是安全的;⑧ 取消雪利修正案要求联邦监管机构在药物假冒案中必须证明当事人具有欺骗意图的规定;⑨ 必须设定对不可避免的有毒物质的法定容许量;⑩ 批准与食品的特性、质量以及容器容量相关的标准;⑪ 批准工厂检查;⑫ 规定法院可以纠正行政部门进行的查封和起诉行动。

这起悲剧的调查报告认为根本原因是过于宽松的联邦食品药品监管体系,因此需要对原有美国的食品药物监管政策和系统进行调整和优化,它直接反映出监管的公共政策理念发生了一些重大变化,更为关注食品药物监管的社会目的,即为美国公众提供更为完备的食品药物安全网,更倾向于建立统一高效的联邦食品药物监管机构,同时加强政府对企业经营行为的干预。

而1957年至1962年的"反应停"事件,则成为进一步强化了药品的政府监管模式的关键因素。1957年,梅瑞公司(Richardson-Merrell)从德国格郁能化学公司(Chemie Grunenthal)购买了反应停,用于治疗孕妇的呕吐、恶心等妊娠反应。梅瑞公司在投放给医生使用后的第 7 个月向 FDA 提出申请要在美国上市，但并没有报告之前动物实验中动物死亡的情况。负责审评的 FDA 医学审评官弗朗西斯·凯尔西(Frances Oldham Kelsey)医生顶住各方压力，要求制药公司补充更详尽的数据，对疗效进行进一步说明并最终没有批准该公司的申请。而此时的德国在 1957 年至 1961 年间，“海豹肢”婴儿的出现率由原来的 1/100 000 上升到 1/500，比正常水平高出 20 倍，因服用反应停导致的畸形婴儿保守估计为 8 000 人，还有 5 000～7 000 人在出生前就因畸形而死亡，而美国仅有 100 多例严重不良反应。如果梅瑞公司按计划把反应停推向美国市场，将可能导致 1 万名婴儿出现先天性畸形，这就是著名的“沙利度胺事件”。1962 年肯尼迪总统向弗朗西斯·凯尔西医生颁发“杰出联邦公民服务奖章”，她的事迹在 FDA 至今仍广为流传。

同年 10 月 10 日，美国国会增补了《科夫沃-哈里斯修正案》(Kefauver-Harris Amendments)，建立了更严格的新药上市前的审评流程，要求新药制造商提供新药临床实验申请(Investigation New Drug，IND)，并在 1970 年 5 月颁布新规定，形成了临床前研究、临床试验和新药批准后上市监管的三段式审评和监管模式，沿用至今。修正案还授权 FDA 对新药的研发和生产的每一步进行检查，实施并建立“药品生产质量管理规范”(GMP)，进行定期检查。同时对已批准的药品，如果发现问题，也可要求撤销上市批准。依据修正案，FDA 还修改了药品广告法规，对企业广告做出限定，说明效用时，还需说明药物的副作用，配伍禁忌、预防和警告等。取消对 FDA 处理新药申请的时间限制。这个修正案从单纯地强调药品的安全性，到追求有效性(不仅无害，更要有益)，无疑是一个巨大的进步。这个修正案，又被称为“零风险监管”(Zero Risk Management)，与 1960 年的《有色添加剂修正案》、1962 年的《消费者权利法案》、1965 年的《药物滥用控制修正案》、1966 年的《儿童保护法案》以及 1968 年的《兽药修正案》一起，共同组成了美国食品药物以“零风险监管”为基本价值取向的政策体系，该理念的主导地位持续了近三十年。

FDA 也从一个只对单一事件做出反应的机构转变为主动监测新药开发的机构，政府对食品药物市场的干预达到空前的程度。

随之而来的是“治疗革命”在《科夫沃-哈里斯修正案》通过后不久势头出现下降。制药行业开始全球化发展，致使美国国内的市场份额日益减少，专利年限的缩短使每年通过审评的新药数目大大降低，制药行业的发展出现颓势。

到了 20 世纪 80 年代至 90 年代，新药创新不足，新药审批速度缓慢成为公众关注的问题。1997 年，为了优化 FDA 的监管流程，在保证食品药物安全有效的基础上提高监管效率，加快新药审评，满足广大消费者的用药需求以及行业的快速发展需求，美国国会通过了《食品和药物管理现代化法案》，其主要内容包括：① 重新批准《处方药使用者费用法案》(Prescription Drug User Fee Act，PDUFA)，该法案每隔五年修订一次，授权 FDA 可以向生产特定的人用药物或生物制品的公司收取费用，而这些费用被用于支付加速审评和批准相关药品所需要的资源的费用，极大地促进了新药审评速度；② 加快药物审核的速度，建立药物审批的快速通道；③ 建立全国临床试验数据库；④ 允许厂商披露药物某些未经批准用途的信息；⑤ 要求药物公司提供药物的经济信息；⑥ 加强国际的管制合作；⑦ 降低审批医疗产品的标准。这项法律的颁布，标志着美国 FDA 的监管政策进入了以合作与开放为特征的现代化管制阶段；重视信息开发、开放、共享的信息化监管；兼顾了 FDA、制药业、消费者三方的诉求和利益。FDA 的监管也从过程监管向结果导向的监管转变，并依据该法律从国内监管扩展到国际化监管，以适应原料药外迁，供应链全球化日益复杂的局面。

从美国的药事法规的发展可以看出，法规和药品监管模式的发展始终伴随着行业的变迁，每个影响重大的法规的诞生，总是应对着当时时代的行业发展问题，而药害危机事件往往是法规诞生的直接“推手”。例如，1900 年前后，为了应对食品药品掺杂造假及交易混乱的问题，诞生了《食品药品纯净法案》；20 世纪 20 年代至 30 年代，药品安全问题成为最大挑战，这期间诞生了《联邦食品药品和化妆品法案》；20 世纪 50 年代至 60 年代《科夫沃-哈里斯修正案》的签署，有效地解决了药品疗效这个重点问题。20 世纪 70 年代至 80 年代，仿制药问题受到关注，1984 年颁布的《药品价格竞争和专利期恢复法》，也称为 Waxman - Hatch 法案，给予创新药最长 5 年的专利延长期和 5 年的市场专营保护期，建立仿制药简化新药申请程序。而到了 20 世纪 80 年代至 90 年代，新药创新不足问题成为公众关切的重点，1992 年颁布的《处方药使用者费用法案》(PDUFA)很好地解决了 FDA 审评新药所需要的资源问题，极大地促进了新药的审评上市速度。

这些法规的诞生，推动了药品监管体系的科学性发展，保证了上市药品的安全、有效和质量，维护了公众的健康。例如《联邦食品药品和化妆品法案》，该法规的出台使得政府监管完成了自由市场在至少 60 年里都无法完成的任务，是形成现代成熟的药品监管体系不可或缺的里程碑。而与此同时，监管法规也对促进行业发展起到杠杆作用。例如 1938 年颁布的《联邦食品药品和化妆品法案》，这部法案在增加了 FDA 的政策执行能力的同时，也把重点从只是监管伪劣药品和杜绝虚假疗效声明转为强调重视科学技术知识，开发真正有疗效的药品，大大促进了制药行业对研发的重视程度，促使制药行业演变为一个巨大的药品发明和销售机器。

在 20 世纪 20 年代，美国最大的 200 家制药公司只有几千人的研发队伍，到了 20 世纪 40 年代，整个行业从事科学研究的人数已经达到 58 000 人。通过引入现代社会应该以科学研究为标准的理念，为美国的现代药品生产和销售奠定了基本框架，加上抗生素的发现以及专利法规的变化，引发了美国制药行业从 1938 年开始直至 1951 年 10 月结束的被称之为“治疗革命”的行业巨变，奠定了美国在全球制药行业以及医疗领域的领导地位，直到今天。

再如，1992 年美国国会通过的《处方药申请费用方案》(PDUFA)是 FDA 立法史上又一个重要的里程碑，因为该法案改变了 FDA 服务对象的性质。PDUFA 要求制药商申报新药时向 FDA 支付费用，每年 FDA 因此获得的经费占其总经费的 50%以上。PDUFA 在纠正美国新药的时机晚于欧洲的被动局面下发挥了较大的作用。在 1992—2002 年挽救了 18～31 万患者的生命，刺激美国药品生产能力在 2003—2005 年提高了 52%，使美国成为全球新药上市的中心。

而制药行业的快速发展、高新技术的采用同样会促进法规和技术标准的发展。例如，从 2014 年开始，各个权威监管机构纷纷出台有关数据可靠性的法规。英国药品和健康产品管理局(MHRA)率先在 2015 年 3 月颁布了数据可靠性指南，除了发现行业中存在比较严重的数据真实可靠性问题外，另一个重要原因是行业的发展导致大量电子数据的产生以及远程计算机化设备的使用，却没有合适的法规来规范电子数据的采集、使用和储存等过程的管理，此时法规就滞后于行业的发展。针对目前行业中方兴未艾的细胞治疗和基因治疗，各个国家和地区的药监机构也在纷纷起草相关法规。

由此可以看出，法规与行业的发展是相辅相成、密不可分的，科学的监管法规体系保证了上市药品的安全、有效和质量，维护了公众的健康。适宜的法规在一定时期内可以促进制药行业的飞跃发展，而欣欣向荣的行业发展趋势也会促进监管法规体系的不断完善甚至监管模式的演变。

2.2　中国药品监管

2.2.1　药品监管体系的演变

我国药品的监管经历了曲折的发展过程，从分散管理到集中管理，从粗放式的行政管理逐步过渡到科学化、法制化管理。从中华人民共和国成立以来大致可以分为以下几个阶段：

1. 改革开放前的药品监管体系

1950 年卫生部设立药政处，主要配合禁止非法种植，严禁吸食毒品，开展免费治疗，限期戒毒以及取缔伪劣药品生产企业。1953 年，轻工业部医药工业管理局成立（1956 年划归化工部），重点抓地方病、传染病、多发病和常见病防治药品的研制等工作。为加强药政管理工作，1953 年卫生部将药政处改为药政司。1957 年又改为药政管理局，各省（自治区、直辖市）卫生厅（局）相应设立了药政处。同时政府授权卫生部组建国家药品食品检验所、生物制品检定所和三大口岸药品检验所，组建第一届药典编纂委员会，并于 1953 年制定颁布了《中华人民共和国药典》（1953 年版）及《生物制品规程》；兴建北京、上海、武汉、兰州、长春、成都六大生物制品研究所；协调药品生产、经营和使用各环节的管理，先后取缔了 1 500 余种伪劣药品，药政管理事业从诞生之日起，肩负着重要的历史使命，迈出了至关重要的第一步。

1958—1965 年属于调整巩固时期。这期间的药政管理、药品生产和经营管理经历了反复的调整，使药政管理逐步适应于药品生产、经营迅速发展，用药需求急剧增加的新形势。1958 年，许多地方兴起了办药厂“热潮”，医药市场空前活跃，药品质量问题不断出现，药政管理面临艰巨复杂的任务。为此，1959 年中共中央批转卫生部党组的报告，明确未经卫生行政部门批准，不得生产药品；未经检验合格的药品不准出厂进入流通市场。1961 年卫生部向十七个大药厂派遣驻厂代表，负责质量的监督检查，1963 年，经中央批准，中国药材公司（1957 年归卫生部）和中国医药公司由卫生部、商业部共同领导；同年，卫生部、化工部、商业部联合发布《关于药政管理的若干规定》。这是中华人民共和国成立后药政管理的第一个综合性行政法规。它明确了药政管理的性质、宗旨、任务、方针、政策。卫生部先后在全国范围内总结专业检验与群众监督相结合、药品管理中的“管”和“帮”相结合的许多经验，及时加以推广，实现了药品监督管理、药品生产经营、药品合理使用诸方面同步发展。从此，我国药政管理进入一条健康发展的轨道。

2. 改革开放后至 1998 年前的药品监管体系

改革开放后，我国药品监管体系得以重建，并随着医药的发展、认识的提高，监管机构又经历了多次重大变迁。但在 1998 年，国家药品监督管理局成立之前我国尚未形成统一、独立的药品监管体系。

这个阶段涉及药品监管的有三个部门，对药品负主要监管责任的为卫生部（药政管理局），特别是药品的注册监管；而国家医药管理局管理主要针对药品的生产和流通；中医药管理局则仅对中药有部分管理职责。

(1) 卫生部的药政部门

1998 年国家药品监督管理局成立之前，我国药政和药检都归属卫生部。这个时期我国的药品注册监管相关法规都主要由卫生部（药政管理局）起草发布。中华人民共和国卫生部设药政管理局，省、自治区、直辖市卫生厅（局）设药政管理局（处）；自治州、省辖市（含直辖市的区、县）卫生行政部门设药政管理处（科）；县、自治县卫生行政部门设药政管理股或专职药政管理人员。各级卫生行政部门所属的药品检验所是执行国家对药品质量监督检验的技术专业机构。卫生部药品生物制品检定所是全国监督检验药品质量的业务技术指导中心。

(2) 国家医药管理局

国家医药管理（总）局的设立，有明显的计划经济色彩，和我国现在的国家药品监督管理局是完全不同的概念。在政企不分、管办不分的年代，国家医药管理（总）局扮演的主要角色不是监管，而是进行行业管理、促进产业发展，药政管理主要由卫生部的药政部门负责。

1978 年 6 月，国务院批准成立国家医药管理总局（直属国务院，由卫生部代管），将原分属于化工、商业、卫生三个部门有关中、西药品，医疗器械的生产、供应、使用等管理职能及机构人员划归国家医药管理总局统一管理。

随着以经济建设为中心和市场化进程的深入，国家更侧重于把医药作为一种独立发展的经济性产业来加以管理，这也相应体现了医药管理体制的变化。

1982—1997 年，医药管理体制发生了四次大的变动。

根据国家体制改革精神，1982 年 5 月，遵照国务院的决定，国家医药管理总局更名为国家医药管理局，由原国家经济委员会直接领导，担负的任务、职责范围仍和过去一样，在本业务系统内，负责全国的统一规划、技术归口、业务指导，对外独立进行工作，同各部门、各地区有关单位的工作关系仍保持不变，并代表国家进行国际交往。同时期，卫生部继续保留药政和药检职能。

1988 年 8 月，国家医药管理局成为国务院直属机构，其主要职能是作为国务院管理医药（不含中药）的职能部门，负责药品（不含中药材、中药饮片、中成药）、医疗器械、制药机械以及医药包装的行业管理。同时期，卫生部主管全国药品监督管理工作。

1993 年，由于各种原因，有的地区盲目开放医药集贸市场，致使制售假劣药品活动猖獗，假药致死案件屡屡发生，给人民群众健康造成了严重威胁。为加强医药管理工作，以利于医药行业持续稳定发展，国家经济贸易委员会成立后，国家医药管理局成为国家经济贸易委员会管理的国家局，主要职责是指导医药的行业规别、行业法规，实施行业管理。

(3) 国家中医药管理局

1986 年 7 月，为了进一步加强中医工作，提高中医在我国医疗卫生事业中的地位，充分发挥中医中药防病治病的作用，国务院决定成立国家中医药管理局，作为国务院直属机构，由卫生部代管。历次机构改革，但剥离中药监管职能的国家中医药管理局仍然保留，由卫生部管理，一直延续至今。

在这个时期，1984年9月20日全国人大常委会正式通过了《中华人民共和国药品管理法》，形成了国家、省、地、县四级药品监督网络，但存在着机构设置重叠、职能交叉、政出多门、责任不清的问题。

3. 1998年后的药品监管体系

1998年国务院机构改革将“政企分开”“一事进一门”作为重要原则，新成立的国家药品监督管理局，加强了对药品研发、生产、流通、使用的监管力度，结束了药品监管长期存在的多头管理、职责交叉、政企不分的问题。针对原有《药品管理法》暴露出的许多不足和弊端，2001年2月，全国人大常委会通过了修订后的《中华人民共和国药品管理法》，于2001年12月1日正式实施。2002年国务院颁布了《中华人民共和国药品管理法实施条例》，相应地，《药品注册管理办法》等一系列的部门规章也逐步制定，一套从法律到行政法规再到部门规章到地方性法规的药品监管规范体系在中国真正建立起来。

1998年，国家药品监督管理局对卫生部颁布的1992年版的《药品生产质量管理规范》进行了再次修订，也正式开启了GMP认证检查的历程，规定所有药品上市前除了取得药品注册证以外，还需要取得药品GMP证书，使药品的生产环节得到了有效的监管。

在经历了一系列药监系统腐败案件和随后的“齐二药”“欣弗”“华联”“百易”等药害事故之后，国家药品监督管理局提出“科学监管”的口号，进一步明确了自身的定位和角色，将监管工作的重要性提升到新的高度。

2007年国家药品监督管理局颁布了新的《药品注册管理办法》，这是我国药品注册史上第四次较大规模的修规工作，体现科学监管的理念，强调风险效益评估和风险管理，鼓励创新、引导仿制，限制低水平重复。在一定程度上完善了审评审批制度和机制设计，强化法律法规执行力度，坚决打击申报过程中的弄虚作假，重点解决药品注册审批与监督管理脱节的问题，有力地遏制了当时混乱的新药申报审批形势，使申报结构明显改善。

2011年，卫生部颁布了79号令，对1998年颁布的《药品生产质量管理规范》进行了再次修订，这一版GMP采纳了当时先进的生产质量管理理念，大幅度提高了无菌产品生产管理的要求，基本与国际水平全面接轨。

2013年3月22日，国家食品药品监督管理总局正式挂牌成立。

2014年11月，当时的国家食品药品监督管理总局启动了加入ICH的历程，2017年6月19日，国家食品药品监督管理总局和ICH同时宣布，中国国家食品药品监督管理总局以监管机构成员的身份“有条件”加入ICH，这预示着中国药品的监管与开发正式步入国际舞台，对于中国的制药行业和监管来说机遇与挑战并存。

2018年3月17日，第十三届全国人民代表大会第一次会议通过了《国务院机构改革方案》，设立国家药品监督管理局，划归新成立的国家市场监督管理局。

2.2.2 药品监管法规体系

中国药品监管法规体系是由国家立法机构、政府部门以及国务院药品监管机构发布的规范药品全生命周期中的研发、临床试验、生产、流通、使用等环节的一系列法律法规组成。根据其发布部门以及法律效力的不同，可分三层。

1. 法律

所谓法律，是指由全国人民代表大会和全国人民代表大会常务委员会依照《宪法》《立法法》制定的规范性文件，即狭义的法律。

《中华人民共和国药品管理法》是有关我国现行药品管理法律体系中的效力层级最高的法律，1984 年 9 月 20 日，第六届全国人民代表大会常务委员会第七次会议通过，自 1985 年 7 月 1 日起施行。该法规对药品生产企业管理、药品经营企业管理、医疗机构的药剂管理、药品管理、药品包装管理、药品价格和广告管理、药品监督、法律责任等进行了原则规定，该法规的颁布正式确立了药品监管政策的法律地位。

然而，随着时间的推移，药品安全管理体制改革不断深入，药政事务不断复杂化，进入 20 世纪 90 年代中期以后，原有《中华人民共和国药品管理法》逐渐暴露出许多不足和弊端，例如法律对药品监督管理执法主体和管理体制的变化没有做出相应的调整；法律中规定的行政执法手段比较单一，强制措施不够完善、有力，造成药品监督管理工作软弱，打击制售假、劣药品的违法犯罪活动乏力；一些市场经济体制下正在推行并行之有效的具体监管制度，如 GMP、GSM 认证制度，药品分类管理制度，药品不良反应报告制度等也缺乏法律效力等。为此，从 1998 年国家药品监督管理局组建开始，修订《中华人民共和国药品管理法》的工作就被列入议事议程的重要组成部分。经过三年多时间的调研和激烈争论，2001 年全国人大常委会对 1985 年的《中华人民共和国药品管理法》进行了修订，修订后的《中华人民共和国药品管理法》于 2001 年 12 月 1 日正式实施。从法律设计上克服了上述的一些不足和弊端。

2015 年 4 月 24 日第十二届全国人民代表大会常委会第十四次会议再次对其进行了修正，此次修正除了合理简化行政部门工作流程以外，主要是呼应之前发展改革委发布推行的《推进药品价格改革方案征求意见稿》以及卫生计划委主导的《公立医院采购实施意见》去除有关药品价格的条款。目的是去除法规上面的限制，让医院主导压价、招标限价和医保调整，让药品价格更接近市场真实价格。

2. 行政法规

所谓行政法规，是指国务院根据《宪法》《立法法》和其他法律规定而制定的各类法规的总称。按照国务院 2002 年 1 月 1 日施行的《行政法规制定程序条例》，行政法规的名称一般称“条例”，也可以称“规定”“办法”等。

《药品管理法实施条例》就是属于这一层级的法规，对《中华人民共和国药品管理法》的规定进行了详细、具体的解释和补充，成为药品管理法律体系中最重要的行政法规。现行版的《药品管理法实施条例》是 2002 年 9 月 15 日由国务院颁布实施的。

与药品相关的其他行政法规还有：1992 年 12 月 19 日起实施的《药品行政保护条例》、1993 年 1 月 1 日起实施的《中药品种保护条例》、1988 年 12 月 27 日起施行的《医疗用毒性药品管理办法》、1989 年 1 月 13 日起施行的《放射性药品管理办法》、2003 年 10 月 1 日起施行的《中医药条例》、2005 年 11 月 1 日起施行的《麻醉药品和精神药品管理条例》等。

3. 部门规章

所谓部门规章，是指国务院各部门、各委员会等根据《宪法》《立法法》等法律和行政法规以及国务院的决定制定的规范性文件。按照国务院2002年1月1日起施行的《规章制定程序条例》,规章的名称一般称"规定""办法"。部门规章是我国药品监督管理法律体系最重要的组成部分,数量较多、调整面广,对整个医药产业影响深远。如《药品生产质量管理规范》(2010修订)、《药品注册管理办法》《药品生产监督管理办法》《药物临床试验质量管理规范》(Good Clinical Practice, GCP)、《药品经营管理规范》(Good Supplying Practice, GSP)等。

4. 规范性文件

所谓规范性文件,是指政府部门、行业组织、社会团体等制定和发布的旨在规范和约束自然人或法人行为的非立法性文件。国家药品监督管理局药品审评中心网站(http://www.cde.org.cn)上颁布的技术指南都属于此类文件。

2.2.3 药品监管机构

根据2018年3月13日第十三届全国人民代表大会第一次会议上《关于国务院机构改革方案的说明》,组建国家市场监督管理总局。改革市场监管体系,实行统一的市场监管,是建立统一开放竞争有序的现代市场体系的关键环节。为完善市场监管体制,推动实施质量强国战略,营造诚实守信、公平竞争的市场环境,进一步推进市场监管综合执法、加强产品质量安全监管,让人民群众买得放心、用得放心、吃得放心,方案提出,将国家工商行政管理总局的职责、国家质量监督检验检疫总局的职责、国家食品药品监督管理总局的职责、国家发展和改革委员会的价格监督检查与反垄断执法职责、商务部的经营者集中反垄断执法以及国务院反垄断委员会办公室等职责整合,组建国家市场监督管理总局,作为国务院直属机构。其主要职责是负责市场综合监督管理,统一登记市场主体并建立信息公示和共享机制,组织市场监管综合执法工作,承担反垄断统一执法,规范和维护市场秩序,组织实施质量强国战略,负责工业产品质量安全、食品安全、特种设备安全监管,统一管理计量标准、检验检测、认证认可工作等。

考虑到药品监管的特殊性,单独组建国家药品监督管理局,由国家市场监督管理总局管理。市场监管实行分级管理,药品监管机构只设到省一级,药品经营销售等行为的监管由市县市场监管部门统一承担。

1. 药品监管机构的层级

我国的药品行政监管部门分为四个层级,分别是国家级、省级、地市级、县级。它们共同组成了中国药品监管部门的纵向结构。现国家药品监督管理局隶属于国家市场管理总局,各省级药监部门隶属于省级市场管理局,由各级地方政府分级管理,省级药监部门在职能业务上接受国家药品监督管理局部门的指导和监督。目前省级以下不单设药品监督管理部门。

2. 国家药品监督管理局

国家药品监督管理局隶属于国务院直属机构国家市场监督管理总局,负责药品、医疗器械和化妆品研制、生产、流通和使用过程中的行政监督和技术监督,主要职责如下。

（1）负责药品（含中药、民族药，下同）、医疗器械和化妆品安全监督管理

拟订监督管理政策规划，组织起草法律法规草案，拟订部门规章，并监督实施。研究拟订鼓励药品、医疗器械和化妆品新技术、新产品的管理与服务政策。

（2）负责药品、医疗器械和化妆品标准管理

组织制定、公布国家药典等药品、医疗器械标准，组织拟订化妆品标准，组织制定分类管理制度，并监督实施。参与制定国家基本药物目录，配合实施国家基本药物制度。

（3）负责药品、医疗器械和化妆品注册管理

制定注册管理制度，严格上市审评审批，完善审评审批服务便利化措施并组织实施。

（4）负责药品、医疗器械和化妆品质量管理

制定研制质量管理规范并监督实施。制定生产质量管理规范并依职责监督实施。制定经营、使用质量管理规范并指导实施。

（5）负责药品、医疗器械和化妆品上市后风险管理

组织开展药品不良反应、医疗器械不良事件和化妆品不良反应的监测、评价和处置工作。依法承担药品、医疗器械和化妆品安全应急管理工作。

（6）负责执业药师资格准入管理

制定执业药师资格准入制度，指导监督执业药师注册工作。

（7）负责组织指导药品、医疗器械和化妆品监督检查

制定检查制度，依法查处药品、医疗器械和化妆品注册环节的违法行为，依职责组织指导查处生产环节的违法行为。

（8）负责药品、医疗器械和化妆品监督管理领域对外交流与合作，参与相关国际监管规则和标准的制定。

（9）负责指导省、自治区、直辖市药品监督管理部门工作。

国家药品监督管理局下属综合和规划财务司、政策法规司、药品注册管理司（中药民族药监督管理司）、药品监督管理司、医疗器械注册管理司、医疗器械监督管理司、化妆品监督管理司、科技和国际合作司（港澳台办公室）、人事司等部门。

尽管国家层面的药品监管机构历年来发生了很大变化，但在整个药品的生命周期中承担主要监管责任的主管部门并没有发生很大变化，主要有承担药品研发行政监管的药品注册管理司，承担药品临床和上市许可申请的技术审评的国家药品审评中心，承担药品上市后药品安全行政监管的药品监督管理司，承担药品生产日常监管检查的国家药品监督管理局食品药品审核查验中心，承担药品不良反应监测与上市后安全性评价的国家药品监督管理局药品评价中心，承担药品生产企业上市后日常监管的还有各省级药品监督管理局，制定出版《中华人民共和国药典》的国家药典委员会，承担药品标准复核以及市场抽验、生物制品批签发等的中国食品药品检定研究院。

3. 省级以下药品监督机构

在各省级政府直属机构市场监督管理局下设了省级药品监督管理局，主要负责药品、医疗器械和化妆品安全监督管理。贯彻执行有关药品、医疗器械和化妆品安全监督管理的法律、法规、规章和方针、政策、国家标准。研究起草有关地方性法规、规章草案和政策规划并组织实施。负责职责范围内的药品经营企业的行政许可和监督管理。负责药品和医疗器械

生产、医疗机构制剂配制、化妆品生产的行政许可和监督管理。依法组织实施药品、医疗器械和化妆品质量管理规范,监督实施生产质量管理规范,监督和指导实施经营、使用质量管理规范。负责药品、医疗器械和化妆品上市后风险管理。

市县两级市场监管部门负责药品零售、医疗器械经营的许可、检查和处罚以及化妆品经营和药品、医疗器械使用环节质量的检查和处罚。

4. 国家药品监督管理局技术支撑机构

(1) 国家药品监督管理局药品审评中心(CDE)

国家药品监督管理局药品审评中心(Center for Drug Evaluation, CDE)主要负责药物的临床试验以及新药和仿制药的上市申请的技术审评;负责仿制药质量和疗效一致性评价的技术审评;承担再生医学与组织工程等新兴医疗产品涉及药品的技术审评;参与拟订药品注册管理相关法律法规和规范性文件,组织拟订药品审评规范和技术指导原则并组织实施;协调药品审评相关检查、检验等工作;承担国家药品监督管理局国际人用药品注册技术协调会议相关技术工作。

(2) 国家药品监督管理局药品审核查验中心

国家药品监督管理局药品审核查验中心是国家药品监督管理局的直属机构,主要负责组织制定修订药品、医疗器械、化妆品检查制度规范和技术文件;承担药物临床试验、非临床研究机构资格认定(认证)和研制现场检查;承担药品注册现场检查;承担药品生产环节的有因检查以及药品境外检查。该中心还承担对各省级药品监督管理局的审评查验中心的指导和监督管理工作。

(3) 中国食品药品检定研究院

中国食品药品检定研究院(原名为中国药品生物制品检定所),是国家食品药品监督管理局的直属事业单位,是国家检验药品生物制品质量的法定机构和最高技术仲裁机构,依法承担实施药品、生物制品、医疗器械、食品、保健食品、化妆品、实验动物、包装材料等多领域产品的审批注册检验、进口检验、监督检验、安全评价及生物制品批签发,负责国家药品、医疗器械标准物质和生产检定用菌毒种的研究、分发和管理,开展相关技术研究工作,主要职责如下。

① 承担食品、药品、医疗器械、化妆品及有关药用辅料、包装材料与容器(以下统称为食品药品)的检验检测工作;组织开展药品、医疗器械、化妆品抽验和质量分析工作;负责相关复验、技术仲裁;组织开展进口药品注册检验以及上市后有关数据收集分析等工作。

② 承担药品、医疗器械、化妆品质量标准、技术规范、技术要求、检验检测方法的制定修订以及技术复核工作;组织开展检验检测新技术、新方法、新标准研究;承担相关产品严重不良反应、严重不良事件原因的实验研究工作。

③ 承担生物制品批签发相关工作。

(4) 国家药典委员会

国家药典委员会是国家药品监督管理局的直属机构,主要负责组织编制与修订《中华人民共和国药典》及其增补本,下属设有中药、化药和生物制品标准处等内设机构。

(5) 国家药品监督管理局药品评价中心

国家药品监督管理局药品评价中心(国家药品不良反应监测中心)为国家药品监督管理

局直属机构，主要负责制定修订药品不良反应、医疗器械不良事件、化妆品不良反应监测与上市后安全性评价以及药物滥用监测的技术标准和规范；组织开展药品不良反应、医疗器械不良事件、化妆品不良反应、药物滥用监测工作；开展药品、医疗器械、化妆品的上市后安全性评价工作。

药品研发、生产和流通主要遵循的法律法规及相关监管机构如表 2－1 所示。

表 2－1　药品研发、生产和流通主要遵循的法律法规及相关监管机构

药品生命周期	新药的发现	临床前研究	临床研究	新药上市申请	商业化生产	上市流通
监管部门		国家药品监督管理局药品注册管理司、国家药品监督管理局药品审评中心	国家药品监督管理局药品注册管理司、国家药品监督管理局药品审评中心	国家药品监督管理局药品注册管理司、国家药品监督管理局药品审评中心、中国食品药品检定研究院、国家药品监督管理局药品审核查验中心	省级药品监督管理局、国家药品监督管理局药品审核查验中心	省级药品监督管理局、市县两级市场监管部门、国家药品监督管理局药品评价中心
部门规章及规范性文件		GLP 及相关技术指南	GCP 及相关技术指南	药品注册申报资料的体例与整理规范，药品技术标准等相关技术指南	GMP 及相关技术指南	GSP 及相关技术指南
部门规章		《药品注册管理办法》			《药品生产监督管理办法》	《药品流通监督管理办法》《药品不良反应报告和监测管理办法》
行政法规		《中华人民共和国药品管理法实施条例》				
法律		《中华人民共和国药品管理法》				

2.2.4　药品监管制度改革

与欧美等国家的药品监管历程类似，随着我国改革开放的不断深入，经济持续发展，人民生活水平不断提高，人们对于健康的需求日益提高，对医药行业提出了更深层次的要求。改革开放以来，医药行业取得显著进步，但也暴露出很多问题。首先，医药企业多、小、散、乱的问题突出。根据国家药品监督管理局数据，2019 年，中国医药制造行业企业多达 7 866 家，但大多数企业不仅规模小、管理水平低，而且布局分散。技术创新体系尚未形成，研发投入不足。我国新药创新基础薄弱，医药技术创新和科技成果迅速产业化的机制尚未完全形成。医药科技投入不足，缺少具有我国自主知识产权的新产品，产品更新慢，重复严重。数据显示，2017 年，278 家 A 股医药上市企业营业收入总计为 1.19 万亿元，研发支出额总计为

306亿元，总研发支出仅占总营收的2.57%；而同期销售费用合计达到1 781亿元，总研发支出占销售费用的比重为17%。

中国现有的药品批准文号总数为165 500，其中95%以上为仿制药，仿制药仍是国内医药消费市场的主体，但主体仿制药行业竞争力不高。虽然国内仿制药市场规模达5 000亿，但是行业集中度(Concentration ratio, CR)极低，对比印度CR占比52.31%、美国CR占比52.96%，中国CR占比仅为18.82%。中国仿制药行业中存在的低水平仿制和恶性低价竞争现象十分严重，且仿制药绝大部分品种还存在大量重复批文，市场环境相对恶劣。而且由于过去我国批准上市的药品没有与原研药一致性评价的强制要求，有些仿制药品的质量水平低下，在疗效上与原研药存在很大差距，国际竞争力不足。

表2-2为《2015—2017年度人力资源和社会保障事业发展统计公报》的信息。

表2-2 《2015—2017年度人力资源和社会保障事业发展统计公报》

年　　份	2015年	2016年	2017年
全国参加基本医疗保险人数/亿人	6.658 2	7.439 2	11.768 1
全年基本医疗保险基金总收入/千亿元	11.193	13.084	17.932
全年基本医疗保险基金支出/千亿元	9.312	10.767	14.422
当年GDP/万亿元	68.6	74.01	82.08
保险基金支出/当年GDP	1.36%	1.45%	1.76%

可以看出，随着医保参保人数增加和医保水平提高，医疗保险基金的支出迅速提高。

我国的医药行业发展远远不能满足社会的需求，且行业重大风险事件缺乏持续有效控制。针对上述问题，国家对医药行业的监管方向提出了新的要求。

2015年5月30日习近平主席在中共中央政治局第二十三次集体学习提出“要切实加强食品药品安全监管，用最严谨的标准、最严格的监管、最严厉的处罚、最严肃的问责，加快建立科学完善的食品药品安全治理体系，坚持产管并重，严把从农田到餐桌、从实验室到医院的每一道防线”。

2015年8月18日国务院针对目前存在的药品注册申报积压严重，一些创新药品上市审批时间过长，部分仿制药质量与国际先进水平存在较大差距的问题，颁布了《国务院关于改革药品医疗器械审评审批制度的意见》(国发〔2015〕44号)，核心目的在于提高药品质量，主要目标是建立科学、高效的审评审批体系。希望通过改革，推动医药行业结构调整和转型升级，实现上市产品有效性、安全性、质量可控性，达到或接近国际水平，更好地满足公众用药需求。2017年10月8日中共中央办公厅国务院办公厅再次颁布了《关于深化审评审批制度改革鼓励药品医疗器械创新的意见》，开启了近年来药监历史上规模最大的改革，主要集中在：① 改革临床试验管理；② 加快上市审评审批；③ 促进药品创新和仿制药发展；④ 加强药品医疗器械全生命周期管理；⑤ 提升技术支撑能力；⑥ 加强组织实施六个方面。其中推动上市许可持有人制度、临床试验机构资格认定实行备案管理、临床试验申请审批和接受境外临床试验数据等都是此次改革的重点和热点。这次的药品法规体系的变革对于我国医药行业的发展有着非常深刻的意义。

针对上述监管制度改革要求，2019年对《中华人民共和国药品管理法》再次进行了修订，于 2019 年 8 月 26 日通过，自 2019 年 12 月 1 日起施行。修订的内容主要体现在以下 6 个方面，其中药品省市许可持有人制度以及一系列的加快药品审评审批的制度是这一版药品管理法的亮点。

(1) 强化了药品研制的管理，强化了上市后监管和药品的供应保障，从篇章结构方面进行了重大调整。

(2) 完善了药品管理法的立法宗旨，将保护和促进公众健康作为药品监管的立法宗旨。

(3) 确定了药品管理的基本原则，即风险管理、全程管控、社会共治，推进药品监管的现代化。

(4) 确立了药品上市许可持有人制度、药品全程追溯制度、药物警戒制度，附条件审批制度、优先审批制度等一系列制度，促进了我国药品监管法律的现代化。

(5) 强调了药品监管体系和监管能力建设。

(6) 完善了药品安全的责任制度，坚持重典治乱，严惩各种违法行为。

针对疫苗行业的特殊性，制定了《中华人民共和国疫苗管理法》，于 2019 年 6 月 29 日通过，自 2019 年 12 月 1 日开始施行。

2.3 美国药品监管

2.3.1 法规框架

美国有关药品监管的法律法规分为三个层次。

第一个层次是联邦法律，美国宪法将所有的立法权授予众议院和参议院两院组成的国会(Congress)。当法案由两院的成员提出后，经过相关主题委员会审查或召开听证会，由两院投票通过，最后交由总统签署。签署后的法案则视为生效。正式发布的成文法会根据其规范的内容，被编入《美国法典》(United States Code, U. S. C.)中 54 个相应主题的相关卷中，其中主题 21 包含了有关食品与药品的成文法。《联邦食品、药品和化妆品法令》在《美国法典》主题 21 中 321～399i 部分中可以找到，其中 351～360fff－7 部分是有关药品和医疗器械的①。另外有关规范生物制品的是《公众健康服务法案》在《美国法典》主题 42 中可以找到②。这两部法律再加上其他一些联邦法规组成 FDA 遵从的法规框架，如《处方药付费法案》(Prescription Drug User Fee Act, PDUFA)、《FDA 现代化法案》(Food and Drug Administration Modernization Act, FDAMA)、《FDA 现代化法案修正案》《FDA 安全与创新法案》(Food and Drug Administration Safety and Innovation Act, FDASIA)等。

第二个层次是 FDA 在以上法律基础上依照《行政程序法案》或其他联邦法律制定的一系列法规，FDA 可以通过法规来落实法律的实施。法规的作用是进一步解释和描述法律的强制性执行。起草法规过程中包括“告知和征求意见”，允许公众对于 FDA 提出的法规在最

① 详见 http://uscode.house.gov/browse/prelim@title21/chapter9/subchapter5&edition=prelim。

② 详见 http://uscode.house.gov/browse/prelim@title42/chapter6A&edition=prelim。

终版发布前提出意见。FDA 颁布的法规也属于联邦法律。新法规或现有法规的变更内容，会在联邦公报(Federal Register)上进行公布。规范食品与药品的法规被收录在《联邦法规汇编》(Code of Federal Regulations，CFR)的主题 21① 中。规范药品的联邦法规主要有以下几种。

(1) 新药和仿制药申请要求(主题 21 中的 314～600 部分)。

(2) 药品生产、包装或储存的良好管理规范(主题 21 中的 210 部分)。

(3) 药品制剂的良好管理规范(主题 21 中的 211 部分)。

第三个层次是 FDA 根据"良好指南制定规范"发布的 FDA 指南，指南说明了 FDA 对于监管内容的目前的想法。指南通常不具有法律效力。FDA 编制的指南涵盖了所有药品生命周期的各个阶段，包括临床试验、药学研究、质量合规等②。

2.3.2　药监机构

美国食品药品监督管理局(FDA)是美国政府在健康与人类服务部(Department of Health and Human Services，DHHS)下属的执行机构，是保护公共健康和安全的科学法律机构，监管范围非常广，主要包括食品、药品、生物制品、医疗器械、放射性电子产品、烟草等与公众健康安全息息相关的各行各业。通过保证人用药品、兽药、生物制品和医疗器械的安全和有效以及食品供应、化妆品和放射产品的安全进而保护公众健康，帮助加快创新，使药品和食品更有效、安全、易获得，保证公众得到所使用的药品和食品的正确、科学的信息。

FDA 总部位于美国马里兰州，在全国范围有 5 个区域办公室，20 个地区办公室，在中国、印度等地设有海外办公室。

2.3.3　与药品相关的主要监管机构及其职责

美国 FDA 由局长办公室、四大监管核心职能的部门，包括药品和烟草、食品和兽药、全球监管运营和政策以及日常运营。图 2-1 为 FDA 的组织架构图。

1. 药品与烟草办公室

药品与烟草办公室领导药品、生物制品、医疗器械和烟草产品各中心，并负责跨部门的高层协调。其中药品审评和研究中心及生物制品审评和研究中心主要负责药品和生物制品的新药以及新适应证的审评和批准。

2. 药品审评和评价中心(CDER)

药品审评和评价中心通过确保人们获得安全、有效的药品来促进基本的公众健康。

① 详见 https://www.accessdata.fda.gov/scripts/cdrh/cfdocs/cfcfr/CFRSearch.cfm。

② 所有与药品相关的指南可以参见网址 https://www.fda.gov/drugs/guidances-drugs/all-guidances-drugs，大约 810 个。

所有与生物制品相关的指南可以参见网址 https://www.fda.gov/vaccines-blood-biologics/guidance-compliance-regulatory-information-biologics/biologics-guidances，大约 541 个。

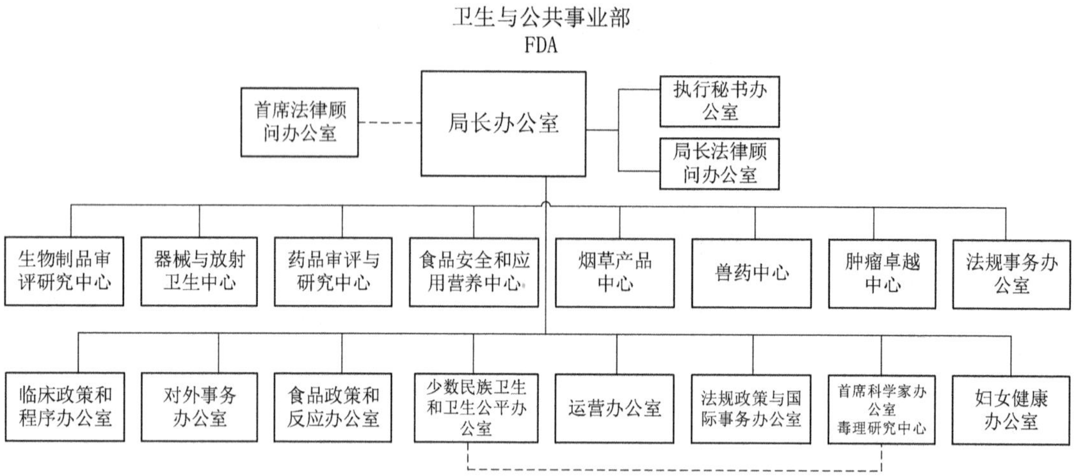

图 2-1 美国 FDA 组织架构图

CDER 负责监管非处方药和处方药，包括治疗性生物制品和仿制药。主要包括以下与药品直接相关的办公室。

（1）新药办公室（OND）

新药办公室包括 6 大办公室和 19 个部门。主要负责审评并批准药品申请，为确保有效的审评流程而制定指南和方针。OND 审评药品申请，与工业界互动，并对药品是否收益大于风险作出最终决定。

（2）仿制药办公室（OGD）

通过法规流程保证美国公众获得安全、有效和高质量的仿制药。FDA 批准的仿制药占美国药品处方量的 88%。

（3）药物质量管理办公室（OPQ）

药物质量管理办公室的承诺是为美国公众提供质量符合要求的药品，它整合了药品的审评、检查、上市监管、政策和研究活动以在全球范围内加强药品质量。OPQ 提倡"一个质量声音"，在所有生产场地（国内和国外）以及所有药品领域包括新药、新生物制品、仿制药、生物类似药以及非处方药和调剂的药品，创造统一的质量程序。OPQ 也鼓励采用新技术来提高药品质量和潜在的重振药品制造业。

（4）合规办公室（OC）

合规办公室通过合规政策和基于风险的强制法规行动使病人免于接受质量差、不安全和疗效差的药品。根据法律和科学制订战略和基于风险的决定以强化全球合作，推进自愿合规和采取果断、快速的行动以保护病人。负责通过实施工厂检查、产品测试和其他上市前及上市后的合规行动来监控药品质量，为全球 FDA 办公室采取调查和法规行动提供支持和指导。警告信通常由该办公室签署发出。

3. 生物制品审评和评价中心（CBER）

生物制品审评和评价中心的承诺是通过监管生物制品及相关产品包括血液、疫苗、抗过敏产品及组织、细胞和基因治疗产品来保证和加强公众健康。CBER 负责通过评估制造商提交的科学的临床数据来决定新的生物制品以及已批准生物制品新适应证是否符合 CBER 的批准标准。CBER 针对预期使用人群和产品的预期用途的风险—效益比做出决定。CBDR 的授权来自“公众健康服务法案”和“食品、药品和化妆品法案”的一些部分。

4. 监管事务办公室(ORA)

监管事务办公室隶属于全球监管运营和政策办公室，是所有区域办公室的领导办公室，ORA 检查监管的产品及其制造商，进行采样分析，评估进口产品，对客户投诉、紧急情况或犯罪行为进行调查。ORA 也与各级地区及境内外的类似机构一起合作。

FDA 的药品生产质量监管主要有 3 组机构：① 审评部门，是位于 CDER 和 CBER 内部的负责新药和仿制药审评的机构；② 合规部门，合规办公室负责药品生产质量管理规范法规和相关指南的制定，向 ORA 提出现场检查要求，审评检查报告并作出合规决定；③ 检查部门，ORA 负责 GMP 现场检查及生物制品、医疗器械和食品的现场检查以及实验室检测工作。

2.3.4 药品生产监管法规

CGMP 是指 FDA 颁布的现行的 GMP 法规，FDA 通过监控药品制造商是否符合现行 GMP 法规来保证药品的质量。现行药品 GMP 包含了方法、厂房和药品生产、工艺和包装的控制的最低要求，法规确保了药品可以安全使用并包含了说明书或标签上申明的成分和组成。CGMP 的要求比较灵活，允许药品制造商自行决定通过科学良好的设计、工艺方法和测试程序来最好地实施必要的控制。法规的灵活性还允许制造商使用现代技术和创新方法来持续改进，寻求高质量。因此，“C”在 CGMP 中代表“现行的”，要求制造商使用最新的技术和系统以满足法规要求，防止污染、混淆和出错。采用 10 年或 20 年前的技术是不合适的。美国 FDA 人用药品 GMP 由两部分组成，即 CFR Part 210[①](药品生产、包装或储存的良好管理规范，总则)，和 CFR Part 211[②](药品制剂的当前生产质量管理规范)。

2.3.5 与检查相关的手册

FDA 的合规程序指导 FDA 工作人员评估行业是否符合食品、药品、化妆品以及其他法律的活动。合规程序指南手册根据不同产品进行分类，相关内容颁布于 FDA 网站[③]。

现场检查可分为新药和仿制药申请的批准前检查、常规 GMP 检查(通常每两年一次)及有因检查。其中，批准前检查是应审评部门要求，由合规部门发起、检查部门实施的，审评和

① 参见 https://www.ecfr.gov/cgi-bin/retrieveECFR?gp=&SID=7427ed8df582d5624abeeb8ac50f9c1a&mc=true&n=pt21.4.210&r=PART&ty=HTML。

② 参见 https://www.ecfr.gov/cgi-bin/text-idx?SID=7427ed8df582d5624abeeb8ac50f9c1a&mc=true&node=pt21.4.211&rgn=div5。

③ 具体可参见 https://www.fda.gov/inspections-compliance-enforcement-and-criminal-investigations/compliance-manuals/compliance-program-guidance-manual-cpgm。

合规人员有时也会参与；常规 GMP 检查由合规部门通过风险评估的模型建议检查部门执行。检查部门也可发起常规 GMP 检查和有因检查。

检查的内容：基于风险和系统（即质量系统、设施和设备系统、物料控制系统、生产系统、包装和贴签系统、实验室控制系统等 GMP 六大系统），分为全面检查（至少查 4 个系统）和简略检查（至少查 2 个系统），其中质量系统是必查的，其他系统由检查部门地区办公室根据风险评估选择。

检查的时间：批准前检查中，原料药一般 1 周，无菌制剂最长，一般 2 周；常规检查可能更长；有因检查视事件性质而定。FDA 现场检查结束后，检查员初步评估 GMP 合规/违规性，在离开工厂前向工厂经营者或代理人提供 GMP 违规的通知，即“483”缺陷表。“483”缺陷表是检查员填写违规发现表格的名称，全称为“FDA 表 483 现场检查观察”。检查员在检查结束回到办公室后，在两周内完成正式检查报告（Establishment Inspection Report，EIR），如有需要提交推荐的监管方案，交由上级官员评估。

如果出现违规即被视为一个“案件（Case）”，每个“案件”都必须通过监管措施解决。合规审评员负责审评“案件”解决方案，并批准解决“案件”相应的整套监管方案。FDA 法律顾问负责审评由 CDER 批准的“案件”整套监管方案在法律和证据方面的完整性和一致性。由地区办公室负责监督参与“案件”整套监管方案执行的工厂管理层或个人。当工厂的整改完成并符合要求时，经合规部门同意，工厂的合规状态可以恢复正常，回到 FDA 正常（非“案件”性）监管程序中。

2.4 欧盟药品监管

欧洲联盟（European Union，EU），简称欧盟，总部设在比利时首都布鲁塞尔，由欧洲共同体发展而来，创始成员国有 6 个，分别为德国、法国、意大利、荷兰、比利时和卢森堡。

1991 年 12 月 11 日，欧洲共同体在马斯特里赫特首脑会议通过《欧洲联盟条约》，亦称《马斯特里赫特条约》。1993 年 11 月 1 日，《马斯特里赫特条约》正式生效，欧洲共同体更名为欧盟，欧盟正式诞生。标志着欧洲共同体从原来的经济实体向经济政治实体过渡。2007 年 10 月 18 日，欧盟 27 个成员国的首脑在葡萄牙首都里斯本就《里斯本条约》的文本内容达成共识。目前的欧盟是在此基础上的拥有 27 个会员国的联盟。

欧盟下设 7 个机构，欧洲议会、欧洲理事会、欧洲委员会、欧盟理事会、欧盟法院、欧洲审计院和欧洲中央银行，其中欧洲委员会（European Community，EC）是欧洲联盟的常设机构和执行机构，负责实施欧洲联盟条约和欧洲理事会做出的决定，向理事会和欧洲议会提出报告和立法动议，处理联盟的日常事务。

2.4.1 欧盟药事法规框架

欧盟的药事法规大体由两个层面组成。

第一个层面是法规（Regulation）和法令（Directives）。法规和指令主要由欧盟议会和欧盟理事会颁布。其中法规由各成员国或欧盟机构直接实施。而法令主要规定了需要达成的目的，需要各成员国进行转化，在本国法规体系中定义如何实施。法规和法令均具有强制法律效力，类似于我国的药品管理法和药品管理法实施条例。主要有关药品上市和监管以及欧洲药品管理局(European Medicines Agency, EMA)，孤儿药、儿科用药的管理，药品审评和其他监管费用，人用药品上市许可、生产和进口、广告、药物警戒以及上市后监管，临床试验的管理，药品价格和医疗保险等的法规和指令。

第二个层面是欧洲委员会依据有关法令和法规而颁布实施的药品注册监督管理程序和GMP规定，也是制药行业在药品研发申报和药品生产中需要遵循的具体法规程序，具有强制法律效力。

欧盟的人用药品GMP方面的法规可以分为三部分以及一些附录。第一部分，人用药品制剂的GMP原则；第二部分，人用和兽用药品的活性成分的GMP原则；第三部分，阐述法规机构的期望的GMP相关文件(这些文件不具有强制法律约束效力，但是表明了法规机构的期望，是现行最佳实践的信息来源)。

其中，指令Directive2003/94/EC规定了第一部分；指令2001/83/EC的47款(Article47)和指令2001/82/EC的51款(Article51)规定了第二部分，这部分内容也来源于ICH Q7A"原料药生产质量规范"。欧洲药品管理局(EMA)颁布实施的一些技术性指南(Guidelines)和对一些法规条款所作出的技术注释(Note)规定了第三部分。

现行的欧盟药事法规主要由10卷[①]，分别为：

卷1——人用药品的欧盟药品法律。

卷2——人用药品的通知申请者及法规指南。

卷3——人用药品的科学指南。

卷4——药品的生产质量管理规范。

卷5——兽用药品的欧盟药品法律。

卷6——兽用药品的通知申请者及法规指南。

卷7——兽用药品的科学指南。

卷8——残留最大限度。

卷9——人用和兽用药品的药物警戒指南。

卷10——临床试验指南。

2.4.2 欧盟GMP

GMP描述了药品制造商在药品制造过程中必须满足的最低标准。GMP要求药品具有恒定的高质量；适用于预期用途；符合上市许可或临床试验许可；适用于人用原料药的法律RegulationNo.1252/2014和人用药品的指令Directive2003/94/EC以及适用于兽用药品的指令91/412/EEC。

欧盟GMP正文提供了对于这些原则和指南的进一步解释，一系列的指南提供了特定类型产品或特定主题的详细指南和要求。

---

① 具体参见https://ec.europa.eu/health/documents/eudralex。

目前欧盟 GMP 由第一部分“药品基本要求”，第二部分“作为起始原料的活性成分的基本要求”，第三部分“GMP 相关文件”以及 19 个附录组成①。

2.4.3 《欧盟检查和交流信息法规汇编》

为了促进欧盟成员国药品检查机构之间的 GMP 检查合作以及协调统一，EMA 编撰了此汇编，包括药品检查机构的质量体系、快速警报体系、GM/DP 检查程序、检查文件记录模板和不符合申明模板等，其是很好地了解 EMA 如何在发现不符合或紧急事件时进行信息沟通和 GMP 检查流程的参考文件②。

2.4.4 欧洲药典

欧洲药典是从事药品生产和控制的专业人士都需要使用的官方参考书，其目的是定义药品和主要成分的法定质量标准。这就意味着，病人可以在任何欧洲国家购买药品，不管其药品的品牌或类型(原研药或仿制药)，药品的质量都是一样的。所有在欧洲上市的药品都必须符合欧洲药典中的标准。

2.4.5 欧盟药品监管机构

欧洲的药品监管体系比较独特，是由 50 多个欧盟经济共同体成员国的药品监管机构组成的紧密合作的监管网络、欧洲药品管理局(EMA)以及欧盟委员会一起组成。该监管网络由来自各成员国遍布欧洲的上千位专家组成的专家库支持，EMA 和各成员国可以在评估新药和新的安全信息时共享专家资源，也在药品监管方面互相交流信息，例如，报告药品的不良反应、监管临床试验和检查药品生产企业，以及 GCP、GMP、GDP、GVP 的合规。欧洲法律要求各成员国的药品监管机构在药品的上市许可和监管上统一法规和要求。

1. 欧洲委员会

欧洲委员会主要负责改变或搁置以集中程序申请的药品上市申请。当某个成员国批准的药品出现安全事件后以及根据欧盟药物警戒风险评估委员会建议在所有成员国内有必要采取统一的监管措施时，在欧盟范围内采取行动。欧洲委员会也可以采取其他法规行为，如提议新的或修改法律法规；根据欧盟法律采纳执行措施并监督其正确实施；确保和相关国际合作方的合作并推广欧盟药品法规体系全球化。

2. 欧洲药品管理局(EMA)

EMA 成立于 1995 年，主要负责欧盟境内使用的创新和高技术药品的科学审评。是一

---

① 具体参见 https://ec.europa.eu/health/documents/eudralex/vol-4_en。

② 具体参见 https://www.ema.europa.eu/en/documents/regulatory-procedural-guideline/compilation-community-procedures-inspections-exchange-information_en.pdf。

个“虚拟的药监机构”，成立的目的是确保最好地利用欧盟境内的科学资源进行审评、监管药品以及药物警戒工作。主要职能是针对以集中程序申请的上市许可，给出批准/修改的意见；发表相关的科学建议；协调 EU/EEA 成员国之间的统一；为申请者提供指南。各成员国专家以科学委员会、工作组、科学顾问工作组或其他临时顾问组成员的身份参加 EMA 的工作，或者作为成员国审评小组的成员审评药品。EMA 下设 7 个科学委员会，包括人用药品委员会、药物警戒风险评估委员会、兽用药品委员会、孤儿药委员会、草药委员会、先进治疗委员会和儿童用药委员会。

3. 欧盟成员国监管机构

欧盟各个成员国监管机构都设有监管人用和兽用药品的机构，负责各成员国内的药品监管，通过多次检查来确保成员国内的生产商和进口商符合法规要求，并且与其他成员国监管机构互认检查报告和检查结果，遵从欧盟检查和信息互换的程序交流信息，作为主管药监机构颁发药品生产许可或进口许可，颁发 GMP 检查证书，批准以非集中程序申请的药品上市申请。各成员国监管机构在药品监管机构负责人论坛中紧密合作，协调彼此间的工作。

4. 欧洲药品质量监管局/欧洲药典

药品质量和健康欧洲理事会(European Directorate for the Quality of Medicines, EDQM)是欧洲委员会中一员，成立于 1964 年，当时欧洲委员会通过了制定欧洲药典的国际公约，其目的是制定一个通用的欧洲药典。“公约”先设立了一个技术秘书处，多年后演变为一个理事会，业务范围不断扩大。符合欧洲药典的质量要求是在 38 个成员国药品上市的先决条件。截至 2018 年 4 月，“公约”签署国—欧盟 38 个成员国致力于在整个欧洲大陆及其他地区实现安全药品的质量标准统一。除欧盟成员国，还有 30 名观察员——来自各大洲的 28 个国家和地区、中国台湾食品药品管理局和世界卫生组织。

EDQM 除了出版《欧洲药典》和出售标准品，同时还对已被《欧洲药典》收载的原料药提供欧洲药典适应性证书(CEP)。这是一个独立的质量评价程序，即欧洲药典适用性认证(Certification of Suitability to Monograph of European Pharmacopoeia，早期简称 COS，现简称 CEP)，对于通过认证的原料药，将授予一个欧洲药典适用性证书，即 CEP 证书。如果拟上市的药品中使用的原料药已获得 CEP，上市许可申请(Marketing Authorization Application, MAA)可直接使用该证书，审评当局不再对原料药的质量进行评价。

2.4.6 欧盟药品上市许可流程

1. 药品上市许可

为了保证公众健康以及欧洲公民获取高质量、安全有效的药品，所有药品在上市前，都应获得批准。欧盟上市申请可以采用不同的途径进行申报。

集中审评程序允许药品基于欧盟范围的审评批准上市，该药品上市许可可以在整个欧洲范围内生效。制药公司向 EMA 递交上市申请，人用/兽用药品委员会对申请进行科学审评并向欧洲委员会递交是否批准的建议。当欧洲委员会批准后，这个集中审评获得的上市许可在全欧盟成员国范围内有效。对于大多数创新药物包括罕见病药都采取集中审评程序。

然而欧盟的大部分药品上市许可没有采用集中审评程序申请，而是由各成员国的药监机构批准。当制药公司想在几个国家获得药品上市许可时，可以采用非集中审评程序或互认程序。

非集中审评程序：指制药公司对于从未在欧盟上市又不属于采用集中审评程序范围的药品，可以同时向几个成员国药监机构申请上市许可的程序。

互认程序：当制药公司在一个成员国拥有药品上市许可，可以申请这个上市许可被其他成员国认可。这个程序允许各成员国依靠彼此的科学审评。在欧洲，药品上市许可的规则，不管采用何种途径进行申请，其要求是一样的。

2. 药品生产/进口许可

在欧盟境内生产药品或进口和分销药品，都需要取得许可后方可进行相关业务。各成员国的药监机构负责颁发其境内的这些业务的许可证书。所有生产和进口许可证书都会输入 Eudra GMDP 数据库，这个数据库部分向公众开放，由 EMA 维护。

欧盟境内的药品生产商由欧盟药监机构检查，包括欧盟境外的生产商，除非存在欧盟和该国的互认协议，不需检查。各个成员国都可以查见检查结果。

可以通过多种方法保证各成员国药品检查机构的一致性，包括采用统一的法规，统一的 GMP，统一的检查程序、技术支持、会议、培训以及内部和外部审计。

为了出口原料药至欧盟，原产国药监机构需要提供书面证明说明该国家采用的 GMP 至少等同于欧盟 GMP 标准要求。有些国家的原料药监管体系经过欧盟评估被认为是等同的，这些国家的原料药出口商可以豁免此证书。

每批药品放行至欧盟市场，必须被证明其生产和检验过程符合 GMP 要求以及上市许可申请的申报资料。如果药品在欧盟以外生产并进口至欧盟，需要在欧盟境内进行全项测试，除非出口国和欧盟之间存在互认协议。

3. 药品经销许可

在欧盟境内药品经销商，需要取得经销许可，经销许可由各成员国药监机构颁发，药品经销商可以通过互认协议，使其经销许可在其他经互认的成员国有效，以达到全欧盟范围内经销药品的目的。

4. EuDra GMP

为了支持整个欧盟药品的监管网络，2007 年 EMA 上线了一个用于 GMP 合规信息交流的数据库 Eudra GMP，这个数据库包含了欧洲经济共同体范围内所有的人用药品和兽用药品的生产商信息以及经过欧盟监管机构检查的欧洲经济区（EEA）境外的生产商信息，包含具体的生产和进口许可信息以及 GMP 检查证书信息。2011 年 2 月 1 日，该数据库中放入了不符合申明，并且部分向公众开放，可以查见生产商的符合和不符合信息。

2.5　国际人用药品注册技术协调会(ICH)

国际人用药品注册技术协调会(The International Council for Harmonisation of Technical Requirements for Pharmaceuticals for Human Use，ICH)是一个由美国、日本和欧盟三方的政府药品注册部门和制药行业在 1990 年发起的国际性非营利组织，该组织依照瑞士法律成立于 2015 年 10 月，主要目的是协调全球药品监管系统标准化。

在成功运作 25 年后，为了更好地应对全球药品监管和行业发展的巨大变化和挑战，特别是强化监管机构在国际法规协调方面的主导作用，ICH 在 2015 年 10 月 23 日召开大会宣布对 ICH 进行改革。ICH 吸纳了全世界更多的监管机构参与其中，并融合所有重要的监管机构和业界相关方，以促使其成为全球药品监管协调的关键平台。此次改革的另一个重要内容是通过在瑞士设立 ICH 理事会的合法实体，以保证其运作模式更加稳定和规范。

2.5.1　目的和使命

ICH 通过对相关技术要求进行国际协调，加快引进创新药，确保患者能够持续获得已批准药物，从而保护公众健康，同时避免在人体上重复开展临床试验，以经济有效的方式来保证研发、注册和生产的药物安全、有效且高质量，同时在不影响安全性和有效性的前提下最大限度地减少动物试验，具体如下。

(1) 在药品注册与注册维护的技术指导原则和要求的解释与应用中，为实现更大程度的协调提出建议。

(2) 论坛的维护，就药品技术要求的协调在监管机构和医药行业间构建科学问题对话。

(3) 出于国际视角，为保护公众健康作出贡献。

(4) 监测与更新协调的技术要求，使研发数据更大程度地相互接受。

(5) 因治疗的进步和药品生产新技术的发展，通过对需要议题的协调，避免未来要求的不同。

(6) 促进采纳新的或改善技术研究与开发方法，更新或替代目前做法。

(7) 通过协调指导原则及其使用方面信息的传播、交流及培训，鼓励通用标准的实施与接轨。

(8) 制定 ICH 监管活动医学词典(Med DRA)术语的政策，同时确保 Med DRA 作为方便人用药品国际监管信息分享的标准化词典的科学与技术维护、开发和传播。

2.5.2　成员

ICH 目前有成员单位 14 个，由监管机构和行业协会两部分组成，除此之外还有 23 位观察员，也同时包括监管机构和行业协会。

2017 年 5 月 31 日至 6 月 1 日，ICH 2017 年第一次会议在加拿大蒙特利尔召开。会议通过了中国当时的国家食品药品监督管理总局的申请，成为其正式成员。

2018 年 6 月 7 日，在日本神户举行的 ICH 2018 年第一次大会上，中国当时的国家药品监督管理局当选为 ICH 管理委员会成员。

2.5.3 指导原则

ICH 的指南分为四大部分，质量、安全、有效性和多学科（M）指导原则[①]。

质量（Quality，Q）指导原则：在质量领域经协调统一的关键的里程碑式的指南文件，如稳定性研究、杂质测试的阈值以及基于 GMP 风险的更为灵活的药品质量管理。目前共有指导原则 44 项。

安全（Safety，S）指导原则：一套完善的阐述潜在风险的安全指导原则，主要是临床前研究，如致癌、遗传毒性和生殖毒性。目前共有指导原则 16 项。

有效性（Effectiveness，E）指导原则：有关 ICH 开展的与药物有效性相关的临床试验的设计、实施、安全和报告的工作，也涵盖了由生物技术工艺驱动的新型药物以及运用药物遗传学/基因组学技术来生产更好的靶向性药物。目前共有指导原则 30 项。

多学科（Multidisciplinary，M）指导原则：主要指一些内容交叉涉及以上三个分类，不可单独划入任何一类的指导原则，包括 ICH 医学术语（Med DRA）、通用技术文件（Common Technical Document，CTD）和转化法规信息的电子标准的开发进程。目前共有指导原则 50 项。

ICH 指导原则制修订过程一般分为 5 个阶段。

第 1 阶段构筑共识：新议题提案经大会批准成为新议题后，成立专家工作组。专家工作组依据概念文件和业务计划不断讨论形成第 1 阶段技术文件（Step 1 Technical Document），即指导原则草案的基础。

第 2 阶段又分为 2a 和 2b。第 2a 阶段确认共识：第 1 阶段的技术文件经大会批准后，全体成员大会成员将对技术文件共识进行确认，形成第 2a 阶段终版技术文件（Step 2a Final Technical Document）。第 2b 阶段采纳指导原则草案：根据第 2a 阶段终版技术文件制订第 2b 阶段指导原则草案（Step 2b Draft Guideline），并由 ICH 监管机构成员确认过程。

第 3 阶段监管机构征求意见和讨论：ICH 各地区/国家的监管机构对指导原则草案公开征求意见。根据反馈的意见，专家工作组进行讨论，修改指导原则草案。

第 4 阶段采纳指导原则：大会监管机构成员对指导原则草案达成最终一致并通过。

第 5 阶段实施指导原则：ICH 各地区/国家监管机构通过各自行政程序实施指导原则。

---

① 具体的指导原则可以参见 https：//www.ich.org/products/guidelines.html，在国家药品监督管理局药品审评中心的官网上颁布了部分 ICH 技术指南的中文译稿 http：//www.cde.org.cn/policy.do？method=policy_index。

2.6　药品检查合作机制

药品检查合作机制(The Pharmaceutical Inspection Co-operation Scheme，PIC/S)成立于 1995 年，由成立于 1970 年的药品检查协定(Pharmaceutical Inspection Co-operation，PIC)发展而来，是监管机构之间在人用药品和兽用药品的 GMP 领域内非法律链接的非正式合作机制，目前有来自全世界的 52 个成员机构(欧盟、非洲、美洲、亚洲和澳大利亚)。其目的是通过在 GMP 领域内起草统一标准并为检查员提供培训，未来在世界范围内统一检查程序以及推进监管机构、区域和世界组织之间的合作和交流，进而增加互信。

PIC/S 的愿景是领导全世界在药品领域产生、执行和维护统一的 GMP 标准以及一致的检查机构的质量体系。主要通过产生和推行统一的 GMP 标准和指南文件；培训监管机构和检查员；评估检查机构并推进监管机构与国际组织之间的合作和交流。

2.6.1　组织架构和运行模式

由所有成员方组成的委员会(PIC/S 委员会)管理协调机制的日常运营，所有决定都需要全体一致通过。委员会的工作主要由 7 个分支委员会、执行局以及一个秘书处来支持完成。

PIC/S 向所有药品监管机构开放，通过统一的评估程序，药品监管机构可以成为其成员。加入 PIC/S 可以获得更多的培训机会，如有机会参与国际 GMP 标准协调；与更多的国际机构或检查员之间进行交流；通过 PIC/S 快速警报和召回系统获得药品危机事件信息等。

2.6.2　主要指南

PIC/S 的 GMP 基本与欧盟一致，除了附录 16“质量受权人与产品放行”以外①。

除了 GMP 以外，PIC/S 还起草了一些其他指南，如工厂主文件(用于描述工厂基本情况)，药品检查机构的质量体系要求等。

为了统一药品 GMP 检查领域的标准和程序，PIC/S 还起草了一系列的检查备忘录供官方检查员使用，也为工业界提供了参考②。

2.7　总　　结

综上所述，由于药品的特殊性，在绝大多数情况下药品的使用者无法有效判别药品的质量，且药品的质量与每一个人的生命健康息息相关。药品全生命周期的监管是十分必要的，理解法规和相关技术规范的要求和意义对于药品生产质量管理也是至关重要的。

---

① 详见 https://www.picscheme.org/en/publications?tri=gmp。

② 详见 https://www.picscheme.org/en/publications?tri=all。

思考与讨论

1. 为什么要建立药品监督管理体系？
2. 概述中国药品监督管理体系。
3. 概述美国药品监督管理体系。
4. ICH 是什么组织的缩写，该组织成立的目的是什么？

第3章

药品质量管理体系

3.1 概　　述

药品作为涉及公众生命健康和安全的一种特殊商品，由于其特殊的属性，药品生产企业无法对每一剂药品单独进行检验，仅能够依据抽检结果提供对某个批次药物质量的判断，而且经检验符合标准的产品也不意味着产品质量不存在风险。

案例 1　“齐二药”亮菌甲素注射液致患者死亡的公众药害事件

2006 年 5 月广州市中山大学附属三院 65 名患者陆续使用了齐齐哈尔第二制药有限公司生产的亮菌甲素注射液，部分患者出现肾衰竭等严重症状，其中 13 名患者最终死亡。事件爆发后，广东省药品检验所对涉事药品进行质量检验，结果显示，厂家使用药用二甘醇取代丙二醇生产亮菌甲素注射液。后被国家食品药品监督管理局认定此药为假药，撤销该企业亮菌甲素注射液的生产许可，并封存了所有库存药品共计 118 万支。经调查，齐齐哈尔第二制药有限公司原辅料采购及质量检验工序管理不善，相关主管人员和工序负责人违反采购及质量检验的管理规定，购买并使用了假冒的药用辅料丙二醇，最终酿成严重后果。该企业质量体系的不健全，质量管理人员工作严重不到位。这是一起典型的因药品生产企业质量管理体系缺陷造成的公众药害事件。

案例思考：

为确保患者获得安全、有效的药品，企业应当如何做？

作为质量管理方法的一种，质量管理体系方法始于第二次世界大战。战争期间，美国军方为应对军工产品质量，决定采取建立质量保证体系的方式来加以改进和控制。20 世纪 50 年代，美国出台了军用标准 MIL－Q－9858A《质量大纲要求》。随着全面质量管理的出现，质量管理体系方法的理论和实践也得到了很大发展。20 世纪 80 年代中期，ISO9000 国际标准的出现，标志着这种方法已经得到全世界公认。

我国在 20 世纪 80 年代初开始引进全面质量管理(Total Quality Control，TQC)，此时人们并没有认识到质量管理需要质量管理体系方法。那时，人们还把产品质量仅仅当作一个技术问题，把全面质量管理仅仅理解为“三图一表”[①]或 QC 小组。进入 20 世纪 90 年代，

---

① 三图一表通常为排列图、因果图、管理图和对策表。

国内开始推行ISO9000国际标准，人们才逐渐认识到质量管理需要质量管理体系方法，质量也才逐渐成为组织的战略问题。

药品的质量与人类的生命息息相关。做好药品质量的管理是保障药品质量安全的重要措施。药品质量管理理念的发展经历了由检验论到生产论，再到设计论和风险论的不同阶段。

在1998年版GMP实施之前，企业管理理念是合格的产品是通过检验来控制的，药品质量是否合格，是通过对药品的检验来判断其是否符合标准的限度要求。生产论是在检验论的基础上，从药品质量控制到对生产全过程的关注，强调质量是生产出来的，而不是检验出来的，通过综合生产过程中的各个环节来对药品质量进行控制，最后才对最终产品进行质量检验，以更好地确保药品质量。2010年版GMP的第二章第二节第九条中提道："质量保证体系应当确保药品的设计和研发体现本规范的要求，生产管理和质量控制活动符合本规范的要求。"欧盟和美国FDA称这种理念为"质量源于设计"(Quality by Design，QbD)。设计是药品生产的源头，有了好的药品设计方案和工艺，便能为药品的质量提供一个良好的开端，从而建立能够确保药品质量的稳定工艺，为生产产品的质量保证提供可能。2010年版的GMP第二章第四节中单独提出了质量风险管理的理念。质量风险管理是在整个产品生命周期中采用前瞻或回顾的方式，对质量风险进行评估、控制、沟通、审核的系统过程。

在药品GMP实施二十多年的今天，部分药企理念仍处在检验论阶段，更多的企业能够自觉实施药品GMP，但仍处在生产论阶段，很少有企业处于设计论阶段，提升到风险论阶段的企业更是稀少。鉴于每种理念都存在局限性，药品质量管理理念在继承原有理念的基础上进行了发展。设计论虽然不仅局限于药品研发，侧重点还是在于药品研发设计；而风险论就是药品质量风险管理，贯穿了药品生命周期的每一个阶段，目标是在形成药品质量管理的整个过程都要实现风险管理，因而，其更接近药品质量控制的核心，更能保证药品质量。

通过质量管理体系可以：① 完善组织内部管理，使质量管理制度化、体系化、法制化，提高产品质量，并确保质量的稳定性；② 提高产品的市场竞争力，借此机会树立组织的形象，提高组织的知名度，形成名牌企业；③ 促进发展外向型经济，增进国际贸易，扩大市场占有率，完善管理制度。

3.1.1 法规要求

我国制药法规关于质量管理的规定是在不断发展和完善的，1998年版GMP关于质量管理的规定仅局限于对质量管理部门的主要职责进行描述，更多关注于具体质量要素及其过程，如较大程度偏重于实验室方面管理，面对生产全过程的质量控制强度不够，且缺少对质量管理战略的整体考虑。在质量活动的全面性、管理范围的系统性以及质量概念的明确性等方面都与现代质量管理体系的理念有很大差距。事实上，任何质量活动的有效实施，都需要一个完整、有效的质量系统作保证。任何质量要素及其过程都不可能是独立的，而是与多个要素相互关联，这实质上就构成了质量系统。现行2010年版GMP提出了质量管理体系的概念，而且将药品质量管理体系的建立提到了法规的高度。

3.1.2　基本概念及相互关系

质量(Quality)是指为符合预定用途所具有的一系列固有特性的程度。依此,药品质量是指为了满足药品的安全性和有效性的要求,产品所具有的成分、含量、纯度等物理、化学或生物学等特性的程度。

质量管理体系(Quality Management System, QMS)是指建立质量方针和质量目标,并为达到质量目标所进行的有组织、有计划的活动。

质量保证(Quality Assurance, QA)是质量管理的一部分,强调的是为达到质量要求应提供的保证。质量保证是一个宽泛的概念,它涵盖影响产品质量的所有因素,是为确保药品符合其预定用途、并达到规定的质量要求所采取的所有措施的总和。

质量控制(Quality Control, QC)也是质量管理的一部分,强调的是质量要求。具体是指按照规定的方法和规程对原辅料、包装材料、中间品和成品进行取样、检验和复核,以保证这些物料和产品的成分、含量、纯度及其他性状符合已经确定的质量标准。

药品生产质量管理规范(Good Manufacturing Practice, GMP)作为质量管理体系的一部分,是药品生产管理和质量控制的基本要求,旨在最大限度地降低药品生产过程中的污染、交叉污染以及混淆、差错等风险,确保持续稳定地生产出符合预定用途和注册要求的产品。

从概念所涵盖的范围上看,QC、GMP、QA 和 QMS 之间存在包含与被包含的关系,具体如图 3-1 所示。

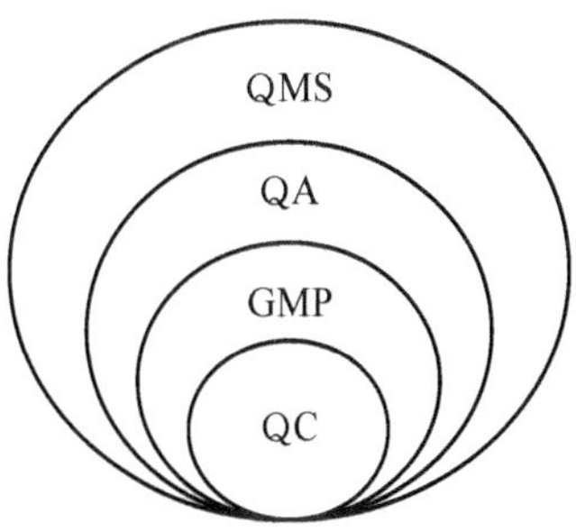

图 3-1　QC、GMP、QA 和 QMS 之间的关系

药品质量管理体系适用于整个产品生命周期,包括药品研发、技术转移、商业化生产、药品退市四个阶段。药品生命周期的不同阶段具有其相应的目标,企业应根据各阶段的具体目标,建立适合自身特点的质量管理体系。

GMP 作为药品质量管理体系的一部分,关注于药品生命周期中技术转移、商业化生产和药品退市的相关活动。2010 年版 GMP 强调要建立基于药品生命周期的质量管理体系,并在此基础上实施 GMP,其中第一章第二条要求"企业应当建立药品质量管理体系。该体系应当涵盖影响药品质量的所有因素,包括确保药品质量符合预定用途的有组织、有计划的全部活动",第三条中特别指出"本规范作为质量管理体系的一部分,是药品生产管理和质量控制的基本要求",可见 GMP 仅是质量管理体系的一部分,质量体系的有效性和适用性需要企业基于质量管理体系的架构(图 3-2)要求,通过超越 GMP 规范的方式实现。

3.1.3　ICH Q10

对于药品生产企业来说,ISO9001 是宏观的质量管理,而 GMP 是相对微观的质量管理。ISO9001 是一个关于质量管理体系的大系统,GMP 是质量管理体系的一个重要组成部分,是大系统中的小系统。而 ICHQ10 正是 ISO9001 在药品行业的具体应用。

ICH Q10 的基础是国际标准化组织的 ISO 质量系统和指南概念,包括在药品领域使用

图 3-2　质量管理体系的架构

的 GMP、ICH Q8 和 ICH Q9 的实施等，目的是更好地进行整个药品生命周期内的质量管理。“和 GMP 相比，ICH Q10 的进步在于原本对药品质量管理的理解停留在从原料药采购到药品上市完成的过程，而 ICH Q10 则是对从药品研发一直到药品退市的不同阶段都提出了质量管理的要求。质量监管不再仅仅局限于生产，而是从生产扩展到药品的整个生命周期，包括设计、销售以及退市。”

ICH 的指南体现了欧盟、美国、日本三大经济体对于某一主题的共同心声和发展方向，ICH 的指南文件多被国际组织采用为法定标准。企业按照 ICH 的指南进行管理，可以得到三大经济体的认同，也便于被其批准入市。但是 ICH 的指南并没有法律约束力，只有被相应的政府引用或宣布其法律效力后才具有法律强制性。按照惯例，国外发达国家和地区相继将 ICH Q10 引入药品监管体系，这就对我国的医药出口企业提出了更高的要求。

ICH Q10 适用于制剂用原料药和制剂产品包括生物制剂（制品）在内的整个生命周期，涉及制剂研发阶段，但研发阶段的基础研究和临床研究阶段不包括在内。

从内容上看，GMP 对厂房、设备等硬件都提出了较为详细的要求，甚至规定了具体技术参数和指标。例如，洁净级别、验证项目等，对各种剂型或类别规定了明确的附加要求。GMP 强调药品生产过程的控制，偏重于产品的制造过程。而 ICH Q10 则给出了一个质量管理体系要求的整体框架，无任何具体指标，但涉及的内容更广泛，对最终质量会产生影响的所有因素统统被考虑在内，无一遗漏。例如，ICH Q10 要求组织制定明确的质量方针、质量目标，强调管理者的作用，强调产品质量是从设计开始的，强调以顾客为关注焦点，强调通过数据分析达到持续改进的目的，而这些都是 GMP 法规中相对较少提及的。

1. 基本概念及相互关系

图 3-3 展示了 ICH Q10 药品质量体系（PQS）模型的主要特征。PQS 覆盖了完整的药品生命周期，且扩充了区域性 GMP。

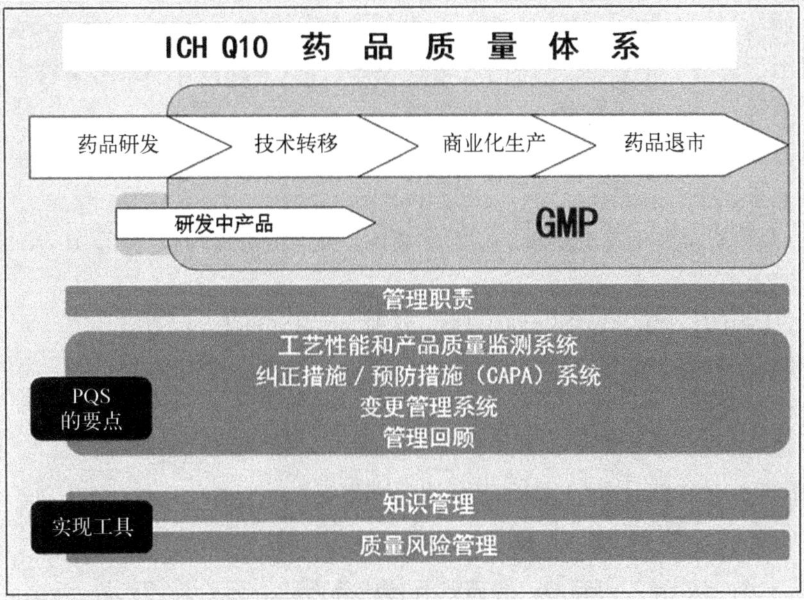

图 3-3　ICH Q10 药品质量体系（PQS）模型的主要特征示意图

第二个横栏显示了管理职责对于药品生命周期所有阶段的重要性。

第三个横栏列出了 PQS 的要点，这些要点是 PQS 模型的主要支柱。应把这些要点适当地和成比例地运用到药品生命周期的每一个阶段，不要错过每一个能够进行持续改进的机会。

最下面的横栏显示的是实现工具，这些工具可运用在药品生命周期的各个阶段。这些工具支持着 PQS 完成产品实现、建立和维持受控状态并促进持续完善。

2. 如何构建质量管理体系

设计符合制药行业特点的质量管理体系应当遵循以下原则：

（1）构建好药品质量体系的设计、组织和文件编制，使其非常清晰，以便于在理解和应用上能够保持一致性。

（2）以适当的方式应用于药品生命周期的每个阶段，要能够识别其中的差异和每个阶段的不同目标。

（3）在创立一个新的药品质量体系或对已有体系进行改进时，应考虑到企业的经营规模和复杂性。药品质量体系的设计应当与适当的风险管理原则相结合。

(4) 药品质量体系应包括适合的工艺、资源和职责，以便为外包活动和购入原料的质量提供保证。

(5) 管理职责也应在药品质量体系中确定。

(6) 药品质量体系应包括以下要点：工艺表现和产品质量监控、纠正和预防性措施、变更管理和管理回顾。

(7) 确定工艺表现的关键指标，用于监督药品质量体系内部程序的有效性。

体系搭建时，可以以 ISO9001 标准为主线，以 ICH Q10 为补充，以 GMP 要求为细节。质量体系策划时，可将 GMP 视为 ISO9001 的有机部分，以 ISO9001 标准为主线，将 ICH Q10 特别强调的知识管理、质量风险管理和变更管理补充在总要求中，将 GMP 的具体要求彻底融入其中。形成一个完整、严密的质量管理体系，使其既符合 GMP，又符合 ISO9001 标准和 ICH Q10 的要求，既无重复，又避免漏项。

在实际操作中，将 GMP 的要求逐项与 ISO9001 标准进行对照，确定两者的衔接点。对照的结果不外乎以下三种情况：

第一种，两个标准均有要求。此时，要就繁不就简，互相兼顾，求同存异，全面覆盖，避免出现任何细节上的遗漏。

第二种，GMP 有规定，而 ISO9001 标准未明示。ISO9001 标准未明示，并不等于不要求，只要深刻领会标准的精髓，就可以很容易在标准中找到一个切入点，使 GMP 与 ISO9001 标准完美地衔接起来。

第三种，ISO9001 标准独有的要求。按 ISO9001 标准要求执行即可。

最后，在体系中增加上 ICH Q10 特有的要求。

3.2 国外监管质量管理体系的要求

1. FDA 六大系统检查法

在 20 世纪 50—60 年代经过“反应停”等一系列的国际药害事件后，美国药品监督管理部门对保障药品质量的认识理念从药品生产结果的抽检转变为对药品生产过程的管控。从 1962 年实施了全球首部药品生产质量管理规范(CGMP)以来，欧盟各国药监部门都开始建立本国的 GMP 法规，1975 年世界卫生组织(World Health Organization, WHO)也正式向全球公布 GMP 规范。

伴随行业发展和变化，FDA 通过发布指南方式不断补充 CGMP，把行业最新的质量控制技术和质量管理理念推荐给药品生产企业参考。指南虽然不作为法律强制执行，但实际上已成为业内共同遵循的实施标准。

进入 21 世纪以后，随着制药行业的高速发展，FDA 对药品质量有了更新的想法，提出药品风险管理和质量源于设计等新的管理理念，提倡搭建一个好的质量管理体系，以保障产品质量的稳定和持续改进。

在实际的监管层面上，FDA 的检查官员也是基于一套系统的检查方法对企业的质量管理体系的各个关键模块进行抽查。这个系统的检查方法在制药行业被称为 FDA 六大系统(质量系统、生产系统、设施和设备系统、包装和贴签系统、物料控制系统和实验室控制系统)

检查法。这个系统检查法是从 2002 年开始采用并推广的，适用于对美国本土和境外企业的检查，如人用成品药、原料药生产商、再包装商、再贴签商、药用化学品等。图 3－4 说明了六个系统之间的关系，质量系统为其他五个系统提供了基础，其他五个系统互相交叉、互相作用。FDA 并不会把任一系统作为独立的单元，而是把它们整合到模型中恰当的部分。检查员所关注的是评估每个系统是否处于受控状态。一次全面的检查至少包括四个系统，其中质量系统是必查内容。

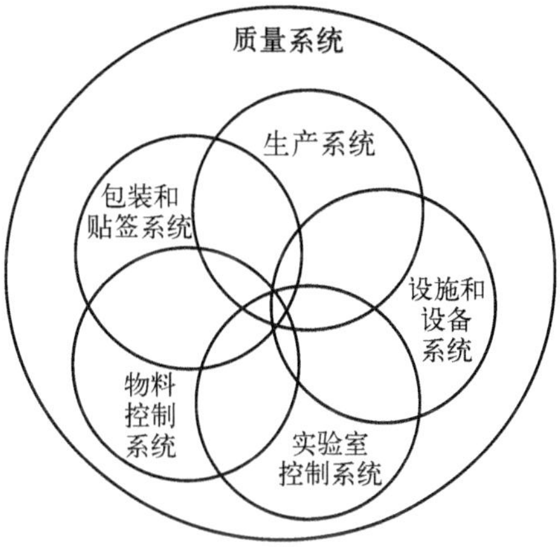

图 3－4　FDA 六大系统之间的关系

对每一系统而言，企业应该有书面并经过批准的程序和由执行这些程序所产生的文件、记录等。FDA 检查员要尽可能通过现场观察来评估企业是否始终执行这些程序。

2. 欧盟法规对质量体系的要求

欧盟是一个政治和经济共同体，负责制药行业总体事务的机构是欧盟委员会下属的药品部，与我国制药行业关系密切的机构有欧洲药品管理局（EMA）和欧洲药事与保健品质量管理局（EDQM）。为实现保护公众，建立药品自由流通的统一市场，欧盟制定、颁布了一系列药事管理法规及指导性文件。从 1989 年欧洲共同体颁布的用于指导成员国的药品生产的第一版欧盟 GMP，发展到目前已形成了共 10 卷的 Eudralex 欧盟法规集锦，其中第 4 卷是专门收集了欧盟有关药品管理的法规，包括人用药品和兽用药品 GMP 的要求。它包含了 4 个部分、19 个附录和术语解释，并保持着实时更新的状态。其中对制药质量体系的要求归属于第 1 部分，于 2013 年 1 月 31 日完成了修订并生效，修订后的章节涵盖了在 ICH Q10 有关制药质量体系指南中描述的概念和原则。涉及的新方法为：连续并持续改进；始终如一地交付适当质量属性的产品以及管理审核；识别可以对产品、工艺和系统本身进行持续改进的机会，同时高级管理层将参与审核。

欧盟在药品生产符合性检查的方法和内容上也采用了 FDA 六大系统检查法，六大系统基于符合性检查的一个重要主旨在于能够评估每个系统是否在受控状态。与 FDA 检查有所不同的是，欧盟检查员更强调科学性和合理性，侧重于现场工艺卫生、风险评估、验证、年度回顾等文件，重视数据支持，重视现场细节，接受科学合理的解释，更重视风险管理。

3.3　质量风险管理

案例 2　罗非昔布事件

2004 年 9 月美国默克公司决定自愿召回其用于治疗关节炎和急性疼痛的药物罗非昔布（Vioxx，商品名为万络），原因是该公司的一项临床试验显示，在服用该药 18 个月后患者心脏病发作和卒中的风险比服用萘普生（一种传统抗炎镇痛药物）的患者明显增加。而在此之前，全球约有800万患者服用过此药，2003年罗非昔布的销售额高达25亿美元。罗非昔布撤出市场以及随后公众对COX-2酶抑制剂类药物安全性问题的关注，促进了目前制药业和药物监管机构对上市后药品风险与效益评价工作的深入，加强了对现行药品安全监管政策改革的呼声。

罗非昔布事件6个月后，2005年3月美国食品药物管理局(FDA)发布了关于药品风险管理的3个最终指南。这3个指南分别为：① 上市前风险评估(Guidance for Industry: Premarketing Risk Assessment)；② 风险最小化执行方案的制定与应用(Guidance for Industry: Development and Use of Risk Minimization Action Plans)；③ 药物警戒规范与药物流行病学评估(Guidance for Industry: Good Pharmacovigilance Practices and Pharmacoepidemiologic Assessment)。药品风险包括药物已知的和未知的不良反应、不良用药以及药品变质等。在指南中风险管理被定义为一个反复对被监管药品进行评估以达到风险效益比最佳的过程。根据FDA，风险管理的过程包括四个步骤：① 评价药品的风险效益比；② 发现和实施一定的措施以保证药品的疗效，并降低药品的风险；③ 评价执行手段的有效性，并重新评价药品的风险效益比；④ 对风险管理的手段进行调整以进一步改善风险效益比。

质量风险管理这一理念很早之前就已经出现，2002年美国FDA首次倡议在质量体系中运用风险管理方法。2005年11月，ICH Q9质量风险管理最终稿完成。2006年、2008年，美国、欧盟分别批准其为指南和GMP附件。目前包括美国FDA和欧盟的GMP的立足点均是质量风险管理，即根据产品质量的风险特别是对患者的风险，来科学合理地安排资源，摆脱平均分摊资源的不合理状态，消除无效投资，提高管理水平和增强制药行业社会效益。我国2010年版GMP将质量风险管理的目的定为要求企业在三个不同层面上的应用：① 在做决策和思维时，先强调质量风险，要基于风险的概念去进行决策；② 建立一个风险控制体系，在新产品开发、购置新设备、新建车间以及处理重大客户投诉时，要强调对这些重要环节进行风险评估；③ 在解决具体问题时，应该运用风险评估的手段，用风险管理工具，进行风险识别、分析和评价，并将其作为工作的决策依据。风险管理强调的是前瞻性的预防行为以及对问题根本原因的调查和持续改进，从而保证决策的恰当性与有效性，以避免盲目性，获得“控制损失，创造价值”的双重效果。目前风险管理已被越来越多地运用到政府监管领域，今后在新药审评、GMP现场检查、药品上市后监测等方面都将有更多的实践。

3.3.1 药品质量风险管理

1. 术语及定义

(1) 决策人[Decision Maker(s)]：有能力和权力及时做出适当质量风险管理决策的人。

(2) 可检出性(Detectability)：发现或确定危害的存在、发生或事实的能力。

(3) 损害(Harm)：对健康的伤害，包括产品质量或有效性降低造成的伤害。

(4) 危害(Hazard)：伤害的潜在根源。

(5) 产品生命周期(Product Lifecycle)：产品从开始研发经上市直至产品废止的所有阶段。

(6) 质量风险管理(Quality Risk Management)：在整个产品生命周期内，对药品质量风险评估、控制、沟通和审核的系统过程。

(7) 质量系统(Quality System)：一个执行质量政策，确保实现质量目标的系统的所有方面的总和。

(8) 要求(Requirements)：患者和他们的代理人(如医疗保健从业人员、监管人员和立法人员)清楚或含蓄的需要或期望。不仅指法定的、立法的或法规的“要求”，还包括对此的需求和期望。

(9) 风险(Risk)：损害发生的概率和严重性的组合。

(10) 风险接受(Risk Acceptance)：接受风险的决定。

(11) 风险分析(Risk Analysis)：对确定危害相关风险的估量。

(12)风险评估(Risk Assessment)：在一个风险管理过程中，对支持风险决策的资料进行组织的系统过程。它包括危害的确定以及对受害风险的分析与评价。

(13) 风险沟通(Risk Communication)：在决策者和其他涉险人员之间分享有关风险和风险管理的信息。

(14) 风险控制(Risk Control)：执行风险管理决定的措施。

(15) 风险评价(Risk Evaluation)：使用定量或定性的方法将估计的风险与给定的风险标准相比较，以确定风险的重要性。

(16) 风险识别(Risk Identification)：系统地使用信息来寻找和识别所述风险疑问或问题的潜在根源。

(17) 风险管理(Risk Management)：在风险的评估、控制、沟通和审核过程中，质量管理政策、程序和规范的系统应用。

(18) 风险降低(Risk Reduction)：为降低损害发生的概率和严重性所采取的措施。

(19) 风险审核(Risk Review)：根据风险相关的新的(适用时)知识和经验，对风险管理过程的结果进行审核或监控。

(20) 严重性(Severity)：对一种危害可能后果的估量。

(21) 涉险人(Stakeholder)：影响风险、受风险影响或认为自己受到风险影响的任何个人、团体或组织。决策人也可能是涉险人。在本节中，主要的涉险人为患者、医务从业人员、监管机构和制药企业。

(22) 趋势(Trend)：表示某一(些)变量变化速度和方向的统计学术语。

2. 药品质量风险

药品质量风险是药品在使用过程中给患者和社会带来的可能发生的危险。药品生产企业的产品质量风险主要来自两方面：固有风险和管理风险，二者均会造成药品在使用过程中的潜在危险。

(1) 固有风险

固有风险是药品与生俱来的，包括质量标准风险和不良反应风险。

质量标准风险是标准制定不够完善、非临床研究和临床研究资料不够全面、审批不够严格造成的，是药品上市之前就已产生的。从2006年开始，国家已通过对近期申报品种的核查、对已有品种的再注册等工作着手解决这个问题。随着新的《药品注册管理办法》于2007年10月1日实施，药品研制和注册申报资料将更加真实、科学、规范，药品技术评价体系更加完善，药品研制原始数据和生产现场的检查力度也将加大，并将依法严厉打击药品研制和申报注册过程中的各种造假行为，新批准药品的质量标准将更加完善。

药品不良反应风险是合格药品在正常用法用量情况下产生的，俗话说“是药三分毒”，这种风险是任何一种药品所固有的。国家食品药品监督管理局和卫生部于2004年3月4日颁布并实施了《药品不良反应报告和监测管理办法》，在全国范围内的药品生产企业、经营单位、医疗单位与各级药品不良反应监测机构之间建立了一个药品不良反应监测报告的常规工作体系，通过医务人员把病人用药后发生的可疑的药品不良反应逐级上报，药品监督管理部门组织有关专家对各种药品不良反应病例进行因果关系分析评价和药物流行病学调查，并将结果及时反馈，采取停止使用、修改说明书等措施，防止药品不良反应的重复发生。

药品固有风险是药品与生俱来的，国家局正在通过药品注册过程的规范、注册专项整顿工作、药品不良反应监测工作的逐步开展将这类风险降低到最低限度。企业所能做的是如实规范上报药品注册申报材料，制定切实可行质量可控的药品质量标准，积极做好本企业药品不良反应监测工作，有效地降低本企业产品的固有风险。

需要强调的是，药品的固有风险是内在的不能完全消除，但如果能获知风险并了解了风险触发机制，就可以通过相关控制措施，控制、降低风险，使药品更好地为我们服务。

例如，青霉素类药物是一类抗生素。青霉素类药物的作用是干扰细菌细胞壁的合成，而哺乳类动物的细胞没有细胞壁，所以青霉素对人体的毒性很低，达到有效杀菌浓度的青霉素对人体细胞几乎无影响。但青霉素类药物有一个严重的不良反应，就是过敏反应，最严重时能产生过敏性休克，甚至死亡。既然风险这么高，为什么还在生产和使用青霉素类药物呢？因为可以通过几方面的措施来控制风险的发生，一是在产品说明书中明确不良反应，并给出控制该不良反应的措施，如“凡初次注射或停药3天后再用者，都应做皮肤过敏试验。如果皮试阴性（可以使用），但出现胸闷、气喘、皮肤发痒等异常症状者，也不宜注射。注射青霉素后，应观察20 min，一旦发生过敏性休克，应立即用肾上腺素、氢化可的松等抢救”。这些在临床使用的措施，使在临床使用过程中发生严重不良反应的概率大大降低。二是在生产环节通过共线生产的控制“生产特殊性质的药品，如高致敏性药品（如青霉素类）或生物制品（如卡介苗或其他用活性微生物制备而成的药品），必须采用专用和独立的厂房、生产设施和设备。青霉素类药品产尘量大的操作区域应当保持相对负压，排至室外的废气应当经过净化处理并符合要求，排风口应当远离其他空气净化系统的进风口”，最大限度地降低在生产环节产生的交叉污染的风险，通过这些措施，控制、降低青霉素类药物的风险，发挥其有益的作用。

（2）管理风险

管理风险是企业从原辅料购进到成品出厂的全部过程中因管理问题而产生的药品质量潜在危险，主要来自三方面：硬件、软件和人。

硬件因素包括厂区周边环境、生产车间及辅助厂房、生产及辅助设备设施、检验设备及环境等。我国自强制实施GMP以来，生产企业在硬件设施上的投入比较大也比较到位，但是随着2010年版《药品GMP认证检查评定标准》的实施，有些当时的设计思路已不符合现在的要求，势必给产品带来质量风险，这些风险通过检查可以体现出来。

软件因素包括企业的各种许可证件是否齐全，文件系统（管理类文件系统、标准类文件系统、记录类文件系统）是否相互支持，形成一个闭合的系统。软件因素对于一个企业很重要，需要做什么，怎样做，按照什么标准做，各部门之间怎样相互衔接相互制约都要靠文件系统规定，没有软件系统，一个企业就是一盘散沙。所以软件系统是否符合国家法律法规、符合企业实际、具有可操作性对产品质量风险起决定作用。安徽华源生物药业有限公司随意变更工艺规程，改变关键的灭菌工艺参数，引发了后果严重的“欣弗”事件。文件系统是否完善、企业是否按照文件规定进行管理，关键在于企业日常生产的执行过程，单靠 GMP 认证不可能完全体现，需要通过跟踪检查、飞行检查、专项检查和各种有因检查加以补充。

人是三个因素中最容易被忽视的，企业所有人员应该严格按照各项管理规定在符合要求的硬件环境下使用规定设备完成规定工作，如实记录自己所做的工作，所有人员都应该具有与其岗位相适应的学历、专业知识、实践经验。工作都是由人来完成的，人的因素至关重要。“齐二药”事件中，如果两个检验员之中的任何一个或者化验室主任责任心强一些，或者企业各级管理人员、采购人员法律意识强一些，就不会造成惨重的后果。认证检查、跟踪检查、专项检查、飞行检查对人员方面的检查都有其局限性，只能对表象因素和现场实践进行检查，缺少对人与人之间、部门与部门之间沟通能力和协调能力的考查，这一点应在对企业风险评估过程中加以考虑。

3. 药品质量风险评估的基础

药学是一门以现代化学、医学为主要理论指导，研究、开发和生产用于治病防病的药物的科学。其涵盖药物化学、药理学、药剂学、生药学、药物分析、微生物和生化制药学等主干学科。

药学是化学和医学之间的桥梁学科。制药企业的技术人员应充分理解药学与化学和医学的关系。首先，研究药学要以化学为基础。人体是以物质组成的，物质的本身是化学，有生命的机体功能的正常维持是由于体内特定的化学物质间的反应并不断处于动态平衡。也就是说，机体的正常生理状态的保持和病理状态的产生都是有其物质基础的，即机体内化学反应的不断持续或失去平衡的结果。药物就是通过维持或干预这些化学反应来达到治疗的目的。其次，研究药物应以临床医学为指导。由于药物是用于防病、治病的物质，药物的发现一定是在疾病的发现之后，否则药物就失去了其本身的意义。

我国的药品注册管理一直鼓励研发创新，在不断地完善药品注册管理法规体系，研究建立原辅料登记及相关联审评审批制度，完善药品研制的技术指导原则体系，通过实施重大新药创制专项任务构建“创新药物研发和评价技术理论及规范体系”等构建新药审评技术平台。

无论是药品审评审批的风险管理工作，还是药品上市后的风险管理工作，其核心都在于进行利益和风险的分析，一切要凭事实和数据说话，对药品质量风险的评估必须建立在科学知识的基础之上，一切从病人利益出发，以人为本，符合科学性原则。

4. 药品质量风险评估应与最终保护患者的目标相关联

如果说人用药品注册的国际技术要求是当今世界人类社会为规避药品质量风险而制定的统一性的文件，那么 ICH 工作的特征与目标则强调了“病人第一”。一切从病人利益出发是 ICH 讨论和协商的基础，决定技术文件的准则是“是否有利于病人；如何才能更快地为病人提供高质量、安全有效的药物；如何才能按国际标准进行高质量的临床试验”。因此对安全性、有效性和质量方面的不同看法的讨论不是折中，而是统一在高科技、高要求的基础之上的。由于有了统一的技术要求，各个国家和地区可互用注册的技术资料，减少新药研究与开发的费用，从而降低新药的成本和价格。研究开发费用的降低可将节省下来的资金再用于新药的研究与开发，更多地开发安全有效的新药。

与药品质量风险评估及控制相关的工作是药物警戒（Pharmacovigilance）。显然药物警戒也与保护患者的目标相关联。药物警戒的字面意思是监视、守卫、避免来自药物的危害（风险），提供用药的安全保障。1974 年，药物警戒一词在欧洲问世，几十年来其概念及含义在演变和拓展。时至今日，药物警戒已不仅仅涵盖药品不良反应（Adverse Drug Reaction，ADR）监测，但 ADR 监测仍是药物警戒的重要组成部分。药物警戒已被广泛接受，且在许多场合取代了 ADR 监测一词的使用。

3.3.2 上市后药品的质量风险管理

药品质量风险管理适用于产品的整个生命周期。

药品的质量主要表现在安全性、有效性及质量可控性等方面，也就是内在性质符合要求的程度。药品质量的形成是由系统和生产过程决定的，当然也源于设计。所以，欧盟药品 GMP 附录 20 将质量定义为“一个产品、系统和过程的一组内在性质符合要求的程度”。

药品质量风险管理是目前药品安全监管最经济和最重要的手段之一，它也是药物流行病学理念在药品监督管理层面上最直接的体现，它是一个运用多学科方法来记载、监控、评价和干预药品不良反应的科学系统方法，它适用于药品从前体化合物筛选、新药审批、上市后监控直至退出市场的整个生命周期，是贯穿药品整个生命周期的一个持续过程。

1. 药品上市后的风险管理

药品上市后对其进行风险管理的核心在于进行效益与风险的分析及评价，并依据评估结果对药品进行召回、撤销、限制使用或者修改说明书。实质上新药批准上市后就进入了“Ⅳ期临床试验”，要在广泛使用条件下进一步考察其疗效和不良反应。关注新药上市后的风险管理，有以下几点：

1）对风险较大的品种限制使用

经过效益—风险比的评价，产品安全性隐患严重，但临床急需或没有更好的替代治疗方案，则应采取限制措施，如把有滥用倾向的产品列入特殊药品管制目录，把非处方药（OTC 药）重新列入处方药管理等。

2）从市场上召回药品

从市场上召回药品一般有两种情况：一种是紧急召回，暂停药品的生产或销售；另一种是永久退市。

第一种情况是暂时退市。当药品出现安全性突发事件或安全性隐患而引起社会广泛关注时，如果产品安全性信息不充分，不足以评价效益—风险比时，则需等待研究的结果。这种情况就需要采取暂停措施，以保护公众利益。

第二种情况是永久退市。通过效益与风险的权衡，当风险大于效益时，产品应从市场上永久撤销，对于有替代治疗的药品更应从严把关。在药品暂停生产或销售期间，如果风险数据得到进一步验证，也可能转换为永久退市。

3）修改药品说明书

对于新发现的、未在说明书中提及的不良反应，及时地发布通告，并进一步地完善药品使用说明书，以便更好地为临床用药提供指导，减少不良反应，规避风险。

在对上市药品的风险管理中，修改药品使用说明书是药品再评价最常用且切实可行的方法之一，能为指导临床合理用药提供安全保障。而药品风险管理又是目前药品安全监管最经济和最主要的手段之一。

4）退市药品也可能重新上市

如果某一药品退市后，又发现它有新的用途，则应考虑重新上市。最典型的例子是“反应停”事件后被停用并退市的沙利度胺（Thalidomide），现发现其对麻风病人有独特的作用，可被用于抗麻风病。

如果某一药物退市后，对患者产生了严重的影响，而目前又没有更好的替代疗法，也可考虑重新上市。非尔氨酯（Felbamate）就是一个退市药品而又重新上市的典型例子。

加强药品上市后的监督管理，不仅是公共健康的需要，也是为法律所规定。

5）超说明书用药的风险应予以关注

在医疗实践中，超说明书用药较为普遍，超说明书用药带来的风险应予以关注。

超说明书用药在我国尚无统一的定义，美国医院药师协会曾明确指出超说明书用药（off-Label Use）的定义为适应证、给药方法或剂量在美国 FDA 批准的药品说明书之外的用法。超说明书用药大致可分为以下三种情况：

（1）扩大适应证

扩大适应证，就是用于该药说明书适应证中没有的疾病。如西咪替丁说明书上的适应证包括十二指肠溃疡、胃溃疡、反流性食管炎、应激性溃疡及灼艾综合征。但近年来，临床研究发现西咪替丁对一些皮肤疾病的治疗也具有重要价值，如痤疮、瘙痒性皮肤病等，因此也经常被皮肤科医生使用。

（2）超剂量用药

如在急诊遇到有机磷农药中毒的患者时，医生往往需使用足够大剂量的阿托品才能使患者达到“阿托品化”的指征，从而达到解毒的目的。这种超大剂量使用，往往会超过阿托品注射液说明书中认定的剂量。

（3）改变用药方法和用药途径

如青霉素类及头孢类注射液（除头孢曲松外），说明书上要求每日至少分 2 次静脉滴注，而门诊输液时往往变成一天 1 次或者 2 次用药时间间隔远小于 12 h。

还有一类情况就是超年龄用药，此类情况在儿科中较多见，特别是儿童的眼科用药、皮肤科用药、外科用药及抗肿瘤用药。

由于药品注册时临床研究资料的局限性，当面对孕妇、儿童等特殊用药人群时，这种情况更为多见，有统计表明，超说明书用药在住院儿科患者中高达 50%～90%。

美国 FDA 早已通过有关文件，确认了超说明书用药的合法性并加以限制。具体包括：① 超说明书用药常常是合理的并可能是标准的用药方案；② 药品生产厂商不得主动提供药品在说明书之外的用法的相关资料；③ 不限制其他组织或机构进行说明书之外用法的研究；④ 处方者或其他组织机构在临床需要的情况下可以从药品公司获得说明书之外用法的相关资料。

2. 药品生产过程风险管理

在药品生产过程中，首先宜用风险评估来确定哪些过程是质量关键过程(阶段)，并确定控制这些过程所必须进行的确认工作的程序；同时宜针对产品的质量特性(Quality Characteristic)进行相关的风险分析。

(1) 过程关键阶段的识别

进行的风险评定(评估)过程宜贯穿受组织(即药品生产企业)控制(包含与供方和顾客的分界面)的供应链上的各个阶段，包括设计、制造和交货。与其他场所或组织的结合处的职责，如技术规范、工艺加工或外包也宜考虑风险评定。关键阶段的识别宜包含所用原辅料、所生产产品的工艺过程(如大输液的湿热灭菌)、检验等范围以及顾客的特殊技术规范(如医院中心配液室规范)和(或)要求，并确保有效沟通。

(2) 可能影响产品质量的危害识别

危害的识别宜确保包含了已知的风险区、顾客的抱怨和产品的敏感性。

以下各方面的考虑宜有助于识别危害。

人员：素养、培训、教育背景、经验能力、关系等。

设备：型号配置、设计、运行环境、性能、位置、安装、操作、维护和校准等。

设施：布局、公用设施、维护、专属与否和卫生清洁等。

过程和程序：检查、内容、变更、分配、利用、条件、变更控制、贮存、趋势、计划中断的处理和非正常事件的处理等。

材料(原辅料、包装材料)：一致性、状态控制、数量、处理、技术规范、安全管理等。

环境：加工和贮存条件、空气净化等。

(3) 现有控制测量有效性的评价

宜确定在线控制各种危害的所有测量方法，并对其有效性进行评价，如① 合同评审；② 过程控制(也称工艺过程控制、中间质量控制)；③ 变更控制；④ 纠正预防措施；⑤ 投诉处理；⑥ 质量性能指标。

(4) 残余危害的风险评估(评定)

对于未进行控制测量的各种危害，需对其发生的概率及其后果的严重性程度进行评价。

3.3.3 ICH Q9 药品质量风险管理

ICH Q9 中关于质量风险管理(Quality Risk Management, QRM)的定义为质量风险管理是质量管理方针、程序及规范在评估、控制、沟通和回顾风险时的系统应用。

“风险”由两个关键因素构成：危害发生的可能性以及危害发生的严重性。有效地管理风险就是对风险的这两个因素进行控制。

质量风险管理应用范围很广，可以贯穿质量和生产的各个方面，包含多种方法和适应性。质量风险管理方法的应用，针对不同的风险所用的方法和文件可以有所不同。对质量风险的评估应以科学知识和经验为基础并始终与保护患者相关联，质量风险管理流程和文件的复杂程度应该与所对应的风险程度相一致。

质量风险管理可以应用于但不仅限于以下方面：① 确定和评估产品或流程的偏差或产品投诉对质量和药政法规造成的潜在的影响，包括对不同市场的影响；② 评估和确定内部的和外部的质量审计的范围；③ 厂房设施、建筑材料、通用工程及预防性维护项目或计算机系统的新建或改造的评估；④ 确认、验证活动的范围和深度；⑤ 评估质量体系，如材料、产品发放、标签或批审核的效果或变化。

质量风险管理是通过掌握足够的知识、事实、数据后，前瞻性地推断未来可能会发生的事件，通过风险控制，避免危害发生。

1. 质量风险管理模式

质量风险管理的模式由四部分组成：风险评估（Risk Assessment）、风险控制（Risk Control）、风险审核（Risk Examination）、文件和沟通（Documentation and Communication）。

图 3-5 为质量风险管理模式，其流程可以概括为以下几个基本步骤：风险识别、风险分析、风险评价、风险降低、风险接受、风险管理结果及回顾事件。

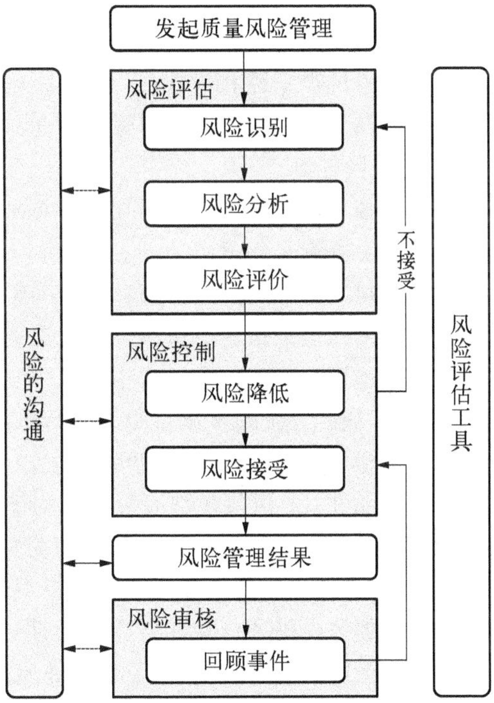

图 3-5　质量风险管理模式图

2. 质量风险管理步骤

1）风险评估

风险评估是风险管理的第一步，主要是对潜在危害源的识别和对接触这些危害源造成的风险的分析与评估，包括风险确认、风险分析和风险评价三个部分。

（1）风险确认

首先，应关注的是某个产品或工艺中将出现的问题是什么，这是进行质量风险管理的基础，即首先系统地利用各种信息和经验，确认工艺、设备、系统、操作等过程中存在的风险，指出将出现的危害在哪里；其次，确定研究的过程、产品、问题区域、系统或者研究的对象；再次，识别潜在的风险源，如审计、法规检查、验证过程、定期产品回顾、变更控制、供应商/承包商变更、设施设计和参数、技术转移、改正和预防行动、投诉、产品质量风险评估以及其他风险评估；最后，才是使用风险识别的工具，包括脑力激荡、FMEA、SWOT 分析、Kaizen、实地调查（GEMBA）、鱼骨图分析、流程图、险兆事故、内外部审计、经验、历史数据或回顾等，列出所有可能失败的因素，并列出所有发生错误的可能。例如设备停机、故障等，可以使用鱼骨图等工具分析；对于生产工艺，可使用生产流程图进行分析。

（2）风险分析

风险分析需要关注的是问题发生的可能性有多大，问题发生的后果有多严重，问题发生的可识别性有多大。对已经确认的风险及其危害进行分析，一旦识别和列出可能的失败，就必须逐一评估。包括问题的严重性、发生的可能性、发生的可识别性、可检测性等。要对问题的严重性进行评估时，可对所有问题分类，对每类问题制定1～5分的打分标准，分数越高问题越严重。再对发生的可识别性、可预测性进行评估，例如将发生的可识别性、可预测性分成五个级别，对应1～5分，分数越高说明越难识别。在整个风险评估过程中，风险分析是最重要的环节，需要相当有经验的技术人员以及质量相关人员共同完成。此外，还要确保所有相关部门都参与评估，所有参与风险分析的人员必须理解风险的评估过程。

(3) 风险评价

风险评价是指根据预先确定的风险标准，对已经确认并分析的风险进行评价。即先通过评价风险的严重性和可能性，从而确认风险的等级。在风险等级划分中，可以采用定性描述，比如“高”“中”或“低”；也可采用定量描述，比如具体的数值，数值越高说明风险越大。

2) 风险控制

风险控制的实施一般包括风险降低和风险接受两个部分。

(1) 风险降低

所谓风险降低，是针对风险评估中确定的风险，当其质量风险超过可接受水平时，所应采取的降低风险的措施。包括降低风险的严重性和可能性，或者提高发现质量风险的能力。

在实施风险降低措施过程中，有可能将新的风险引入系统，或增加了其他风险发生的可能。因此，应当在措施实施后重新进行风险评估，以确认和评价风险是否发生新变化。可以采取四项措施降低风险：① 消除风险发生的根本原因；② 将风险结果最小化；③ 减少风险发生的可能性；④ 风险转移或分担。对于所有已经确定风险消减行动计划的执行，必须按照纠正预防行动管理的方法进行。即为每个行动设定明确的行动方案、负责人、完成日期、完成情况，有专人定期跟踪行动完成情况，以确保所有的风险消减行动计划高品质的完成。如果预定的风险消减行动计划需要延期，要经过正式批准，并对延期的风险进行评估，以评估延期对风险是否有影响，是否会增加风险的危害性或者发生的可能性等。

(2) 风险接受

降低风险之后，还要对能否把风险降低到可以接受的范围内进行确认。而所谓风险接受，是指在实施了降低风险的措施之后，对残余风险接受的决定。对于某些类型的风险，即使最好的质量风险管理手段也不能完全消除，因此，在综合考虑各方面因素后，要做出是否接受风险的决定。在此前提下，我们可以认为已采取了最佳的质量风险管理策略，并且质量风险已经降低到可以接受的水平，不必再采取更严格的整改措施。

3) 风险评审

在整个风险管理流程的最后阶段，应审核风险管理结果。风险管理是持续性的质量管理过程，应建立定期回顾检查机制，回顾频率则基于相应的风险水平。

通常情况下，如果某风险能够满足以下8个条件，则可以认为风险已被正确管理：① 正确地描述风险；② 识别根本原因；③ 有具体的消减风险解决方案；④ 已确定补救、纠正和预防行动计划；⑤ 行动计划有效；⑥ 行动有负责人和目标完成日期；⑦ 随时监控行动计划的进展状态；⑧ 按计划进行并完成预定的行动。

4) 风险沟通

决策人与其他人员(行业人员、监管人员、相对人)之间分享有关风险和风险管理的信息。各方之间可以在任何风险管理过程阶段进行沟通，质量风险管理过程的输出/结果应当进行适当的沟通和存档，沟通有可能包括药监系统与行业、行业与患者、公司内部、行业内部或药监系统内部等相关方。沟通的信息一般包括质量风险的存在性、性质、形式、概率、严重性、可接受性、控制、处理、可检测性及其他有关方面，并非每个风险接受都要进行风险沟通。在行业与药监系统之间，可能通过现有的规章或指南来进行质量风险管理沟通。

3.3.4 常用的风险评估工具

质量风险管理工具通过提供文件化的、透明的和可重现的方法来完成质量风险管理程序的步骤，以提供一科学实用的决策制订方法。质量风险管理工具及支持性统计工具可以结合起来使用。它们的结合使用提供了一定的机动性，可便于质量风险管理原则的应用。

1. 基本风险管理简易方法(BRMFM)

一些简单的技术常用来组织资料以及简单决策制构成风险管理。这些简单技术包括：流程图、核对单、过程结构和分布图、因果图(也称为石川图或鱼骨图)。

2. 故障模式效应分析(FMEA)

故障模式效应分析提供了一个评价过程潜在故障模式以及在输出和/或产品性能上的可能效应。一旦建立了故障模式，可以采用风险降低用于消除、包容、降低或控制潜在故障。故障模式效应分析依赖于对产品与过程的了解。故障模式效应分析有系统地将复杂过程分析方法分解为易操作的几个步骤。它是一个汇总故障重要模式，引起这些故障的因素以及这些故障的可能的效应，是强有力的工具。

故障模式效应分析可以用来列出需优先考虑的风险并且监督风险控制活动的有效性。

故障模式效应分析可以用于设备与设施，并且可能用于分析一个制造运作，以及对产品和过程的影响。故障模式效应分析的输出结果可以作为设计，或进一步分析，或作为部署资源的指导。

3. 故障模式影响与严重性分析(FMECA)

故障模式效应分析可能会延伸用来整合成为一个对结果的严重程度的调查，它们各自发生的概率以及它们的可检测性，可能成为一个故障模式影响与严重性分析。为了进行这样一个分析，应该建立产品或过程规范。故障模式影响与严重性分析可以辨识在哪里应该有另外的预防措施以使风险最小化。

故障模式影响与严重性分析在制药行业里的应用，大多数情况是用于与制造过程相关的故障以及风险。然而，它并不局限于这方面的应用。故障模式影响与严重性分析的输出是对于每个故障模式给出一个相对风险的“分值”，其被用于在风险基础上对这些模式进行排序。

4. 故障树分析(FTA)

故障树分析工具是用来假设一个产品或过程功能性故障的方法。该工具一次评价一个系统(或子系统)的故障，但可通过辨识因果链来合并引起故障的多种原因。它的结果是通过故障类型树的形式以图表现出来。在该树的每个级，故障模式的结合是以逻辑算符（“与”门、“或”门等）来描述的。故障树分析依赖于专家对过程的了解，从而辨识原因因素。故障树分析可以用于建立造成故障根本原因的途径。故障树分析可以用来调查投诉或偏差以便全面地理解它们的根本原因，并且确保所预期改进将会完全解决该问题，而且不会导致其他问题发生（如解决了一个问题却引出了另外一个不同的问题）。故障树分析对于评价多个因素如何影响一个给定的问题是一个有效工具。故障树分析输出结果包括了一个可视的故障模式描述。它对于风险评估以及开发监督程序都非常有用。

5. 危害分析关键控制点(HACCP)

危害分析关键控制点是确保产品质量、可靠性及安全性的系统，是一种前瞻性的和预防性的工具。它是一个结构性的方法，通过采用技术和科学原则去分析、评价、预防和控制由于产品的设计、开发、生产和使用带来的风险或不利结果及危险因素。

危害分析关键控制点由下列7个步骤组成：① 对过程的每一步进行危险分析并辨识预防措施；② 确定关键控制点；③ 建立关键限度；④ 建立一个监测关键控制点的监控体系；⑤ 建立当监测显示关键控制点并不在控制状态时应该采取的纠正措施；⑥ 建立证实危害分析关键控制点体系在有效运转的系统；⑦ 建立一个保持记录的系统。

危害分析关键控制点可用于对与物理、化学和生物危险因素（包括微生物污染）有关风险的辨识及管理。当产品和过程被充分理解来支持关键控制点辨识时，危害分析关键控制点是非常有用的。危害分析关键控制点分析的结果是一个促进对生产过程中的关键点进行监控的风险管理工具。危害分析关键控制点分析输出的是风险管理资料，其有益于关键点的监控，不仅在制造工艺中，也在其他生命周期的阶段。

6. 危害及可操作性分析(HAZOP)

HAZOP（请参阅IEC 61882）基于一种理论，该理论假设风险事件是由于偏离设计或操作意图而引起的。这是一种系统的集思广益技术，可使用所谓的“指导词”来识别危害。将“指导词”（如“否”“更多”“不是”“部分”等）应用于相关参数（如“污染”“温度”等），以帮助识别与正常使用或设计意图之间潜在的偏差。它通常使用一支由专业技术人员组成的团队来处理流程或产品及其应用的设计。

HAZOP可应用于生产过程，包括外包生产和制剂，以及原料药和药品（医药）产品的上游供应商、设备和设施。它也可应用于制药行业，以评估过程安全隐患。与HACCP一样，HAZOP分析的输出列出了风险管理的关键操作。这有助于定期监视制造过程中的关键点。

7. 预先危险分析(PHA)

预先危险分析是一种基于应用以前的经验或危险因素知识或故障，来辨识未来的危险因素、危险处境与可能导致伤害的事件，并对给定的活动、设施、产品或系统估计其发生概率的工具。该工具由以下组成：① 辨识风险事件发生的可能性；② 对于可能导致的健康伤害或损害程度的定性评价；③ 用合并严重性和事故的可能性对危险因素进行相对排序；④ 辨识可能的补救措施。

预先危险分析在可以使用已经有技术，而无须使用更深入的技术的情况下，对已有系统进行分析或对危险因素进行排序时是很有用的。它可被应用于产品、过程与设施设计等方面，也可被用于评估通用类型产品，产品分类和具体的成品特殊产品的危险因素类型。当几乎没有设计或操作规程方面的信息时，预先危险分析经常会被用于项目开发的早期阶段，因此，它经常作为进一步研究的铺垫。典型做法是使用本章节中所描述的其他风险管理工具对用预先危险分析所确定的伤害进行进一步评估。

8. 风险排序及过滤(RR&F)

风险排序及过滤是一个对风险进行比较和排序的工具。对于复杂系统的风险排序，要求对每个风险的多个不同因素进行定性和定量评价。该工具将一个基本的风险问题分解成所需要的多个组成，以抓住风险所涉及的因素。这些因素被整合成一个单独的相关风险值，该数值可以用于对风险进行排序。“过滤器”是以风险值的加权因素或截止的形式，可以用来衡量或使风险排序与管理或政策目标相符合。

风险排序及过滤可能用于管理者或业界优先排序出用来做检查/审计的制造地点。当对于风险的组合以及处理结果不同，并难以用单个工具进行比较时，风险排序方法尤其有效；当管理需要对相同的组织框架内部风险进行定性和定量评估时，风险排序也同样有效。

9. 风险评估工具的选择

表3-1为对不同风险评估工具的选择方法。

表3-1 对不同风险评估工具的选择方法

考虑情形	FMEA	FTA	鱼骨图	HACCP	HAZOP	PHA	RR&F
如果对工艺/产品/系统的了解是有限的(如生命周期的早期阶段)	×	√	√	×	√	√	√
如果对工艺/产品/系统的了解是丰富的(如生命周期的后期阶段)	√	√	√	√	√	×	√
如果问题描述简单或者评估简练	√	√	√	√	√	√	√
如果问题描述高度复杂或者要求详细评估	√	√	×	√	√	×	×
如果要求风险评级	√	×	×	×	×	√	√
如果检测风险的能力受限	×	√	√	√	△	△	△
如果风险数据的性质更加定性化	×	√	√	×	√	√	√
如果风险数据的性质更加定量化	√	√	×	√	√	√	√
如果要求证明风险控制的有效性	√	×	×	√	×	×	×
如果风险的识别是有挑战性的，如果需要揭示隐藏的风险或者要求结构化的头脑风暴	×	√	√	×	√	×	×

3.3.5 质量风险管理的应用

质量风险管理可应用于产品初期的研究开发阶段，临床前的安全评估，临床阶段的有效性评价，上市阶段的申报审批，生产及销售阶段监督管理等的评价过程中。质量风险管理要建立在对产品、工艺、质量及其影响因素的深刻理解基础上，建立在“质量源于设计”的过程中 。应该避免出现产品设计中参数控制时间不足的高风险，产品申报中安全性有效性数据不足够的高风险，生产中工艺参数不明确或无控制的高风险。符合法规要求的同时适合企业需求的质量风险管理程序是实现有效、高效生产操作的有利工具。质量风险管理的应用，使得在控制、交流与审核的系统过程中具有前瞻性，能更好地理解决策制订过程。因此，为确保质量风险管理的成功应用，必须有一个综合设计和正确实施的系统，建立适合公司的风险管理程序模式。

质量风险管理适用于质量管理体系（包括文件、培训、质量缺陷、产品质量回顾、变更控制、持续改进）、监管、研发、设备和设施、物料管理、生产及其计划、实验室管理和稳定性研究、包装材料和标签等的风险管理。物料管理中的质量风险管理内容有：① 对供应商和合同生产商进行全面的评价（如审计、供应商质量协议）；② 评估起始物料的波动引起的差异和可能的质量风险（如放置时间和合成路径）；③ 确定待检物料是否可以使用（如进入下一步的工序）；④ 确定再处理、返工和退货的使用是否合适；⑤ 对贮存、物流和分销条件安排的合适性进行评估，以确保维持合适的贮藏和运输条件（如温度、湿度和容器设计）；⑥ 维持基础设施（如确保适当的运输条件的能力、转运贮存、危险品和受控物质的处理和清关）。

3.3.6 质量风险的预防

思想是行动的先导。对质量风险防范在前，内在体现的是一种责任观念、使命意识和积极状态，切实增强风险防范的主动性。

首先，要牢固树立风险防范意识。增强风险防范的主动性，前提是要认清对风险防范的思想认识问题。要对风险防范在思想上早认识、工作上早谋划、任务上早安排，认真做好应对风险挑战、加强风险防范的各项准备，切实做到对质量风险防范在前、主动在前。

其次，要主动加强风险监测工作。要把风险监测作为质量监管的一项常态化工作，作为风险管理的主要手段。对已经识别的风险要进行度量和评估，深入分析风险数据，时时监测风险动态，努力做到第一时间捕获风险信息，为风险防范和处置赢得时间。

最后，要不断完善应急处置体系。面对错综复杂的潜在质量风险，建立健全质量风险应急预案及应急处置体系，不仅是主动防范风险的现实要求，也是防止在风险发生时贻误时机，做到及时进行风险防范和处理被动局面的重要举措。要认真总结风险应急处置工作的经验教训，不断修订和完善各类风险应急处置预案，明确责任分工和方法步骤，提高应急预案的针对性和可操作性，使应急预案在风险发生时真正能用、会用、管用。

3.4　药品生命周期的知识管理

ICH Q8 对药品生命周期的质量管理有如下描述："药品研发的目的在于设计一个高质量的产品以及能持续生产符合其预期质量水平的产品的生产工艺。从药品研发和生产经验中所获得的信息和知识为建立设计空间、质量标准和生产控制提供了科学的依据。药品研发中所获得的信息是质量风险管理的基础。产品的质量无法通过检验赋予，而是通过设计赋予的，认识这一点非常重要。"

近 20 年药品质量管理的理念在不断发生变化，从"药品质量是通过检验来控制的"到"药品质量是通过生产过程控制来实现的"，进而到"药品质量是通过良好的设计来实现的"。这就意味着药品从研发开始就要考虑最终产品的质量。在处方设计、工艺路线确定、工艺参数选择、物料控制等各个方面都要进行深入研究，积累翔实的数据，并依此确定最佳的产品配方和生产工艺。

根据这种理念上的改变，要求药品质量监管的控制点要逐渐前移，从过去单纯依赖终产品检验，到对生产过程的控制，再到产品的设计和研究阶段的控制。简单讲，就是从源头上强化注册监管，对药品生命周期全过程的知识进行管理，以确保药品质量和安全。

3.4.1　质量源于设计(QbD)

质量源于设计(QbD)是一套系统的、基于充分的科学知识和质量风险管理的研发方法，从预先确定的目标出发，强调对产品和工艺的理解以及工艺控制。它从药品概念到工业化的精心设计，是对产品属性、生产工艺与产品性能之间关系的透彻理解。

采用 QbD 的方法进行药品研发，就是以预先设定的目标产品质量概况(Quality Target Product Profile, QTPP)为研发的起点，通过试验设计(Design of Experiments, DOE)，理解产品的关键质量属性(Critical Quality Attribute, CQA)，确立关键工艺参数(Critical Process Parameter, CPP)，在原料特性、工艺条件、环境等多个影响因素下，建立能满足产品性能的且工艺稳健的设计空间(Design Space)，并根据设计空间，实行质量风险管理，确立质量控制策略和药品质量体系(Product Quality System, PQS)，整个过程强调对产品和工艺知识的理解。QbD 包括上市前的产品设计和工艺设计以及上市后的工艺实施。

因此，QbD 就是在确定研究对象和想要达到目标的基础上，通过大量的处方筛选和工艺研究，找到影响处方和工艺的关键变量以及这些变量的变化范围，由此建立药品的质量体系。

传统意义的药品质量问题涉及多方面的问题，从流程上看，大致可分为研发、审评、生产和监管等单元。前两者是技术层面，可以理解为企业有能力生产出药品，且这种能力得到国家认可；后两者是操作层面，可以理解为企业可持续地生产出合格的药品，且经有关部门检验质量是合格的。可以看出，传统的药品质量的每个单元之间虽有一定的联系，但没有紧密结合起来。

在传统的监管部门的监管理念和药企的管理理念下，企业和监管均缺乏必要的灵活性，这样药企的成本越来越高，且不能满足持续增长的用药需求，所以理念的变革势在必行，监管部门要给予制药企业一定的灵活性。但制药企业被赋予灵活性的前提是要让监管部门了解所希望了解的内容，包括产品质量属性、工艺对产品的影响、变量的来源、关键工艺参数的范围，即药品质量审评的范畴。作为制药企业，要对产品质量属性有透彻的理解，要对工艺进行深入的科学研究，要对质量风险有科学的评估。更重要的是，要把这些研究信息与监管部门共享，以增加监管部门的信心。但是面对成千上万的药物主文件（Drug Master File，DMF），由于审评资源有限，为了协调各方面的矛盾，一种全新的监管理念应运而生，它有利于实现药品监管人员、企业界和患者的三方共赢——QbD 理念应运而生。

QbD 是将研发、审评、生产和监管等多个单元有机地整合起来，从根本上为提高药品质量奠定了科学基础，为药品监管提供了新的理念和手段。这不仅是产品研发的方法，更是药品全生命周期的知识管理方法。通过更有效的知识管理可以对工艺性能进行监控，以确保其能够得到设计空间所预期的产品质量属性。随着在常规生产中不断获得经验，这种监控可以包括对生产工艺的趋势进行分析。对于运用数学模型的设计空间，进行定期维护有助于确保该模型的性能。如果设计空间不变，模型维护就是制药企业可以在其内部质量体系范围内进行管理的一个范例。

在获得新的工艺知识后，设计空间可以被扩展、缩小或再定义，从而实现持续改进。

3.4.2 QbD 相关概念

QbD 包括目标产品质量概况、关键质量属性、关键工艺参数、设计空间、控制策略和试验设计等。

1. 目标产品质量概况（QTPP）

指理论上可以达到的，并将药品的安全性和有效性考虑在内的关于药品质量特性的前瞻性概述。目标产品质量概况是产品研发的设计基础。确定目标产品质量概况应考虑的因素包括：① 预期的临床用途，给药途径，剂型，给药系统；② 剂量规格；③ 容器密闭系统；④ 适合所研发药品剂型的治疗活性成分的释放或传输以及影响药代动力学特性（如溶出度、气动性能）的属性；⑤ 适合于拟定上市产品的药品质量标准（如无菌性、纯度、稳定性和药物释放）。

2. 关键质量属性（CQA）

指产品的物理、化学、生物或微生物性质或特征，应在适当的限度、范围或分布之内，以确保预期的产品质量。一般来说，CQA 与原料药、辅料、中间体（过程中物质）和药品相关。

固体口服剂型的 CQA 主要指那些影响产品纯度、规格、药物释放和稳定性的因素。其他给药系统的 CQA 还包括更多的产品特定属性，如吸入剂的气动特性、注射剂的无菌性和透皮贴剂的黏附力。对于原料药、原材料和中间体，CQA 还包括那些会影响药物制剂 CQA 的属性（如粒径分布、堆密度）。

从目标产品质量概况和/或已有的知识中，可以初步获得所研发药品的 CQA，从而指导产品和工艺研发。在选择处方和生产工艺时，随着对产品知识和工艺的不断了解，可以调整这些初步确立的CQA。在后续的评价过程中，可运用质量风险管理，再对CQA进行优先排序。通过质量风险管理过程以及评价参数变化对药品质量影响程度的实验，可以最终确定相关的CQA。

3. 关键工艺参数(CPP)

指其波动会影响产品关键质量属性而应该被监测或控制的工艺参数，以确保能生产出预期质量的产品。因此，该关键工艺参数应予监控，以保证这个工艺能生产出符合预期质量的产品。

4. 设计空间

设计空间是已被证明能保证产品质量的输入变量(如物料属性)和工艺参数的多维组合和交互作用的范围。在设计空间内的变动，在监管上不被视为变更。而一旦超出设计空间，则应视为变更，并应启动上市后的变更申请。设计空间由申报者提出，送交管理当局审评并批准。

5. 控制策略

根据当前对产品和工艺的了解，为确保工艺性能和产品质量而计划进行的一系列控制。这些控制可包括与原料药以及药物制剂的材料和组分相关的参数和属性、设施和设备运行条件、过程控制、成品质量标准以及相关的监测和控制方法与频率。

6. 试验设计(DOE)

一种结构化、组织化的确定影响工艺属性的变量之间关系的方法。当试验设计用于生产工艺时，变量可以是原材料属性，也可以是过程参数。

3.5 管理者职责

建立和实施一个能达到质量目标的有效的质量管理体系并保证其能够持续改进，这是企业管理者的根本职责。管理者的领导、承诺和积极参与，对建立并保持有效的质量管理体系是必不可少的。

3.5.1 质量管理体系的范围

质量管理体系的建立是企业的战略决策的一部分，它的实施范围要和企业的质量策略相一致。因此，企业在根据自身的规模、工艺复杂程度和有限的资源等特定的条件量身定制相应的质量管理体系时，需要考虑以下因素：① 企业的规模和组织结构(包括外包活动)；② 企业环境；③ 企业的具体目标；④ 企业所生产的产品；⑤ 企业的管理流程。

3.5.2 建立组织架构和职责授权

广义上说，质量管理体系的管理职责是在质量保证和质量控制的内容基础上的扩展，除了GMP所规定的质量和生产管理部门的职责，质量管理体系还强调：企业高层管理者的积极参与，如系统建立、提供资源、监控实施、促进持续改进等；各级组织的团队协作，包括质量管理部门、生产部门、研发部门、工程部门、市场销售等；保证全体员工的有效贯彻执行，质量目标最终落实到各级部门和员工的职责中，通过员工完成各自的具体目标而最终完成企业的质量目标；对外包活动的管理，如委托生产、检验等。

1. 组织架构

有效的质量管理是不同业务职责和部门的共同职责。企业组织架构的设置没有固定的模式，企业需要根据自身的特点，如企业规模、质量目标、职责分配等，来建立能保证质量管理部门独立地履行质量管理职责，并避免任何对质量管理工作干扰的组织架构。组织架构包括职责以及各级职能部门之间的关系，应将组织架构形成书面文件，这些有效的文件能在整个组织中帮助员工明白责任和权利。

2. 高层管理者

建立和实施一个能达到质量目标的有效的质量管理体系并保证其能够持续改进，是企业管理者的根本职责。管理者的领导作用、承诺和积极参与，对建立并保持有效的质量管理体系是必不可少的。高层管理者负责对企业质量管理体系的建立并对其进行监督和维护，对其有效运行负有最高责任。缺少企业高层管理者的积极参与，质量管理体系的目标是无法完成的，实现质量管理体系所需要的时间、人力、物力等资料，最终要得到高层管理者的支持才能实现。质量管理体系的管理应由高级管理人员负责，以确保对质量问题快速做出反应。

3. 质量管理部门/质量保证/质量控制

一个有效的质量管理体系中的质量管理部门应该能够独立地履行质量管理职责，并避免任何对质量管理工作的干扰。质量管理部门通常包含质量保证部和质量控制部。

质量保证和质量控制都是质量管理体系的一部分，贯穿于产品生命周期的每个阶段，包括产品开发、技术转移、商业生产和产品终止。在药品的商业化生产阶段，质量保证通常应当确保药品的设计、研发、生产管理和质量控制活动体现并符合药品生产质量管理规范的要求，管理职责明确，采购和使用的原辅料和包装材料正确无误，中间产品得到有效控制，确认、验证的实施，严格按照规程进行生产、检查、检验和复核，每批产品经质量受权人批准后方可放行，在贮存、发运和随后的各种操作过程中有保证药品质量的适当措施，按照自检操作规程，定期检查评估质量，保证系统的有效性和适用性。

质量控制是质量保证的一部分，强调的是对质量的要求，具体是指按照规定的方法和规程对原辅料、包装材料、中间品和成品进行取样、检验和复核，以保证这些物料和产品的成分、含量、纯度和其他形状符合已经确定的质量标准。

4. 相关部门和关键人员

质量管理体系要求的各项具体任务需要相关部门相互协作共同完成，每项质量相关的任务都有负责部门或负责人，同时有相关的执行部门或人员。质量管理部门通常被授权负责维护质量管理体系的正常运行，虽然质量管理部门负责控制和管理质量管理体系所要求的所有任务和程序，但相关部门有责任在质量管理部门协助下完成质量管理体系要求的相应任务，质量管理体系的任务不能仅靠质量管理部门或其他部门独自完成。

关键人员是指对企业的生产质量管理起关键作用、负主要责任的人员，其职责应有具体、明确的描述，相关联的职责应连贯、不冲突，关键职责不空缺，每个人所承担的职责不过多，以免导致质量风险。

5. 职责授权

职责授权是企业与员工之间对所建立的职责进行沟通和书面确认的过程，是为了使员工清楚地理解其职责，进而保证所有人员能够及时、准确地履行其职责，最终保证质量管理体系的顺利进行，包括以下步骤：① 职责描述的内容应经过授权方和被授权方充分沟通，一致理解职责范围和具体内容。② 通过双方签字，确认职责授权。

3.5.3 质量方针/目标/计划

质量管理体系通过制订质量方针、质量目标和质量计划，使质量管理体系的各级组织、人员明确各自的质量义务和承诺，并通过质量计划的落实衡量质量目标的完成情况，通过质量管理体系内各职能部门制订并完成各自相应的质量目标实现企业的质量方针。质量方针为企业下一步制订相应质量目标提供基础架构，是指定质量相关职能的基础。质量目标是通过质量管理体系内各职能部门制订并完成各自相应的质量目标实现的，质量目标与质量方针保持一致、与相关部门和人员职责对应。质量目标的制订、实施和完成通过下列措施体现：① 高层管理者应确保制订和实施与质量方针相符合的质量目标；② 质量目标应与业务目标相结合，并符合质量方针的规定；③ 企业各级相关部门和员工应确保质量目标的实现；④ 为了实现质量目标，质量管理体系的各级部门应提供必要的资源和培训；⑤ 应建立衡量质量目标完成情况的工作指标，并对其进行监督，定期检查完成情况，对结果进行评估并根据情况采取相应的措施。

高层管理者应确保在企业的相关职能和层次上建立相应的质量目标，质量目标与质量方针保持一致、与相关部门和人员职责对应。

质量计划是为了实现某一质量目标而制订的具体操作规程、资源配备、衡量方法和指标等，应形成书面文件，其内容应与员工充分沟通，并使员工了解他们的工作任务，同时体现企业的业务目标和质量目标。

3.5.4 资源管理（Resource Management）

为了保证质量管理体系的实施，持续改进其有效性，企业应确定并提供充足、合适的资源，包括人力资源和基础设施等，并进行有效的管理。

人力资源作为在质量管理体系中可能直接或间接地影响产品质量的重要因素，企业应配备足够的、能胜任的人员，并考虑如下因素：① 确定所需人员应具备的资质和能力；② 提供培训以获得所需的能力；③ 基于教育背景、培训、技能和经验对相关人员是否能胜任予以确认；④ 确保企业的相关人员具有质量意识，认识到所从事活动的相关性和重要性，以及如何为实现质量目标做贡献；⑤ 相关记录形成文件。

基础设施应达到质量要求，并确认其功能符合要求，维护其正常运行，具体包括：① 建筑物、工作场所和相关的设施；② 工艺设备（硬件和软件）；③ 支持性服务（如运输、通信）；④ 工作环境；⑤ 为达到质量要求所需的工作条件，如洁净度、温度、湿度、照明、噪声等。

对资源的具体要求是与特定的产品及其实现过程相关联的，产品实现过程中各阶段的目标各不相同，管理者应根据具体要求配置充足合适的资源，以满足质量管理体系的实施和运行所需，并维护质量管理体系的有效性和持续性。

3.5.5 保证有效沟通

有效沟通的具体内容涉及以下方面：

确保来自客户的需求、法规要求以及委托方的信息能够及时得到沟通，包括：核心文件的管理和执行、质量标准的制定、操作程序的制订、质量协议的制订等。

确保企业各级职能之间的沟通及时、全面，各级职能部门或人员应该及时得到与其相应的信息和数据，包括：市场需求预测、生产计划、物料采购、检验放行之间的信息沟通；常规生产操作过程的质量信息和数据的传递；常规状态维护和检测信息的传递等。

确认、收集并整理系统运行数据，这是对系统进行评审的基础，是衡量是否满足预期要求并与客户做进一步沟通的依据，企业可以根据自身生产和产品的特点确定关键质量信息和数据。例如：人员培训、设施设备状态和环境监测相关信息和数据；物料和产品质量相关数据；纠正措施和预防措施；变更管理等。

确保所发生的产品质量问题和企业质量管理体系问题及时、逐级上报，并得到相应解决。包括：自检和外部检查结果以及整改措施；物料、产品的拒收；检验结果超标；偏差处理；投诉和召回；重大紧急质量问题处理管理办法等。

沟通的范围可以涉及与质量有关的各个方面，包括：研发、法规注册、生产和质量管理等部门人员。

有效沟通是质量管理体系有效运行和持续改进的保障，可以通过定期质量会议和阶段性汇总报告的形式进行。

3.5.6 管理评审/持续改进

持续改进可以分为以下三个层面：第一，针对个体性缺陷的改进，包括原因调查、补救与整改等；第二，针对缺陷或不利趋势采取纠正措施及预防措施；第三，针对质量管理体系进行的改进，即管理评审。

管理评审对质量管理体系进行评审是质量管理体系的主要管理职能之一，建立并保持质量管理体系的有效运行，是确保药品生产符合GMP要求的前提和基础。质量管理体系中各种质量要素的变化会给质量管理以及产品质量本身带来影响，高层管理者通过定期评审企业的质量管理体系，以保持管理体系自身的适宜性、充分性和有效性。通过管理评审，使管理体系自身获得持续改进。

管理评审的内容应包括以下方面：① 质量方针和质量目标的适用性，质量目标的完成情况；② 法律法规的变化或更新对本公司质量管理体系的影响；③ 审计和检查的结果；④ 客户的反馈，包括投诉；⑤ 系统数据的趋势分析；⑥ 对潜在问题或防止再次发生同样问题所采取的预防措施的落实情况；⑦ 前次质量管理体系管理评审的措施的落实情况；⑧ 有可能影响质量管理体系的业务和环境的变化(如产量和产品类型的变化等)；⑨ 产品是否满足客户的要求。

3.6 药物警戒(Pharmacovigilance)

药物警戒是发现、评价、认识和预防药品不良反应或其他任何药物相关问题的科学和活动。药物警戒不仅涉及药物的不良反应，还涉及与药物相关的其他问题，如不合格药品、药物治疗错误、缺乏有效性的报告、对没有充分科学根据而不被认可的适应证的用药、急慢性中毒的病例报告、与药物相关的病死率的评价、药物的滥用与错用、药物与化学药物、其他药物和食品的不良相互作用等。

药物警戒贯穿于药物发展的始终，即从药物的研究设计就开始着手。在药物上市前阶段，主要通过临床试验的方式，也包括体外实验、动物毒理等方式发现药物的安全问题。然而对于可能发生的不良反应，人们在药品上市前的认识和研究总是不完全的，难免会存在局限性。动物实验的结果不足以预测人类应用的安全性。临床研究中，受试者均经过遴选，且数量有限。药品应用的条件与临床实践存在差异，研究时间也是有限的。对于罕见且严重的不良反应、长期毒性、对特殊人群(如儿童、老人或孕妇)的影响以及药物相互作用等信息，上市前研究常常是不完全的，甚至是无法获得的。因此，药物上市后监测(Post-Marketing Surveillance, PMS)工作的开展尤为重要。此阶段主要的研究方法是观察性的，在临床治疗条件下而不是在严格的试验条件下观察研究对象，难以控制混淆因素，因此观察性数据往往比试验性数据质量差。在PMS阶段，药物警戒的一个重要的挑战就在于如何收集、分析上市后的药物的观察性数据，并得出具有较强说服力的结论。

3.6.1 药物警戒的目的

药物警戒的目的包括：① 评估药物的效益、危害、有效及风险，以促进其安全、合理及有效地应用；② 防范与用药相关的安全问题，提高患者在用药、治疗及辅助医疗方面的安全性；③ 教育、告知病人药物相关的安全问题，增进涉及用药的公众健康与安全。

药物警戒的最终目标为合理、安全地使用药品；对已上市药品进行风险/效益评价和交流；对患者进行培训、教育，并及时反馈相关信息。

3.6.2 药物警戒与药品不良反应监测

药物警戒与药品不良反应监测具有很多的相似之处。最主要的在于，它们的最终目的都是提高临床合理用药的水平，保障公众用药安全，改善公众身体健康状况，提高公众的生活质量。但事实上，药物警戒与药品不良反应监测工作有着相当大的区别。

药物警戒涵盖了药物从研发到上市使用的整个过程，而药品不良反应监测仅仅是指药品上市前提下的监测。药物警戒扩展了药品不良反应监测工作的内涵。

由药物警戒的定义可知，药品不良反应监测只是药物警戒中的一项主要的工作内容。药物警戒工作不仅涉及不良反应监测，还涉及与药物相关的其他问题。

药物警戒与药品不良反应的主要区别如下：

(1) 监测对象不尽相同

药品不良反应监测的对象是质量合格的药品，而药物警戒涉及质量合格药品之外的其他药品，如低于法定标准的药品，药物与化合物、药物及食物的相互作用等。

(2) 工作内容不尽相同

药物警戒工作包括药品不良反应监测工作及其他工作，例如用药失误，缺乏疗效的报告，药品用于无充分科学依据并未经核准的适应证，急性与慢性中毒病例报告，药物相关死亡率的评价，药物滥用与误用。

药品不良反应监测工作集中在药物不良信息的收集、分析与监测等方面，是一种相对被动的手段。而药物警戒则是积极主动地开展药物安全性相关的各项评价工作。药物警戒是对药品不良反应监测的进一步完善，也是药学监测更前沿的工作。警戒就是要使医务工作者对严重不良反应更敏感，从而更迅速地采取有力的措施。药物警戒提出之前，药品不良反应监测起着药物警戒作用。药物警戒是人们开展不良反应监测之后，对药物安全性日益认识和重视，进而提出的比药品不良反应监测更系统、更全面、更科学的定义。

药物警戒是一门关于发现、评估、理解和预防药物不良反应，特别是药品长期和短期副作用的药理学科。通常解释，药物警戒是有关收集、监测、研究和评价来自医疗保健供应者和患者关于药品、生物产品、草药、传统医药不良反应方面信息的一门学科。这些信息旨在鉴别与药品相关的新情报或者是预防药品给患者带来的危害。

以“美国警告辛伐他汀的严重肌损害风险”为例。

2010 年 3 月 19 日，美国食品药品监督管理局(FDA)发布通告称，与使用低剂量的辛伐他汀及其他他汀类药品相比，使用最高批准剂量 80 mg 的辛伐他汀发生肌肉损害的风险升高。

辛伐他汀是降胆固醇药，以单独成分的通用名及商品名 Zocor 销售，也有与依折麦布的复方制剂 Torin 以及与烟酸的复方制剂 Simcor 销售。

肌肉损害(也称肌病)是所有他汀类药品的已知不良反应，患者常有肌肉疼痛、压痛、虚弱和血肌酸激酶升高的症状。他汀的剂量越高，发生肌病的风险越大。当辛伐他汀(尤其是高剂量)与某些药物合并使用时，肌病风险也可能升高。最严重的肌病称为横纹肌溶解症，此疾病患者除肌肉损害外，还可能出现严重肾损害，甚至发展成为肾衰竭并导致死亡。引起横纹肌溶解症的已知风险因素包括高龄(大于 65 岁)、甲状腺功能减退以及肾功能不全。肌病及横纹肌溶解症已列入了辛伐他汀和其他他汀类药品的说明书中。

此通告的发布是基于FDA正在评估的临床数据——"降低胆固醇和同型半胱氨酸的有效性研究"(SEARCH)。FDA也正在对来自其他临床试验、观察性研究、不良事件报告和处方药使用的数据进行审查，以便更好地了解高剂量辛伐他汀与肌肉损害之间的关联性。SEARCH试验评估了6 031名服用80 mg辛伐他汀的患者与6 033名服用20 mg辛伐他汀的患者的主要心血管事件，初步结果显示，与20 mg辛伐他汀组相比，80 mg辛伐他汀组出现肌病的患者更多[52例(0.86%) vs. 1例(0.02%)]。FDA对原始数据的进一步分析显示，80 mg辛伐他汀组患者中有11例(0.02%)发生了横纹肌溶解症，而20 mg辛伐他汀组未发生横纹肌溶解症。FDA将在完成评估后更新此风险信息。

FDA曾就辛伐他汀与其他药品相互作用增加肌病发生风险的安全性问题发出过多次警告。2008年，FDA警告当辛伐他汀剂量超过20 mg时，与胺碘酮联用发生横纹肌溶解的风险升高。2010年3月，FDA批准对辛伐他汀的说明书进行修订，警告华裔患者不要联合使用80 mg的辛伐他汀与胆固醇修饰剂量的烟酸产品，并对联合使用40 mg或更低剂量的辛伐他汀与烟酸产品也应慎重。因为正在进行的"心脏保护研究2"(HPS2)的中期结果显示，华裔患者联合使用40 mg辛伐他汀与胆固醇修饰剂量的烟酸产品(不低于1克/天)，肌病的发生率(0.43%)比非华裔患者肌病的发生率(0.03%)高。此外，由于升高的肌病风险，FDA还要求生产企业修改辛伐他汀说明书，强调如果患者正在服用地尔硫卓，医生应避免为患者处方日剂量超过40 mg的辛伐他汀。

辛伐他汀的剂量限制包括：不能与伊曲康唑、酮康唑、红霉素、克拉霉素、泰利霉素、HIV蛋白酶抑制剂、奈法唑酮联合使用；与吉非贝齐、环孢素、达那唑联合用药，辛伐他汀的剂量不应超过10 mg；与胺碘酮、维拉帕米联合用药，辛伐他汀的剂量不应超过20 mg；与地尔硫卓联合使用，辛伐他汀的剂量不应超过40 mg。

尽管辛伐他汀的说明书中包含了剂量限制和药物相互作用的警告，2010年FDA的一项对处方药品使用数据的回顾分析发现，那些正使用可增加横纹肌溶解风险药品的患者仍会被处方高剂量的辛伐他汀。

FDA建议医疗专业人员在给患者使用辛伐他汀之前，应了解患者的既往病史和用药情况，并与患者交流辛伐他汀的治疗效益和风险。建议患者不要自行停药，如果出现肌肉疼痛、压痛、虚弱、尿色异常以及无法解释的虚弱等症状，应咨询医疗专业人员。

这个案例不是单纯的不良反应监控，美国FDA通过临床试验、观察性研究、不良事件报告和处方药使用等的数据进行主动的综合的审查分析，最终获得了产品在研发阶段无法获得的信息，规范辛伐他汀的用法、用量，从而保护患者的利益，降低患者用药风险，这是很典型的药物警戒工作的体现。

3.7 总　　结

本章以ICH Q10为主线，结合ICH Q8和ICH Q9阐述质量管理体系对于药品生产的重要性，实施质量管理体系的益处如下：

(1) 通过科学的和以风险为基础的批准后变更程序，促进持续改进，保持生产工艺的稳健性；

(2) 在全球性的药品环境中，保持各个区域的一致性；

(3) 能够使体系、程序、组织和管理责任透明化；

(4) 更清楚地理解质量体系在整个产品生命周期中的应用；

(5) 进一步减少不合格产品的风险和投诉及召回的发生率，从而更好地保证药品质量的一致性和对患者的可及性(供应)；

(6) 更好的工艺性能；

(7) 提供更多的企业与监管部门之间相互了解的机会，更加优化地利用企业和监管部门资源，增强制造商和监管者对产品质量的信心；

(8) 提高 GMP 的依从性，从而树立监管者的信心，有可能缩短检查周期。

ICH Q10 将知识管理定义为获取、分析、存储和传播与产品、生产工艺及其组分相关的信息的系统化方法。

知识管理并不是一个系统，它能够使 ICH Q8、ICH Q9 和 ICH Q10 中所描述的概念得以实施。

知识管理不是一个新的概念，不管研发方式如何，它总是重要的。ICH Q10 之所以强调知识管理，是因为有越来越多的手段(如 QbD、PAT、实时数据生成和控制监测系统等)，可以产生更为复杂的信息，而这些信息需要在产品的整个生命周期内被更好地获取、管理和共享。

ICH Q9 主要阐述质量风险管理的理念，质量风险管理更为重要的是方法和工具，与质量风险管理联合在一起，知识管理才有意义，诸如先验知识(包括从其他相似产品中得到的)、开发设计空间、控制策略、技术转移和整个产品生命周期内的持续改进等才能实施。

思考与讨论

1. 质量的定义是什么？
2. ICH Q8 的主要内容是什么？
3. ICH Q9 的主要内容是什么？
4. ICH Q10 的主要内容是什么？

第4章

文件和数据管理

4.1 概　　述

4.1.1 文件的目的和意义

案例 1

根据图 4－1 的情况，回答以下问题。

图 4－1　造船

（1）图中的人的目的是什么？

（2）他达到了目的吗？

（3）什么原因会导致图中的情况？

这些问题的答案是显而易见的，图中的人想造一艘船，但完成后发现并不是希望的结果，原因可能是多方面的：

① 没有造船指导文件，凭想象造船；

② 拿到的造船指导文件是错的；

③ 造船指导文件是对的，但不能正确理解运用文件；

④ 造船指导文件是对的，不认真学习文件；

……

从这个案例中可以扩展设想：如果在生产药品的过程中出现上述这些情况，后果如何？

从这个案例中可以看出文件在生产质量管理中的作用和意义——文件是质量管理体系的基本要素。

广义的“文件”指公文书信或有关政策、理论等方面的文章。文件的范畴很广泛，电脑上运行的软件或程序都可以叫文件。

在《质量管理体系 基础和术语》(GB/T19000－2016/ISO9000：2015)中，有关数据、信息和文件的术语定义如下：

数据(Data)：关于客体的事实。

信息(Information)：有意义的数据。

文件(Document)：信息及其载体(载体可以是纸张，磁性的、电子的、光学的计算机盘片，照片或标准样品，或它们的组合)。

记录(Record)：阐明所取得的结果或提供所完成活动的证据的文件。

在生产质量管理体系中文件是以文字或图示描述管理内容或业务内容，通过规定程序由有权人员签署发布，要求接收者据此做出规范反应的电子文档或纸质文档，所以文件是生产质量管理体系的具象，也就是说生产质量管理体系的活动是通过文件进行表达的。

记录通俗的定义是指把所见所闻通过一定的手段保留下来，并作为信息传递开，是一种特殊类型的文件。

文件的作用如下：

(1) 信息沟通：作为信息传递和沟通的工具，文件化信息的类型和程度将取决于组织的产品和过程的性质、沟通系统的正式程度及组织内的沟通技能与组织文化。

(2) 提供符合性的证据：提供证据证明计划的事情已经完成。

(3) 知识共享。

(4) 传播和保护组织的经验，典型的例子是形成的技术规范。

在药品生产质量管理过程中文件管理的目的如下：

(1) 定义物料和产品的标准，以及制造和控制的方法。

(2) 确保每个与药品生产质量管理有关的人都知道该做什么、如何以及何时去做(5W1H)。

(3) 在产品放行时提供必要及完整的信息和证据。

(4) 在对可疑产品进行调查时提供相应的审计跟踪信息。

4.1.2 存在的问题

案例 2

下面是国家食品药品监督管理总局飞行检查情况通报的部分内容。

1. 为应对监督检查，企业设立三套账目

现场检查调取企业中药材分类台账过程中，在其档案室发现了两本《中药材分类台账西区》(2016 年 1 月至 6 月)，分别用铅笔标注飞行检查与 GMP，经询问库管人员，其承认企业为规避检查设立了三套账目，为与三套批生产记录相对应，仓储部门建立了相应的三套账目。随后，从其办公地提供了第三本《中药材分类台账西区》(2016年1月至6月)，无任何标注。

在存放上述分类账的档案柜中发现了两本《批生产指令西区》，指令时间分别为2016年1月至6月、2016年3月至6月。

(1) 两本指令中存在同批号的产品投料量不一致的情况。如龟甲胶(批号：1603061)，龟甲投料一本记录为1 500 kg，另一本为1 000 kg；阿胶(批号：1604251)，驴皮投料一本为3 000 kg，另一本为2 000 kg。

(2) 两本指令中的其中一本指令批数多于另外一本，如《批生产指令西区》(2016年3月至6月)中的阿胶(批号：1603251)、鹿角胶(批号：1603291、1604231)、龟甲胶(批号：1603311、1604031、1604171)，在另一本《批生产指令西区》(2016年1月至6月)中均无相关记录。生产和仓库相关人员均承认为与不同的记录内容相对应，生产部下达了不同的批生产指令。

企业负责人最终承认该企业存在三套账目的情况，其中一套为真实账目，一套为抽检不合格预减轻处罚而设立(低收率)，一套为市场反馈价格偏低而设立(高收率)。企业未能提供相应的三套批生产记录与批检验记录。经与生产仓库人员核实，均确认企业建立了三套记录用于规避检查。

2. 关于违法添加问题

现场检查时在企业生产部办公室发现一本手写的近几年三胶(阿胶、鹿角胶、龟甲胶)产品的生产批次、产量及进、出中间站的日期统计数，并在生产部办公室内一台电脑上的U盘调取到该企业内部用于统计投料量与生产量的2016年三胶生产记录，该记录详细记录了2015年12月18日至2016年12月2日期间生产三胶的投料添加情况，其中出现多个物料代号，如驴皮A、B、C、D、P；鹿角A、B、C；回火胶、糖胶、老胶等。该记录反映出企业在生产鹿角胶与龟甲胶时添加了大量的(50%～80%)的驴皮D胶。如龟甲胶(批号：1601061)原料为驴皮D＋驴皮P，投料量3 509.4 kg，添加龟甲210 kg、回火灰分不合格胶(批号：1512081)580.6 kg；鹿角胶(批号：1605061)原料为驴皮D(白边)，投料量2 987.6 kg，添加鹿角C(批号：1603291)225 kg。

针对记录中的物料代号与添加问题，检查组对其生产负责人进行了询问，其承认在鹿角胶与龟甲胶的生产过程中进行了不同程度的添加，以达到提高收率降低成本、产品符合法定标准又能规避检查的目的。其中驴皮A为质量好的驴皮；驴皮B为质量一般的驴皮；驴皮C为质量较差的驴皮；驴皮D，2015年前为杂皮(以牛皮为主的多种动物皮)，2015年采用驴皮，2016年为骆驼皮；驴皮P为用于调配的多种动物皮，有骆驼皮、驴皮和鹿皮；潮皮为吸水后较潮湿的皮；鹿A为鹿角；鹿B为鹿角与头部连接处的骨化物；鹿C为鹿皮；回火胶为成型不好或其他原因导致不合格的胶；配比胶为骆驼皮或鹿皮熬制后的胶；胶末为放置后沉淀于下层的胶；杂碎皮为牛皮、驴皮等小块的皮料；大块阿胶为块型较大的阿胶，用于添加使用；炒白边为鹿角胶上层白色的泡沫。

该企业称其进行违法添加行为是由于龟甲胶、鹿角胶不易凝结成型。2014年之前，在龟甲胶、鹿角胶中添加黄明胶(牛皮胶)作为助凝剂；2014年之后，因阿胶中增加牛皮源监督检测项目，为避免添加黄明胶对阿胶的影响，则改为添加阿胶，添加量在

30%～50%不等，其后在龟甲胶、鹿角胶监督检验标准实施之后，添加量调整至5%；2016年3月之后改为添加骆驼皮胶（驴皮D），添加量为50%～80%，其中添加量在50%左右的定义为高配，市场售价较高，其余均为低配，同时还存在以鹿皮（鹿C）替代鹿角投料情况。

企业为了不留证据，在采购付款、验收入库、生产检验等环节均未留存相关的记录，经询问相关人员，证实主要添加物驴皮D为骆驼皮。验收经相关人员称重确认数量后入库，不填写请验单，不记录物料台账，供应部经理填写付款申请书，由财务经理按照驴皮款的付款事由进行付款。提取车间相关人员领用不填写领用记录，一次性全部领取库中的骆驼皮投料生产，亦不填写相应的生产记录。

3. 涉嫌编造、篡改批生产记录

2017年1月10日上午9时，检查组进入湖北康源药业进行飞行检查，在该公司一楼会议室，发现公司相关人员正在按照制订好的修改内容对2016年3月的浓维磷糖浆（批号1603206）与2015年11月的龟甲胶（批号1512051）等批生产纪录进行修改，在龟甲胶（批号1512051）批生产记录封面有"报告单上请验日期应是1月24日"标注字样；现场另发现在多页空白纸上手写的自2014年以来所要修改的批生产记录的人员分工、品种、批号、修改的内容等。

上面的内容可归纳为三个方面的问题：① 应对监督检查，企业设立三套账目；② 关于违法添加问题；③ 涉嫌编造、篡改批生产记录。其实质是记录的内容与生产质量管理的情况不一致，从而掩盖违法违规生产的事实。

文件的作用之一是提供符合性的证据，证明计划的事情已经完成，但这个证明不是虚假的证明，而是要真实、完整、准确地体现出生产质量管理的实际，这样的证明才有意义。

这个案例表述的是当前医药行业一个比较突出的问题，由于药品的特殊性，在药品的生命周期过程中需要用文件和记录证明产品的安全性、有效性和质量可控性，并接受药品监管部门的检查确认，以此来评估企业及产品存在的风险，如果企业出示的文件和记录是虚假的、不准确的、不完整的，则药品监管部门的评估将无任何意义。这一点在对上海华联制药有限公司的氨甲蝶呤和阿糖胞苷药害事件调查过程中得以证明，在卫生部和国家药品监督管理局的联合调查组的前期调查中，以及上海市公安部门的后期侦查当中，上海华联制药厂的有关负责人"有组织地隐瞒了违规生产的事实"，使调查过程被拖延，原因未能及时被发现，致使更多的患者受到了伤害，造成了更大的风险。

所以从保护患者和企业合规的角度，都需要确保数据可靠。

4.2 文件管理

基于文件管理在药品生产质量过程中的重要性，需要明确药品生产质量管理过程所需的各种类型文件的定义和相应的管理要求。

1. 各种类型文件定义

药品生产质量管理过程中有各种类型的文件，主要有工艺规程、质量标准、操作规程、记录、标识等。

(1) 工艺规程

为生产特定数量的成品而制订的一个或一套文件，包括生产处方、生产操作要求和包装操作要求，规定原辅料和包装材料的数量、工艺参数和条件、加工说明（包括中间控制）、注意事项等内容。

(2) 质量标准

指对产品的结构、规格、质量、检验方法所作的技术规定，是评定质量的技术依据，主要有物料质量标准、中间体质量标准、产品质量标准。

(3) 操作规程

经批准用来指导设备操作、维护与清洁、验证、环境控制、取样和检验等药品生产活动的通用性文件，也称标准操作规程（Standard Operating Procedure，SOP）。

(4) 记录

阐明所取得的结果或提供所完成活动的证据的文件，是药品生产质量管理文件的重要组成部分，是证明所生产产品质量和产品放行的重要依据，药品生产质量管理的记录包括批生产记录、批包装记录、检验记录和其他证明按照操作规程进行生产质量活动的记录。

(5) 标识

也称标志、标签，用以标示，便于识别。标识最突出的特点是易于识别和显示事物自身特征，在药品生产质量管理的很多活动中都需要使用标识，如物料标识、状态标识，用于区分以防止污染、交叉污染、差错和混淆。

在 GMP 中有如下规定：“第一百九十二条　容器、设备或设施所用标识应当清晰明了，标识的格式应当经企业相关部门批准。除在标识上使用文字说明外，还可采用不同的颜色区分被标识物的状态（如待验、合格、不合格或已清洁等）。”这一条款的规定将标识的作用表述得很清晰。通常用绿色表示合格、清洁；黄色表示中间状态；红色表示不合格、不清洁、停用、故障等，这样在生产过程中能够易于识别，防止差错。

图 4-2 是药品生产企业使用的一些生产状态标识和清洁状态标识。

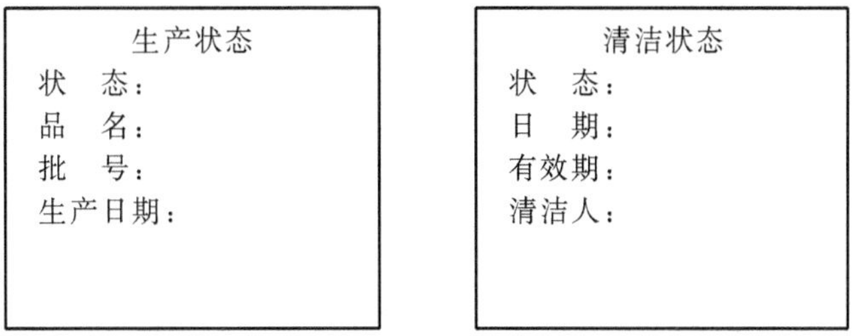

(a)　　(b)

图 4-2　生产状态标识和清洁状态标识

生产状态标识和清洁状态标识，用于标识房间或岗位的生产状态和生产后的清洁状态，使操作人员能够识别出这个生产岗位生产产品的信息和清洁状态信息。

图 4-3 是物料状态标识，用于识别物料状态信息，典型的物料状态有待验、合格、不合格，在实践中物料状态标识可以采用色标，如红色表示不合格、绿色表示合格、黄色表示待验等，参照交通信号灯的形式，便于操作人员识别物料信息。

物料状态标识

品　　名：________

批　　号：________

数　　量：________

日　　期：________

有效期至：________

操 作 人：________

图 4-3　物料状态标识

这些状态标识的主要目的是在生产过程中使操作人员能够易于识别岗位、房间、设备、物料等会影响产品质量的信息，最大限度地降低在生产过程中可能出现的污染、差错、混淆等风险。

在实际操作中，由于自动化技术的采用，也不一定完全要使用这种方式，如在 GMP 中有“使用完全计算机化仓储管理系统进行识别的，物料、产品等相关信息可不必以书面可读的方式标出”的内容。现在在一些企业中运用企业资源管理系统（Enterprise Resource Planning, ERP）、制造执行系统（Manufacturing Execution System, MES）、仓储管理系统（Warehouse Management System, WMS）等信息系统，在生产过程中采用扫描条码识别信息等方式，在条码中就包含了相关信息，如用手机扫描图 4-4 中的二维码，就可以在手机中读到相应的信息，这些信息的内容与传统标识的内容一致。

图 4-4　扫描条码识别信息

2. 文件的生命周期管理

为了文件的内容正确、格式统一、沟通交流顺利，需要对文件进行有效的管理，在 GMP 规定中需制订“文件管理的操作规程，系统地设计、制订、审核、批准和发放文件”“文件的起草/修订、审核、批准、替换或撤销、复制、保管和销毁等应当按照操作规程管理，并有相应的文件分发、撤销、复制、销毁记录”。

所以应在文件的生命周期进行有效的管理，以确保文件内容准确、可用。

文件的生命周期如图 4-5 和表 4-1 所示。

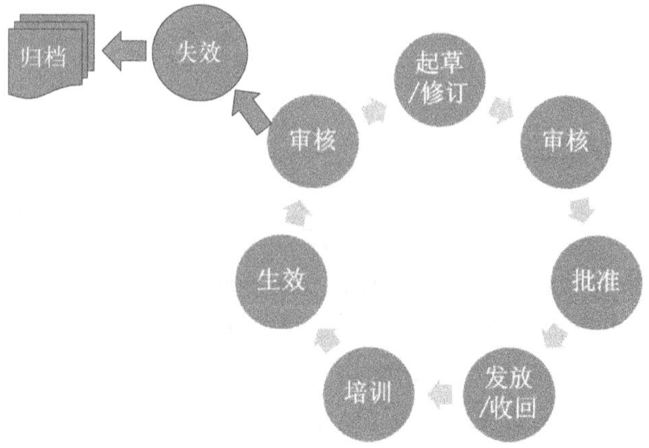

图 4-5　文件的生命周期

表 4-1　文件的生命周期

起草/修订	新文件的起草和现有文件的修订，在起草过程中要赋予文件编号及版本号，文件的编号和版本号用于识别文件，每个文件的编号是唯一的，使用的原因是同一名称和编号的文件会多次修订，如果没有版本号进行识别，就有很大可能性造成新旧文件混淆
审　核	具有适当资质的人员对起草/修订的文件进行审核，以确保文件的内容能够满足预定的用途
批　准	具有适当资质的人员对审核确认后的文件进行批准
发放/收回	将批准的文件发放到预定的部门和岗位，如存在旧版本文件，应在新版本文件发放的同时将旧版本文件收回(思考：如果在现场存在两个版本的文件会产生什么后果?)
培　训	文件的目的是让相关人员按照文件的要求操作、识别和记录等，所以文件正式生效前应对相关人员进行培训，并确认培训效果，相关人员是否能按照文件的要求进行相应的操作、识别和记录等
生　效	文件生效后，就应该严格按照文件要求执行
审　核	生效的文件在执行过程中需进行审核内容的有效性和适应性
失　效	文件的内容失去有效性和适应性，且更新无意义则表明文件失效，失效的文件应及时收回
归　档	失效文件需归档备查，多余的文件可以销毁

3. 药品生产质量管理文件系统构建和文件内容要求

在 GMP 实施过程中，业内总结的三句话生动地概括了文件在药品生产质量管理过程中的作用和意义，如图 4-6 所示。

但要达到上述总结的目的，既要深入学习 GMP 的内容，满足合规的需求，又要结合工艺和管理的需求建立有效的文件系统。建立文件系统时文件的数量和详略程度及使用的媒体应考虑以下因素：

(1) 法规和产品工艺的要求；

(2) 企业的规模及活动类型；

(3) 过程及其相互作用的复杂程度；

(4) 人员的能力；

(5) 科技的发展。

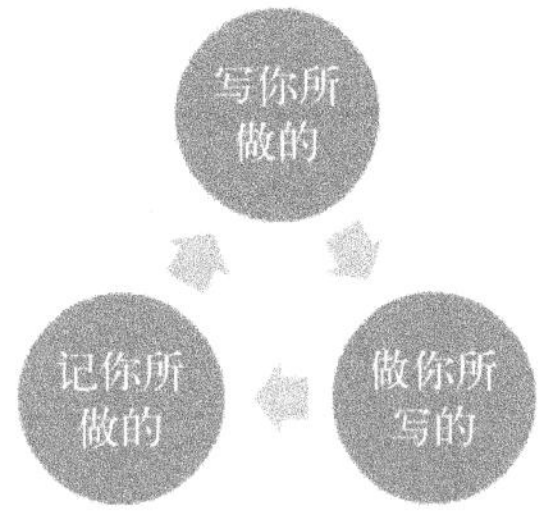

图 4-6　文件在药品生产质量管理过程中的作用和意义

药品行业的生产质量管理过程与其他行业最显著的不同是面临的监管方式的不同，药品行业法规对生产质量管理有着强制的要求，所以文件系统的设计和内容必须要考虑法规的需求，在我国 2010 年版 GMP 中对于主要文件的内容有着明确的要求。

第一百七十条　制剂的工艺规程的内容至少应当包括：

(一) 生产处方

1. 产品名称和产品代码。

2. 产品剂型、规格和批量。

3. 所用原辅料清单(包括生产过程中使用但不在成品中出现的物料)，阐明每一物料的指定名称、代码和用量，如原辅料的用量需要折算时，还应当说明计算方法。

（二）生产操作要求

1. 对生产场所和所用设备的说明（如操作间的位置和编号、洁净度级别、必要的温湿度要求、设备型号和编号等）。

2. 关键设备的准备（如清洗、组装、校准、灭菌等）所采用的方法或相应操作规程编号。

3. 详细的生产步骤和工艺参数说明（如物料的核对、预处理、加入物料的顺序、混合时间、温度等）。

4. 所有中间控制方法及标准。

5. 预期的最终产量限度，必要时，还应当说明中间产品的产量限度，以及物料平衡的计算方法和限度。

6. 待包装产品的贮存要求，包括容器、标签及特殊贮存条件。

7. 需要说明的注意事项。

（三）包装操作要求

1. 以最终包装容器中产品的数量、质量或体积表示的包装形式。

2. 所需全部包装材料的完整清单，包括包装材料的名称、数量、规格、类型以及与质量标准有关的每一包装材料的代码。

3. 印刷包装材料的实样或复制品，并标明产品批号、有效期打印位置。

4. 需要说明的注意事项，包括对生产区和设备进行的检查，在包装操作开始前，确认包装生产线的清场已经完成等。

5. 包装操作步骤的说明，包括重要的辅助性操作和所用设备的注意事项、包装材料使用前的核对。

6. 中间控制的详细操作，包括取样方法及标准。

7. 待包装产品、印刷包装材料的物料平衡计算方法和限度。

在制订工艺规程时除了需要将 GMP 的要求囊括在内，还需考虑管理和工艺的要求。在制订文件时，不能简单地按照 GMP 的要求进行编写，还需要理解 GMP 要求的意见，GMP 要求的主要目的是保证质量，降低风险，使生产的条件和设备在用于药品生产前均经过确认与验证能够满足工艺的要求，如果发生变化就要按照变更管理的要求采取相应的控制措施。

在规划文件系统时，还要考虑文件的关联性，不能人为地毫无目的地将文件系统复杂化，在我国实施 GMP 的前期，有的企业错误地理解为文件数量越多，检查员就会觉得企业工作越认真，所以人为地将文件数量增加，但增加文件在实际管理过程中没有任何意义。

案例 3

有的企业的文件系统中的文件分 SMP 文件、SOP 文件，目的是区分管理文件和操作文件，这样的区分并不违反法规的要求，但有的企业将同一要求的文件分别制订了 SMP 文件和 SOP 文件，且 SMP 文件和 SOP 文件的内容基本一致，只是 SMP 文件的内容原则一些，SOP 文件的内容略微详细一些，在实际执行过程中 SMP 文件没有任何可操作性，丧失了文件制订的目的，还增加了管理的难度，且由于同一要求有两个甚至三个文件进行描述，一方面文件的管理工作量增加（需要修订、审核、批准、收发、培训等），另一方面还可能造成文件之间的内容不一致，成为检查缺陷。

案例 4

某企业的空调机房堆放采购来的初效过滤器和中效过滤器以及刚从空气净化系统中更换下来的初效过滤器和中效过滤器。表 4-2 为其现场情况。

表 4-2 现场情况

说　明	过滤效率级别
新采购的中效过滤器过滤效率级别	F7
更换下来的中效过滤器过滤效率级别	F8
净化空调控制系统的操作界面显示中效过滤器过滤效率级别	F9
企业的用户需求中的中效过滤器过滤效率级别	F7+F9 两级中效过滤
设计方案中的中效过滤器的过滤效率级别	F8
空调系统安装确认文件中显示的安装的中效过滤器的过滤效率级别	F8

在空气净化系统中过滤器对空气的净化起着关键的作用，在案例 4 中看到 F7、F8、F9 是空气过滤器的过滤效率的级别，不同过滤效率级别的过滤器对于空气过滤的效果，以及对于在同样的风机频率下对过滤后空气的风量有明显的影响，进而会对洁净区内的压差和洁净效果产生影响。

在案例 4 中明显可以看到这个企业对于空气净化系统的过滤的管理是混乱的，问题出在哪里呢？药品生产质量管理过程中要求，关键系统需要根据用户需求进行设计，并出具设计确认的文件，以证明系统的设计是能够满足要求的，在安装过程中需要进行安装确认以证明系统的安装是能够满足设计标准的，并出具安装确认文件，系统正常运行后，企业应制订相应的文件如 SOP 指导后续的操作，对于关键的要求和操作，如初效过滤器、中效过滤器的规格和过滤效率应明确规定并与确认的内容一致，这样才能在后续更换过程中按照文件要求进行检查确认是否按照文件要求进行操作，避免出现上述问题，所以这个案例表明企业没有严格按照管理的要求制订符合要求的相关文件并实施，是知识管理和知识传递的过程出现问题，因此按照相关要求进行管理是保证相应系统有效的重要措施。

此外为了便于识别管理，文件管理系统还要定义文件的编码规则。

4.3 文件管理与知识管理

回顾药品生产质量管理的历程，在最初的阶段主要聚集于产品质量标准，通过对最终产品的检测评价产品的质量，但这种状态的缺点是明显的，由于检验方法和标准的局限性，一方面可能不能有效地发现质量问题，另一方面可能发现质量问题为时已晚，已经造成了严重的后果。下面的案例可以清楚地说明这一问题。

案例 5

1970—1971 年，美国疾病预防控制中心发现在七个州的八家医院暴发败血症的情况，后经调查发现这一事件主要是美国某跨国药企的输液产品被微生物污染造成的，该公司自

1970 年 3 月前后开始进行瓶盖密封系统的变更，但直到 1970 年 11 月前后才开始大量生产。变更前的密封系统包含了红色天然橡胶圆垫的沥青圆片。巧合的是，该天然橡胶具有抗大肠杆菌和阴沟肠杆菌的抗菌特性，这些生物体在高压灭菌后发生冷却时被吸入盖子中，但未被更新后的弹性体衬里破坏。制造工厂环境培养证明，这些生物在制造工厂环境中是大量存在的，且含有葡萄糖的溶液也有利于它们的生长。产品的无菌检测环节是，每批 5 500 瓶中先抽取 10 瓶进行初始检测，若存在不合格则再抽取 20 瓶进行扩展检测。1969 年时，2 200 批中有 7 批的初始检测失败，报废 1 批。到了 1970 年更换衬垫后，3 850 批中有 31 批的初始检测失败，报废 10 批。到 1971 年 3 月 31 日，共有 405 名病例报告，其中 3 月 22 日该公司将产品召回后没有人发病。1976 年发表的完整流行病学分析估计这些受污染的静脉输液引起 2 000～8 000 次败血症病例。在研究医院中，大约 10% 的病例患者在患菌血症后很快死亡①。

此次败血症暴发的核心根源不是企业没有做无菌检查或违规生产。而在于无菌检测本身的局限性，设备或系统设计建造的缺陷及缺乏工艺理解。

基于最初阶段的经验和教训，药品的生产质量管理进入了当前的第二阶段，关注于质量保证和 GMP 的要求，从书面程序、生产工艺流程出发在生产过程中控制问题的产生，这样问题的发生率大幅下降，药品的质量发生巨大的转变。但由于研发和生产之间并未产生紧密的联系，质量管理体系也未覆盖到研发的领域，所以对于产品、工艺的理解仍然不充分，有些在商业化生产环节发生的问题仍然无法解决。这归因于知识管理的问题。

知识是人类在实践中认识客观世界(包括人类自身)的成果，它包括事实、信息的描述或在教育和实践中获得的技能。知识是人类从各个途径中获得经过提升总结与凝练的系统的认识。对于药品生产质量管理过程中知识无疑是最为重要的，主要包括产品知识、工艺知识、法规知识、管理知识等。

在产品生产周期过程中，产品知识和工艺知识主要来源于药品研发阶段和商业化生产阶段。

在现代药品研发注册体系要求下，对产品知识和工艺知识的认识和理解在药品研发阶段已基本完善，所以在药品研发阶段就需要对产品知识和工艺知识进行系统的收集、汇总、分析等知识管理工作。但仅仅依靠药品研发阶段的知识管理是不够的，由于研发阶段的局限性(限于成本、批次、规模、时间等因素)，在商业化生产阶段的知识管理也很重要，商业化生产阶段的知识管理如图 4-7 所示。

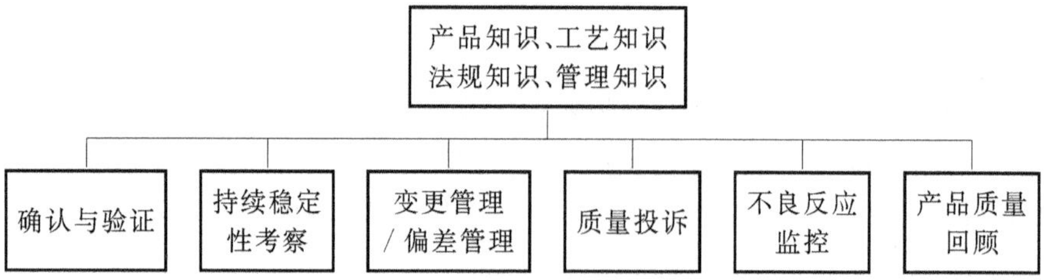

图 4-7　商业化生产阶段的知识管理

在商业化生产过程中要完成产品实现除了产品知识和工艺知识，还需要法规知识和管

① 可参考 https://www.cdc.gov/mmwr/preview/mmwrhtml/00050554.html。

理知识等,产品才能达到持续保证的目的。

由于文件和记录是知识的载体,要进行综合的知识管理,就必须通过文件记录这一知识管理的载体,所以其重要性是不言而喻的。

要进行有效的知识管理需要强调两个方面。

一方面,有效的文件修订管理,文件修订就是文件内容的更新,内容的更新意味着知识的变化,所以文件修订管理的有效性、及时性对于知识的更新和积累是重要。

另一方面,记录和信息内容的可靠性,也就是真实性和完整性。如果记录和信息内容不真实、不完整,则获得的所谓“知识”是没有意义的,在管理过程中如何保证记录和信息可靠对于知识管理也是重要的。

4.4 数据可靠性

案例 6

2015 年 7 月 22 日国家食品药品监督管理总局为落实党中央、国务院“用最严谨的标准、最严格的监管、最严厉的处罚、最严肃的问责,确保广大人民群众饮食用药安全”的要求,从源头上保障药品安全、有效,发布了《国家食品药品监督管理总局关于开展药物临床试验数据自查核查工作的公告》(〔2015〕117 号),决定对公告附件所列已申报生产或进口的待审药品注册申请开展药物临床试验数据核查,公告附件中所列开展药物临床试验数据核查的待审药品注册品种共 1 622 个。

公告中明确规定,自查核查工作分自查阶段和核查阶段。自查阶段企业确认药品临床试验数据的真实性和完整性,如企业自查发现临床试验数据存在不真实、不完整等问题的,可以向国家食品药品监督管理总局提出撤回注册申请。核查阶段则由国家食品药品监督管理总局组织专家对申请人的自查材料等进行数据分析并视情况开展飞行检查。检查中发现临床试验数据弄虚作假的,临床试验数据不完整、不真实的,将依据《中华人民共和国药品管理法》第七十八条、《药品注册管理办法》第一百六十六条的有关规定,追究申请人、临床试验机构、合同研究组织的责任,并向社会公开申请人、临床试验机构、合同研究组织及其法定代表人和相关责任人员。在药品审评过程中,发现申请人有下列情形之一的,将依据《药品注册管理办法》第一百五十四条的有关规定,注册申请不予批准,包括:① 拒绝、逃避或者阻碍检查或者毁灭证据的;② 临床试验数据不能溯源,数据不完整的;③ 真实性存疑而无合理解释和证据的;④ 未提交自查报告的。

对核查中发现临床试验数据真实性存在问题的相关申请人,3 年内不受理其申请;药物临床试验机构存在弄虚作假的,吊销药物临床试验机构的资格;对临床试验中存在违规行为的人员通报相关部门依法查处;将弄虚作假的申请人、临床试验机构、合同研究组织以及相关责任人员等列入黑名单。

根据国家食品药品监督管理总局食品药品审核查验中心 2017 年 7 月 21 日发布的《药物临床试验数据核查阶段性报告》公布的内容,截止到 2017 年 6 月底,总局共发布 7 期公告,决定对 2 033 个已申报生产或进口的待审药品注册申请开展药物临床试验数据核查。其中,申请人主动撤回的注册申请 1 316 个,占 64.7%;申请减免临床试验等不需要核查的注册申请258个,占12.7%;对已提交自查资料的药品注册申请进行了临床试验数据现场核查;在已核查的313个药品注册申请中,有38个注册申请的临床试验数据涉嫌数据造假,其中新药注册申请16个,仿制药注册申请17个,进口药注册申请5个。总局已发布公告,对其中30个注册申请作出不予批准的决定,并对其中涉嫌数据造假的11个临床试验机构及合同研究组织(Contract Research Organization, CRO)予以立案调查。其余8个注册申请的核查资料正在按程序处理。

从案例6中可以看出在开展核查工作前药物临床数据存在问题的严重性,这也是一个很典型的伦理问题。

药物的临床试验前需要经过伦理委员会的审查,伦理委员会对药物临床试验项目的科学性、伦理合理性进行审查,旨在保证受试者的尊严、安全和权益,促进药物临床试验科学、健康地发展,增强公众对药物临床试验的信任和支持。

但有些经过伦理委员会审查的临床试验,在试验过程中存在伪造临床试验数据和结果,这明显背离了医药工程伦理的基本准则"风险最低化、受益最大化、诚实守信、责任担当"。

可以想象如果这些通过伪造数据"研发"出来的产品上市,会对患者带来多大的危害。这与保护患者利益是完全背道而驰的,药品质量的安全有效及可控也完全是一句空话。

由于药品质量评价的特殊性,监管部门的审评、审批和监管的主要依据就是企业的数据和资料,所以数据和资料的可靠性不仅是技术问题,更是一个严肃的工程伦理问题。

4.4.1 数据可靠性管理背景

数据可靠性对应的英文名称为"Data Integrity",早期翻译为"数据完整性"。

数据可靠性实际上是指数据的真实性和完整性,早在2002年我国颁布的《药品注册管理办法(试行)》中就多次强调"申请新药注册所报送的资料应当完整、规范,数据必须真实、可靠"。《药品生产质量管理规范(2010年修订)》的总则第四条明确规定"企业应当严格执行本规范,坚持诚实守信,禁止任何虚假、欺骗行为"。

20世纪80年代,为争先申报新药申请(Abbreviated New Drug Application, ANDA),美国医药行业也出现了大量的数据造假行为。为此,1991年,FDA开始制定了专门针对申报数据造假的政策《CPG Sec. 120.100 Fraud, Untrue Statements of Material Facts, Bribery, and Illegal Gratuities》和Application Integrity Policy(AIP)[①]。

根据此项政策,如果申报材料中数据出现不完整、不一致、不真实的情况,FDA将立即停止审评所有关联申报,停止所有关联上市药品的销售,拒绝所有未来申报材料的审评,而且所有这些措施都是无限期的。

因此从监管的角度看,数据可靠性的重要性体现在监管部门依赖的是企业申报、生产和检测过程的资料,从而判断企业的产品是否安全、有效、质量可控,进而判断是否批准企业的产品上市。如果数据可靠性出现问题,则所有判断都存在风险,相互信任的基础也将被打破。

---

① 可参考 https://www.fda.gov/inspections-compliance-enforcement-and-criminal-investigations/compliance-actions-and-activities/application-integrity-policy。

从企业管理的角度看，数据可靠性的重要性体现在企业管理的基础就是透明、可控，如果数据不可靠，就说明企业的管理不透明，过程可控性差，实际上企业的管理者不能有效地掌握企业运行的真实和完整的情况，这就对企业的运行判断带来风险。

数据可靠性问题由来已久，在过去由于技术等原因，从监管检查的角度对于如果企业蓄意的弄虚作假不被当场发现则较难察觉，但近年来随着技术的进步，企业越来越多地使用计算机化系统和自动化设备，这就给监管检查带来发现潜在问题的契机。

2014 年 1 月至 2015 年 3 月，FDA 在其官方网站上(www. fda. gov)公布了 21 封有关药品生产违反 GMP 要求的警告信①，其中有 14 家企业存在数据完整性问题，具体情况如表 4-3 所示。

表 4-3 FDA 发布的涉及数据可靠性问题的药品生产企业警告信信息

序号	企 业 名 称	所在国家或地区	检 查 日 期	检查剂型
1	Cadila Pharmaceuticals Limited	印 度	2014. 3. 24—28	原料药
2	Novacyl Wuxi Pharmaceutical Co. , Ltd.	中 国	2013. 10. 14—18	原料药、制剂
3	Sharp Global Limited	印 度	2014. 3. 6—7,10	原料药
4	Zhejiang Jiuzhou Pharmaceutical Co. , Ltd.	中 国	2013. 10. 21—24	原料药
5	Marck Biosciences Ltd.	印 度	2013. 10. 29—11. 1	制剂
6	Trifarma S. p. A.	意大利	2014. 1. 27—29	原料药
7	Apotex Pharmachem India Pvt Ltd.	加拿大	2014. 1. 27—31	原料药
8	Sun Pharmaceutical Industries Limited	印 度	2013. 10. 13—16	原料药制剂
9	Smruthi Organics Limited	印 度	2013. 10. 15—18	原料药
10	CantonLaboratories Pvt. Ltd.	印 度	2013. 4. 1—9	原料药
11	Usv Limited	印 度	2013. 6. 7—11	制剂
12	Novacyl (Thailand) Ltd	泰 国	2014. 4. 21—25	原料药
13	Apotex Research Private Limited	加拿大	2014. 6. 23—7. 1	制剂
14	Micro Labs Limited	印 度	2014. 5. 5—10、12—13	制剂

其中 Sun Pharmaceutical Industries Limited 的情况最为典型，被检查员发现的主要关于数据可靠性的问题如下：

"企业经常对样品进行'非正式检测'并丢弃这些检测结果，检验报告中只报告后续检测的结果。例如，在稳定性考察检测中，企业对一批产品进行了六次检测，并马上删除了这些数据。企业 QC 主管承认检验人员经常对样品进行'试针'。检查员在一台控制了 2 台

① 可参考 https: //www. fda. gov/Drugs/GuidanceComplianceRegulatoryInformation/EnforcementActivitiesbyFDA/WarningLettersandNoticeofViolationLetterstoPharmaceuticalCompanies/default. htm。

HPLC的电脑中发现有5 301张图谱被删除，这些被删除的文件大部分都是样品试针的结果。

检查员发现了大约10包垃圾袋，里面装有撕毁或部分撕毁的有关一些生产活动的GMP原始数据。这些记录如下：

(1) 天平＃FI-002校验记录被撕毁。企业解释说由于采用了错误的质量进行校验，校验人员随后重新进行了校验并丢弃了之前的校验记录。此外，还发现另一台天平的原始校验记录也被丢弃了。

(2) 六份纠正预防措施(CAPA)记录(表格F03-QA-076/01)被撕毁。企业QA主管解释说这些表格是用来延长正在进行CAPA的截止日期。检查组将废弃的记录与正式记录进行比对，发现这些记录中只有三份有相应的正式记录，还有三份废弃记录没有相应的正式记录。

(3) 五份已经完成的预防性维护表格被撕毁。一名员工声称他误撕了这些原始记录[①]。”

尽管类似的问题在以前的检查过程中也时有发现，但如此密集地被发现，也反映出在药品生产质量管理过程中数据可靠性问题的严重性。

2015年起，MHRA、FDA、EMA、WHO、PIC/S等监管部门、第三方组织等陆续发布了各自数据可靠性规范和指南，如表4-4所示。

表4-4 各监管部门、第三方组织发布的数据可靠性规范和指南

WHO	2015年9月	Guidance on good data and record management practices, draft for comment 《良好数据和记录管理实践指南》征求意见稿
FDA	2018年12月	Data Integrity and Compliance With Drug CGMP Questions and Answers Guidance for Industry 《数据可靠性与药品CGMP合规问答》
EMA	2016年8月	Q&A on data integrity《数据可靠性问答》
PIC/S	2016年8月	Good Practices for Data Management and Integrity in Regulated GMP/GDP Environments 《GMP/GDP法规环境下数据管理和可靠性的良好规范》
MHRA	2018年3月	"GXP" Data Integrity Guidance and Definitions 《"GXP"数据可靠性指南和定义》

我国CFDA对于药品生命周期过程中的数据可靠性也很重视，于2016年发布了《药品数据管理规范(征求意见稿)》，并在2017年8月和2018年1月再次征求意见。

4.4.2 数据可靠性与企业持续发展的关系

案例7

一个企业从开始到辉煌奋斗了近50年，而衰败仅仅用3年时间。这就是印度Ranbaxy

① 可参考https://www.fda.gov/iceci/enforcementactions/warningletters/2014/ucm397054.htm。

的故事。

印度的Ranbaxy成立于1961年，经过50多年的发展，从一家小型印度药企成长壮大为世界著名的药业巨头，业务覆盖原料药、非品牌仿制药、品牌仿制药和生物技术产品等。最辉煌时，Ranbaxy公司覆盖了全球25个主要药品市场中的23个，在8个国家设有工厂，在46个国家设有营销机构，产品销往125个国家和地区。

它的辉煌立足于印度，成就于美国市场。Ranbaxy公司的发展具有印度的传奇色彩。

1961年，Ranbaxy公司是印度上万家医药企业中的小公司。由于资不抵债，它被债权人辛格家族收购。辛格家族的小儿子，当时留学美国学习化学制药，毕业后，小辛格博士回印度接管了公司的业务。由于小辛格博士注重产品质量，随后的数年间，该公司发展迅速，于1973年在印度股票上市，之后发展成为印度的第一大制药公司。

成为印度第一大制药公司后，Ranbaxy不满足于印度市场，开始国际化的发展。Ranbaxy把美国市场作为全球化发展的第一站。

1988年，Ranbaxy的一家工厂获得了美国FDA认证，开始向美国出口原料药。

1992年，对Ranbaxy而言可以说是一个重大的里程碑，就在那一年，Ranbaxy与美国制药巨头礼来(Eli Lilly and Company)签订了市场协议。Ranbaxy再合成的能力和在仿制药市场强大的竞争力给礼来留下了很深的印象。因此，当礼来的畅销抗感染品牌药Cefaclor专利到期时，Ranbaxy获得礼来的授权，生产Cefaclor的仿制药，并在美国市场的营销上得到了礼来的大力支持，从而真正进入了全球最大的药品市场——美国。

1995年，Ranbaxy收购了总部在新泽西的欧姆实验室，从而拥有了在美国的第一家制药工厂。

1998年，Ranbaxy得到FDA批准，在美国推出了首个拥有自主生产工艺专利的产品——抗生素头孢克洛，并以自主品牌在市场上销售。这开创了印度制药走向美国的里程碑。

2003年，在向原研药巨头的品牌药发起仿制药专利挑战方面，Ranbaxy也非常成功。Ranbaxy公司推出了改进配方的抗生素药羟氨苄青霉素(Augmentin)和头孢新酯(Ceftin)，从而打破了葛兰素史克对这两种药品的专利垄断，2004年仅在美国就销售了2亿多美元。Ranbaxy也是印度第一家出售专利药品并收取专利费用的公司。Ranbaxy的Cipro XR是拜耳公司抗感染专利药Cipro(环丙沙星)的改进版仿制药，拜耳公司用上千万美元回购Cipro XR的专利。Ranbaxy把该药经过NDA注册后在美国市场上市，在商业上获得了巨大成功。

2004年，Ranbaxy全年药品销售收入超过11亿美元，其中海外市场收入占78%，仅美国市场所占的比例就达36%，北美成为Ranbaxy产品最大的市场。

从2005年起，美国成为Ranbaxy最大的销售市场，占该公司全球市场份额的28%；以英国和德国为核心的欧洲市场占17%；当时新兴的"金砖四国"市场巴西、俄罗斯、印度和中国占29%。

另外，Ranbaxy还开创仿制药公司对专利公司的诉讼，例如，它针对辉瑞制药公司对Lipitor药物进行专利保护提出诉讼。经过诉讼，2011年11月，辉瑞制药与Ranbaxy达成协议，允许Ranbaxy生产辉瑞制药公司畅销药物Lipitor的仿制药。同时，辉瑞也允许Ranbaxy公司在美国和其他7个国家销售Lipitor以及Caduet药物的仿制药。

Ranbaxy的成功，受到其他公司的垂涎，特别是日本公司愿意出高价收购。2008年，辛格家族将34.8%的Ranbaxy股份出售给日本的第一三共株式会社。这项高达46亿美元的交易使Ranbaxy从全球制药业第22位迅速提升到了第15位。

这些辉煌的背后隐藏了深刻的危机，随着Ranbaxy在美国销量的增加，美国监管力度的加强，2006年美国FDA在Ranbaxy在印度的Paonta Sahib工厂进行现场检查时发现严重的CGMP违规，对其发出警告信，其后在Dewas、Mohali、Toansa等地也相继发现了数据完整性(Data Integrity)相关的缺陷，FDA也对其发出警告信，希望Ranbaxy改进，严格遵守GMP。

2009年2月25日，FDA宣布停止对Ranbaxy所有药物申请的审查，包括Ranbaxy在印度的Paonta Sahib工厂开发的数据，因为其在已批准和正在申请的药物申请中伪造数据和检测结果。

2012年和2014年，Ranbaxy多次接受FDA的现场检查，均发现数据可靠性存在严重问题。

2013年5月13日，Ranbaxy向美国FDA承认三项重罪罪名以及四项有意向美国食品及药物管理局作出重大虚假陈述的重罪。所涉及的仿制药是在Ranbaxy在印度的Paonta Sahib和Dewas工厂生产的。根据认罪协议，Ranbaxy同意支付罚金和没收总额1.5亿美元的罚款，并根据"虚假索赔法"和相关国家法律以3.5亿美元解决民事索赔。

2013年9月16日和2014年1月23日，FDA分别发布了药物进口警报，禁止Ranbaxy在印度的Mohali和Toansa工厂生产的药品进口美国，至此Ranbaxy有四家工厂的药品被禁止进口。

上述一系列的处罚使得Ranbaxy无法生存。2014年4月7日印度Sun Pharmaceutical公司从日本第一三共株式会社手中收购陷入困境的Ranbaxy，交易价值为32亿美元。一家曾经辉煌的印度公司从此消亡。

表4-5是美国FDA网站上对Ranbaxy的监管活动汇总[①]。

表4-5　美国FDA网站上对Ranbaxy的监管活动汇总

针对Ranbaxy的监管行动
这些设施现在归太阳制药所有
对印度位于Toansa的工厂的协议裁决书
● FDA新闻稿[②]：FDA禁止Ranbaxy在印度位于Toansa的工厂为美国市场生产和分销药品(1/23/2014)
● FDA483表格(PDF-8.44MB)[③](1/11/2014)
对印度位于Mohali的工厂的进口预警和协议裁决书
● FDA新闻稿[④]：FDA禁止在印度Ranbaxy的Mohali工厂生产受FDA管制的药物，并发布进口警告(9/16/2013)
● FDA483表格(PDF-785KB)[⑤](11/29/2016)

① 可参考https://www.fda.gov/drugs/enforcement-activities-fda/regulatory-action-against-ranbaxy。

② 可参考https://wayback.archive-it.org/7993/20161023125554/http://www.fda.gov/NewsEvents/Newsroom/PressAnnouncements/ucm382736.htm。

③ 可参考https://www.fda.gov/downloads/Drugs/GuidanceComplianceRegulatoryInformation/EnforcementActivitiesbyFDA/UCM382514.pdf。

④ 可参考https://wayback.archive-it.org/7993/20161023125642/http://www.fda.gov/NewsEvents/Newsroom/PressAnnouncements/ucm368445.htm。

⑤ 可参考https://www.fda.gov/downloads/Drugs/GuidanceComplianceRegulatoryInformation/CDERFOIAElectronicReadingRoom/UCM530877.pdf。

续表

● FDA483 表格（PDF-785KB）[①]（12/7/2012） ● FDA483 表格（PDF-2MB）[②]（9/11/2012） 司法部对 Ranbaxy 的行动 ● 司法部（DOJ）新闻稿[③]：通用药物生产商 Ranbaxy 认罪，并同意支付 5 亿美元解决 FDA 的虚假索赔指控，CGMP 违规和虚假陈述（5/13/2013） 对印度位于 Paonta Sahib、Batamandi 和 Dewas 的工厂以及纽约格洛弗斯维尔的 Ohm 实验室协议裁决书 ● FDA 新闻稿[④]：司法部提交对兰巴西 Ranbaxy 的协议裁决书（1/25/2012） 对印度位于 Paonta Sahib 的工厂实施注册诚信政策（AIP）行动 ● FDA 给 Ranbaxy 注册诚信政策（AIP）信[⑤]（3/2/2009） ● FDA 新闻稿[⑥]：FDA 对 Ranbaxy 在印度的 Paonta Sahib 工厂采取新的监管行动（2/25/2009） ● 注册诚信政策清单[⑦] 对印度位于 Dewas 和 Paonta Sahi 的工厂的进口警报 ● FDA 新闻稿[⑧]：FDA 向 Ranbaxy 发出警告信，并对 Ranbaxy 位于印度的两个工厂生产药品发布进口警告（9/16/2008） ● Ranbaxy 位于 Dewas 和 Paonta Sahib 两个工厂生产药品的清单[⑨] ● 问题和回答[⑩] ● 印度位于 Dewas 的工厂警告信[⑪] ● 印度位于 Paonta Sahib 的 Batamandi（Unit II）工厂警告信[⑫] 其他警告信 ● Ohm 实验室公司[⑬]（12/21/2009） ● 印度 Paonta Sahib[⑭]（6/15/2006） ● 新泽西州普林斯顿[⑮]（10/11/2002）

① 可参考 https://www.fda.gov/downloads/Drugs/GuidanceComplianceRegulatoryInformation/EnforcementActivitiesbyFDA/UCM368435.pdf。

② 可参考 https:/www.fda.gov/downloads/Drugs/GuidanceComplianceRegulatoryInformation/EnforcementActivitiesbyFDA/UCM368435.pdf。

③ 可参考 http://www.justice.gov/opa/pr/2013/May/13-civ-542.html。

④ 可参考 https://wayback.archive-it.org/7993/20170113105916/http://www.fda.gov/NewsEvents/Newsroom/PressAnnouncements/ucm289224.htm。

⑤ 可参考 https://wayback.archive-it.org/7993/20170112024513/http://www.fda.gov/downloads/Drugs/GuidanceComplianceRegulatoryInformation/EnforcementActivitiesbyFDA/UCM118418.pdf。

⑥ 可参考 https://wayback.archive-it.org/7993/20170112024513/http://www.fda.gov/NewsEvents/Newsroom/PressAnnouncements/2009/ucm149532.htm。

⑦ 可参考 https://wayback.archive-it.org/7993/20170112024513/http://www.fda.gov/ICECI/EnforcementActions/ApplicationIntegrityPolicy/ucm134453.htm。

⑧ 可参考 https://wayback.archive-it.org/7993/20170112024513/http://www.fda.gov/NewsEvents/Newsroom/PressAnnouncements/2008/ucm116949.htm。

⑨ 可参考 https://wayback.archive-it.org/7993/20170112024513/http://www.fda.gov/Drugs/GuidanceComplianceRegulatoryInformation/EnforcementActivitiesbyFDA/ucm118441.htm。

⑩ 可参考 https://wayback.archive-it.org/7993/20170112024513/http://www.fda.gov/Drugs/GuidanceComplianceRegulatoryInformation/EnforcementActivitiesbyFDA/ucm118442.htm。

⑪ 可参考 https://wayback.archive-it.org/7993/20170112024513/http://www.fda.gov/ICECI/EnforcementActions/WarningLetters/2008/ucm1048134.htm。

⑫ 可参考 https://wayback.archive-it.org/7993/20170112024513/http://www.fda.gov/ICECI/EnforcementActions/WarningLetters/2008/ucm1048133.htm。

⑬ 可参考 https://wayback.archive-it.org/7993/20170112024513/http://www.fda.gov/ICECI/EnforcementActions/WarningLetters/2009/ucm204903.htm。

⑭ 可参考 https://wayback.archive-it.org/7993/20170112024513/http://www.fda.gov/ICECI/EnforcementActions/WarningLetters/2006/ucm075947.htm。

⑮ 可参考 http://web.archive.org/web/20140307061235/http://www.fda.gov:80/ICECI/EnforcementActions/WarningLetters/2002/ucm145201.htm。

从这个案例可以看出药品生命周期过程中的数据可靠性管理与企业的持续发展的内在联系。

案例中可以看到药品生命周期过程中涉及众多利益主体，各方的角色分工和利益诉求不同，需要协同互助，信守承诺。

作为制药企业，在研发、生产药品创造价值和利润的同时，要牢记自身的责任，恪守基本的职业道德和制药工程伦理准则，控制风险，不能为了企业的片面发展和利润，放弃基本的职业道德和制药工程伦理准则，就如本章中我国药品临床数据核查案例暴露的问题，在产品研发生产过程中弄虚作假，伪造数据，使产品不具备基本的安全、有效、质量可控特性。

4.4.3 数据不可靠的后果

从前面我国临床数据核查的案例及 Ranbaxy 公司案例可以清楚地看到，数据不可靠的后果是非常严重的，违法、违规的成本很高，对于公司的运行造成了巨大的影响，但这并不是最严重的后果，针对我国药品及医疗器械研发过程中数据造假的行为，我国最高人民法院和最高人民检察院在 2017 年 8 月 14 日公布了《最高人民法院、最高人民检察院关于办理药品、医疗器械注册申请材料造假刑事案件适用法律若干问题的解释》，在该司法解释中将“故意提供虚假的药物非临床研究报告、药物临床试验报告及相关材料的，应当认定为刑法第二百二十九条规定的‘故意提供虚假证明文件’”，因此，提交虚假的注册相关资料不仅是违法行为，而且是犯罪行为。

案例 8

2018 年 7 月我国爆发的长春长生生物科技有限责任公司（以下简称“长春长生公司”）疫苗事件，经调查，该企业自 2014 年 4 月起在生产狂犬病疫苗过程中严重违反药品生产质量管理规范和国家药品标准的有关规定，编造生产和检定记录。按照有关规定，疫苗生产应当按批准的工艺流程在一个连续的生产过程内进行。但该企业为降低成本、提高狂犬病疫苗生产成功率，违反批准的生产工艺组织生产，包括使用不同批次原液勾兑进行产品分装，对原液勾兑后进行二次浓缩和纯化处理，个别批次产品使用超过规定有效期的原液生产成品制剂，虚假标注制剂产品生产日期，生产结束后的小鼠攻毒试验改为在原液生产阶段进行。

为掩盖上述违法违规行为，企业有系统地编造生产、检验记录，开具填写虚假日期的小鼠购买发票，以应付监管部门检查。7 月 6 日至 8 日，药品监管部门对长春长生公司进行飞行检查时，发现企业违法违规生产行为，随即责令企业停产。此后，长春长生公司为掩盖事实，对内部监控录像储存卡、部分计算机硬盘进行了更换、处理，销毁相关证据。

调查组询问相关人员的书证 34 份，取证材料 1 138 页，利用查获的计算机还原了实际生产记录和伪造的生产记录。公安机关已追回犯罪嫌疑人丢弃并意图损毁的 60 块电脑硬盘。

该企业为了掩盖违法的事实，系统地伪造数据和记录，此次疫苗事件突破道德底线。

针对上述情况，在《中华人民共和国药品管理法》（2019 年修订）中第一百二十三条规定：“提供虚假的证明、数据、资料、样品或者采取其他手段骗取临床试验许可、药品生产许可、药品经营许可、医疗机构制剂许可或者药品注册等许可的，撤销相关许可，十年内不受理其相应申请，并处五十万元以上五百万元以下的罚款；情节严重的，对法定代表人、主要负责人、直接负责的主管人员和其他责任人员，处二万元以上二十万元以下的罚款，十年内禁止从事药品生产经营活动，并可以由公安机关处五日以上十五日以下的拘留。”

且规定“编造生产、检验记录”的，按照第一百二十四条：“违反本法规定，有下列行为之一的，没收违法生产、进口、销售的药品和违法所得以及专门用于违法生产的原料、辅料、包装材料和生产设备，责令停产停业整顿，并处违法生产、进口、销售的药品货值金额十五倍以上三十倍以下的罚款；货值金额不足十万元的，按十万元计算；情节严重的，吊销药品批准证明文件直至吊销药品生产许可证、药品经营许可证或者医疗机构制剂许可证，对法定代表人、主要负责人、直接负责的主管人员和其他责任人员，没收违法行为发生期间自本单位所获收入，并处所获收入百分之三十以上三倍以下的罚款，十年直至终身禁止从事药品生产经营活动，并可以由公安机关处五日以上十五日以下的拘留。”

这次新修订的药品管理法从立法层面表明国家对弄虚作假零容忍的立场。

4.4.4 数据可靠性要求

如何理解数据可靠性？只要真实就可以了吗？

各个国家和地区的规范和指南如何定义数据可靠性？

如何确保数据可靠性？

下面以我国的《药品数据管理规范(征求意见稿)》(以下简称“数据规范”)来阐述以上相关问题。

这里首先介绍的是数据生命周期：“指数据从产生、记录、处理、审核、分析、报告、转移、储存、归档、恢复直至失效、销毁的全过程。”具体过程见图4-8。

图4-8 数据生命周期

数据可靠性管理指在数据生命周期中要达到以下五方面的要素：① 数据归属至人；② 数据清晰可溯；③ 数据同步记录；④ 数据原始一致；⑤ 数据准确真实。

在国际上的常用缩语是ALCOA原则或ALCOA+原则，其中：

A：Attributable(可追溯的)，可鉴别采集信息的来源，如受试者、输入者、外源数据等。

L：Legible(清晰的)，采集的数据可被他人阅读和理解。

C：Contemporaneous(同步的)，数据应当在产生或观察的当时被记录，且在一定的时间窗内输入数据库，即数据的时间性标识。

O：Original(原始的)，数据首次被记录，或可以被追查到原始数据。

A：Accurate(准确的)，数据记录和计算、分析等转换过程是正确可靠的。

ALCOA原则是美国FDA于2007年在其指导原则《临床研究中使用的计算机化系统》中提出的，而ALCOA+原则是欧盟GCP监察官工作组(EU GCPIWG)于2010年在其发布的《关于临床试验中对电子源数据和转录成电子数据收集工具的期望的反馈书》中阐释的。

ALCOA+原则表示 Complete(完整性),所有的数据都存在,如所有检测结果都被保留,包括元数据;Consistent(一致性),数据没有矛盾或差异,如使用标准化的数据;Enduring(持久性),数据可被保留所要求的时间长度并可在需要时恢复,如硬盘、CD、磁带等;Available when needed(可取性),一旦要求,可以及时获取并提供给管理当局。

如何在数据生命周期过程中使数据满足数据可靠性的要求?

首先介绍原始数据的定义,在《良好实验室规范原则》(GB22278-2008)中原始数据的定义为"试验机构全部的原始记录与文件或其经过核实的副本,这些资料都是研究中最初观察和活动的结果。原始数据也包括照片、微缩胶卷或微缩胶片拷贝、计算机可读的存储介质、口述观察记录、自动化设备所记录的数据或能在一段时期内安全保存以上资料的其他数据存储介质"。

在数据规范中原始数据的定义为"初次或源头采集的、未经处理的、能完整重现 GXP 活动的数据"。

现在制药企业在生产质量管理过程中会产生的两类数据,分别是传统的纸质记录和电子数据。

这两类数据对于数据可靠性的管理要求而言是一致的,但由于两者之间存在天然的差异,具体的管理措施有所差异。

下面我们针对这两类数据的对数据可靠性管理要素进行简要地阐述数据生命周期中的 ALCOA。

1. 数据归属至人

"根据记录中的签名能够追溯至数据的创建者、修改人员及其他操作人员",这在纸质记录中很好理解,如图 4-9 所示,在记录中签名确认就可以达到上述要求了。

但要注意的是,在记录中签名,表明签名人对记录中的数据负责,如果出来下面案例的情况,就达不到相应的目的了。

"对羟基苯甲酸乙酯物料进出台账(2017 年 3 月 21 日至 4 月 24 日)与乙醇货位卡(2018 年 3 月 4 日至 29 日)中两位记录人的签名前后不一致"。

企业 2017 年 5 月与 6 月三七和丹参前处理及提取批生产记录显示拣选、清洗、切制、干燥、粉碎等工序记录(如数量、时间、温度、压力等)与操作者签名字迹明显不符。三七前处理批生产记录显示 2017 年 5 月生产 9 批三七细粉,灭菌操作工现已经离职(企业未能提供其离职报告),经与该员工电话确认,其表示于 2017 年 5 月 15 日或 5 月 16 日离职,但 5 月 16 日至该月月底仍有 7 批三七细分批生产记录(Q-170503~Q-170509),6 月份有 5 批(Q-170601~Q-170605)三七细分批生产记录显示有该员工进行灭菌操作。

电子数据归属至人则需要采用电子签名的方式进行。

在数据规范中电子签名的定义为:电子数据中以电子形式表现的,用于识别签名人身份、签字时间,并表明签名人认可其中内容的数据。

我国有《电子签名法》,电子签名对于现代社会而言是十分重要的,电子签名不是在电脑里面签名,而是"以电子形式所含、所附用于识别签名人身份并表明签名人认可其中内容的数据",我们在使用支付宝时,我们的登录名、登录密码、消费密码等电子数据就是电子签名。

在《电子签名法》中定义了可靠电子签名的要求,电子签名同时符合下列条件的,视为可

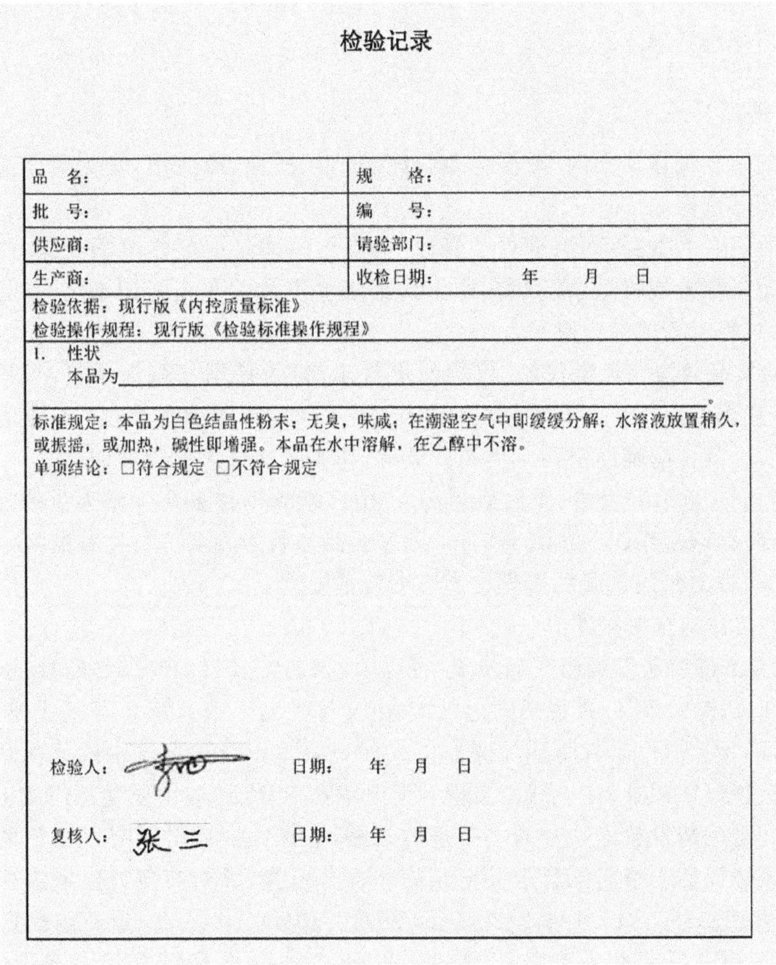

检验记录

品　名：	规　　格：
批　号：	编　　号：
供应商：	请验部门：
生产商：	收检日期：　　　　年　　月　　日

检验依据：现行版《内控质量标准》
检验操作规程：现行版《检验标准操作规程》

1. 性状
本品为____。

标准规定：本品为白色结晶性粉末；无臭，味咸；在潮湿空气中即缓缓分解；水溶液放置稍久，或振摇，或加热，碱性即增强。本品在水中溶解，在乙醇中不溶。
单项结论：□符合规定 □不符合规定

检验人：　　　　日期：　　年　　月　　日

复核人：张三　　日期：　　年　　月　　日

图 4-9　纸质记录

靠的电子签名。

（一）电子签名制作数据用于电子签名时，属于电子签名人专有；

（二）签署时电子签名制作数据仅由电子签名人控制；

（三）签署后对电子签名的任何改动能够被发现；

（四）签署后对数据电文内容和形式的任何改动能够被发现。

简单而言要使电子签名有效，很重要的一点是要保证签名唯一，如数据规范的规定："第十四条【签名唯一】计算机化系统中不同用户不得共享登录账号或者使用通用登录账号。"

当然如果现阶段有些设备原有设计达不到"签名唯一"的要求，就要求有辅助管理，如数据规范的规定："现有设备不具备独立账号功能的，应当建立相应规程，采用纸质记录或原始电子记录辅以纸质记录，确保记录中的操作行为能够归属到特定个人。"

在药品生产质量管理过程中还存在一些特殊情况，导致操作人不能及时记录，这种情况按照数据规范也可以采用替代的方式进行："第十五条【特殊情况】在特殊情况下（如无菌操作），可由另一记录人员代替操作人员进行记录。应当建立相应规程明确代替记录的适用范围和操作方式，确保记录与操作同时进行，操作人员及记录人员应当及时对记录进行确认签字。”以保证数据归属至人。

2. 数据清晰可溯

在规定的数据保存期限内，数据应当清晰、可读、易懂、可追溯，确保能够完整地重现数据产生的步骤和顺序。

对于纸质记录的数据，如果进行了修改，应当可以清楚如何修改的现象，当然如果将已经填写好的记录销毁或将记录记录在非正式记录上再誊抄在正式记录上，并将非正式记录销毁，那这一过程就不能够追溯了。

● “实验室高效液相色谱仪的《仪器使用日志》每天使用一张记录页，且每张记录页仅记录1～2条仪器使用信息，剩余部分留空，记录不连续，存在潜在修改的可能性。除批生产记录、检验记录，其他的辅助记录未受控发放；已作废的文件无作废标识。”

● “多个生产记录和表格、质量控制记录、生产核算等在多个工作人员的办公电脑中均有模版，可随时打印使用、修改、废弃”——国家药品监督管理局飞行检查通报内容。

美国FDA针对纸质记录的管理也有着明确的要求：

● “应如何控制空白文件？

● 必须有文件控制以确保产品质量[见§§211.100，211.160(a)，211.186，212.20(d)和212.60(g)]。例如，装订有页码的记录本，由文件控制小组盖章才可正式使用，提供良好的文档控制，因为它们可以方便地检测非正式的记录本以及记录本中的任何缺页。如果使用的话，空白表格(如记录表电子版、实验室记录本和MPCR)应由质量部门或由其他文件控制方法控制。可酌情发放编好号的一套空白表格，并在完成后对所有已发放的表格进行核对。不完整或错误的表格应作为永久记录的一部分留存，并附有更换这些表格的书面说明[例如，见§§211.192，211.194，212.50(a)和212.70(f)(l)(vi)]。重新创建CGMP活动所需的所有数据都应保留作为完整记录的一部分。”——《数据可靠性与药品CGMP合规问答》。

对于电子记录而言，需要采用不同于纸质记录的管理方式来保证数据的可追溯性。

这里要提到两个关键术语。

(1) 元数据(Metadata)

含有数据一个或多个特征及含义的数据，如数据产生的时间、目的、意义、单位、操作人员及重现GXP活动所需的信息等。

如何理解元数据？“2.0”这个数值表明什么意思，实际上仅看这个数值对我们是没有意义的，如果加上“g”“℃”或“mL”，我们就明白了，所以元数据就是为描述数据的数据(Data about Data)，主要是描述数据属性(Property)的信息，用来支持如指示存储位置、历史数据、资源查找、文件记录等功能。

(2) 审计追踪(Audit Trail)

指一种元数据，包含创建、修改和删除等GXP记录相关信息。在纸质或电子记录中，审计追踪可以安全地记录一些数据的生命周期细节，如在记录中创建、补充、删除或变更信息，却不掩盖或覆盖原始记录。审计追踪有助于重现所记录的事件历史，包括某项行动“由谁做、做了什么、何时做和为什么这样做”。

如我们使用的计算机由于系统时钟可能不准确，需要修改日期或时间或由于旅行需要修改时区，这是必需的系统功能，但在进行实验时，这个功能可能会被滥用，用于伪造数据，而 Windows 实际上就有审计追踪功能，如图 4－10 所示，我们打开 Windows 的“事件查看器”，可以看到“Windows 日志”，在日志里可以看到系统的时间被修改过了，这就是典型的审计追踪功能，如果 Windows 没有设计“Windows 日志”那我们不能用简单的办法知道这一情况。

图 4－10　Windows 日志

所以，实际上审计追踪就是系统的日志，理论上系统设计可以将所有系统操作都记录下来，但如果所用操作都记录下来，内容就太多了，可能就失去了意义，所以在数据规范中有如下要求。

“第三十五条【审计追踪】应当根据风险评估的结果设置计算机化系统的审计追踪功能，记录对系统和数据所进行的操作，至少包括以下内容：

（一）操作者、操作时间、操作过程、数据变更的操作原因；

（二）数据的产生、修改、删除、再处理、重新命名、转移；

（三）对计算机化系统的设置、配置、参数及时间戳的变更或修改。”

就是系统哪里需要设置审计追踪功能是需要根据风险评估的结果决定。

所以如果一个产生电子数据的系统，如果没有必要的审计追踪功能，那我们就不能知道数据产生后是否被修改。

3. 数据同步记录

同步记录，就是要进行及时有效的记录，如“灯检已结束，《灯检工段原始记录》未及时记录，操作人员已签名，但灯检数、不合格数等均未填写，且无法从灯检机上获得相关数据”。——国家药品监督管理局飞行检查通报内容。

这就是典型的记录不同步的案例，记录不及时，就不能保证记录的数据可靠性，如果如上面的案例，事后再填写，实际上与编造数据无异。

同步记录还有一方面的要求，就是如果同步使用的多个计算机化系统的时间要同步，且不会被篡改，例如：

- “电脑时间从 2016 年 5 月 7 日更改为 2016 年 3 月 13 日，对小儿热速清糖浆(20151201、20151202 和 20151203)第 18 个月的稳定性考察进行补做。
- 2016 年 7 月 8 日未运行液相系统，将电脑时间修改成 2016 年 6 月 26 日，对宁神补心片(20160301、20160302 和 20160303)第 3 个月稳定性考察进行补做①。"

4. 数据原始一致

在数据生命周期过程中,数据在保存期限内的"转移、储存、归档、恢复"要保证数据原始一致。由于药品的数据保存周期长且有相关法规要求,如药品商业化生产过程的数据至少要保存至有效期后一年,而药品研发过程的数据则要求长期保存,有的产品研发过程长达十几年,如果关键数据在保存阶段出现问题,造成数据丢失、不完整,那可能对企业造成不可估量的损失。如在国家食品药品监督管理总局发布的临床核查的报告就多次出现"原始记录缺失,临床试验仅有病例报告表,无原始病历记录,受试者出入院时间以及入住期间的管理、饮食控制等均无法追溯"的情况,这种情况出现,对于研发结果的评价是极为不利的。

在这里要明确"真实副本"的概念,在数据保存期限内不可避免涉及数据的复制等操作,这时要确保复制的内容"经过核实和确认已准确并完整地保留了原始记录全部内容和意义的数据的原始记录副本。对于电子数据来说,包括所有必要的元数据和适当的原始记录模板"。如果达不到真实副本的复制要求,则会导致在相关操作过程中数据和信息的丢失,从而使数据不可靠。

5. 数据准确真实

这里特别强调是对产生数据的仪器、仪表和相关系统的校准、确认和验证的工作。从而保证获得数据的准确性,而且在获取数据的过程中要严谨,而不是随意记录。

例如:"洗瓶批生产记录中洗瓶工序要求填写洗瓶槽内水温度为 50～60℃,记录中填写为具体温度值,如 54℃,但现场未见温度测量设备。员工表述该温度为手触摸洗瓶槽外温估计所得"和"实验室 Lei KA DM500 显微镜无测微尺,但提供的检验记录中有显微特征尺寸②。"

这两个案例就体现出记录随意的情况,获得的数据就谈不上可靠了。

4.4.5 数据可靠性管理

前面详细讲解了数据可靠性的法规要求,需要说明的是,这些要求的划分并不是绝对的,仅想从这些角度来解释数据可靠性的内涵,这些要求实际上是交叉的,所以在实际运用过程中不要生搬硬套,而是要理解数据可靠性的意义和核心要求。

理解了监管部门为什么要制订这些管理要求,对于企业而言,如何能够达到上述要求呢?

1. 质量文化、各级人员的职责

数据可靠性实际上是企业质量文化中重要的组成部分,如果一个企业没有良好的质量文化和管理氛围,且企业的高层管理者在进行生产质量管理过程中不遵守相关要求,甚至有

---

① 可参考国家药品监督管理局飞行检查通报 http://www.nmpa.gov.cn/WS04/CL2065/321594.html。

② 可参考国家药品监督管理局飞行检查 http://www.nmpa.gov.cn/WS04/CL2065/321584.html。

意违反相关要求，那再好的硬件、软件都是无意义的。

从长春长生公司的案例中我们可以清楚地看出，一个企业如果没有良好的质量文化，高层管理者不具备相应的职业素养，则数据可靠性就是一句空话，并将对社会造成巨大的负面影响。

所以要使数据可靠，首先企业要有良好的质量文化，企业质量文化是企业在长期生产经营实践中，由企业管理层特别是主要领导倡导、职工普遍认同的逐步形成并相对固化的群体质量意识、质量价值观、质量方针、质量目标、采标原则、检测手段、检验方法、质量奖惩制度的总和。

2. 采用先进技术

数据可靠性离不开技术的进步，数据可靠性实际上最重要的特点是真实性、准确性和完整性，实际上就是建立在真实性、准确性基础上的完整性。从管理的角度而言，客观的数据记录比主观的数据记录可靠，所以生产质量管理过程要尽可能地采用设备、系统自动采集记录数据，而不是依靠操作人员读取记录数据，例如，在生产过程中会使用烘箱干燥，干燥过程的数据是需要记录的，如果没有温度记录仪，仅依靠操作人员采集记录数据，正常情况 15～30 min 记录一次数据，操作人员认真负责，数据的真实性没有问题，然而却存在数据完整性的问题，在 15～30 min 的间隔内温度是多少，我们可能就不得而知了，但如果安装了温度记录仪，就可以 1 min，甚至 1 s 记录一次温度，那我们获得的数据不仅真实性能够不受操作人员控制，而且数据的完整性也得到了很大的提高，对此产品质量评估的可靠性就提高了，这也就是在 GMP 中对于关键数据类似的要求，如无菌附录“第七十条……每次灭菌均应记录灭菌过程的时间—温度曲线”和无菌附录“第十条应当按以下要求对洁净区的悬浮粒子进行动态监测”。

所以在生产过程中采用连续监控技术对于数据可靠性而言是极为有利的，这不仅是应对监管的要求，更重要的是能够全面地了解产品和工艺以及对最终产品质量评价有利，有利于控制企业运行风险。

3. 完整有效的管理规程

通过对数据可靠性要求进行分析，可以看到，数据规范对于达到数据可靠性，提出了建立管理规程的要求。

企业应基于数据可靠性管理要求，制订健全的管理规程，在数据生命周期的各个阶段都需要制订严密有效的规程来指导各级人员的工作，以有效保证数据可靠性。

4. 全面有效管理

当具备各种条件，管理的有效性就成为关键。

案例 9

上海 2016 年 3 月开展交通大整治，2017 年汇总分析“交通大整治开展一年来，上海全市道路交通事故数、死亡人数、受伤人数同比分别下降 23.8％、14.7％、38.0％，其中机动车违反交通信号、超速行驶引发的事故数分别下降 65.2％、48.9％，九成受访者对大整治成效表示满意”。

实际上在这个案例中，驾驶员还是原来的驾驶员，警察还是原来的警察，交通法规还是原来的交通法规，这其中最大的不同就是管理有效性，法规实施严格程度和管理的主动性与大整治之前是截然不同的，所以就产生效果了，数据可靠性的管理也是一样，如果只是强调条件，不强调管理有效性，那问题还是存在的。

企业应当对数据可靠性管理的实施情况进行管理评审，并根据评审的结果开展相应的纠正预防措施，持续改进数据管理系统，这样才能达到最终的目的。

4.5 总　　结

通过本章的阐述，我们认识到文件、记录在药品生产质量管理过程中的重要性，其是知识和信息的载体，有效的文件管理系统是产品质量的保障。

本章用于分析数据可靠性的案例主要是质量检验方面的，但并不意味着药品生产过程中就不存在数据可靠性的问题。

实际上在药品生产过程中同样存在大量的数据可靠性问题，本章所列举的国家药品监督管理局飞行检查的案例，就是典型的生产过程的数据可靠性问题。

在药品生产过程中也越来越多地使用计算机化系统，如环境监控系统（Environmental Monitor System，EMS）、楼宇管理系统（Building Management System，BMS）、数据采集与监控控制系统（Supervisory Control And Data Acquisition，SCADA）、制造执行系统（Manufacturing Execution System，MES）以及企业资源管理系统（Enterprise Resource Planning，ERP）等，这些系统产生的电子数据对于药品质量的评价有着极其重要的意义，数据可靠性也是需要确保的。

思考与讨论

1. 药品生产质量管理为什么需要文件？
2. 文件和知识管理的关系是什么？
3. 数据不可靠会存在什么风险？
4. 如何满足数据可靠性的要求？

第5章

质量保证系统

5.1 概　述

质量管理体系基础和术语(GB/T19000－2016/ISO9000：2015)中质量保证的定义为“质量管理的一部分,致力于提供质量要求会得到满足的信任”。

质量保证是指为使人们确信产品或服务能满足质量要求而在质量管理体系中实施并根据需要进行证实的全部有计划和有系统的活动。药品的质量保证是为确保药品达到规定的质量要求、符合其预定临床用途、保障患者用药安全而采取的所有措施的总和。制药企业应建立质量保证系统,并建立完整的文件与记录体系,记录质量保证系统的运行情况,确保药品质量和用药安全。药品质量保证系统应涵盖药品的全生命周期,包括药物开发、技术转移、商业化生产、产品终止各个阶段。

在药品生命周期的商业化生产阶段,质量保证系统应涵盖：工艺性能和产品质量监测系统、纠正和预防措施(Corrective Action and Preventive Action，CAPA)系统、变更管理系统、工艺性能和产品质量的管理评审。质量保证系统应当确保药品的设计与研发体现药品生产质量管理规范(GMP)的要求,确保生产管理和质量控制活动符合GMP和相关法规的要求,管理职责明确,采购和使用的原辅料和包装材料正确无误,中间产品得到有效控制,确认、验证得到有效实施,严格按照建立的程序进行生产、检查、检验和复核,每批产品经质量受权人批准后放行、销售,确保产品的贮存、发运和随后的各种操作过程中有保证药品质量的适当措施,按照自检程序定期检查评估质量保证系统的有效性和适用性。

案例1

国家药品监督管理局飞行检查通报的某企业检查情况部分内容①。

“质量管理体系不能有效运行。(一)未能提供解郁安神颗粒2015年至今的超标结果、变更控制、偏差处理、采取的纠正与预防措施及自检记录。(二)2015及2016年度解郁安神颗粒未开展产品质量回顾,2017年该品种产品质量回顾分析报告内容不全;未对2015年以来纯化水及空调系统监测数据进行趋势分析。(三)2016年解郁安神颗粒生产批量在4万袋基础上增加12万袋批量,未进行变更控制,未开展风险评估和工艺验证。(四)使用废弃

① 可参考http：//www.nmpa.gov.cn/WS04/CL2065/281303.html。

的解郁安神浸膏(批号 20170701)投料生产。(五)解郁安神颗粒成品(批号:20180301)持续稳定性考察的部分样品置于室温条件。(六)20170701 批解郁安神颗粒浸膏生产记录中的投料次数、收膏控制条件与工艺规程规定不一致。"

从通报内容可以看到偏差、变更、OOS、CAPA、质量回顾、自检、趋势分析、持续稳定性考察等质量保证相关工作均未正常开展,说明该企业质量保证系统存在严重问题。

5.2 质量保证

质量保证是企业内部的一种系统的技术和管理手段,是指企业为生产出符合要求的产品,满足质量监督的要求,建立的必需的、全部的、有计划的、系统的企业活动。它包括对外向用户提供必要保证质量的技术和管理"证据",这种证据,虽然往往以书面的质量保证文件形式提供,但它是以现实的内部的质量保证活动作为坚实后盾的,即表明该产品或服务是在严格的质量管理中完成的,具有足够的管理和技术上的保证能力。

根据药品生产企业质量管理活动,这些"证据"包含了工艺性能和产品质量监测、纠正和预防措施(CAPA)、变更管理、工艺性能和产品质量的管理评审等工作。

5.2.1 工艺性能和产品质量监测

制药企业应设计并运行工艺性能和产品质量的监测系统,确保药品生产工艺和产品质量处于受控状态。有效的监测系统可保证持续的工艺和控制能力,以生产出符合预期质量要求的产品和确定持续改进的范围。工艺性能和产品质量监测系统包括工艺过程能力监测、趋势分析、偏差管理、物料与产品批放行管理、持续稳定性考察管理、投诉与不良反应报告管理、产品召回管理、确认与验证管理、供应商管理和企业人员培训等。

1. 工艺过程能力监测

工艺过程能力是指工序在稳定状态时所具有的保证产品质量的能力。受工序中的操作人员、机器设备、原材料、工艺方法、工作地环境等因素综合影响和制约,表现在产品质量是否稳定、产品质量精度是否足够两方面。

对于能力较为稳定的工艺,可以采用过程能力指数(C_pK)进行指针,也称工序能力指数,其是指工序在一定时间里,处于控制状态(稳定状态)下的实际加工能力。它是工序固有的能力,或者说是工序保证质量的能力。这里所指的工序,是指操作者、机器、原材料、工艺方法和生产环境等五个基本质量因素综合作用的过程,也就是产品质量的生产过程。

过程能力指数的值越大,表明产品的离散程度相对于技术标准的公差范围越小,因而过程能力就越高,表示生产工序过程保持稳定的能力越充足。过程能力指数的值越小,表明产品的离散程度相对公差范围越大,因而过程能力就越低。因此,可以通过过程能力指数的数值大小来判断过程能力的高低。从经济和质量两方面的要求来看,过程能力指数值并非越大越好,而应在一个适当的范围内取值。

当 $C_pK \geqslant 2.0$ 时,表明过程控制能力特优,可考虑成本的降低措施;当 $1.67 \leqslant C_pK < 2.0$

时，表明过程控制能力优，应当保持之；当 $1.33 \leqslant C_pK < 1.67$ 时，表明过程控制能力良好，状态稳定。当 $1.0 \leqslant C_pK < 1.33$ 时，表明过程控制能力一般，工艺参数稍有变异即有产生不良状况的危险，应利用各种资源及方法进行提升；$0.67 \leqslant C_pK < 1.0$ 时，表明过程控制能力差，应当提升其能力；当 $C_pK < 0.67$ 时，表明过程控制能力不可接受，其能力太差，需进行改进。

统计计算 C_pK 值时，取样数据至少应有 20～25 组数据，才具有一定代表性。

工艺能力指数计算公式

$$C_pK = \mathrm{Min}[(\mathrm{USL} - \bar{X})/3\sigma,\ (\bar{X} - \mathrm{LSL})/3\sigma] \tag{5-1}$$

2. 偏差处理

偏差是指任何所发生的偏离标准（包括质量标准）以及违反各项规程、规定，如生产操作、产品检验、设备运行、产品销售和物资采购等方面，继而可能影响产品质量的计划之外的事件。

根据发生偏差的现象，可将其分为：① 物料与产品管理工作中的偏差，如物料的采购、验收、储存保管和领用发放的偏差，包括生产过程中的中间产品、半成品、成品的偏差，检验用试剂和留样等各类物品的管理偏差；② 仪器、设备、公用系统使用与操作运行中的偏差，如各部门仪器和设备的使用、操作偏差，空调制水系统的运行偏差，作业环境洁净度、温湿度控制偏差等；③ 产品生产、检验中的偏差，如工艺规程、工艺参数、检验规程的制订、执行中的偏差，产品质量、收率偏离标准的现象等；④ 业务工作中的偏差，如工作差错、失误以及违反管理制度规定的工作现象。

我国 2010 年版 GMP 中对于偏差处理有明确的要求。

“第二百四十九条　任何偏差都应当评估其对产品质量的潜在影响。企业可以根据偏差的性质、范围、对产品质量潜在影响的程度将偏差分类（如重大偏差、次要偏差），对重大偏差的评估还应当考虑是否需要对产品进行额外的检验以及对产品有效期的影响，必要时应当对涉及重大偏差的产品进行稳定性考察。

第二百五十条　任何偏离生产工艺、物料平衡限度、质量标准、检验方法、操作规程等的情况均应当有记录，并立即报告主管人员及质量管理部门，应当有清楚的说明，重大偏差应当由质量管理部门同其他部门进行彻底调查，并出具调查报告。偏差调查报告应当由质量管理部门的指定人员审核并签字。企业还应当采取预防措施有效防止类似偏差再次发生。”

制药企业对所发生的偏差进行调查，应有一个科学、合理的偏差调查程序（图 5-1），以规定偏差的报告、记录、调查、处理以及应采取的纠正措施与预防措施。

通常，偏差调查程序应充分说明其目的是当产品、物料、设备、工艺或相应系统不符合规范要求时，或者出现了与相关文件或法规要求不相一致时，均应进行调查，确认其根本原因并采取必要的纠正措施与预防措施。文件中应对偏差调查涉及的术语及质量管理中涉及的相应术语进行必要定义，比如偏差，偏差等级（一般偏差、主要偏差、严重偏差）、纠正与纠正措施、预防措施、根本原因等。

文件应定义企业员工、部门管理者和高层管理者的职责，应特别强调企业每一位员工当发现异常或偏差时均应立即向部门管理者或质量部门报告。同时，应在文件中明确定义质量部门、偏差发生部门及相关部门、偏差调查组长和调查组员的职责，明确企业负责人、质量

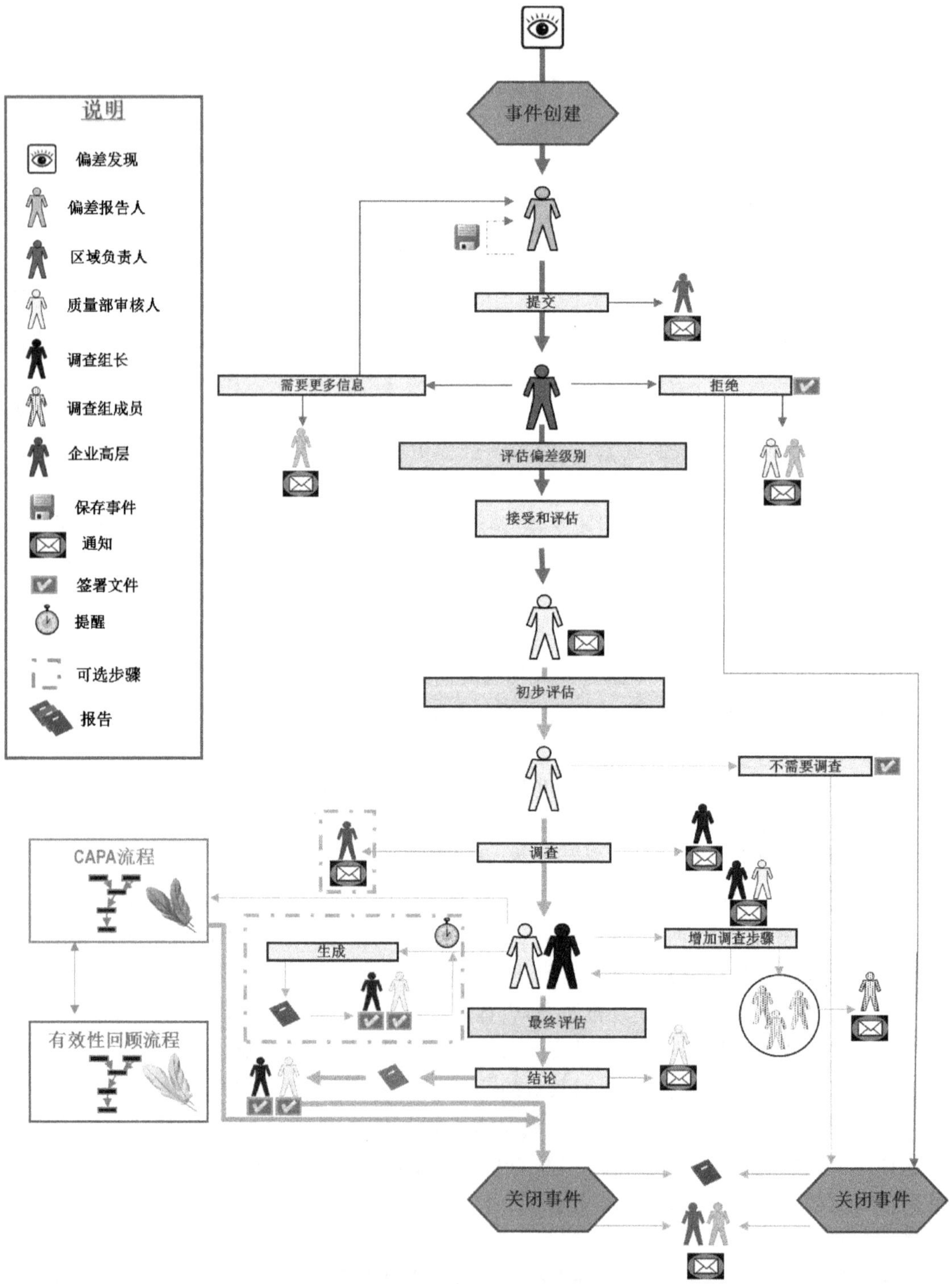

图5-1 偏差调查程序流程图

负责人、质量受权人和质量保证部门负责人的职责和对偏差调查结论的批准权限。

文件应对偏差的报告要求、调查程序、根本原因的确定、涉及批产品、物料处置、偏差质量风险评估、CAPA 制定、调查结论的确认和批准、CAPA 实施的跟踪及有效性回顾进行详细而科学合理的设定。

偏差报告应至少包含三个步骤，第一步，偏差发现后报告偏差，第二步，部门负责人确认报告的偏差是否属于偏差，第三步，质量部门确认并接受所报告的偏差。

应在企业内部倡导良好的企业文化、质量文化，使每一位员工都具备相应的质量理念。确保任何人发现了偏差都能向其主管或质量部门报告。如果发生产品污染或发生的异常情况被认为可能已经污染了产品时，应立即通知企业的质量管理高层，同时立即开展全面的调查以查找污染发生的潜在原因。

针对偏差报告，发现人应及时将偏差事件进行报告，详细描述何时何地发生了什么事情，包括涉及的工序、受影响的产品和/或物料批次及数量以及相应的系统或设备名称与编号等，如果可能，还应包括为什么会发生此事件及事件发生的过程，并记录所采取的措施。同时提供必要的佐证材料，如文档或照片等。

偏差报告人在报告偏差时，应根据固定格式的表格或专门的偏差管理系统，基于偏差发生时的情况初步判定偏差的类别（一般偏差、主要偏差或严重偏差）。如已知与其他偏差或事件相关联，应备注其关联事件。

应使用质量部门带有特定追溯系统的偏差报告格式单或采用相应的电子系统，以确保每一次的偏差报告均被记录并能追溯。

偏差发生部门应及时确认报告的偏差是否属于偏差，并确认偏差报告内容是否全面、完整，确认后报告至质量部门。如果不属于偏差，应按企业已建立的其他相应程序进行书面记录和处理。

质量部门在接获偏差报告后，应确定报告信息的完整性和关联性，确认何时何地发生了什么偏差，偏差是如何发生的，涉及的人、产品、批次、物料、设备、工艺和系统等，以及现场所采取的措施是否适当、足够；并作初始的质量风险评估，判定偏差的等级，给出审核意见。

如果风险评估结果为严重，应立即报告质量负责人、质量受权人和企业负责人。如果质量风险一般，由质量部门审核人决定是否需要进行详细调查，如果不需要详细调查和/或 CAPA，在审核意见说明理由后关闭偏差，否则，偏差进入调查阶段。

质量部门根据偏差发生的区域和受影响的范围及性质，选择具有相应知识背景和调查能力的人员担任调查组长，指定或由调查组长组织相应调查组员进行偏差调查。调查组应当包括涉及部门的相应人员，以便确定偏差对涉及产品、物料、批次、设备、工艺或系统的影响，确定可能的根本原因和最可能的根本原因，确定受影响产品、物料、批次的处置。

调查组长根据需要组织调查组员进行调查、委派调查任务，调查组员在调查时限内完成调查任务并给出调查结果，提供必要的支持性文件、图片、图标等调查资料。

调查应基于受影响的范围，评估偏差对涉及批次、产品、物料、设备、工艺或系统的影响。考虑但不限于类似事件的历史回顾，包括产品、物料、设备、工艺或系统的回顾，与偏差相关的 GMP 文件和数据（如批记录、稳定性和留样情况）的回顾，必要的额外分析测试和确认（如留样品的测试和在库库存产品的测试），对收集的信息和采取的纠正措施的法规符合性评估，并确定应实施的 CAPA。

应准确、科学地调查发生偏差的深层次原因，不宜简单地基于表观现象判定为“人为操作错误”，应找出“为什么发生偏差”的所有可能原因，进而确定其根本原因。

进行偏差调查、原因分析时，往往需要使用一些工具，如“5 个为什么”“鱼骨图”“工作现场调查(Gemba)”“头脑风暴”“决策树”和“工艺流程图”等，排除不能被收集到的信息或数据证实的假设，缩小可能原因的范围。

基于所有的调查结果，调查组长在调查报告中总结调查情况，分析根本原因及其分类(人、机、料、法、环)，必要时，应针对判定的根本原因进行验证确认。根本原因的确定及分类应经过调查组、相应的专家和质量部门的一致确认。

调查完成后，质量部门的偏差报告中对涉及批次产品应有明确的处置决定，如报废、返工或重新加工(如果允许)、进行下一步工序生产并放行所生产的产品、进行下一步工序生产但仅供技术研究(不放行于患者使用)等。

调查完成后，基于收集的所有信息，质量部门作出最终的质量风险评估，并对偏差情况重新定级(一般、主要、严重)。质量风险基于 3 个方面进行评估：① 严重性，评估对患者和顾客的安全、对质量系统的影响、与 GMP 和法规的符合性；② 事件再次发生的频率；③ 可检测能力。如对产品有潜在或实际的影响，而且产品已经在市场上销售，应被判定为严重偏差；对产品有潜在或实际的影响但没有产品发送至市场，或者对 GMP 多个系统有潜在或实际的影响，或者是对 1 个 GMP 系统有多个潜在或实际影响，则被判定为主要偏差；对产品没有潜在或实际的影响，或对 GMP 系统有潜在或实际影响，可判定为一般偏差。

CAPA 应由掌握适当知识和经验的人员在质量部门的支持下制订，通常由调查组长来制订。应针对性地根据甄别的根本原因，科学合理地制定 CAPA，以预防所报告偏差的再次发生。同时，应注意所制订的 CAPA 不会给产品、工艺或流程引入新的质量风险。

制订的 CAPA 应明确到具体的执行人和执行期限，并得到质量部门批准和执行人的确认，以保证 CAPA 执行的准确。

综合所有的调查信息，偏差调查组长作出最终的调查总结后，质量部门审核人应详细说明对产品的影响及处置情况，并给出调查结论，调查组长和质量部门审核人共同签署调查报告、关闭偏差调查。

当涉及重大偏差调查时，企业应要求特殊批准人(如质量负责人、质量受权人和企业负责人)批准调查报告。

应建立 CAPA 实施的跟踪制度，确保相应的 CAPA 按时完成。如果不能按时完成，应有相应的制度指导 CAPA 的延期程序或 CAPA 的修正。

对于重大和严重质量风险的偏差，应要求回顾 CAPA 的有效性，以检查 CAPA 执行后的有效性，防止事件的再次发生。

在偏差未关闭之前，不得放行偏差涉及批次的成品至市场销售。

案例 2　美国 FDA 发布有关企业未能对重大偏差进行有效调查处理的警告信[①]

从案例 2 中可以看到，企业在发现重大偏差后，如果没有进行彻底的调查分析，并采取有效的纠正预防措施是不能被监管部门接受的。

---

① 可参考 https://www.fda.gov/ICECI/EnforcementActions/WarningLetters/ucm594395.htm。

3. 物料和产品批放行

企业应当分别建立物料和产品批准放行的操作规程，明确批准放行的标准、职责，并有相应的记录。

物料的放行应当至少确认生产商的检验报告，物料包装完整性、密封性的检查情况和检验结果，并基于此对物料做出质量评价结论（如批准放行、不合格或其他决定），物料的放行应当由指定人员签名批准放行。

产品在批准放行前，应当对每批药品进行质量评价，保证药品及其生产应当符合注册和GMP要求，并确认其主要生产工艺和检验方法经过验证；确认已完成所有必需的检查、检验，所有必需的生产和质量控制均已完成并经相关主管人员签名；涉及的变更已按照相关规程处理完毕，需要经药品监督管理部门批准的变更已得到批准；所有与该批产品有关的偏差均已有明确的解释或说明，或者已经过彻底调查和适当处理。对药品的质量评价应当有明确的结论，如批准放行、不合格或其他决定。每批药品均应当由质量受权人签名批准放行。对于疫苗类制品、血液制品、用于血源筛查的体外诊断试剂以及规定的其他生物制品，放行前还应当取得批签发合格证明。

4. 物料与产品放行的基本原则

每批药品在投放市场前应由质量受权人放行。过程中的中间产品，至少应由质量受权人指定的人员放行。当生产用原辅料、中间产品及其他物料与产品需要提前使用时，应由质量受权人批准。

批放行的过程应当保证每批产品的生产和检验按照如下条件进行：

① 对于已上市产品，应符合注册标准和中国药典标准要求；

② 对于临床试验用产品，应符合产品注册文件和临床试验申请的规定；

③ 符合GMP要求；

④ 符合其他相关的法律要求。

物料和产品的批放行过程是基于受控的质量体系，放行审核应包括一个审核检查清单，以保证批生产和检验符合相应的要求。

批放行过程适用于从主批记录的执行到最终批处理决定的所有步骤，涵盖终成品、中间产品、API、物料，包括生产用原辅料、包装材料、过程用溶液和耗材等。

为保证物料和产品的批放行程序都能有效地执行，企业应明确各部门在批放行方面的职责。

其中，质量部门应确保所需的质量体系正常运行，质量受权人及其指定代表负责已完成生产的批生产和批检验记录的最终审核，并基于符合注册标准、中国药典、GMP要求及其他法规要求，做出批处理决定，判定产品合格放行或不合格。

生产部负责人负责以下方面：

① 确保有合适的人员（如培训、资质、经验）及生产环境；

② 确保所使用的生产工艺和生产设备在生产前已经过验证；

③ 确保在GMP的条件下按生产工艺进行产品的生产；

④ 审核生产批记录，确保按照批生产记录的要求，完整、准确地填写，并在生产操作结

束后及时递交至质量部审核。

质量控制(QC)经理负责以下方面：

① QC 的检验方法都经过验证，相关的设备经过确认、人员都经过培训并具备相应的资质；

② 对检验结果进行趋势分析，评估产品的批间一致性；

③ 审核批检验记录，确保批检验记录及其相关文件的完整性；

④ 确保物料、API、中间产品和成品的 QC 检验记录和相关文件在批检验完成后及时递交至质量部批放行审核团队审核。

质量保证(QA)部负责以下方面：

① 对于需放行的物料，根据 QC 对物料的检测报告、物料的验收情况、供应商信息等进行审核放行；

② 对于中间产品和过程中涉及的溶液、物料等，根据现场 QA 对批生产记录的审核和 QC 检验进行审核放行；

③ 对于成品，在提交质量受权人审核前，完成对批记录和所有相关文件的审核。

质量负责人/质量受权人负责以下方面：

① 具备以符合性核查为目的的审核体系，确保所生产的产品符合最新的产品变更控制要求、注册标准和中国药典等要求；

② 完善地描述产品生产、包装和检验的全过程审核；

③ 建立相关文件(如批记录审核清单)，规定在批记录审核时应当审核或包括的特定信息和特定文件，以便做出批处理决定时能提供完整的被审核信息；

④ 做出批产品的放行决定，合格放行或不合格，对于需要进行国家批签发的药品/产品，此决定应在收到国家批签发结论后完成；

⑤ 确保所有直接与产品批相关的偏差在做出批放行决定前完成调查，对于影响产品的变更，应评估其当前状态以及其未完成行动对涉及批次产品的影响；

⑥ 对于需要进行国家批签发的药品/产品，确保用于批签发申请的送检样品和文件准备齐全；

⑦ 确保提供产品质量保证的所有必要程序均有效运行；

⑧ 确保制订了所有厂房、公用设施和设备(包括在线测试设备)的验证和确认以及校验和维护计划。

所有影响批产品质量和合规性的数据应当被记录并在批产品处理决定前进行审核。这些数据包括因批生产所需要的由质量体系产生的，但与特定批次无关的数据(如人员培训、工艺验证、设备校准和维护、厂房/设施工程、审计和自检等)，以及批生产过程中产生的数据。与批生产直接相关的数据应由生产部相应的人员进行审核。

具体来说，需要审核的数据包含以下几种：

① 产品相关数据，包括批产品生产涉及的原料、辅料、包装材料、原料药、工艺物料、工作种子批、中间产品、半成品和终产品的相关数据；

② 在批生产过程中产生，并记录在批生产记录中的数据或直接支持批产品质量的记录，如环境监控数据等；

③ 放行检验数据；

④ 偏差情况，确保与批直接相关的偏差调查已完成，并包括其对产品影响的评估；

⑤ 变更控制情况，对于影响产品的变更，应评估其当前状态以及其未完成行动对涉及批次产品的影响；

⑥ 对于需要进行国家批签发的产品，批签发合格证明等。

5. 持续稳定性考察

持续稳定性考察的目的是在有效期内监控已上市药品的质量，以发现药品与生产相关的稳定性问题（如杂质含量或溶出度特性的变化），并确定药品能够在标示的贮存条件下，符合质量标准的各项要求。持续稳定性考察一般只需要进行长期稳定性研究，并执行至少覆盖产品有效期。

持续稳定性考察方案的制订、实施和结果分析可以参照 2015 年版《中国药典》附录“9001 原料药物与制剂稳定性试验指导原则”“9011 药物制剂人体生物利用度和生物等效性试验指导原则”及 ICH Q1 Stability 进行。

持续稳定性考察主要针对市售包装药品，但也需兼顾待包装产品和贮存时间较长的中间产品。例如，当待包装产品在完成包装前，或从生产厂运输到包装厂，还需要长期贮存时，应当在相应的环境条件下，评估其对包装后产品稳定性的影响。同时，长期储存条件是建立在最初由市场应用中的开发及确认的基础上的，如果运输条件与长期贮存条件不相同（如运输处于干冰或－20℃条件下），应对该运输条件执行特殊的稳定性考察。

持续稳定性考察的产品应有完整的包装，以评估包装材料对产品的影响。如果在第一次考察时间点之前，产品无法完成包装，可以采用没有包装的产品进行考察，并将该原因记录在持续稳定性考察方案中。

持续稳定性考察应当有考察方案，结果应当有记录、报告。用于持续稳定性考察的设备（尤其是稳定性试验设备或设施）应当进行确认和得到相应的维护。

持续稳定性考察的时间应当涵盖药品有效期，考察方案应当至少包括每种规格、每个生产批量药品的考察批次数；相关的物理、化学、微生物和生物学检验方法，可考虑采用稳定性考察专属的检验方法；检验方法依据；合格标准；容器密封系统的描述；试验间隔时间（测试时间点）；贮存条件（应当采用与药品标示贮存条件相对应的《中华人民共和国药典》规定的长期稳定性试验标准条件）；检验项目，如检验项目少于成品质量标准所包含的项目，应当说明理由。

考察批次数和检验频次应当能够获得足够的数据，以供趋势分析。通常情况下，每年应保证至少一批产品进行持续稳定性考察的研究，对于生产批次多的产品应当考虑更多批次。如果同个产品具有不同包装、不同规格，除非有合理的说明，否则应对不同包装、不同规格进行持续稳定性考察研究，除非当年没有生产。考察批次应能代表现行的生产过程，用于稳定性考察的批次不能基于其产品质量而应有选择性地选择。批次的选择应随机并符合预定计划，如果所选择的批次由于各种原因被判定为不合格而拒绝放行，应顺延为下一个批次。

某些情况下，持续稳定性考察中应当额外增加批次数，如重大变更或生产和包装有重大偏差的药品应当列入稳定性考察。此外，重新加工、返工或回收的批次，也应当考虑列入考察，除非已经过验证和稳定性考察。

如果产品贮存于密闭不透水的容器中，稳定性考察可以在任何相对湿度下予以执行。

用于稳定性考察的样品应该采用与贮存或上市产品同样的包装。对于液体产品，样品应平躺或倒置，以确保产品和密封系统接触；固体或冻干品可以随意放置。

当对中间体或原液进行稳定性考察时，该产品应存放于与实际包装一致的容器中。必要时，可选择较小的容器（相同的材料和密封系统）作为稳定性考察，任何最差条件的采用都应有科学合理的解释。如果一个产品贮存在多种规格的包装中，可以比较容器的内在面积与体积的比值。较大的内表面与体积比是可能导致产品降解的关键因素，其他的包装容器可以通过括号法/矩阵法来选择哪一类包装容器用于稳定性考察。比如，若同种产品在容器密闭系统相同的情况下，含不同的装量规格，可通过矩阵对稳定性考察研究进行减免，仅对最低及最高装量的产品执行稳定性考察。

用于稳定性考察测试的项目应能对产品的稳定性予以指示。稳定性考察接受标准应根据适当的科学文献或通过前期相应的加速/强力稳定性研究结果来确定。

无菌产品应确保在所标识的有效期内产品未开封并根据要求贮存。产品保证无菌的能力取决于容器密封系统。当验证容器密闭系统时，无菌应至少在最初时间点检测，然后每年检测直至有效期。一旦指定的容器密闭系统被证明在整个有效期内可以保证无菌，那么无菌检测可以在最初时间点及有效期检测。

含有防腐剂的产品应该检测防腐剂的有效性，一旦最低防腐剂含量水平已经建立，可采用化学方法进行防腐剂含量的检测，防腐剂含量的检测应该和稳定性的检测同时进行。

对于已上市的产品，稳定性考察测试应依照注册标准中的方法进行检测。对稳定性检测方法进行更新，如果新旧方法能被证明是等效的，新的检测方法可以立即使用；如果不能被证明是等效的，应当使用新旧两种方法进行平行检测，两种方法的结果分析和评价应记录在稳定性报告中。

对于正常贮存条件下的研究，考察起始点 T_0 为生产日期（如原料药/中间体及佐剂）或有效日期开始日期（药品制剂）。对于药品制剂有效日期开始日期通常可以定义为生产日期（原液生产日期）、配制日期、灌装日期、原液及灌装后产品效价确认第一天等，如果监管部门有其他相关规定的以其特定规定为准。

稳定性考察研究周期通常推荐在实际的贮存条件下，从 0 个月（T_0）开始，在第一年中每三个月一次，第二年每六个月一次，以后每年一次进行检测。对于有效期短于一年的，应分别在起始三个月内逐月进行检测，而后每三个月进行检测。稳定性考察研究持续时间应至少覆盖产品的有效期。

应根据不同考察周期设置相应的抽样时间窗，如表 5－1 所示。

表 5－1　抽样时间窗设置

检测时间点	允许可抽样时间窗
<1 月	±3 日历日
$\geqslant 1$ 月，<6 月	±7 日历日
$\geqslant 6$ 月	±14 日历日

表 5－1 中所指的时间窗是指取样及送样至 QC 实验室的时间。其中，有效期考察点应尽量接近目标时间，以确保研究涵盖整个周期即自 T_0 至有效期结束。

用于稳定性考察的产品应放置在推荐的贮存条件下(温度和湿度),稳定性方案及报告尽量不使用类似“室温、环境温度、冷藏、冷冻”的词语用于描述贮存条件,应设置为稳定性考察可接受的范围。根据ICH Q1A指南,贮存温度/湿度如果出现偏差大于1 h的,应予以记录;贮存温度/湿度如果出现偏差大于24 h的,应在稳定性报告中对样品的整体影响进行评估。

用于稳定性考察的样品,应根据经质量部门批准的取样计划进行抽样,并保证抽样具有代表性。抽样应超过检验需求量,以保证当需要调查时,有足够数量的样品进行实验(如超过30%的样品量)。具体取样数量应在稳定性考察方案中明确。

关键人员,尤其是质量受权人,应当了解持续稳定性考察的结果。当持续稳定性考察不在待包装产品和成品的生产企业进行时,则相关各方之间应当有书面协议确定稳定性考察的执行及稳定性考察结果的管理。

对于每一批的稳定性考察定量结果应按时间点进行趋势分析。对于超出预期的结果(如结果外推预测时显示在有效期内超限度等)以及超出可接受标准限度的结果,应进行必要的调查,必要时采取相应纠偏措施。

应当对不符合质量标准的结果或重要的异常趋势(如结果外推预测时显示在有效期内超限度、稳定性考察数据不在预期范围内或显现出不良的趋势等)进行调查,必要时采取相应纠偏措施。对任何已确认的不符合质量标准的结果或重大不良趋势,企业都应当考虑是否可能对已上市药品造成影响,必要时应当召回,调查结果以及采取的措施应当报告当地药品监督管理部门。

如果结果构成潜在召回风险,在质量负责人、质量受权人及相关部门对产品进行全面评价的基础上,应立即采取相应行动,包括召回,以保证产品的质量和患者用药安全。

应当根据所获得的全部稳定性考察数据资料,包括考察的阶段性结论,撰写总结报告并保存。应当定期审核总结报告。

6. 不良反应监测与报告

案例3 典型的药物不良反应导致药品退市案例

万络(Vioxx,罗非昔布),美国默克公司生产的治疗关节炎和急性疼痛的王牌药物,自1999年上市以来,该药在全球超过80个国家和地区销售。至2003年底,全球已开出超过8 400万张该药的处方,2003年全球销售额达25亿美元。2001年起万络开始在中国销售。

万络最初被批准时,默克公司警告患有心脏疾病的病人,该药物有可能引发并发症。2002年,万络被获准医治类风湿病时,公司在标签上增加说明,提醒病人万络有可能比诸如Celebrex或Bextra的COX-2类抑制剂更易引发心脏病。2004年FDA批准万络治疗头痛,并可用于两岁以上的儿童。同年8月,一份FDA和凯瑟帕玛内机构(Kaiser Permanente)的联合研究宣布,大剂量服用万络的病人比不服用万络的病人患心脏病的可能性大三倍。默克对此研究结果予以坚决否认,原因是其认为该项研究缺乏受到良好监控的临床试验。但是,仅仅一个多月后,默克公司就以自己的研究结果所引发的担忧为由,从市场上撤回了所有的万络。

类似的案例在医药行业屡见不鲜,如在2000年11月14日,根据国家药品不良反应监测中心现有统计资料表明,用于治疗感冒咳嗽的含苯丙醇胺(PPA)的药品制剂,在服用后易出现严重不良反应，如过敏、心律失常、高血压、急性肾衰、失眠等症状。美国食品与药品管理局也有同样报道，甚至报道出血性中风的不良反应病例，这些情况已显示该药品制剂存在不安全问题。国家药品监督管理局发布了《关于暂停使用和销售含苯丙醇胺的药品制剂的通知》(国药管办〔2000〕524 号)，并在 2001 年 6 月 4 日发布了《关于对含苯丙醇胺药品制剂进一步处理决定的通知》(国药监安〔2001〕273 号)撤销相关药品批准文号。

药物不良反应(Adverse Drug Reactions，ADR)指正常剂量的药物用于预防、诊断、治疗疾病或调节生理机能时出现的有害的和与用药目的无关的反应。药物不良反应排除有意的或意外的过量用药及用药不当引起的反应。药物不良反应监测与报告是医药行业特有的工作。

几乎所有的药物都可引起不良反应，只是反应的程度和发生率不同。随着药品种类日益增多，药物不良反应的发生率也逐年增加。药物不良反应有时也可引起药源性疾病，除少数人自服药物外，药物不良反应主要由医生给药引起，所以有些药源性疾病也属于医源性疾病。虽然有些药物不良反应较难避免，但相当一部分是临床用药不合理所致。

药物种类繁多，用药途径各不相同，患者的体质也因人而异，因此，引起药物不良反应的原因也是复杂的。如药物本身方面的影响(如药理作用、药物的杂质、药物的污染、药物的剂量、剂型的影响、药物的质量问题等)；患者机体方面的影响(如种族、性别、年龄、病理状态、血型、营养状态等)；给药方法的影响(如用药途径和误用、滥用、处方配伍不当等)；其他因素的影响(如怀孕、某些疾病、遗传因素等)。

在使用常用剂量的药物防治或诊断疾病过程中，因药物本身的作用或药物间相互作用而产生的与用药目的无关而又不利于病人的各种反应，包括副作用、毒性反应、反遗效应、变态反应、继发反应和特异质反应等。

企业应当成立不良反应监测机构，建立药品不良反应报告和监测管理制度，主动收集药品不良反应信息，对不良反应应当详细记录、评价、调查和处理，及时采取措施控制可能存在的风险，并按照要求向药品监督管理部门报告。企业应定期组织检查开展本公司药品不良反应的监测和报告，演练突发、群发、影响较大并造成严重后果的药品不良反应发生时，对内、对外的协调工作。

药品不良反应报告和监测管理制度应明确所监测到的不良反应的记录、评价、调查、处理和上报流程，明确各岗位职责。比如，对发现的可能与用药有关的个例不良反应时，由不良反应收集人员根据反馈的信息进行详细记录或初步分析调查，记录不良反应情况，并在获知后立刻报告，由相应负责人负责组织相关人员对不良反应情况进行进一步调查确认，完善相关信息后，报告药品监督管理部门。发现怀疑与用药有关的死亡、严重残疾、群体性异常反应、对社会有重大影响的异常反应时，应立即报告企业最高管理层，并以最快方式报告药品监督管理部门。

一旦接获不良反应报告，有关人员应立即走访患者，向用户了解情况，询问用药情况和致使发生不良反应的包装残盒。必要时取样、封样，将所有调查、取证全部进行记录。

同时，企业质量部门应详细审查批生产记录、批检验记录、批留样检查记录、批销售记录，必要时对留样样品进行检查。重点对投料、生产、贮存、运输、销售等渠道加以自查。

对从患者处取回的样品进行确认时，应检查包装是否完整，封口是否严密，确认为本企业药品无误后，开封进行检验，确认产品质量是否存在问题。

经调查是产品质量引起的不良反应，立即报告企业最高管理层和质量受权人，必要时采取暂停生产销售等措施和做出产品紧急召回决定。

对已确认发生严重不良反应的药品，应当通过各种有效途径将药品不良反应、合理用药信息及时告知医务人员和公众；采取修改标签和说明书，暂停生产、销售、使用和召回等措施，减少和防止药品不良反应的重复发生。对不良反应大的药品，应当主动申请注销其批准证明文件。

企业应当对本企业生产药品的不良反应报告和监测资料进行定期汇总分析，汇总国内外安全性信息，进行风险和效益评估，撰写定期安全性更新报告(Periodic Safety Update Reports，PSUR)。

定期安全性更新报告的内容应包括产品的基本信息，国内外上市情况，因药品安全原因而采取的措施，产品安全性信息的变更，估算用药人数，个例药品不良反应报告，药品安全性全面评价，结论，附录等。

企业应当经常考察本企业生产药品的安全性，对新药监测内的药品，应当开展重点监测，并按要求对监测数据进行汇总、分析、评价和报告。对本企业生产的其他药品，根据安全性情况主动开展重点监测。

7. 投诉管理

企业应当建立操作规程，规定投诉登记、评价、调查和处理的程序，并规定因可能的产品缺陷发生投诉时所应采取的措施，包括考虑是否有必要从市场召回产品。应当有专人以及足够的辅助人员负责进行质量投诉的调查和处理，所有投诉调查的信息应当向质量受权人通报。

投诉可能关于产品或其成分在设计、外观、味道、特性、标签、有效期、安全、效价等方面不符合要求，以及产品在使用过程中的不良变化等。

质量部门在确认接收到投诉后，应根据建立的投诉管理规程，确认是否需要收集被投诉样品以进行调查。完成投诉报告后，应将结果反馈给投诉方。

所有投诉都应当登记与审核，与产品质量缺陷有关的投诉，应当详细记录投诉的各个细节，并进行调查。

投诉应当至少进行以下方面的调查：如有必要，对投诉批次的留样产品进行无破坏性的物理检测，如果没有对留样产品进行检查，应当记录原因。查阅历史投诉记录，决定是否在同一批或相近批次收到相似的投诉。查阅批记录，以发现任何可能存在的不利因素或生产过程中的问题，这些可能与投诉直接或间接相关，如果认为没有查阅批记录的必要，应当在记录单上注明并加以证明。审核生产环境，以便进一步评估。可能的话，对投诉样品或留样样品进行检验和评估。评估问题的严重性和产品召回的风险。评估是否对其他产品或同种产品的其他批次有潜在的影响。如果需要，对注册文件进行回顾。

发现或怀疑某批药品存在缺陷，应当考虑检查其他批次的药品，查明其是否受到影响。

投诉调查和处理应当有记录，并注明所查批次相关产品的信息。

应当定期回顾分析投诉记录，以便发现需要警觉、重复出现以及可能需要从市场召回药品的问题，并采取相应措施。当调查表明投诉缺陷是由于执行对一批或一个特定产品的质量体系，则应当有适当的纠正措施。可以遵循企业偏差管理程序、投诉管理程序、纠正及预防措施管理程序进行管理。如果根本原因是人员错误，CAPA 中需要包括对相应人员重新进行培训的内容、纠正及预防措施完成情况，且 CAPA 的完成情况应记录在产品回顾报告中，以监测投诉管理的有效性。

企业出现生产失误，如药品变质或其他重大质量问题，应当及时采取相应措施，必要时，还应当向当地药品监督管理部门报告。

案例 4　美国 FDA 发布的 483 的关于投诉处理的缺陷①

投诉是美国 FDA 关注的重点，从这个缺陷的描述可以看出对于同一个性质的投诉，其趋势如果是明显的，那么根源调查就不可避免了。没有数据支持的结论，没有有效的 CAPA，对于 FDA 来说都是很难接受的。

8. 确认与验证

企业的厂房、设施、设备和检验仪器应当经过确认，应当采用经过验证的生产工艺、操作规程和检验方法进行生产、操作和检验，并保持持续的验证状态。

采用新的生产处方或生产工艺前，应当验证其常规生产的适用性。生产工艺在使用规定的原辅料和设备条件下，应当能够始终生产出符合预定用途和注册要求的产品。

当影响产品质量的主要因素，如原辅料、与药品直接接触的包装材料、生产设备、生产环境（或厂房）、生产工艺、检验方法等发生变更时，应当进行确认或验证。必要时，还应当经药品监督管理部门批准。

通常，验证通过验证主计划进行控制，覆盖以下与 GMP 相关的全部确认和验证活动：厂房设施、设备/系统和检验仪器、公用介质、生产工艺（包括无菌工艺）、分析方法、灭菌/灭活、清洁验证、储存/冷链运输、计算机化系统/自动化系统等，除此之外验证活动的产生还可能是偏差或变更引发的。

可以按项目制订验证主计划，涉及范围较大，比较复杂的验证活动可制订专门的验证主计划。也可以以年为单位制订年度验证主计划，年初的时候生成年度验证主计划，根据需要周期性验证的设备、活动等的验证时间进行合理的计划。同时包括上一年度的因变更、偏差和周期性回顾而产生的验证进行计划。年中时，根据上半年度的验证执行情况和下半年的计划进行总结，此时可以对未进行的验证活动进行微调，但是需要有原因解释和风险评估。年底对主计划进行最终的总结，内容应包括：对已经完成的验证活动进行汇总，对产生的偏差进行汇总/分析；对未完成的验证活动进行汇总，并对其进行风险评估，并建立对应的措施/活动；对工厂内的系统和设备的验证状态是否能够得到良好的维护，是否能够很好的支持生产进行总结。

为了保证验证活动能够按计划进行，工厂需要有专职人员对其进行维护和跟踪。

厂房、设施、设备的确认参见本书第 6 章的内容。

工艺验证应当证明一个生产工艺按照规定的工艺参数能够持续生产出符合预定用途和注册要求的产品。工艺验证应当包括首次验证、影响产品质量的重大变更后的验证、必要的

---

① 可参考 https：//www.fda.gov/downloads/Drugs/GuidanceComplianceRegulatoryInformation/CDERFOIAElectronicReadingRoom/UCM581271.pdf。

再验证以及在产品生命周期中的持续工艺确认，以确保工艺始终处于验证状态。

采用新的生产处方或生产工艺进行首次工艺验证应当涵盖该产品的所有规格。企业可根据风险评估的结果采用简略的方式进行后续的工艺验证，如选取有代表性的产品规格或包装规格、最差工艺条件进行验证，或适当减少验证批次。应当根据质量风险管理原则确定工艺验证批次数和取样计划，以获得充分的数据来评价工艺和产品质量。工艺验证批的批量应当与预定的商业批的批量一致。

工厂应该建立起需要进行验证的分析方法清单及判定方法，需要验证或适用性判断的决策树，并规定定期回顾的频率。回顾的内容包括分析方法涉及的偏差、变更等各种事件，并对该方法的状态进行评估、分析。

美国 FDA 在 2011 年发布的工艺验证指南中对工艺验证的定义为：收集并评估从工艺设计阶段到商业化生产的数据，用这些数据确认科学依据以证明生产工艺能始终如一地生产出优质产品。

该指南将工艺验证分为三个阶段，涵盖了整个产品生命周期，如图 5-2 所示。

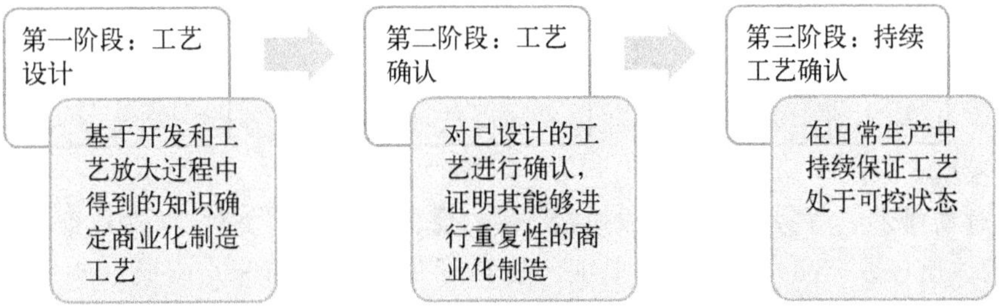

图 5-2　工艺验证的三个阶段

所有工艺验证不是一次性的行为，应根据产品生产周期过程中呈现的工艺风险采取相对应的策略和形式，以确保工艺始终处于验证状态。

在药品生产质量管理的过程中，确认与验证是重要的工作，通过确认与验证工作，企业对产品工艺、设施、设备等能够有全面深刻的认识，并有效控制相应的风险，确认与验证过程也是知识管理的一部分。

9. 供应商质量管理

企业应当对所有生产用物料的供应商进行质量评估，对主要物料供应商（尤其是生产商）的质量体系进行现场质量审计，并对质量评估不符合要求的供应商行使否决权。企业法人、企业负责人及其他部门的人员不得干扰或妨碍企业质量管理部门对物料供应商独立进行质量评估。

供应商的关键性取决于物料的关键性，物料的关键性应综合考虑企业所生产药品质量的风险，综合药品的生产工艺、法规对相关物料的要求、物料对药品质量的影响程度等因素，判定物料的关键性，针对物料的关键性判定供应商的关键性，并制订相应的供应商管控原则（如对物料分级）。

供应商的管控原则需要根据物料的关键性以及相关法规对物料的要求进行评估，并制订相应的管控原则。针对提供不同关键性物料的供应商，设定是否需要审计及审计模式。

企业应当综合考虑企业所生产的药品质量风险、物料用量以及物料对药品质量的影响程度等因素，确定哪些物料属于企业的主要物料。企业应当与主要物料供应商签订质量协议，在协议中应当明确双方所承担的质量责任。同时，协议应包括物料清单，供应商及企业的相关基本信息，对供应商质量体系的要求，对供应商提供物料质量的要求，明确双方的职责，明确供应商提供的物料的技术规范等。

应当建立物料供应商评估和批准的操作规程，明确供应商的资质、选择的原则、质量评估方式、评估标准、物料供应商批准的程序。如质量评估需采用现场质量审计方式，还应当明确审计内容、周期、审计人员的组成及资质。需采用样品小批量试生产的，还应当明确生产批量、生产工艺、产品质量标准、稳定性考察方案。质量审计可根据物料关键性去确认现场审计或者问卷调查审计。所有的审计应根据产品的生产工艺评估物料对产品质量的影响程度，并根据此结果确认审计频率。

企业应当指定专人负责物料供应商质量评估和现场质量审计，被指定的人员应当具有相关的法规和专业知识，具有足够的质量评估和现场质量审计的实践经验。现场质量审计应当核实供应商资质证明文件和检验报告的真实性，核实是否具备检验条件。应当对其人员机构、厂房设施和设备、物料管理、生产工艺流程和生产管理、质量控制实验室的设备、仪器、文件管理等进行检查，以全面评估其质量保证系统。现场质量审计后应当有相应的审计报告。必要时，应当对主要物料供应商提供的样品进行小批量试生产，并对试生产的药品进行稳定性考察。

企业对物料供应商的评估至少应包括：供应商的资质证明文件(营业执照、药品生产许可证、药品注册证或药品包装材料注册证、GMP 证书、ISO 证书等)、质量标准、检验报告、企业对物料样品的检验数据和报告。供应商资质可依据供应商的行业要求获取相应的资质。对关键物料质量评估应包括物料样品的质量、小批量试产产品的质量，必要时应包括小试产品的稳定性考察报告。

改变物料供应商时，应当对新的供应商进行质量评估；改变主要物料供应商的，还需要对产品进行相关的验证及稳定性考察。

企业应建立合格的供应商清单。供应商评估并批准后，供应商所提供的物料和供应商经销商的基本信息需要加入合格供应商清单，内容至少包括物料的名称、规格、质量标准、生产商名称和地址、经销商(如有)名称等并及时更新。合格供应商清单应当发放至采购和仓库等相应部门，采购物料时，采购需要根据批准的合格供应商清单选取相对应的生产商和经销商；仓库收获时需要根据批准的合格供应商清单核对到货物料是否与批准的合格供应商清单中的信息一致。

企业应当定期对物料供应商进行评估或现场质量审计，回顾分析物料质量检验结果、质量投诉和不合格处理记录。如物料出现质量问题或生产条件、工艺、质量标准和检验方法等可能影响质量的关键因素发生重大改变时，还应当尽快进行相关的现场质量审计。

企业应当对每家物料供应商建立质量档案，档案内容应当包括供应商的资质证明文件、质量协议、质量标准、样品检验数据和报告、供应商的检验报告、现场质量审计报告、产品稳定性考察报告、定期的质量回顾分析报告等。应定期回顾相应的质量技术协议，确保供应商质量技术协议适用；定期核查供应商资质是否到期，确保供应商资质在有效期内；每年根据供应商的审计频率制订相应的审计计划，确保供应商审计符合相关流程。

对于供应商的日常维护，企业应制订供应商投诉、供应商质量事件管理、供应商变更通知流程。供应商提供的物料不满足质量标准的要求，或者由于物料本身缺陷已影响或潜在影响企业产品的质量时，应对供应商进行投诉。供应商发生的质量事件，可能由药监部门、其他公司或者供应商通知等渠道获知，并评估是否涉及企业所购置的物料，评估是否对企业的产品质量带来相应的影响。供应商给企业提供的物料发生的变更（如物料的生产工艺变化、配方变化、物料停产、供应商名称/供应商生产地址等变化），应通过正式的通知、信件或者邮件获知。企业应当建立相应的流程，并评估此变更对企业的影响。供应商的变更可能会引发企业提出变更。

企业应制订针对供应商的评价系统，确认评估供应商需要哪些指标，以便后续供应商回顾。例如：供应商投诉、供应商质量事件、供应商变更通知、关键物料（如API、工艺关键原辅料、药包材等）的年度检测数据趋势分析等。

企业应建立供应商回顾流程，并确定供应商回顾的频率，根据供应商回顾的结果，可能会终止/暂停供应商的合作，调整供应商的审计频率等。供应商的回顾资料可以根据供应商评价系统制定的指标进行回顾。同时可以参考供应商商务情况进行评估，例如供应商的货期，供应商的生产能力，供应商的反馈效率等进行评估。

10. 人员培训与资质质量管理

企业应当配备足够数量并具有适当资质（含学历、培训和实践经验）的管理和操作人员，应当明确规定每个部门和每个岗位的职责。岗位职责不得遗漏，交叉的职责应当有明确规定。每个人所承担的职责不应当过多。所有人员应当明确并理解自己的职责，熟悉与其职责相关的要求，并接受必要的培训，包括上岗前培训和继续培训。

与药品生产质量有关的所有人员都应当经过培训，培训的内容应当与岗位的要求相适应。除进行GMP理论和实践的培训外，还应当有相关法规、相应岗位的职责、技能的培训，并定期评估培训的实际效果。培训是提供知识、技能和行为的过程，是一个持续的过程。培训循环的开始基于个人资质和工作职责的制订来评估一位员工的培训需求。

企业应当指定部门或专人负责培训管理工作，企业应当有经审核或批准的培训方案或计划，制订各岗位的培训矩阵和个人培训计划，培训计划应包括知识、技能和行为等内容。企业质量部门应定期负责监督培训项目的执行。培训记录应当予以保存。

业务部门应负责制订本部门各工作岗位的培训需求。培训需求应经过仔细的评估，包括部门职责、个人工作职责、相关的GMP要求和适用的培训课程。确定的培训需求被汇总在培训矩阵中。

根据组织架构，创建各工作岗位清单，定义各岗位要求的工作活动清单。每一个工作活动，应列出受控的文件和适用的培训课程，以确保人员具备资质可胜任其工作。

人员培训应按“新员工、转岗员工及岗位交叉培训员工、长期在岗员工”或其他分类原则对培训内容和方法进行区分，以便培训更有成效。对于因工作安排或其他特殊原因而离岗超过一定时间的人员，在再次返回原来岗位时，除入职培训和基础知识培训外，其他岗位SOP及相关实操培训应考虑按照首次上岗员工进行。

培训方式可以分为集中讲解、现场指导、演示、实际操作等，表5-2所示为岗位培训内容和方式。

表 5-2 岗位培训内容和方式

培训模块	培训内容	培训方式(可选)
入职培训	EHS安全培训、人事制度介绍、产品知识培训、GMP培训、财务培训等公司流程培训	集中讲解
一般质量培训	文件控制、记录填写及归档、偏差管理、变更控制等GMP基础知识培训	集中讲解、现场指导
岗位SOP培训	由岗位主管或主管指定人员制订的培训计划表进行理论和SOP培训	集中讲解、现场指导、演示
岗位安全及实操考核	遵循岗位的安全操作的要求,并做好个人防护	现场讲解、演示、实际操作、指导

各类型员工需要接受的培训模块如表5-3所示。

表 5-3 各类型员工需要接受的培训模块

类型	培训模块				
	入职培训	基础知识[a]	岗位SOP[b]	岗位安全[c]	实操考核
首次上岗员工	需要	需要	需要	需要	需要
转岗及岗位交叉员工	—	需要	需要	需要	需要
长期在岗员工[d]	—	—	—	需要	—

注:a:基础知识培训主要以GMP培训为主,由QA部门负责;b:员工若长期在岗,岗位安全培训应每年进行至少一次;c:岗位SOP更新,该文件需及时重新培训;d:长期在岗员工,如果长期没有进行实操操作,应重新进行实操确认。

对于新编写、修订的文件,可以由文件编写人、有资质的员工或部分负责人指定的人员培训该文件相关岗位的员工,可采取集中讲解、指导等方式进行培训,并填写相关培训记录。由文件编写人评估其文件培训时应实施的考核方式。

培训考核方式可以包括口试、笔试、现场观察、实际操作等。若培训考核不合格,培训负责人需要重新对不合格的受训人进行培训、考核。

应由指定人员负责定期对员工的个人培训记录进行审核,确定是否所有需培训员工都接受了相应的培训,并且考核合格。每位员工所接受的培训应符合其岗位培训内容要求,涵盖工作职责的所有方面。一旦发现未接受所要求的培训或培训内容不全面的人员,应及时安排补充的培训和考核,考核合格后方可独立上岗操作。

培训矩阵应包括以下几个方面:

(1) 基本知识的培训

如作为每年GMP基础知识的复习培训以及所有新员工入职的基本知识介绍等。应至少包括工厂介绍,也可以包含工厂现场的参观,GMP基本知识,文件和记录要求,数据可靠性等。

(2) 技能培训

技能培训是员工在执行某行动前应当完成的培训,包括程序文件或专门的课程的培训,一般是与其工作职责直接相关的内容,通常由某系统或流程的负责人协助完成。

技能培训应根据其工作职责来定义，首先定义每个工作岗位所包含的其负责的行为内容，然后根据每一项行为内容定义需要被培训的文件或课程，则可以列出某人员负责此岗位的技能培训要求。在高污染风险区域工作的人员（如洁净室工作的人员，或在高活性、毒性、传染、过敏性物质处理的区域工作的人员）应给予特定的卫生、微生物知识和生物安全防护的培训。

(3) 质量法规要求培训

法规要求即企业生产销售必须符合的法规标准，如药品管理法、GMP、中国药典、药品注册管理办法等。部门负责人应根据其岗位需要确定其员工的法规要求。主管及以上应包括法规培训的要求，主管以下员工可根据岗位需要决定此项内容。法规知识可通过自学来完成，也可以在质量部门的组织下授课完成。

培训矩阵应由部门负责人审核、质量体系负责人批准。

当一位员工在一个部门开始工作时，其工作岗位被部门负责人确定，其培训活动从培训矩阵中选择。个人培训计划应基于员工的工作经验、能力、发展需要而确定或适当的更新。个人培训计划可以和培训矩阵岗位需求的培训内容相同，也可以根据需要进行适当的调整。

每一位员工应有一个单独的个人培训计划，包括基本知识培训、技能培训、适用的法规培训。

个人培训计划应至少包含以下内容：① 批准的岗位职位，工作描述；② 需要的培训活动/任务；③ 每项活动的完成目标日期；④ 过程学习或审核的结果。

个人培训计划应由部门负责培训人员根据培训矩阵起草，经部门负责人审核、质量部门批准。

在岗培训是一个给受训者提供必要的培训，使其能够独立完成特定操作并提供完整的在岗培训书面证据的培训活动，表明受训者获得操作设备、程序或指定技术、方法以及个人检验的能力。

执行在岗培训之前，受训者应当完成相关规程的培训，且对程序/方法知识有信心，观察过工序/操作以及先前有资质员工操作过，且为独立操作做好准备。

在岗培训记录由有资质的培训者在受训人执行操作的过程中完成，该记录结果决定员工是否获得操作资质。当相应的操作 SOP 更新时，起草人/责任人需根据实际情况考虑是否进行再培训。

所有的培训师应具有技术能力和相关的技能/经验，通常为某个文件的起草者或系统/程序的责任人，或已经参加过某个课程或文件的培训并通过考核，有技能和经验可以对他人进行培训。

在岗培训师负责监督受训人完成在岗培训要求的步骤，在岗培训结束后，培训师在签字前要确保受训人可以按照规程或方法要求进行正确的操作，在未来没有监督的情况下可以安全、有效地按照要求进行独立操作。

完成在岗培训后，应将在岗培训记录汇总，更新受训人的个人培训计划。

培训等级是特定培训中对培训需求的程度和范围的定义。所有培训应按规定的培训等级存档和执行。培训可根据培训方法和评估有效性机制不同划分为不同级别，比如"了解""熟知""操作"等级别。

评估培训确保知识、技能或行为在培训后得到传递，培训的评估基于培训等级的要求。

对于程序文件的培训，培训完成后，可采用试卷、口头提问或现场操作演示等方式来评估知识、技能的传递结果。由培训师确定培训结果是否符合预期要求。通常，对于“了解”级别的，不需要额外进行培训评估。

假如一再出现评估不合格(多于3次)，该员工经理需要做评估确认该员工是否适合该岗位。再次培训评估合格之前，该员工不允许进行本岗位的任何操作。

当一名员工能够做出正确的示范和应用知识、技能与行为时，该员工被认为是有资质的员工。只有当一个员工完成培训矩阵中本岗位需进行的所有培训项目(规程/课程)的培训，才达到本岗位的操作资质要求。相关的培训记录可作为员工在其岗位操作资格状态的证明文件。

对个人年度培训计划的审核，包括其培训矩阵中指定的一系列培训活动。其他需对当前个人培训计划进行审核的情况是员工长时间离岗(由经理定义时间长度，取决于该员工的工作经验以及岗位操作的紧急和复杂程度)。在这种情况下，需修订或新制订一份个人培训计划，对离岗期间的角色变化做一个解释说明，同时应考虑再培训和再评估需求。

当员工转岗到新的工作岗位时，应确定新的培训计划。

企业年度GMP培训计划由质量部门负责人批准执行，该计划应基于企业上一年的GMP培训完成情况、有效性以及偏差情况，审核任何内外部检查的关于培训的缺陷或建议项，结合企业总体质量计划来制订。

再培训是某项活动的重复培训，以确保员工仍然是有资质胜任其工作的。当高技术性或复杂的稀少活动执行或需要年度/定期资质再确认时，如生产活动/无菌资质确认等，应进行再培训。

5.2.2 纠正措施和预防措施

我国2010年版GMP规定“第二百五十二条　企业应当建立纠正措施和预防措施系统，对投诉、召回、偏差、自检或外部检查结果、工艺性能和质量监测趋势等进行调查并采取纠正和预防措施。调查的深度和形式应当与风险的级别相适应。纠正措施和预防措施系统应当能够增进对产品和工艺的理解，改进产品和工艺”。

纠正措施为消除已发现不合格现象或其他不良现象的原因，以预防其再次发生所采取的措施。预防措施为消除潜在的不合格及其他潜在不良现象的原因，以防止其发生所采取的措施。必要时，在完成计划的纠正措施和预防措施后，应确认其符合预期目标，并且不会对产品或过程产生不利影响(有效性评估)。

具体来说，纠正和预防措施一般来源于但不限于以下方面：

① 任何的异常(包括生产、检验和销售等)和偏差；② 内外部检查缺陷项(包括自检、客户审计等)；③ 药监检查缺陷项；④ OOS[①]/OOT[②]；⑤ 产品质量回顾；⑥ 变更；⑦ 验证；⑧ 供应商管理；⑨ 主动和被动的质量风险；⑩ 产品或流程的优化；⑪ 产品投诉；⑫ 产品召回；⑬ 产品退货；⑭ 产品报废等。

---

① OOS全称为Out of Specification，指超标检验结果。

② OOT全称为Out of Trends，指超出趋势结果。

企业应当建立实施纠正和预防措施的操作规程，识别、创建、跟踪、监控和实施并审核纠正和预防措施。内容至少包括以下几个方面：

① 对上述来源的质量信息或数据进行调查分析，确定已有和潜在的质量问题，必要时，应当采用适当的统计学方法；

② 调查与产品、工艺和质量保证系统有关的原因；

③ 确定所需采取的纠正和预防措施，防止问题的再次发生；

④ 评估纠正和预防措施的合理性、有效性和充分性；

⑤ 对实施纠正和预防措施过程中所有发生的变更应当予以记录；

⑥ 确保相关信息已传递到质量受权人和预防问题再次发生的直接负责人；

⑦ 确保相关信息及其纠正和预防措施已通过高层管理人员的评审。

纠正和预防措施计划通常包含两大类：第一类，为减轻已发现质量事件的影响所采取的纠正行动，如隔离批次等待后续处置，以及为消除质量事件根本原因防止其再次发生所采取的纠正措施，如调整预防性维护计划；第二类，为消除潜在质量事件及其他不良情况的原因而防止其发生的预防措施，如产品质量监控、工艺性能监控、产品质量回顾、工厂质量系统回顾或其他理由的改进。

纠正和预防措施计划至少应包含纠正和预防措施内容、纠正和预防措施执行人、纠正和预防措施所需要完成的时间。应根据纠正和预防措施的具体内容以及相关来源的事件的严重性评估执行此纠正和预防措施所需要的资源（如所需工时、费用等）。纠正和预防措施计划评估后，应经质量部审核批准，进入纠正和预防措施的实施阶段。质量部应审核纠正和预防措施计划是否能够减轻已发现的质量事件的影响，并消除质量事件根本原因等（注：实际操作时，此步骤可能在相关报告完成时已经完成评估）。

纠正和预防措施实施人按照所执行的行动计划完成相关的纠正和预防措施，并提供相应的完成证据。质量部门需要根据所制订的纠正和预防措施，审核相关行动完成证据是否足以关闭相应纠正和预防措施。质量部门批准纠正和预防措施后，纠正和预防措施予以关闭。

根据纠正和预防措施来源的质量事件的严重性，必要时，对关键纠正和预防措施进行有效性回顾评估。如果纠正措施是对独立事件的即刻修复、即时补救措施或额外的过程控制或者来自一般偏差的纠正和预防措施，通常不必要建立有效性评估。但针对重复发生的偏差，应基于周期性回顾对相应纠正和预防措施执行有效性评估。

评估纠正和预防措施是否有效应基于预定标准、支持数据或证据，确认是否达到目标。纠正和预防措施有效性评估应当证明其能减少事件发生或预防事件复发。无效的纠正和预防措施应当重新进行调查或者制订新的纠正和预防措施计划。纠正和预防措施流程如图 5－3 所示。

5.2.3　变更控制管理

创新、持续改进、工艺性能和产品质量监测结果以及 CAPA 可能导致变更，变更可能影响产品质量。为正确评估、批准和实施这些变更，企业应建立有效的变更管理系统。变更管理系统应与生命周期的阶段相适应。应使用质量风险管理来评估提议的变更，评估的程度

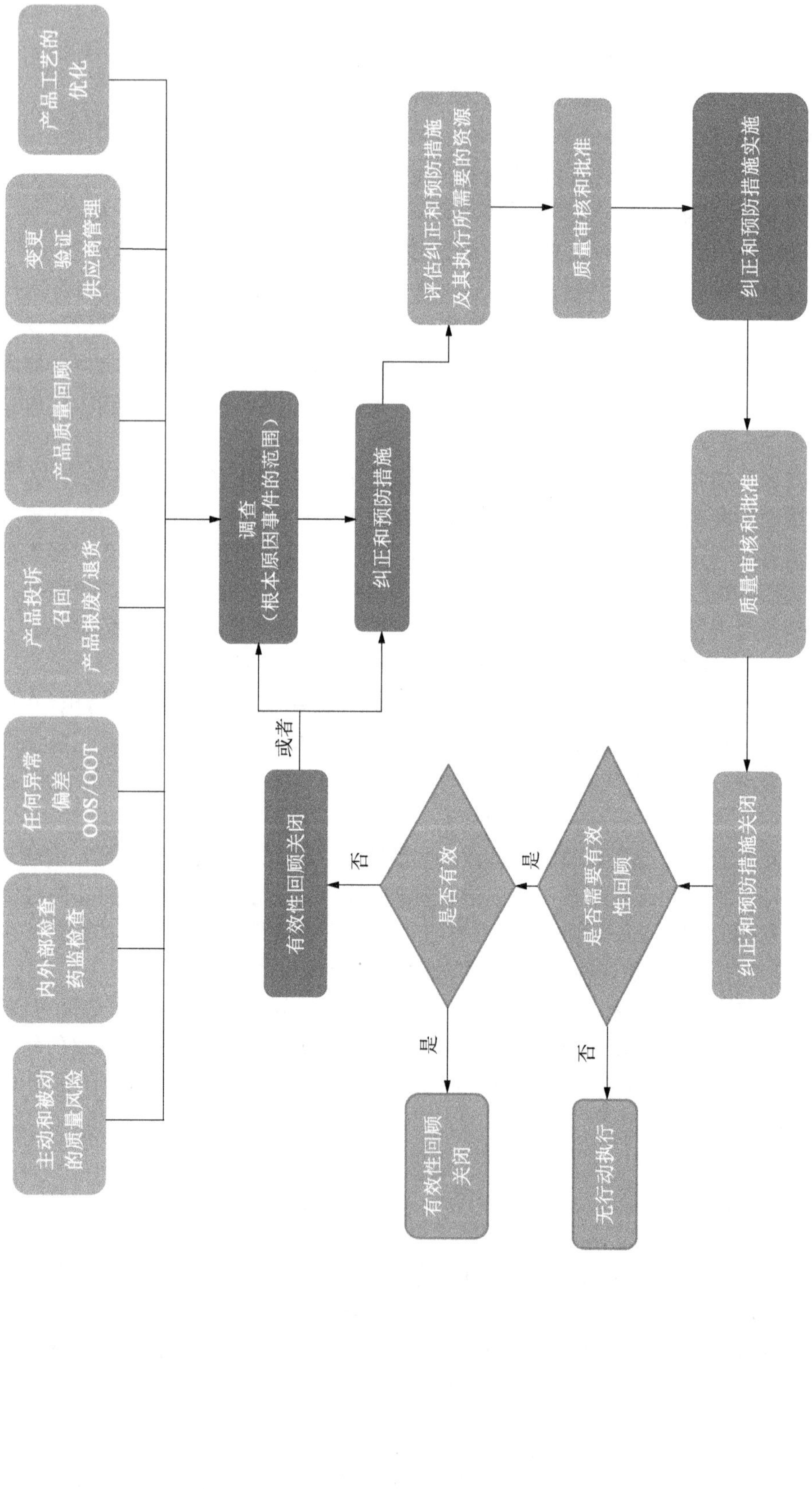

图 5－3　纠正和预防措施流程

和形式应与风险程度相匹配。为确保变更在技术上是合理的，应由来自相关领域(如药品研发、生产、质量、法规事务和医学)的具有相应专长和知识的专家团队来对提议的变更进行评估，并对提议的变更设定预期的评价标准。应结合上市许可评估提议的变更，评估是否需要根据法规要求变更申报文件。变更实施后，还应开展评价以确认达到了变更的目的，且对产品质量没有不良影响。

药品生产中，影响药品质量的各种因素，如厂房设备设施、物料、生产工艺、质量标准、检验方法等可能发生不同形式、不同程度的变化，这些变化可能导致药品质量风险。应对变更可能带来的影响进行充分的评估，并实施有效的变更控制，以将变更引起的质量风险降低至可接受范围。

制药企业对拟采取的变更进行变更管理，应建立科学、合理的变更控制管理程序，以指导其变更控制的管理。通常，文件中应明确当存在对原辅料、包装材料、质量标准、检验方法、操作规程、厂房、设施、设备、仪器、生产工艺、公用系统和计算机化系统等变更时，应以文件规定的书面方式记录相应的变更过程。文件中应对变更控制管理涉及的术语及质量管理中涉及的相应术语进行必要的定义，比如变更和变更控制的定义、变更等级分类(次要变更、主要变更、关键变更)、常见变更类型及尽可能的举例，以方便日常的变更管理，如供应商、工艺或辅料、包装材料等物料的变更，产品中定量或定性的成分，生产工艺、处方及工艺控制，物料、中间品和成品的标准及其控制程序，内包装和外包装、贴签和储存，设备(包括各类计算机化系统)，厂房、设施和环境控制等。文件还应定义变更申请人、部门管理者、质量部变更控制协调员、变更评估人、变更行动执行人、质量保证负责人和高层管理者的职责。同时，对于每一起变更，应在此文件中程序性地明确定义公司 HSE(健康、安全与环境保护)部门、质量部门、变更发起部门及相应变更涉及区域部门的评估职责，并明确企业负责人、质量负责人、质量受权人和质量保证部门负责人的职责和对变更的批准权限。

文件应从变更的申请、评估、变更行动方案制订、变更申请的批准、执行变更行动计划、变更的批准和实施、变更实施后的跟踪进行详细而科学合理的规定。

(1) 变更的申请

变更申请人应对计划进行的变更进行完整阐述，包括变更前后相应项目、参数或系统的状态和变更意义的对比以及需要进行该变更的理由。

良好的变更控制管理模式是在正式提交变更申请前，变更申请人针对拟进行的变更提供必要的信息，包括但不限于对什么进行改变及其影响，变更涉及的范围，准备何时开始设施，为什么进行该变更，如风险的降低、成本的降低和收益评估等。然后，由质量部门负责变更管理协调的人员组织公司相应专家(如变更发起部门代表、质量部代表和负责注册部门的代表等)对此进行预评估，讨论、评估变更对产品质量、法规符合性和管理策略是否带来收益，评估变更的描述及变更理由是否充分，以确保变更正式申请后各流程能正常进行。

变更申请人在申请变更时，应使用经质量部门批准的带有特定追溯系统的固定格式单，或采用相应的电子系统，如 SAP 系统的质量管理模块、Trackwise 软件或其他软件等。质量部变更控制管理协调人接到变更申请后，对变更建立编号，并组织变更的风险评估。

提交变更申请的同时，应对变更的潜在风险和收益进行评估，包括对产品质量、法规符合性、商业和 HSE 的潜在风险以及执行变更对其他可能受影响的系统或产品的风险，还有执行变更的成本支出和收益等。可以通过风险的严重性、发生的可能性及可检测性来评估其风险等级，当涉及质量、技术和注册方面的评估时，风险、费用和收益的信息可以让企业决策人进行更完整的评估，以在批准变更申请时对这些信息的评估和对变更申请的批准与否进行决定，并确定行动方案和资源的优先顺序。

（2）评估

变更申请需要由相关的专家就其科学性、经济收益、安全、有效、质量及法规符合性进行全面评估，并详细记录各项评估内容。改变原辅料、与药品直接接触的包装材料、生产工艺、主要生产设备以及其他影响药品质量的主要因素时，还应当对变更实施后最初至少三个批次的药品质量进行评估。如果变更可能影响药品的有效期，则质量评估还应当包括对变更实施后生产的药品进行稳定性考察。为防止变更的影响评估不够全面，应程序性地设定需要对每一变更进行质量、科学技术、验证、HSE 和法规符合性各方面的评估，并根据变更类型和范围的具体情况，必要时额外增加其他评估者。变更控制管理文件应明确各个评估项目的评估人的确定原则，如注册部门负责人、质量部门负责人或质量受权人、生产技术负责人、验证负责人、变更申请部门负责人和 HSE 负责人等。

通常，注册部门应充分评估变更对注册文件及对法规符合性的潜在影响，并制订必要的注册相关措施，如补充申请或再注册等；质量部门则应充分评估变更对产品质量的影响，是否需要采取如稳定性考察或再确认等措施，以掌握更充分的信息，进而更清晰地完成对变更的影响评估；对于验证及生产技术部门，则应评估涉及的变更是否需要进行验证或工艺验证；对于 HSE 部门，则须评估变更是否引发或增加 HSE 风险。如果评估的结果是存在影响的，则该区域专家应负责提出相应控制风险的行动措施。同时，应在变更评估中，明确如何及何时对变更的效果进行评估。

我国药品监管部门发布的变更指导原则主要有：《已上市化学药品生产工艺变更研究技术指导原则》《生物制品生产工艺过程变更管理技术指导原则》《疫苗生产场地变更质量可比性研究技术指导原则》《生物制品上市后变更研究的技术指导原则（征求意见稿）》《已上市中药生产工艺变更研究技术指导原则》。企业还需按照《药品注册管理办法》等规章要求对工艺变更进行变更管理。

（3）变更行动方案制订

完成对变更的评估后，质量部负责变更控制管理的协调人员协助变更申请人，按照各评估专家的意见制订变更行动方案。变更行动方案应包括具体应执行的行动内容、责任人和计划完成时间，且行动应得到相应行动负责人及其部门负责人和质量部的确认。

行动方案中可能包括在变更实施前应当完成的行动，也可能包括对执行变更不是应当在变更批准前完成的行动，对此，应在行动方案中进行明确，并说明理由。

（4）变更申请的批准

质量部门综合各位专家的评估意见，确定变更的等级。变更申请的批准与否应基于变更涉及的产品关键质量属性、注册情况及法规符合性、经济效益以及行动方案的相关性、完整性和可行性（包括其执行时限）。

关于变更的等级，对于对产品的关键质量属性不大可能产生影响的，无须进行稳定性考察、对比实验和再验证以确认变更的合理性，并且不影响法规和注册许可的，一般定义为一般变更。对于潜在影响产品的关键质量属性的，需要进行稳定性考察、对比实验和再验证以确认变更的合理性，但不影响法规和注册许可的，可以定义为主要变更。对产品的关键质量属性存在重大潜在影响的，需要进行稳定性考察、对比实验和再验证以确认变更的合理性，且影响法规和注册许可的，应定义为关键变更。

根据变更的等级，企业可以在文件中明确不同等级的变更申请由不同岗位人员来进行批准，如质量部变更控制管理协调员对次要变更申请的批准，质量保证负责人对主要变更申请的批准，质量负责人或质量受权人对关键变更申请的批准。

(5) 执行变更行动计划

变更申请被批准后，变更申请人或质量部变更控制管理协调人应按照企业建立的质量管理制度，跟踪、督促相应行动计划的准时完成。所有行动完成后，变更申请人应完成行动总结，并得到质量部门的确认。对于不能及时完成的工作，应进行记录并报告至质量部门，进行必要的评估和得到批准。

(6) 变更的批准和实施

在被质量部门批准前，不得实施变更。当所有的变更行动均完成后，包括受影响的相应文件均按计划进行了修订，批准变更的实施。根据变更对于产品质量的影响，确定变更在批准实施过程中对药品生产过程中的变更，按照其对药品安全性、有效性和质量可控性的风险和产生影响的程度，实行分类管理。属于重大变更的，应当经国务院药品监督管理部门批准，其他变更应当按照国务院药品监督管理部门的规定备案或者报告。

(7) 变更实施后的跟踪

应根据变更的影响及性质，确定是否需要对变更的有效性进行评估，以确保采取的行动是否恰当，进而确定是否需要采取进一步的行动，如进行新的变更。

同时，应在产品回顾分析和预防维护报告等相应工作中进行年度评估，以确保新增的变更对产品的总体质量或工艺没有改变，对厂房、设施、设备或工艺的确认和验证状态没有影响。

通常，企业质量部门应定期、不定期对相应的变更申请及批准的变更申请进行协调、督导，对发起的变更进行跟踪、控制。通过这些变更，完善工艺、检验、产品、物料、厂房、公用设施或操作方式方法等，解决企业在产品、工艺或流程等方面中可能存在的问题，促进产品质量保持持续改进、持续创新，保证持续稳定地生产高质量的药品。

5.2.4 工艺性能和产品质量的管理评审

管理评审应保证在整个生命周期内的工艺性能和产品质量均获得管理。根据公司规模和复杂程度，管理评审可以是不同管理级别的一系列的回顾分析，包括及时有效的沟通和上报程序，以将适当的质量问题提交高级管理层进行评估分析。

管理评审系统包括产品的质量回顾、不同层级的质量管理委员会及质量沟通例会(质量管理评审)、质量风险管理、定期与不定期的质量自检、外部第三方质量审计、药品监管机构的监督检验检查等。产品质量回顾可包括如产品质量投诉和召回、工艺性能和产品质量检测、监测的情况、包括纠正和预防措施在内引发的工艺和产品变更的有效性、药品监管机构的检查结果、发现的缺陷、审计和其他评估、对监管机构作出的承诺和以往管理评审的所有追踪措施等。

管理评审系统应确定适当的措施，如对生产工艺和产品的改进、提供或调整各种资源、收集和传播知识等。

1. 产品质量回顾分析

产品质量回顾是监控产品质量和生产全流程的必要程序，应当按照操作规程，每年对所有生产的药品按品种进行产品质量回顾分析，通过统计分析数据，以确认工艺稳定可靠以及原辅料、成品现行质量标准的适用性，及时发现不良趋势，确定产品及工艺改进的方向，说明产品质量是否符合批准的标准。进行产品质量回顾时，应当考虑以往回顾分析的历史数据，还应当对产品质量回顾分析的有效性进行自检。

对每种产品应进行产品质量回顾，当有合理的科学依据时，可按照产品的剂型分类进行质量回顾，如固体制剂、液体制剂和无菌制剂等。回顾分析应当有报告。

质量回顾须对工艺的一致性进行评估，基于趋势分析，考虑是否需要对质量标准、生产管理或者相应的控制程序进行变更，评估是否需要对产品工艺进行改进。

产品质量回顾应在生产部、技术部、QC 部、设备维护部、仓储与供应链部、注册部和 QA 部等之间形成一个良好的沟通渠道，收集准确的数据与信息并分析，以促使质量改进程序，给管理层提供定期更新的数据。企业各部门的职责如表 5－4 所示。

表 5－4 企业各部门的职责

部门	职责
生产部	① 提供生产批次相关数据(包括重新加工、返工批次及原因)； ② 汇总工艺参数； ③ 产品的收率、平衡统计及趋势分析； ④ 生产相关的偏差调查结果及 CAPA 执行情况； ⑤ 无菌工艺模拟情况； ⑥ 人员资质确认情况
技术部	① 产品工艺变更情况、效果分析； ② 工艺验证情况； ③ 工艺参数、产品检测结果的趋势分析及过程控制能力评估； ④ 产品相关偏差的调查结果及 CAPA 执行情况； ⑤ 工艺改进建议
QC 部	① 提供物料、产品的 QC 检测合格、不合格信息； ② 检测数据汇总、趋势分析及评价； ③ 回顾产品的稳定性情况及趋势分析及评价； ④ OOS/OOT 调查、统计及分析； ⑤ 检验方法的变更情况及变更后评价； ⑥ 人员资质确认情况
QA 部	① 水、气等公用介质系统监控及环境监控的趋势分析； ② 设备设施的验证及确认状态； ③ 清洁验证情况； ④ 偏差及变更汇总、趋势分析； ⑤ 质量协议维护状态(包括委托检验)； ⑥ 产品投诉、召回、退货情况； ⑦ 不良事件回顾； ⑧ 产品放行信息； ⑨ 内外部自查、检查情况及分析

续表

部门	职责
设备维护部	① 设备的变更、运行、预防性维护情况回顾(包括生产设备及公用系统); ② 关键仪器、仪表的校验情况; ③ 设备设施相关的偏差调查结果及 CAPA 执行情况
仓储与供应链部	① 物料管理及供应信息; ② 原辅料和包装材料的采购及供应商管理信息,尤其是新批准的物料及供应商
注册部	① 产品变更情况汇总(如补充申请、备案提交及批准、批准文件号等); ② 新上市产品相应上市承诺的执行情况回顾等

(1) 产品质量回顾分析总体要求

产品质量回顾应对所提供的信息进行客观的评估。

产品质量回顾需要证明工艺的稳定,通过趋势分析,确定是否需要对质量标准、生产管理和相应的控制程序进行变更,评估是否需要对产品工艺进行改进。

产品质量回顾报告应对审核的数据、文件和电子记录进行必要的阐述。

应当对回顾分析的结果进行评估,提出是否需要采取纠正和预防措施或进行再确认或再验证的评估意见及理由。对建议的行动应按照 CAPA 程序进行管理,并及时、有效地完成整改,并在内部审计时对行动的有效性进行评估。

产品质量回顾报告应包括年度周期内所有生产批次的信息,不管是否合格放行、报废或在生产中间阶段已销毁。如果当年的产量较小,可以将回顾周期延长,比如包括两个年度内所生产批次的信息。

应对收集的数据(如检测结果、工艺运行参数、趋势)进行统计分析,且应当将当年度的数据与之前年度审核的结果进行对比。统计分析至少应包括数据平均值、标准偏差和控制限度(如适用)。

药品委托生产时,委托方和受托方之间应当有书面的技术协议,规定产品质量回顾分析中各方的责任,确保产品质量回顾分析按时进行并符合要求。

产品质量回顾报告应在规定的时间内完成,并报告公司管理层。

(2) 产品质量回顾报告的编写

企业应建立文件以明确各品种或剂型产品的回顾时间表,并按照文件规定的时间表完成产品质量回顾。

如果一个产品是由多个工厂共同生产,并最终由某一个工厂放行(如生产、检测和包装),则各工厂的产品质量回顾需要包括其所涉及工序,并由负责放行的工厂负责产品质量回顾的汇总分析。

一般来说,由公司质量部门负责产品质量回顾报告的汇总,相关部门提供年度产品回顾所涉及的数据、图表、分析、结论和建议。相关部门应对所提交的数据的准确性和完整性进行审核确认。

产品质量回顾报告应提交质量受权人和企业负责人批准。

(3) 产品质量回顾报告的内容

产品质量回顾分析是对所有的产品质量回顾数据进行评估,以发现存在的问题,决定是否需要采取行动或者工艺改进。当需要采取相应行动时，应记录其原因。

产品质量回顾应对涉及产品质量、安全、纯度和效价的重要指标进行分析与评估。

产品质量回顾中的数据应当能够证明它们符合预定的趋势限度且与已验证的工艺相一致。回顾中，需要对所有的回顾项目进行数据分析和解释、趋势分析、评价，并确定是否要纠正、采取预防措施或重新进行验证。

此分析应至少包括：产品所用原辅料的所有变更，尤其是来自新供应商的原辅料；关键中间控制点及成品的检验结果；所有不符合质量标准的批次及其调查；所有重大偏差及相关的调查、所采取的整改措施和预防措施的有效性；生产工艺或检验方法等的所有变更；已批准或备案的药品注册所有变更；稳定性考察的结果及任何不良趋势；所有质量原因造成的退货、投诉、召回及调查；与产品工艺或设备相关的纠正措施的执行情况和效果；新获批准和有变更的药品，按照注册要求上市后应当完成的工作情况；相关设备和设施，如空调净化系统、水系统、压缩空气等的确认状态；委托生产或检验的技术合同履行情况。

产品质量回顾报告撰写时，可以按如下各方面具体要求进行组织。

① 产品的生产批次信息

(a) 产品的基础信息，包括产品的名称、规格、包装形式、有效期、批量信息等。

(b) 生产或投放市场的批次，包括生产批号、生产日期、产品最终放行情况等信息的汇总。

(c) 返工或重新加工的批次和相关原因。

(d) 不合格批次的数量和相关原因。

(e) 退货。

(f) 回顾所有不符合标准或者由于生产异常而停止的批次，包括由于稳定性考察不合格、调查或检验不合格而判定为不合格的批次。

(g) 对于关键偏差，相关调查及采取行动的有效性的简明扼要的审核。

(h) 所有对于工艺、分析方法等变更的审核。

(i) 使用的原材料和包装材料审核(包括发生的偏差)，包括所用到的各批次原辅料、中间体和初级包装材料，特别是从新供应商处购买的。

(j) 对相关的数值工艺参数和检验结果通过控制图进行统计、分析其工艺控制能力。这些参数(如关键质量属性、关键工艺参数)是用来评估工艺的稳定性，应按各步工艺进行评估。

② 产品的检验信息

(a) 产率分析等关键过程控制审核，终产品检验和中间控制检验结果对比标准的评估，并对关键数据进行趋势分析。

(b) 稳定性考察趋势分析和稳定性考察计划回顾(不仅限于持续稳定性考察)以及其他相关的不良趋势。

(c) 留样产品的审核。

③ 验证情况

(a) 验证状态回顾，至少包括相关产品的工艺、设备和测试方法。

(b) 高效滤器、水、压缩空气等相关设备、公用设施的确认状态。

(c) 无菌工艺模拟结果。

(d) 人员资质确认。

④ 药物警戒信息

对药品不良反应的回顾。

⑤ 其他质量信息

(a) 对技术协议(如质量技术协议、委托生产与检验等)的现行性和有效性。

(b) 对于发生不良反应批次的调查情况。

(c) 对于所有质量相关的退货、投诉和召回,以及当时采取的调查行动及纠正措施的总结。

(d) 对于其他之前生产工艺或设备涉及的纠正措施的充分性审核。

(e) 上一次回顾周期内的变更或提出的建议的有效性回顾与评估。

⑥ 注册信息

(a) 与生产和测试以及其中使用到的设备和设施相关的许可的变更、备案、提交补充申请、批准和拒绝。

(b) 对于新上市的产品或现有产品的变更,回顾其上市后承诺的执行情况。

(c) 影响GMP状态的重要的药监部门行动的回顾,如影响生产许可的判决书、告诫信等。

⑦ 厂房设施设备情况

(a) 制药用水质量回顾,需要对生产使用的各个级别制药用水进行回顾。

(b) 厂房设施、生产相关设备、空调系统和工艺用气等关键设施的回顾,包括这些设施的变更、维护、验证和监控的内容。

⑧ 检查

任何与回顾产品直接或间接(如与质量体系相关)相关的检查(自查、药监检查)中的缺陷或建议整改项和承诺整改计划。

⑨ 环境监控

对洁净区环境监测结果的回顾。

(4) 结论与建议

当所有数据的审核和评估完成后,发现的问题应当进行总结。

① 对正在审核中的产品的当前状态的总结。

② 总结当年所制订的行动和上年的遗留问题。

③ 总结对往年回顾中的跟进行动的现状。

④ 对发现的重大问题进行初步的风险评估。

⑤ 对于不良趋势的行动建议。

⑥ 产品质量改进的行动建议,这些行动建议包括但不仅限于:(a) 产品工艺改进;(b) 配方改进;(c) 分析方法改进;(d) 过程和终产品标准变更;(e) 产品召回;(f) 再验证需求;(g) 新的包装。

2. 自检

(1) 原则

企业应有自我评估的程序,质量管理部门定期组织对企业进行自检,用于监测GMP的实施情况，评估企业是否符合 GMP 的要求，确保纠正和预防措施的执行，确定需要改进的方面。

自检应当有计划，包括所有的 GMP 范围，对机构与人员、厂房与设施、设备、物料与产品、确认与验证、文件管理、生产管理、质量控制与质量保证、委托生产与委托检验、产品发运与召回、计算机化系统等项目定期进行检查。自检计划中需要包括检查的范围、检查时间和涉及人员。

每次自检应指定检查组长，负责自检的组织与监督、自检报告的编写和缺陷项目的整改跟进。自检组长应当具备一定的经验、资质且应与被检查的区域无直接管理利益冲突。

(2) 缺陷分类

自检检查员应与被检查的区域人员一起判定所发现缺陷的严重级别（严重、主要和一般）。

对于检查缺陷，可以按照原则进行级别界定。

① 严重缺陷

当发现严重缺陷时，应立即报告企业管理层，以决定是否需要采取及时或隔离措施。

(a) 可能造成产品不适合使用或对患者的健康带来风险。

(b) 质量体系缺失。

(c) 存在造假行为，如伪造产品或假的信息。

(d) 以前检查员提出的没有充分整改的主要缺陷。

(e) 累计的主要缺陷，反映出存在质量体系整体缺陷的。

(f) 在相同系统或多个系统的类似的主要缺陷。

(g) 在药监检查中可能被定义为严重缺陷和会造成启动药监处罚等行动等情况。

② 主要缺陷

(a) GMP 系统明显的缺陷或不符合。

(b) 质量体系功能缺失造成多个类似问题的发生。

(c) 以前检查员提出的没有充分整改的一般缺陷。

③ 一般缺陷

(a) 一个独立的问题，但如果不纠正，可能会给患者或产品带来风险的。

(b) 不能被界定为严重的或主要的缺陷，但是与 GMP 不符合的。

如果一个质量体系中有多个一般缺陷，显示此质量体系开始出现故障，应被界定为主要缺陷。

根据需要，还应该进行自检和药监部门检查前的模拟自检（如产品召回、重复的生产和测试失败、药监检查推迟等）。

(3) 自检人员资质

参与自检的检查人员应该满足以下相应资质条件：① 参加过 GMP 和检查的培训；② 是管理层成员或区域的主管；③ 具有一定的工作经验。

只有符合相应资格的人员才可以进行自检，检查员应对受检区域具备一定了解，但不应该存在直接管理利益冲突。

(4) 自检准备

自检组长负责自检的组织，确保自检团队确认自检的安排，调解自检团队内部的不同意见，组织自检报告的准备，确保自检报告的准确性。

自检组长在制订检查的范围和重点时，应参考之前的自检、药监检查和其他外部检查的情况，列出未完成的行动项，结合当前的情况予以制订。

(5) 自检内容

① 首次会议

每次自检都应从首次会议开始，由自检组长介绍自检涉及的区域和检查的范围。

② 自检过程

受检部门的负责人或其受权人应陪同检查，并提供在自检范围内的文件和记录。如果有必要，应进行现场检查。

③ 缺陷

检查中发现的优势(如长处或好的操作)和不足，都应进行记录，并与区域的负责人进行沟通。对以前自检中的缺陷项应进行跟进。

对于需要马上整改的，需要立即及时通知区域负责人进行改进。

检查员应对每条缺陷项按照严重、主要和一般进行分类，严重缺陷应马上通知质量部门和公司管理层，以采取必要的行动。

所有检查中的发现，应在末次会议上进行沟通。对于持续多日的自检，在每天结束前最好召开小结会，以对当天发现的问题进行沟通，并安排次日的检查内容。

④ 检查要求

自检时，应检查确认以下方面的符合性。

产品的设计、研发、生产和分销符合所有 GMP、GSP 和其他药监部门的要求。

管理层和质量管理的职责明确。

系统、设施和程序已经过适当的确认或验证(如果需要)。

生产和控制操作具备详细规定。

分析方法和关键工艺经过验证。

采购和使用正确的物料，包括包装材料。

采取必要的中间体和过程控制。

委托活动由批准的受托方负责时，有必要的控制措施并符合 GMP 要求。

生产(包括测试)、包装、贴签、分销等按照规程进行。

在质量部门确定产品放行前，产品不得上市销售。

有相应的规程保证产品在有效期内的存储、分销和之后的处理的质量保证。

产品和物料的标签、标识恰当，状态受控。

质量风险管理系统可以确保质量风险评估是基于科学知识、对工艺的了解、对患者的保护。质量风险管理过程采取的措施、形式和记录与风险的级别相对应。

通过定期的管理回顾和自检，确保质量管理系统的有效性、恰当性和持续改进。

所有的产品(剂型)都有产品质量回顾，以确定现有工艺的一致性，现有的物料和产品的标准是否恰当，找出风险，制订产品和工艺的改进计划。

生产工艺清晰定义并得到控制，以确保生产的一致性和符合标准。

生产工艺的关键步骤和重大的变更应经过验证。

具备所有的 GMP 所需关键要素，包括有资质和经过培训的人员、足够的设施和空间、合适的设备和服务、恰当的物料、容器和标签、经批准的规程、合适的储存和转运。

规程的内容清晰、明确。

操作人员经过操作和文件的培训。

生产过程都有记录，所有的步骤都按照规程的要求进行，产品的数量和质量都与预期一致。偏差都有调查和记录。

生产(包括测试)、包装、分销等都有记录，批的完整历史可以追溯，并且便于查阅。

物料和产品的存储、处理和转移受控，对产品的质量不造成影响。

具有对市售产品召回的系统。

对产品投诉进行调查，找出质量缺陷的原因，对有缺陷的产品采取必要的措施并且预防其再次发生。

质量部门确保对物料和产品进行必要和相关的测试，并且产品在质量合格后才被放行并使用或销售。

质量控制不局限于实验室检测，而是包括所有与产品质量相关的活动和检测。

物料、中间体、原液和终产品的取样、检测有足够的设施、经过培训的人员和经批准的规程，必要时，根据 GMP 要求对环境进行监控。

物料、中间体、原液和终产品的取样按照 QC 的规程进行。

记录能真实反映所有的取样、检测按照规程进行，所有的偏差都有记录并调查。

记录了物料和产品按照规程进行检测的结果，产品的放行步骤包括对生产记录的审核、评估，以及对偏差的评估。

在质量受权人批准前，没有产品能够放行。

有足够的物料和产品留样。

(6) 自检记录

自检小组应将检查的信息记录在自检记录中。

完成每次检查后，还要对自检的情况和缺陷进行分类、归纳和总结，并提出整改的建议，做出评价的结论。自检完成后应当有自检报告，内容至少包括自检过程中观察到的所有情况、评价的结论以及提出纠正和预防措施的建议。自检报告需要提交质量受权人批准，并报告企业高层管理人员。

质量部门应将检查缺陷在偏差管理系统中建立偏差事件，并指定给相关部门负责人进行调查分析。部门负责人应领导完成根本原因分析，并做出整改计划，整改计划应得到检查组长的批准。

未完成的纠正和预防措施应通过 CAPA 系统进行跟进，并在例行质量会上向自检组长和工厂管理层通报。

质量部门需要将自检报告和相应的纠正和预防措施进行归档。

(7) 纠正和预防措施

纠正和预防措施的制订要基于根本原因的分析，以保证整改的效果。承诺的纠正和预防措施应当在计划期限内完成并跟进。不能马上整改或者对上市产品有明显影响的严重缺陷应及时通知企业管理层。所有的纠正和预防措施完成后，自检才能算完成。

(8) 自检频率

每年应至少进行一次全面的自检，必要时应进行额外的各部门定期、不定期自检，以确保工厂随时符合 GMP 要求。如果发生重大事件或变更，应组织进行有因自检。对于关键区域和系统，其自查的频率可以考虑增加。

QA 部也应进行日常的监督检查，范围包括公司的所有区域。

(9) 自检范围

自检应该包括但不限于以下部门的相关活动(表 5-5)。

表 5-5　各部门自检范围

部　　门	范围(包括但不限于)
注册部	注册资料，包括涉及的更新
生产部	生产现场管理； 主批生产记录； 批生产的相关记录； 工艺验证； 培训等
工程部	设备、厂房和设施的操作、维护和校准； 关键系统的数据、设计和有效性的审核，包括水系统、蒸气、氮气和压缩空气； 培训等
质量部	OOS； 稳定性考察； 样品的管理； 质量控制标准； 来料控制； 最近的批放行记录，包括质量控制测试数据； 检验方法验证； 设备管理； 变更控制； 供应商和其他如检测服务的委托方的确认； 偏差处理； 投诉和召回的管理； 验证(设备、厂房和设施的确认和验证、清洁验证)； 环境监控数据； 产品质量回顾，包括生产相关趋势(偏差、投诉、稳定性、质量控制数)； 培训等
供应链部	物料的采购、接收与发放； 仓库管理； 供应商的管理； 培训等
人事部	组织机构与人员； 培训等
IT 部	计算机化系统的验证； 权限控制； 数据备份等

5.3 全面合规与质量保证

由于医药行业的特殊性，药品全生命周期有很多法律、法规，这些法规，在药品生产质量管理过程中都是需要全面遵守的，如果违反，会对企业和个人都会带来相应的处罚。

案例 5

根据线索，国家药品监督管理局组织对长春长生生物科技有限责任公司（以下简称“长春长生公司”）开展飞行检查，发现该企业的冻干人用狂犬病疫苗生产存在记录造假等严重违反《药品生产质量管理规范》的行为。

2018 年 10 月 15 日和 10 月 16 日，国家药品监督管理局和吉林省食品药品监督管理局分别发布了《行政处罚决定书》[（国）药监药罚〔2018〕1 号]和《行政处罚决定书》（吉食药监药行罚〔2018〕17 号），公布了长春长生生物科技有限责任公司的八项违法事实：① 将不同批次的原液进行勾兑配制，再对勾兑合批后的原液重新编造生产批号；② 更改部分批次涉案产品的生产批号或实际生产日期；③ 使用过期原液生产部分涉案产品；④ 未按规定方法对成品制剂进行效价测定；⑤ 生产药品使用的离心机变更未按规定备案；⑥ 销毁生产原始记录，编造虚假的批生产记录；⑦ 通过提交虚假资料骗取生物制品批签发合格证；⑧ 为掩盖违法事实而销毁硬盘等证据。上述行为违反了《中华人民共和国药品管理法》及其实施条例，《药品生产质量管理规范》《药品生产监督管理办法》《生物制品批签发管理办法》等法律法规和规章，依据行政处罚管辖有关规定，国家药品监督管理局和吉林省食品药品监督管理局分别对长春长生公司作出多项行政处罚。国家药品监督管理局撤销长春长生公司狂犬病疫苗（国药准字 S20120016）药品批准证明文件，撤销涉案产品生物制品批签发合格证，并处罚款 1 203 万元。吉林省食品药品监督管理局吊销其《药品生产许可证》，没收违法生产的疫苗、违法所得 18.9 亿元，处违法生产、销售货值金额三倍罚款 72.1 亿元，罚没款共计 91 亿元。此外，对涉案的十四名直接负责的主管人员和其他直接责任人员作出依法不得从事药品生产经营活动的行政处罚。涉嫌犯罪的，由司法机关依法追究刑事责任。

2018 年 12 月 11 日，长生生物公司收到《深圳证券交易所重大违法强制退市事先告知书》（中小板函〔2018〕第 50 号）。

2018 年 11 月 11 日，国家市场监督管理总局在其网站公布《中华人民共和国疫苗管理法（征求意见稿）》以及起草说明，开始向社会公开征求意见。希望通过“依法治苗”的制度化方式来杜绝问题疫苗事件。

2019 年 6 月 29 日，第十三届全国人民代表大会常务委员会第十一次会议表决通过了《中华人民共和国疫苗管理法》。

这个案例是典型的不合法、不合规的案例，最终长春长生公司因其严重违法行为受到了应有的处罚。通过这个案例可以得知，全面合规是质量保证的基础，所以作为生产质量管理人员需要系统学习、理解法规，主动按照法规要求进行生产质量管理，避免违规风险。

5.4 总　　结

通过本章内容的学习，我们对药品质量保证相关工作内容有了基本的了解，药品质量保证的工作归纳起来有计划（Plan）、执行（Do）、检查（Check）、处理（Act）四个方面，通过对生产质量管理过程中产生的信息和数据进行有计划的搜集、分析和评估，并采取相对应的措施改进提高，从而达到持续改进的目的。在生产质量管理过程中需要全面合规，才能够满足监管的要求和用户的要求，最终有效控制企业的运行风险。

思考与讨论

1. 质量保证的定义是什么？
2. 药品质量保证主要包括哪些活动？
3. 什么是偏差？
4. 为什么要进行变更控制？
5. 什么时候需要进行 CAPA？

第6章

厂房、设施、设备管理

6.1 厂房与设施

6.1.1 GMP对厂房与设施的基本要求

药品生产质量管理规范(GMP)在药品生产企业中的实施包括两个方面：软件与硬件。

软件是指先进可靠的生产工艺技术、严格的质量控制与质量保证体系、完整的文件记录系统、完善的生产管理和物料管理系统；而硬件则是指合格的生产厂房、可靠的附属设施与符合制药工艺需求的生产设备。

硬件设施是药厂实施GMP的基本保障。再好的软件系统，如果没有硬件的支撑，也无法生产出合格的产品，反之再先进的硬件装备，没有良好的生产管理和质量保障，亦无法获得合格的产品。软件和硬件两者相辅相成，共同构成了药品生产质量管理系统。

1. 药品生产过程中的质量风险

在药品生产过程中，会面临众多的影响药品质量的风险，典型的如污染、交叉污染、差错和混淆等，从而对药品的质量产生不利的影响。这些风险因素可能来自所用的原辅料的质量偏差、生产工艺的缺陷、操作过程的不规范、设备性能指标的不达标、动力辅助系统的不完善以及厂房设施建造的不规范等。

药品生产需要人的操作，如果生产场所空间狭小、空间布局不合理，物流路线交叉反复，环境温度、湿度、照度或新风设置不合理，则会引起操作员工的身体不适，增加人为差错的风险。环境湿度的增加还会加速微生物的繁殖，造成污染风险增大。

因此，与其他行业如微电子、航空航天、精密仪器、材料等只强调微粒控制的工业洁净室不同，医药工业洁净厂房的设计与建造，必须始终以微粒和微生物控制为主要目的，最大限度地防止微粒和微生物污染而造成的药品质量风险，创造一个安全、可靠、受控的生产环境。同时还必须有合理的空间设计，符合工艺流线的人、物流，足够的操作与储存区域，完善的环境保障设施，避免生产过程中的污染与差错，最大限度满足药品生产质量要求。

2. 药品GMP对厂房与设施的基本要求

《药品生产质量管理规范》(2010年版)(以下简称“药品GMP”)的第四章“厂房与设施”，

对药品生产的硬件设施作出了明确规定。

“企业应当有整洁的生产环境；厂区的地面、路面及运输等不应当对药品的生产造成污染；生产、行政、生活和辅助区的总体布局应当合理，不得互相妨碍；厂区和厂房内的人、物流走向应当合理。”(第四十条)

“为降低污染和交叉污染的风险，厂房、生产设施和设备应当根据所生产药品的特性、工艺流程及相应洁净度级别要求合理设计、布局和使用，并符合下列要求：

(一) 应当综合考虑药品的特性、工艺和预定用途等因素，确定厂房、生产设施和设备多产品共用的可行性，并有相应评估报告。

(二) 生产特殊性质的药品，如高致敏性药品(如青霉素类)或生物制品(如卡介苗或其他用活性微生物制备而成的药品)，必须采用专用和独立的厂房、生产设施和设备。

(三) 生产β-内酰胺结构类药品、性激素类避孕药品必须使用专用设施(如独立的空气净化系统)和设备，并与其他药品生产区严格分开。

(四) 生产某些激素类、细胞毒性类、高活性化学药品应当使用专用设施(如独立的空气净化系统)和设备；特殊情况下，如采取特别防护措施并经过必要的验证，上述药品制剂则可通过阶段性生产方式共用同一生产设施和设备。”(第四十六条)

由此可知，药品GMP对于制药工厂的选址、建造、运行与维护的规定，必须从确保药品生产质量角度出发，满足如下基本的建设原则：

(1) 应满足药品工艺和生产管理的要求，最大限度地避免污染、交叉污染、差错和混淆的发生。

(2) 应综合考虑工艺流程、设备布置、空调系统的合理设置，生产环境的洁净等级要符合药品质量要求。

(3) 应根据所生产的药品特性、用途等，综合考虑厂房设施的独立、专用和共用的需求。要有合理的操作空间设计、压差控制、送排风措施等，以保证生产过程中的药品质量安全。

3. 药品生产区域的基本分类

根据药品GMP的基本要求，按照所生产药品的特性不同，药品生产厂房与设施可分成以下四种形式。

(1) 独立与专用：适用于高污染风险的产品(如青霉素、卡介苗等产品)；

(2) 专用且严格分开：有较高风险的产品(如头孢类、性激素类等产品)；

(3) 专用/阶段性共用：专用设施与设备，阶段性生产(如细胞毒性类、高活性类、某些激素类等产品)；

(4) 共用：多品种共同生产(大多数普通药品，通过风险分析确定)。

上述分类方法，主要是基于不同性质与活性的药品(高致敏性、生物活性、细胞毒性)作用于不同的人体，由于个体的差异性很大，会产生不同的效应。为防止药品间的交叉污染和混淆而对特定病人产生危及生命安全的不良后果，必须按品种特点对药品生产区进行分类。在厂房设施的设计和建造中必须严格贯彻执行。

同样，在国际制药工程协会颁布的“基准指南第二册‘口服固体制剂’”(ISPE Baseline Vol. 2 Oral Solid Dosage)中，根据药品的不同特性，对生产区进行了如下的分类。

(1) 单一品种生产设施：厂房设施只能用于单一品种的生产……；

(2) 多用途生产设施：多品种共用生产设施，但同时只能生产单一品种……；

(3) 多目的生产设施：厂房设施可同时进行多个品种的生产……。

由此可知，根据药品性质的不同，为避免药品间的交叉污染，药品生产厂房与设施可分为独立、专用、共用等几种基本的形式。为此，国家标准《医药工业洁净厂房设计规范》(GB50457－2008)对厂房与设施的设计作了如下规定。

(1) 独立建筑物

一个独立的建筑物，与其他建筑物之间由道路、空地、绿化等隔开，建筑物之间不能有任何的物理连接(如人流与物流通道，但不包括管线连廊等)。建筑物之间的间距必须首先符合国家标准《建筑设计防火规范》(GB50016－2014)的要求，其次要符合环境评价报告提出的与周边区域间的安全间距要求，最后必须综合考虑厂区周边(厂内及厂外)建筑的性质与用途(如居民小区、公共活动场所、人员密集区)、当地主导风向等因素，以避免青霉素等高致敏性药品对周边环境的污染风险。

(2) 独立生产区、与其他生产区严格分开

与其他品种共用一个生产建筑物，但与其他生产区域严格分开，设置单独的人流与物流，生产设备与设施必须专用，不能用于其他药品的生产。该类生产区适用于避孕药、头孢类等产品的生产。

(3) 专用生产设施和设备

与其他品种共用一个生产建筑物，与其他品种的生产区域有效分开，建筑物内的人流和物流通道可共用。生产设备与设施必须专用，但在某些情况下(经必要的清洁、清场和验证)，可阶段性的共用同一个生产设施及生产设备。该类生产区适用于某些激素类、细胞毒性类高活性类化学药品的生产。

(4) 共用生产区、设施与设备

多个不同品种在同一个生产区内同时生产(又称共线生产)，人流和物流通道共用，生产设备与设施在做好清场和清洁验证的前提下可共用。该类生产区适用于大多数药品的生产。

上述药品生产区域的分类示意图如图 6－1 所示。

4. 药品生产环境的洁净分级标准

我国药品 GMP 附录 1“无菌药品”第七条指出“应当根据产品特性、工艺和设备等因素，确定无菌药品生产用洁净区的级别。每一步生产操作的环境都应当达到适当的动态洁净度标准，尽可能降低产品或所处理的物料被微粒或微生物污染的风险”。

厂房设施的设计与建造，主要目的是提供一个合格的洁净生产环境，防止微粒和微生物等污染物对药品质量的不良影响。

工业洁净室的环境分级是按照空气中所含的微粒数来衡量的。国际通行的洁净室分级标准是由国际标准化组织(International Standard Organization，ISO)1999 年颁布的“洁净室及相关受控环境 第 1 部分：空气洁净度分级”，又称 ISO14644－1，该标准规定了工业洁净室的悬浮粒子与洁净度级别之间的关系，见表 6－1。

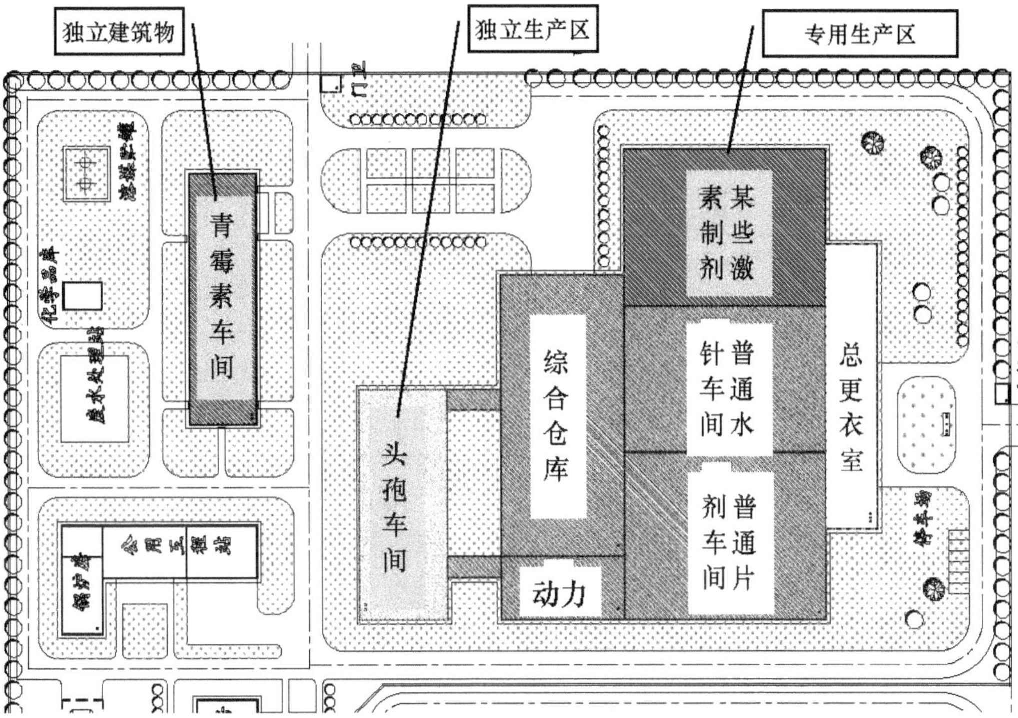

图 6-1　药品生产区域的分类示意图

表 6-1　悬浮粒子与洁净度级别之间的关系

ISO 级别(N)	大于或等于所示粒径的粒子最大浓度限值/(个/米^3 空气)					
	0.1 μm	0.2 μm	0.3 μm	0.5 μm	1 μm	5 μm
ISO 1 级	10	2				
ISO 2 级	100	24	10	4		
ISO 3 级	1 000	237	102	35	8	
ISO 4 级	10 000	2 370	1 020	352	83	
ISO 5 级	100 000	23 700	10 200	3 520	832	29
ISO 6 级	1 000 000	237 000	102 000	35 200	8 320	293
ISO 7 级				352 000	83 200	2 930
ISO 8 级				3 520 000	832 000	29 300
ISO 9 级				35 200 000	8 320 000	293 000

注：因测量方法具有不确定性，确定级别水平的浓度数据的有效数字不应超过 3 个。

由于药品生产不但要控制微粒的污染，还必须防止微生物的污染，因此对于医药洁净室而言，除了满足悬浮粒子的标准外，还必须符合微生物限度标准，这是医药洁净室与其他工业洁净室的最大不同。按照我国 2010 年版 GMP 附录 1“无菌药品”，无菌药品的生产环境可划分为 A、B、C、D 四个等级，每个等级的空气悬浮粒子和微生物限度标准如表 6-2 及表 6-3 所示。

表 6-2 悬浮粒子标准

洁净度级别	每立方米悬浮粒子最大允许数			
	静态		动态	
	≥0.5 μm	≥5.0 μm	≥0.5 μm	≥5.0 μm
A 级	3 520	20	3 520	20
B 级	3 520	29	352 000	2 900
C 级	352 000	2 900	3 520 000	29 000
D 级	3 520 000	29 000	不作规定	不作规定

表 6-3 微生物限度标准

洁净度级别	浮游菌 cfu/m^3	沉降菌/ϕ90 mm cfu/4 h	表面微生物	
			接触/ϕ55 mm cfu/碟	5 指手套 cfu/手套
A 级	<1	<1	<1	<1
B 级	10	5	5	5
C 级	100	50	25	—
D 级	200	100	50	—

上述环境的分级，主要针对无菌药品的生产。对于非无菌药品如口服液体制剂、口服固体制剂、腔道用药以及表皮外用制剂，在我国药品 GMP 第四十八条中规定了“可参照无菌药品的 D 级洁净区设置”的要求。

世界各个国家和地区及主要国际组织的药品 GMP 法规中，亦对药品生产环境的悬浮粒子和微生物限度指标作了同样的规定，如表 6-4 所示。

由上述各个法规的要求可知，各个主要国家和地区及组织对药品生产受控环境的空气悬浮粒子指标，均以 ISO 的分级标准为准。

表 6-4 国内外药品 GMP 法规对悬浮粒子和微生物限度的规定

<table>
<tr><th>参考标准</th><th colspan="3">描述</th><th colspan="5">生产分类</th></tr>
<tr><td>ISPE 无菌基准指南</td><td colspan="3">环境分类</td><td>5 级</td><td>7 级</td><td>8 级</td><td>控制未分类(有局部监控)</td><td>控制未分类(CNC)</td></tr>
<tr><td rowspan="6">中国药品 GMP 附录 1“无菌药品”2011 年 3 月 11 日实施
欧洲药品管理局 EMA GMP，第四卷，附录 1“无菌药品的生产”(2009 年 3 月 1 日生效)</td><td colspan="3">描述性分类</td><td>A</td><td>B</td><td>C</td><td>D</td><td>未定义</td></tr>
<tr><td rowspan="2">静态</td><td rowspan="2">每立方米悬浮粒子最大允许数</td><td>>0.5 μm</td><td>3 520</td><td>3 520</td><td>352 000</td><td>3 520 000</td><td>—</td></tr>
<tr><td>>5 μm</td><td>20</td><td>29</td><td>2 900</td><td>29 000</td><td>—</td></tr>
<tr><td rowspan="3">动态</td><td rowspan="2">每立方米悬浮粒子最大允许数</td><td>>0.5 μm</td><td>3 520</td><td>352 000</td><td>3 520 000</td><td>未规定</td><td>—</td></tr>
<tr><td>>5 μm</td><td>20</td><td>2 900</td><td>29 000</td><td>未规定</td><td>—</td></tr>
<tr><td colspan="2">每立方米最大活性微生物数量(浮游菌)CFU</td><td><1</td><td><10</td><td><100</td><td><200</td><td>—</td></tr>
</table>

续表

参考标准	描述			生产分类				
ISPE 无菌基准指南	环境分类			5 级	7 级	8 级	控制未分类（有局部监控）	控制未分类（CNC）
世界卫生组织 WHO TSR902	静态	每立方米悬浮粒子最大允许数	0.5～5 μm	3 500	3 500	350 000	3 500 000	
			>5 μm	0	0	2 000	20 000	
	动态	每立方米悬浮粒子最大允许数	>0.5 μm	3 500	350 000	3 500 000	未规定	
			>5 μm	0	2 000	20 000	未规定	
美国 FDA“工业指南—采用无菌工艺生产的无菌药品”2004 年 10 月[a]	动态	每立方米悬浮粒子最大允许数	>0.5 μm	ISO5（100 级）	ISO7（10 000 级）	ISO8（100 000 级）	未定义	参照关于生物制药或无菌生产的 ISPE 指南
	—	每立方米有活性微生物的行动限 CFU		1	10	100	未定义	

a：美国 FDA 没有“静态”标准。

ISO 将空气悬浮粒子浓度作为洁净室受控环境的唯一指标，并且涵盖了从 0.1～5.0 μm 的粒子浓度范围。而各个国家和地区的药品 GMP 仅对 0.5 μm 和 5.0 μm 两种粒子浓度有规定（WHO 的药品 GMP 则分为 0.5～5.0 μm 和大于 5.0 μm 两种规格）。

EMA 和 WHO 的药品 GMP 规范对无菌药品受控环境采用 A、B、C、D 等四级标准，并且每一等级均对应于 ISO 相应的等级（ISO 5 级、7 级、8 级）。而 FDA 的 CGMP 标准仍采用每立方英尺①含 0.5 μm 微粒数作为分级标准，并且参考了 ISO 的级别（ISO 5 级、7 级、8 级）。

EMA、WHO 的药品 GMP 规范对无菌药品受控环境的悬浮粒子分别有“静态”和“动态”两种标准，并且规定了系统从“动态”恢复到“静态”的时间限度（生产结束、人员撤离，经过 15～20 min 后自净）。

FDA 的药品 GMP 规范对受控环境的悬浮粒子指标仅适用于“动态”，但建议周期性地进行静态微粒浓度测量，以监测洁净区的总体状况。同时 FDA 的标准中没有与 EMA 标准相当的 D 级。

中国的药品 GMP 与 EMA 的 GMP 在洁净室分级、空气悬浮粒子浓度、微生物限度等指标上完全一致。但中国 GMP 对非无菌药品的生产环境，明确规定参照无菌药品的 D 级标准，而其他相关法规则无此要求。

中国的药品 GMP 还对洁净室生产环境制订了监测要求。要求对悬浮粒子进行动态监测，对于 A 级区，要求在生产的全过程中进行微粒监测，对于 B 级区，应根据其对 A 级区的影响程度，制订适当的环境监测方案。对于 C 级和 D 级区，必须根据质量风险管理原则，制订动态监测方案。

除了悬浮粒子标准和微生物限度标准之外，药品生产环境还必须有合适的温度、湿度、照度、压差环境，以保证生产所涉及的原辅料、包装材料、中间体和成品的质量，确

① 1 英尺＝0.304 8 米。

保生产工艺的可靠与安全，确保操作人员有一个舒适健康的生产环境以免产生人为差错等。

当前的国家标准《医药工业洁净厂房设计标准》(GB50457－2018)，根据GMP的基本要求，对药品生产与储存场所的温度、相对湿度、照度等作了规定，如表6－5和表6－6所示。

表6－5 药品生产场所的温度、相对湿度和照度要求

洁净度级别	夏季		冬季		照度/Lux
	温度/℃	相对湿度/%	温度/℃	相对湿度/%	
A级	22±2	55±10	20±2	50±10	300
B级	22±2	55±10	20±2	50±10	300
C级	22±2	55±10	20±2	50±10	300
D级	24±2	55±10	20±2	50±10	300
一般生产区	≤26	≤60	≥18	≥40	300[a]

a：辅助工作室、走廊、气锁、人员净化和物料净化用室的照度值宜为200 Lux。

表6－6 药品储存场所的温度和相对湿度要求

储存环境	温度/℃	相对湿度/%	备注
常温保存	10～30	35～75	
阴凉保存	≤20	35～75	
凉暗保存	≤20	35～75	避免阳光直射
低温保存	2～10	35～75	

5. 药品生产操作工序的洁净分级

国家标准《医药工业洁净厂房设计标准》(GB50457－2018)，根据我国药品GMP对生产环境洁净环境的基本要求，结合各类常见药物制剂操作工艺特点，确定了药品生产操作工序的环境洁净度分级，涵盖了从无菌药品(包括最终灭菌和非最终灭菌)、口服制剂(包括口服液体、口服固体)、原料药、中药制剂等各类剂型的暴露操作工序的环境洁净度分级要求，见表6－7。

6.1.2 医药工业洁净厂房与设施的建造

医药工业洁净厂房，通常是指含有医药洁净室的用于药品生产及质量控制的建筑物。

医药工业洁净厂房一般由生产车间、仓储物流、质量控制、动力辅助、行政管理等几大部分组成。除此之外，为确保工厂的稳定运行，确保生产环境符合产品质量要求，还需要一系列设施系统的有力保障，如净化空调系统、动力供应系统等。这些系统与设施的合理配置和正常运行，将确保药品生产过程的正常进行，确保工厂能持续不断地生产出质量合格的药品。

表 6-7 药品生产工序环境洁净度要求[①]

药品分类		生产工序举例				
		A级（背景B级）	A级（背景C级）	B级	C级	D级
无菌药品	最终灭菌无菌药品		高污染风险的产品灌装（或灌封）		1. 产品灌装（或灌封）； 2. 高污染风险产品的配制和过滤； 3. 眼用制剂、无菌软膏剂、无菌混悬剂等的配制、灌装（或灌封）； 4. 直接接触药品的包装材料和器具最终清洗后的处理	1. 轧盖； 2. 灌装前物料的准备； 3. 产品配制（指浓配或采用密闭系统的配制）和过滤； 4. 直接接触药品的包装材料和器具的最终清洗
	非最终灭菌无菌药品	1. 处于未完全密封状态下产品的操作和转运，如产品灌装（或灌封）、分装、压塞、轧盖等； 2. 灌装前无法除菌过滤的药液或产品的配制； 3. 直接接触药品的包装材料、器具灭菌后的装配以及处于未完全密封状态下的转运和存放		1. 处于未完全密封状态下的产品置于完全密封容器内的转运； 2. 直接接触药品的包装材料、器具灭菌后处于密闭容器内的转运和存放	1. 灌装前可除菌过滤的药液或产品的配制； 2. 产品的过滤	直接接触药品的包装材料、器具的最终清洗、装配或包装、灭菌
非无菌药品						1. 口服液体药品的暴露工序； 2. 口服固体药品的暴露工序； 3. 表皮外用药品的暴露工序； 4. 腔道用药的暴露工序； 5. 直接接触以上药品的包装材料最终处理工序

① 本表摘自《医药工业洁净厂房设计标准》（GB50457－2018）附录A

续表

药品分类		生产工序举例				
		A级(背景B级)	A级(背景C级)	B级	C级	D级
原料药	无菌原料药	1. 无菌原料药的粉碎、过筛、混合、分装； 2. 直接接触药品的包装材料、器具灭菌后的装配及处于未完全密封状态下的转运和存放		直接接触药品的包装材料、器具灭菌后处于密闭容器内的转运和存放		直接接触药品的包装材料、器具的最终清洗、装配或包装、灭菌
	非无菌原料药					1. 精制、烘干、包装的暴露工序； 2. 直接接触药品的包装材料、器具的清洗、装配或包装。
生物制品		1. 同非最终灭菌无菌药品各工序； 2. 灌装前不经除菌过滤产品的配制、合并、加佐剂、加灭活剂等		同非最终灭菌无菌药品各工序	1. 同非最终灭菌无菌药品各工序 2. 体外免疫诊断试剂的阳性血清的分装、抗原与抗体的分装	1. 同非最终灭菌无菌药品各工序； 2. 原料血浆的破袋、合并、分离、提取、分装前的巴氏消毒； 3. 口服制剂其发酵培养密闭系统环境(暴露部分需无菌操作)； 4. 酶联免疫吸附试剂等体外免疫试剂的配液、分装、干燥、内包装
中药		浸膏的配料、粉碎、过筛、混合等与其制剂操作区一致				
						1. 采用敞口方式的收膏、喷雾干燥收料 2. 中药注射剂浓配前的精制

医药工业洁净厂房作为一个建设工程，还需符合国家有关城市规划与房屋建筑的防火、环保、劳动安全、职业卫生防护等方面的法律法规，符合安全、经济、环保、节能的要求。同时在厂房建设中应积极采用新技术、新工艺、新装备、新材料，体现当代先进的工程技术发展趋势，最大限度地提升装备水平，确保药厂运行的高效、环保和绿色可持续发展。

1. 厂址选择

我国2010年版GMP在第四章"厂房与设施"的第一节中，对于医药工业洁净厂房的选址提出了两个"最大限度"的要求，即"厂房的选址、设计、布局、建造、改造和维护必须符合药品生产要求，应当能够最大限度地避免污染、交叉污染、混淆和差错，便于清洁、操作和维护"(第三十八条)；"应当根据厂房及生产防护措施综合考虑选址，厂房所处的环境应当能够最大限度地降低物料或产品遭受污染的风险"(第三十九条)。这里特别强调了自然环境是影响药品生产质量的重要因素。

有关资料表明，不同区域环境的大气含尘、含菌浓度有很大的差异(表6-8)。城市建设中，存在大量的空气污染、水质污染、振动或噪声干扰的区域，如铁路、码头、机场、交通要道、散发大量粉尘和有害气体的工厂(如水泥厂、重化工厂)、仓储、堆场等。因此医药工业洁净厂房必须远离这些重污染源，应选址在大气含尘、含菌浓度较低、环境良好，周围无严重污染源的地区，这是建设医药工业洁净厂房的前提。当不能远离空气污染源时，应选择在其全年最小频率风向的下风侧，以尽可能减少污染源对医药工业洁净厂房的影响。

表6-8 不同区域环境的大气含尘、含菌浓度

	含尘浓度 粒径≥0.5 μm/(个/米^3)	含菌浓度 微生物/(cfu/m^3)
工业区	$(15\sim35)\times10^7$	$(2.5\sim5)\times10^4$
市　郊	$(8\sim20)\times10^7$	$(0.1\sim0.7)\times10^4$
农　村	$(4\sim8)\times10^7$	$<0.1\times10^4$

另外，为了避免城市交通产生的道路扬尘破坏环境空气质量，医药工业洁净厂房也应远离城市交通主干道，并至少保持50 m的距离。考虑到交通干道对洁净厂房的污染主要由厂房的净化空气调节系统新风口传入，因此当厂房用地不能满足此要求时，宜控制洁净车间的净化空调系统的新风口与交通主干道近基地侧道路红线的距离大于50 m，以尽量减小道路扬尘对洁净空调系统的不利影响。

近年来，随着社会经济的发展，工厂建设呈现出集中化、园区化的趋势。医药工业洁净厂房应优先考虑建设在环境良好、交通方便、配套完善、绿化良好，远离污染源的工业园区、生命科学园区、经济开发区等，以便为药品生产创造一个良好的生产环境。

2. 总图布置

我国2010年版GMP(第四十条)对制药工厂总体布局和厂区环境提出了基本要求。

一个典型的制药工厂，通常由生产、仓储、行政、质检、动力、辅助等区块组成。其中生产与仓储为工厂的核心部门，是进行生产活动的主要场所。而动力与辅助区，则包含了维持正常生产所必需的空压、冷冻、变配电、热力、供水、消防、电信等动力设施以及污水处理、危化品储存及废固堆放等。行政与质检是工厂运行的中枢，包含了行政管理、质量检验、质量保障、科研开发等。这些分区功能不尽相同，各司其职。因此总体规划方面，必须根据工厂所处地块的大气环境、水文地质情况合理布置，各功能分区之间既保持有效的联系，又互不干扰，以确保工厂生产的正常与高效的运行。

对于既有制剂又有原料的制药工厂而言，由于制剂生产是物理加工，全过程需要在洁净厂房内完成，而原料生产的前段工序大多属于精细化工生产（或中药提取、生物反应等），所使用的物料大多属于危险化学品，生产过程污染严重，产生的三废也较多，因此在总平面布置时，应将其置于制剂生产区全年最小频率风向的上风侧，以减少对制剂生产的影响。

不同的药品生产具有不同的特点，生产过程中产生的污染程度不同、产品对环境的洁净要求也不尽相同，它们的相对位置也应予以合理安排。如青霉素类、某些甾体类、生物活性类、有毒有害等特殊药品的生产厂房应位于其他医药工业洁净厂房全年最小频率风向的上风侧；中药前处理、提取厂房也应置于制剂厂房全年最小频率风向的上风侧，以降低产品之间交叉污染的风险。

药品生产所需的原辅物料、包装材料品种多、数量大。原料药生产不仅需要大量的化工原料，同时还会产生大量的废料，部分物料可燃、易爆、毒性大、腐蚀性强。因此，厂区主要道路应将人流与物流分开，必要时，还应考虑废料物流与净料物流的分离。为实现主要道路的人、物流分流，厂区应分别设置人、物流出入口。在总图布置时，还应妥善处理厂区内洁净厂房与非洁净厂房、洁净厂房与其他严重污染源之间的相对位置关系。三废处理、锅炉房等厂区内较为严重的污染区域，宜相对集中，并置于厂区全年最小频率风向的上风侧。动力辅助设施考虑到能源输送的高效低耗，宜位于能源负荷的中心，并方便输送。洁净厂房周围应绿化或以硬地覆盖，确保无裸露土壤，以免扬尘影响环境。同时厂区绿化应避免易散发花粉的植物，或对药品生产产生不良影响的植物。

另外总图布置时还应考虑相邻地块环境的影响，需要了解周边地块污染源的位置及其污染性质，使洁净厂房远离这些污染源。

3. 生产区

生产区是药品生产的主要场所。我国 2010 年版 GMP 对于生产区的基本要求就是"……厂房、生产设施和设备应当根据所生产药品的特性、工艺流程及相应洁净度级别要求合理设计、布局和使用……"（第四十六条）。因此，厂房建设首先必须满足药品生产工艺的需求，生产环境的微粒和微生物必须受控，最大限度地防止生产过程中的药品污染、交叉污染、差错和混淆的风险，满足安全健康环保标准，方便操作、使用与维护。

（1）工艺布局

药品生产流程复杂，工艺过程各不相同，特别是制剂的生产，属于物料暴露的操作过程，操作步骤多、物料转运频繁，生产过程中的污染风险很大。因此生产区首先应按照药品注册批准的生产工艺合理布局，确保不遗漏任何生产步骤。其次由于生产过程中物料种类较多，制剂生产又属于间歇式的批生产工艺，生产区域内多品种、多批号物料共存现象普遍存在，因此工艺布局时需特别注意防止物料的交叉污染和混淆，要根据生产工艺流程综合考虑操作区域的布置以及物流路线，做到顺流程布置，避免不必要的曲折和往返。

另外药品生产过程中还需防止人为因素造成的差错与混淆，在工艺布局中要考虑人流与物流的相互影响，避免交叉混淆。根据药品生产工艺的特点，要在工艺布局中将人流和物流两者截然分开或者设置各自专用的通道都是不现实的。由于生产区出入口是最可能发生频繁接触并产生交叉污染的地方，因此人员和物料进出生产区域（包括洁净生产区）的出入口需分开设置；对易造成污染的原辅物料（如某些散装物料）、外包装表面难以清洁的物料（如桶装明胶），生产过程中产生的废弃物（如碎玻璃瓶、失效滤芯）、动物脏器处理过程中产生的废弃物、生物制品生产中排出的污物（如发酵分离后的固体废弃物）等，可就近设置专用出入口，以免污染或影响其他药品生产区。

人员和物料进入医药洁净室前，应分别在各自的净化用室中进行净化处理，防止人员和物料的交叉污染，并通过气锁进入。医药洁净室内应只设置必要的工艺设备和设施，以减少无关人员和不必要的设备、设施对药品的污染，确保室内空气洁净度级别。例如可设置单独的沸腾干燥机、薄膜包衣机的辅机房、压片机的除尘机房等。

工艺布局中还必须考虑有足够的物料储存场所。不同药品其所使用的原辅物料、包装材料亦各不相同，加之生产中的中间体、半成品和成品等，每天每个批次都有大量的物料需要存放。如果没有足够的储存面积和合理的存放区域，这些物料有可能被堆放在操作间、公共走道等处，极易造成人为的差错和混淆及物料之间的交叉污染。我国2010年版GMP第四十七条规定“生产区和贮存区应当有足够的空间，确保有序地存放设备、物料、中间产品、待包装产品和成品，避免不同产品或物料的混淆、交叉污染，避免生产或质量控制操作发生遗漏或差错”。因此工艺布局中必须考虑生产物料的中间储存设施。物料存放周期不宜太长，以免物料堆积过多造成占地面积太大。应根据生产规模、工艺过程、物料品种、存放周期确定合理的储存区域。存放区位置的确定以满足生产为主，宜减少在走廊上的运输路线。存放区可采用集中或分散的方式，视各生产企业管理模式而定。对于集中存放区（又称中间站），从布局上应避免成为无关人员的通道，以减少污染风险。这也符合我国2010年版GMP第四十四条的规定“……生产、贮存和质量控制区不应当作为非本区工作人员的直接通道”。

对于共线生产的厂房（又称为Multi-Purpose Facility），由于多个不同品种在同一个生产区内同时生产，人流和物流通道及生产设备均为共用。因此为防止不同品种间的交叉污染和混淆，不同工序的操作间必须独立设置，调换品种时必须彻底清场验证。这样也符合我国2010年版GMP的有关要求“不得在同一生产操作间同时进行不同品种和规格药品的生产操作……”（第一百八十八条）、“在分隔的区域内生产不同品种的药品；设置必要的气锁和排风……”（第一百九十七条）。

另外对于一些生产过程中污染比较严重的生产工段，在工艺布局时亦必须加以分开，以免产生交叉污染。例如中药材的前处理、提取和浓缩工序，以及动物脏器、组织的洗涤或处理，要使用大量的热水、蒸气、有机介质、酸、碱等，会产生大量的废气、废水、废渣和异味。原料药生产使用多种有机介质、有毒有腐蚀性的物料等。这些生产过程会对其制剂生产带来严重影响，不利于有洁净度要求的制剂生产管理，因此其生产区域应分开布置，包括不同的人流和物流出入通道及独立的空气调节系统。

在工艺布局合理、紧凑及符合空气洁净度级别要求的前提下，生产区布置时还应考虑大型设备在搬运、安装、维修等方面的便利，考虑物流走道有足够的宽度方便设备和物料的运输。考虑设置技术夹层和技术夹道，尽量减少洁净生产区的管线暴露，有利于洁净环境的维护和保持。

医药工业洁净厂房的建设还需因地制宜地采取各类防止昆虫、鼠类等进入生产区的措施，以免污染生产环境，造成药品质量事故，如在主要的进出通道处设置灭蚊灯、粘鼠板、电子猫、风幕、挡板等设施。应避免生产区与室外直接相通，生产区应设固定窗，设备、系统新风与排风口设置防虫网等。

（2）人员净化

在影响医药洁净室生产环境的众多污染源中，人是最大和最难控制的污染源，其原因在于人在新陈代谢过程中会释放或分泌污染物，人体的表面和衣服均能沾染、黏附和携带大量污染物，人呼吸时会向环境空气散发大量体内的微生物，人的各种操作动作会产生大量微粒。

研究数据表明，在医药洁净室中，操作人员向四周环境散发的微粒数，与防护服的保护程度和人员动作的幅度大小密切相关。

① 最大时繁重的劳动的发尘量：$1\times10^6\sim1\times10^7$ 个/分；

② 走路时普通衣服的发尘量：$1\times10^5\sim1\times10^6$ 个/分；

③ 走路时洁净工作服的发尘量：$1\times10^4\sim1\times10^5$ 个/分；

④ 小心地走路时穿着完好的洁净工作服的发尘量：$1\times10^3\sim1\times10^4$ 个/分。

因此为确保药品生产环境的洁净级别，避免外源性污染的影响，有必要对进入医药洁净室的人员进行净化处理，通过一系列的洁净更衣程序，以减少人员所携带和产生的微粒及微生物对药品洁净环境造成的污染。同时工作人员的行为举止必须稳妥，不要有激烈的动作，以防人体脱落物的增加和扩散。

医药洁净室的人员净化程序一般分为两部分，即总更衣和净化更衣。人员进入生产区之前，先在总更衣室脱下户外穿着的鞋子或套以鞋套，通过换鞋凳进入更衣区，将个人外出服换下并将携带的个人物品存入更衣柜，换上工厂/车间统一工作服及工作鞋、帽后进入一般生产区。需要进入医药洁净室的人员再通过相应的人员净化用室，进一步更换洁净工作服。总更衣区可设置厕所、浴室、茶水间及休息室等生活用房。

人员进入医药洁净室前按规定程序更衣的目的，是防止由于人的因素使洁净室内空气含尘、含微生物量增加，因此最大限度地阻留人体脱落物是更衣的关键。实践证明，阻留效果的关键：① 工作服的材质，是否起尘、吸尘；②工作服的式样，是否配置齐全、覆盖全面；③ 工作服的穿戴方式，是否穿戴完整、按规定程序穿戴等。我国 2010 年版 GMP 也针对净化更衣的过程及材质提出了明确要求，如第三十四条："任何进入生产区的人员均应当按照规定更衣。工作服的选材、式样及穿戴方式应当与所从事的工作和空气洁净度级别要求相适应。"附录 1"无菌药品"第二十四条："工作服及其质量应当与生产操作的要求及操作区的洁净度级别相适应，其式样和穿着方式应当能够满足保护产品和人员的要求……"附录 1"无菌药品"第三十条："应当按照气锁方式设计更衣室，使更衣的不同阶段分开，尽可能避免工作服被微生物和微粒污染。更衣室应当有足够的换气次数。更衣室后段的静态级别应当与其相应洁净区的级别相同。必要时，可将进入和离开洁净区的更衣间分开设置。一般情况下，洗手设施只能安装在更衣的第一阶段。"

因此对于人员净化用室的设置，应根据药品 GMP 的要求，遵循更衣的前后阶段分开的原则，按照更衣基本程序进行设计。

如对于非无菌生产洁净室，可将换鞋、更外衣、洗手作为第一阶段；而穿洁净衣、手消毒作为第二阶段分开设置。穿洁净衣房间按气锁设计，其净化级别与洁净生产区静态级别相一致。而对于无菌生产洁净室，由于常用的无菌工作服一般分内外两套，内衣为长袖上衣、长裤，以最大限度地阻断人体代谢及携带的污染物，外衣为连体无菌服及无菌鞋。为避免无菌衣服外表面在穿戴过程中被污染，可将无菌内外衣分室更换，更内衣与换鞋、更外衣、洗手作为第一阶段；而穿无菌外衣、手消毒作为第二阶段。穿无菌外衣房间按气锁设计，其净化级别与无菌生产区静态级别相一致。

图6-2、图6-3为典型的进入非无菌生产与无菌生产洁净室的人员净化更衣过程示意图。

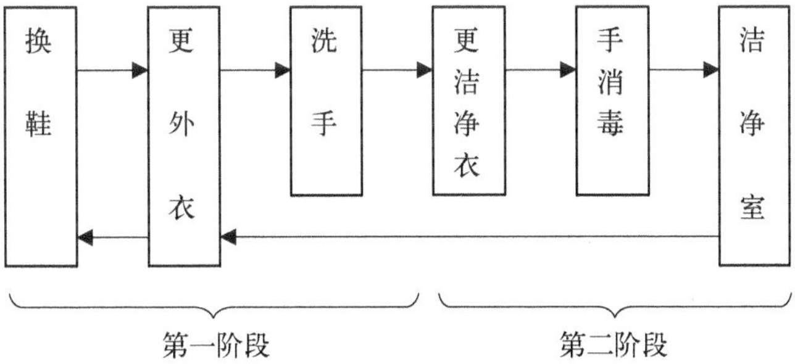

图6-2 非无菌生产洁净室人员净化更衣过程

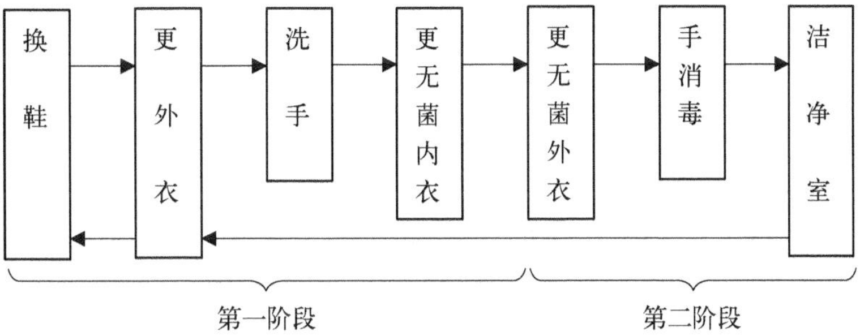

图6-3 无菌生产洁净室人员净化更衣过程

对于退出通道的设置如何掌握“必要时”，我国2010年版GMP并没有给出明确的设置条件。药品生产企业可根据生产品种、工艺过程、操作人数、生产区污染程度考虑是否需将进入和离开洁净区的更衣间分开设置。如有些固体制剂生产区，粉尘散发较大，虽然采取了一定的除尘措施，但洁净服外表面不可避免地残留有药物成分，如原路返回在穿洁净衣房间脱去工作服，则由于脱衣动作会造成衣服表面药粉的散落，对更衣环境造成污染，影响后续的洁净更衣。有些高致敏性、高活性或高毒性等特殊药品生产区，为了避免将药物活性成分带出洁净室，或对穿洁净衣环境造成污染，需要设置专门退出通道。对于无菌生产区，由于穿无菌工作服的区域属于更衣的后阶段，其净化级别与生产区静态一致(一般为B级)，如在此脱外衣，则衣服表面以及暴露的人体表面将不可避免地产生微粒和微生物污染物，使得穿衣环境被污染，所以可设置单独的退出更衣间。国际制药工程协会(International Society for Pharmaceutical Engineering，ISPE)在其基本指南3“无菌药品生产设施”第二版(2011)中也提出，对于开放的无菌药品生产工艺，为防止洁净工作服受到生产过程中产生的化学或生物污染，应设置专门的更衣退出通道。

当同一生产区拥有不同空气洁净度级别的洁净室时，各级别洁净室应分别设置相应的净化更衣设施，但对于一些简单的人员不多的生产操作过程，可采用套更的方法，即按空气洁净度级别的高低，采用由低到高的递进式更衣程序，以适应不同级别洁净室人员净化更衣的需要。这种方式可简化后续的高级别区域的更衣程序，节省净化更衣区面积，但操作人员穿着多层衣服工作，臃肿且不舒适，因此仅适用于短时间的生产操作过程。

(3) 物料净化

由于药品生产所用的原辅料、包装材料等均来自厂外，在运输途中，其外包装表面或多或少会沾有污染物，因此为减少物料外包装上的污染物对医药洁净室的污染，医药洁净室必须设置专门的物料净化用室(又称外清间)，物料在此进行外表面的清洁工作，有些物料尚需去除外层的包装材料，并更换托板后，再通过物料气锁(体积小的物料可通过传递柜)进入医药洁净室。

气锁室一般设置在洁净室的人员与物料的出入口，以及不同洁净级别之间的物料传递通道，通过若干扇门的连锁开闭，对进入洁净空间进行控制，并阻隔邻室的污染气流和控制压差。

气锁室内有净化空气的送风系统，送入的空气洁净度与气锁室相邻的高级别区域一致。气锁的门可通过机械、电磁和声光方式实现连锁。

常见的气锁室有三类，分别是梯级式气锁、正压式气锁和负压式气锁，如图6-4所示。

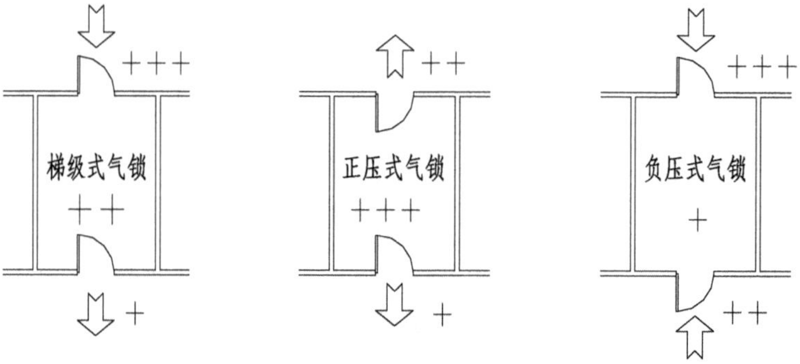

图6-4 常见的气锁室示意图

三种气锁室的特点如下：

① 梯级式——空气从压力高处通过气锁室流向低处；

② 正压式——气锁室位于压力最高处，空气从气锁室向外流出；

③ 负压式——气锁室位于压力最低处，空气由外向气锁室流入。

常用的传递窗是一种缩小版的气锁，仅用于物料的传递。传递窗的两侧门互锁，以确保不能同时打开。进入高级别区域(例如C级洁净区)的传递窗设有净化空气循环系统和紫外线灭菌设施，以保护高级别洁净室的环境。进入B级无菌操作区的气锁(传递窗)还必须设置有效的灭菌系统(例如VHP)，以防止进入无菌洁净室的物品外表面的微生物污染无菌环境。

(4) 生产辅助

① 工器具清洗

生产设备以及直接接触物料的工器具,在使用完毕后必须进行彻底的清洗,以去除物料残留,避免带入下一批物料而造成交叉污染。由于生产设备及工器具在清洗时会产生污染,有些生产岗位尚在继续生产,因此清洗操作应在单独设置的工器具清洗间内进行,避免对正常的生产过程造成影响。为在清洗过程不带入新的污染物,清洗间的环境空气洁净度级别不低于D级。由于清洗过程会用到大量的工艺用水和清洗剂,并产生大量清洗废水,因此清洗间禁止设置在需严格控制微生物限度的A/B级无菌洁净室。

清洗后的设备、容器及工器具应妥善存放,避免被再次污染,清洗间必须合理设计,要有足够的面积和空间,避免清洗前后物品的混淆。清洗后的物品必须在通风干燥环境下存放,以利水分的尽快挥发,避免设备、器具表面微生物的繁殖。这也符合我国药品GMP(2010年修订)第八十五条的规定"已清洁的生产设备应当在清洁、干燥的条件下存放"。

② 清洁

为保持医药洁净室的环境清洁,每批生产结束或更换品种时,均需对药品生产场所进行彻底的清场,以消除物料残留,避免污染和交叉污染。室内清洁所用的抹布、拖把、吸尘器等,其含尘、含菌量较高,房间清洗所用的清洗方法、清洗周期、清洗液种类及浓度、清洗效果的评判等均与直接接触物料的设备、工器具的清洗不完全相同,如某工厂其清洗文件规定房间的清洗采用新洁尔灭、碘伏等消毒剂,而生产器具的清洗则采用稀氢氧化钠溶液等。因此清洁工具的洗涤、存放(包括清洁剂的配制、存放)与生产用设备、工器具的清洗间应分开设置,且环境级别不低于D级。为避免人为差错的发生,房间清洗的用具如抹布等设备工器具清洗用具应有明显的区分(如材质、形状、颜色等)。清洁工具的洗涤和存放可在一个房间内,但是需要注意空间合理分配,保证有序存放。

③ 洗衣

工作服(包括普通工作服和洁净工作服)必须定期清洗,以免长期使用造成二次污染。我国2010年版GMP第三十四条提出"……工作服的选材、式样及穿戴方式应当与所从事的工作和空气洁净度级别要求相适应",附录1"无菌药品"第二十六条规定"洁净区所用工作服的清洗和处理方式应当能够保证其不携带污染物,不会污染洁净区""应当按照相关操作规程进行工作服的清洗、灭菌,洗衣间最好单独设置"。由此可知洁净工作服的清洗场所必须保持清洁,不能对洗衣过程造成不利影响。洁净工作服的洗涤环境应避免在洗衣过程中带入新的污染物。另外由于A/B级洁净室通常用于无菌药品的生产,其环境对微生物限度有严格要求,所以进入该区域使用的无菌工作服必须灭菌后使用。整理包装后的衣服应及时灭菌。

4. 仓储区

仓储区,就是通常所说的仓库。这里所指的仓储区,主要用于存放药品生产中使用的各类原辅材料、内外包装材料、中间品、待检品、成品、不合格品、退货品等与药品生产直接有关的物品。

仓储区是药品生产的重要组成部分,是确保药品生产质量,保障生产有序运行的重要保障设施。一个药厂往往会有多个品种、多种规格药品的生产,其所涉及的原辅料、包装材料各不相同，加之生产中的半成品和成品，每天都有大量的物料需要存放。如果没有足够的储存面积、合理的存放区域、符合要求的储存条件，就会影响药品质量，产生人为差错，引起交叉污染及混淆等风险。

我国药品GMP(2010年修订)第五十八条提出："仓库的设计和建造应当确保良好的仓储条件，并有通风和照明设施。仓储区应当能够满足物料或产品的贮存条件(如温湿度、避光)和安全贮存的要求，并进行检查和监控。"

根据现行《中华人民共和国药典》(2015年版)规定，药品储存环境的温度应满足下列要求。

① 常温，需常温保存的环境，其温度范围为10～30℃；

② 阴凉，需阴凉保存的环境，其温度范围为小于等于20℃；

③ 凉暗，需凉暗保存的环境，其温度范围为小于等于20℃，并避免直射光照；

④ 低温，需低温保存的环境，其温度范围为2～10℃。

而我国《药品经营质量管理规范》(GSP)(2013年版)第八十五条规定了药品储存区域的相对湿度应控制在35%～75%。

对于有特殊贮存要求的物品，如空胶囊壳等，需按其性能确定储存条件。

仓储区一般包括物料的接受、取样、储存、分配等基本功能。其中取样是对原辅料、包装材料进行抽样检验，以确保其符合质量标准，是药品生产质量控制的重要手段。我国2010年版GMP第六十二条规定："通常应当有单独的物料取样区。取样区的空气洁净度级别应当与生产要求一致。如在其他区域或采用其他方式取样，应当能够防止污染或交叉污染。"2010年版GMP的附录"取样"规定："取样区的空气洁净度级别应不低于被取样物料的生产环境……"(第五条)"物料取样应尽可能在专用取样间中进行……"(第七条)。取样区应单独设置并靠近仓储区，以方便质检部门对生产用原辅材料和包材进行抽样检查。由于取样过程中物料必须暴露在生产环境中，因此取样室的洁净度必须与生产该物料的环境洁净度相一致。取样操作的人员必须通过人员净化更衣通道进入，而物料则必须经过外清后，通过物料气锁进入取样室(图6-5)。对于无菌物料而言，为避免取样引起微生物污染，使物料的无菌状态受到破坏，取样环境必须满足无菌生产的标准，取样过程必须严格遵守无菌工艺的要求。

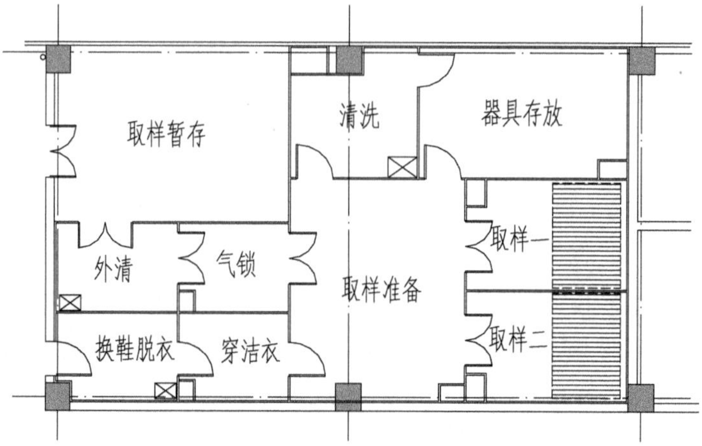

图6-5 仓库取样区示意图

对于青霉素类、β-内酰胺类、生物制品、血液制品、激素类、细胞毒性类和高活性化学药品等特殊药品，由于其具有强致敏性、生物活性和化学毒性等，为避免取样过程造成物料和人员的污染和交叉污染，这些物料的取样区应专用。我国2010年版GMP的附录"取样"第六条也提出了同样的要求："β-内酰胺类、性激素类药品、高活性、高毒性、高致敏性药品等特殊性质的药品的物料或产品取样设施，应符合本规范的生产设施要求。"

仓储区的面积应根据生产规模、物料品种、存放周期计算确定。储存区内的物料应按待验、合格和不合格物料分区管理或采取能控制物料状态的其他措施，以避免混淆。其中不合格的物料应设置专区存放，并有易于识别的明显标志。

物料储存目前多采用立体货架的方式，物料放在规格统一的专用托板上，由电动叉车进行物料的装载和转运。随着自动化、信息化和人工智能的发展，目前药厂大规模物料储存系统趋向于采用计算机控制的全自动立体化仓库，利用自动堆垛机、无人导航输送车(Automated Guided Vehicle, AGV)、码垛机器人等先进设备，通过仓库物料生产管理系统(Warehouse Management System, WMS)，自动识别货位状态(物料品名、批号、数量、进出库时间、状态、储存周期)等，按指令进行物料的进出库管理，自动码垛等，提高了生产效率，避免了人工管理的差错风险。

仓储区应靠近生产区域设置，短捷的运输路线有利于防止物料在传输过程中的混淆和污染。目前大面积联合制药厂房设计时均考虑设置专用的物料通道与仓储区相连，方便物料运输。仓储区还须考虑防止昆虫和飞虫进入的措施，如设置杀虫灯、对外开门处设置风幕和挡板、储存区设置粘鼠板、仓库建筑外设置混凝土地面等。

对于一些特殊性质的物料，如易挥发品、散发异味的物料、还必须设置专门的库房独立存放。有些专管物料，如精神病类、毒品类、麻醉品类药物(俗称精毒麻)及其原料(又称为易制毒物品)，还必须符合国家有关的规定，专库存放，并有可靠的安防措施。对于药品生产中使用的并且纳入国家安全生产监督管理总局颁布的《危险化学品目录(2015)》中的危险化学品，还应根据其理化性质、危险程度和安全储存要求进行存放，并设置必要的消防安全设施。

5. 质量控制区

质量控制区主要用于生产用原辅材料、中间体、包装材料、成品的质量检测以及洁净生产环境微生物限度检测等，是确保药品生产质量的必要设施，通常包括物理检测、化学分析、微生物实验、稳定性考察、留样以及辅助配套用房等。

为确保药品检验质量，防止不同检品之间交叉污染，提高检验结果的准确性，国内外药品GMP对质量控制实验室都有严格的要求，如我国2010年版GMP第六十三条规定"质量控制实验室通常应当与生产区分开"，第六十四条"实验室的设计应当确保其适用于预定的用途，并能够避免混淆和交叉污染"。世界卫生组织(WHO)的技术报告(TRS 961,2011)附录3"药品生产质量管理规范(GMP)：基本要求"则规定，"……实验室与生产区的空气供应系统应分开。用于生物、微生物和放射性同位素分析的实验室应有独立的空气处理系统和其他必要的辅助设施"。

避免实验结果受到干扰，分析检验结论出现偏差，药厂的质量控制实验室应与其生产区域相互分开，并有独立的空气调节系统。考虑到生产效率和管理便利程度，在总图布置时，质量控制区可作为生产建筑的一部分，此时为避免生产的人流和物流的干扰，质量控制区应具有独立的人员和物料进出通道，其空调系统也应独立设置。

根据《中华人民共和国药典》(2015 年版)IV 部的“药品微生物实验室规范指导原则”(9203)的要求，无菌检查应在 B 级洁净背景下的 A 级单向流保护下进行操作，或在 D 级背景下的隔离器内进行。而微生物限度检查实验室需在受控环境下的 B 级单向流环境中操作。

不同类型的微生物实验室应独立设置，包括独立的人员净化和物料净化设施，以最大限度避免实验过程产生交叉污染，影响实验结果的准确性。因此无菌检查、微生物限度检查和抗生素效价测定实验室必须有独立的人、物流通道，其空调系统必须分开。对于阳性对照实验室，需根据所进行的生物实验类别、所处理对象的生物危害程度和所采取的防护措施，依据现行国家标准《实验室 生物安全通用要求》(GB19489-2008)和《生物安全实验室建筑技术规范》(GB50346-2011)的要求，综合确定实验室的生物安全级别。阳性对照试验必须在生物安全柜内进行，以同时达到产品保护和人员保护的目的，避免出现生物安全风险。典型的微生物实验室布置示意图如图 6-6 所示。

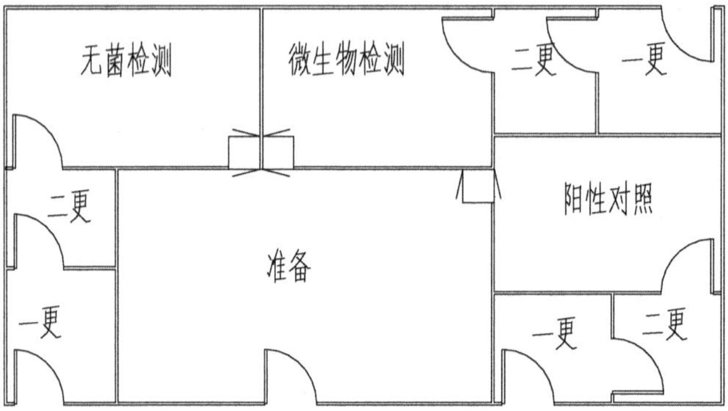

图 6-6　典型的微生物实验室布置示意图

在质量控制实验室中会使用到一些高精密仪器设备，如高精度天平、液相-质谱联动仪、原子吸收、高压液相色谱等。这些仪器设备对于环境的温度、湿度、震动、风速、电磁等比较敏感，因此需设置单独的房间并有相应的环境参数控制措施，如温湿度控制、防震动操作台、电磁屏蔽等。有些仪器设备如高压液相色谱等，工作时需用到一些气体以及介质，其散发到环境中会对操作人员的健康有一定影响，因此需设置专门的排风装置(如万向抽风罩)等。有些化学分析实验会用到易燃、易爆、有毒、有腐蚀性的化学试剂，因此必须在通风操作柜内进行，确保气流不扩散。

6. 净化空调系统

我国 2010 年版 GMP 第四十八条要求：“应当根据药品品种、生产操作要求及外部环境状况等配置空调净化系统，使生产区有效通风，并有温度、湿度控制和空气净化过滤，保证药品的生产环境符合要求……”

暖通空调，全称为采暖通风与空气调节(Heating, Ventilation and Air Conditioning, HVAC)，是医药洁净室的基本系统，它用于建立一个符合药品质量标准的洁净环境，避免药品生产过程中的污染和交叉污染，并使操作人员拥有一个舒适的生产环境，防止因身体不适而产生人为差错。

在药品生产过程中，会产生热、湿、粉尘、废气等，如物料加热、设备运转会产生热量，容器洗涤会产生湿气、固体物料处理会产生粉尘、水针拉丝灌封时产生的废气，操作人员的活动会产生人体污染物(如表皮脱落物，呼吸产生的含菌废气)等。这些物质如果不及时移出洁净室，则会污染物料、改变环境参数，使人体产生不适。室外空气含有大量微粒与微生物，如果不加处理地引入洁净室，会对药品造成污染。洁净室内不同房间之间的空气流动还会造成不同品种、不同工序之间的交叉污染。另外药品生产过程产生的活性污染物，如青霉素等高致敏产品的粉尘、生物制品生产中的含活毒活菌的空气，如果不加处理直接排入大气，则会污染大气环境。

因此医药洁净室的 HVAC 系统，其主要作用是创造一个符合药品质量标准的室内生产环境，确保药品生产质量；将生产过程产生的有毒有害污染物及时去除，避免对操作人员产生危害，避免对大气环境造成污染。图 6-7 为 GMP 生产环境的作用。

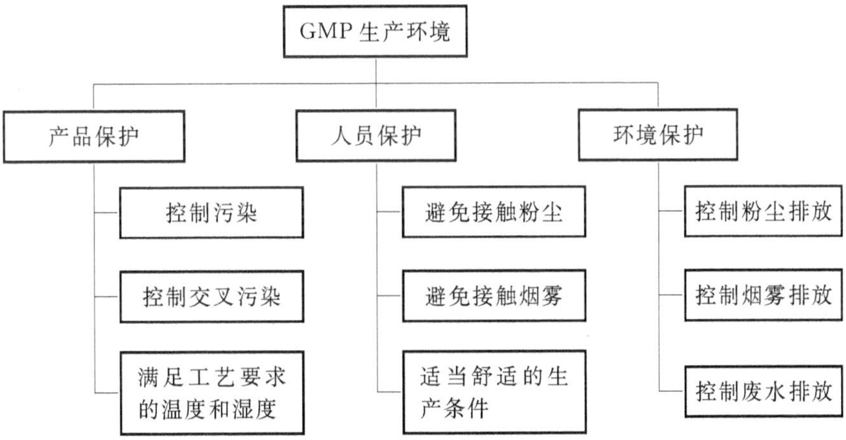

图 6-7 GMP 生产环境的作用

(1) 空调系统组成与分类

空调系统通常由如下基本部分组成：

① 空气处理单元

空气处理单元(Air Handling Unit，AHU)，又叫空调机组或空调箱，是对空气进行净化(过滤)和温湿度调节(如加热/冷却、加湿/除湿等)的主要设备，它包含有空气过滤器、加热冷却盘管、风机等。

② 空气分配系统

空气分配系统包括风管、风量调节阀、房间各类风口(如含末端高效过滤器的送风口、侧回风口、排风口等)，其作用是在空调机组和洁净室之间输送处理后的合格空气，使室内气流分布均匀，并排出室内产生的污染物。

③ 加热冷却系统

加热冷却系统提供热介质(蒸汽、热水、电)和冷介质(低温水)等，对送入医药洁净室的空气进行温度和湿度的调节。

④ 控制系统

控制系统通过对冷热介质及风量的调节与控制，保持室内环境空气始终符合标准，确保药品生产环境的稳定、可靠与受控。

图 6-8 是一个典型的医药洁净室 HVAC 系统示意图。

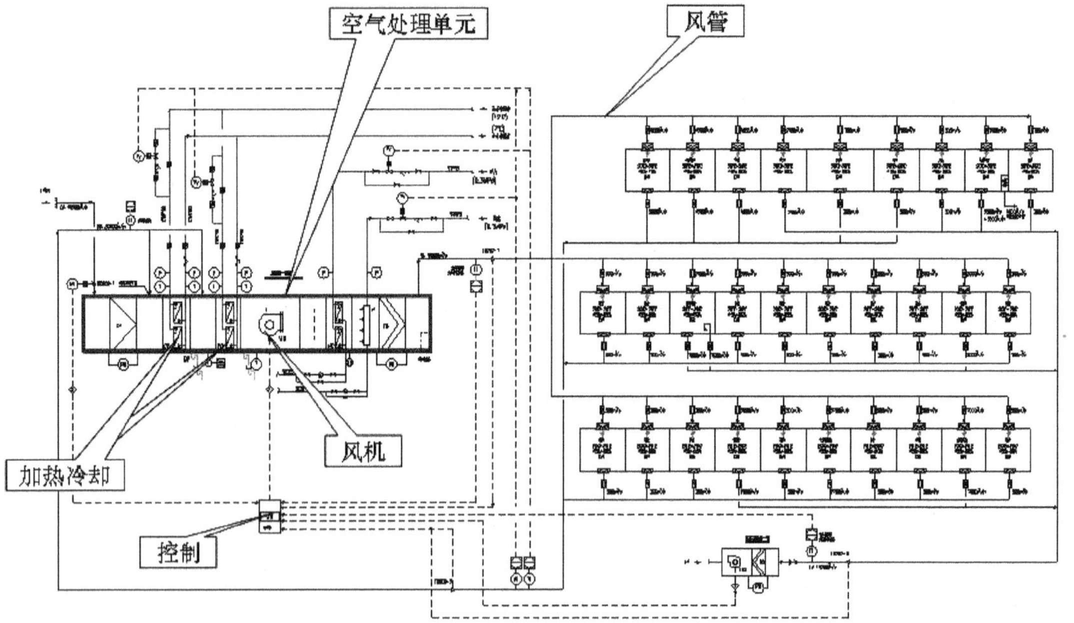

图 6-8 典型的医药洁净室 HVAC 系统示意图

(2) 空气过滤

空气过滤是空气净化的最重要手段,它通过空气的多级过滤来实现空气的净化。

空气中的粒状污染物质由固体或液体微粒组成,这些粒子的粒径分布范围非常广,从 0.01 μm 到数百微米不等(表 6-9)。对于粒径大于 10 μm 的粒子,因为其自身较重,在经过一段时间的无规则布朗运动后,在重力的作用下会逐渐沉降到地面上。而粒径小于 10 μm 的粒子,因为其自身较轻,容易随气流漂浮,而很难沉降到地面上。据估算,室外空气中 90% 以上的悬浮微粒粒径小于 0.5 μm,其质量所占的比例不到 1%;粒径超过 1 μm 的微粒不到 2%,而其所占的质量百分比则为 97%。空气中的悬浮粒子根据其活性可分为非生物粒子和生物粒子,非生物粒子是由固体、液体的破碎、蒸发、燃烧、凝聚等产生的。生物粒子主要包括细菌、病毒、花粉、花絮及绒毛等,在悬浮粒子中所占的比例很少。

表 6-9 典型粒子的粒径范围

名 称	粒径范围/μm
病 毒	0.002～0.3
细 菌	0.4～20
植物孢子	10～40
烟 尘	0.01～1
灰 尘	0.01～1 000
试验气溶胶(DOP①、PAO②)	0.1～0.7

① BOP:邻苯二甲酸二辛酯。
② PAO:聚 α-烯烃。

过滤器通常由纤维状材料组成，它通过杂乱交织的纤维结构形成对粒子的无数道屏障，使得悬浮粒子被阻挡，而纤维间的空隙则可保证空气分子的通过。通过采用不同的纤维结构材料，可使不同粒径的悬浮粒子被阻挡，从而起到空气过滤的作用。纤维空隙越小，过滤效率越高，空气中悬浮粒子去除效果更佳。但过小的空隙也使得过滤器更容易被悬浮粒子阻塞，过滤器的阻力增加，从而影响过滤能力。当阻力增加到一定值时，过滤器的通过能力急剧降低，过滤器不再具有使用价值。因此在空气净化系统中，过滤器必须逐级设置。

对于医药洁净室而言，空气过滤一般分初效过滤、中效过滤和高效过滤三级，可通过不同类型的空气过滤器实现对空气的过滤。其中初效过滤器主要针对粒径不小于 10 μm 的尘埃粒子，中效过滤器主要针对粒径为 1～10 μm 的尘埃粒子，高效过滤器作为送风及排风处理的终端过滤，主要过滤对象是不大于 1 μm 的尘埃粒子。

初效及中效过滤器通常位于空调机组内，分别对室外新风和室内回风进行过滤，过滤器应达到一定的效率，使内部设备（盘管、风机）和空气处理机组在较长的一段时间内保持相对清洁，以达到预期的性能，同时对末端的高效过滤器进行保护，避免其过早失效。

末端高效过滤器一般设在空调机组的排出段，也可安装在房间末端的送风口，用于稀释或送出房间内释放的微粒，最终确保室内空气的洁净度。

医药洁净室常用过滤器分类及过滤效率见表 6-10。

表 6-10　医药洁净室常用过滤器分类及过滤效率表

过滤器名称	过滤器代号	额定风量下的过滤效率 E/%		额定风量下的初阻力/Pa	测试方法
初效	G3	粒径大于等于 5.0 μm	80≥E≥20	≤50	计重效率
中效	F5	粒径大于等于 1.0 μm	70≥E≥20	≤80	计数效率
高中效	F7	粒径大于等于 1.0 μm	99≥E≥70	≤100	计数效率
亚高效	H10	粒径大于等于 0.5 μm	99.9≥E≥95	≤120	DOP 法
高效	H13	粒径大于等于 0.3 μm	E≥99.95	≤190	DOP 法
高效	H14	粒径大于等于 0.3 μm	E≥99.995	≤220	DOP 法

（3）温湿度控制

医药洁净室必须维持合适的温度和相对湿度，以满足产品需求，并保证操作人员的舒适度。房间温度过高，会使人体感觉不适，过高的相对湿度更容易使房间微生物含量增加。因此必须对室内温湿度进行合理的设置和控制，以在符合产品质量要求、满足人体舒适度、降低设备投资与运行费用之间达到最佳平衡。

洁净室的温湿度控制一般是根据房间或风管上的温湿度传感器的信号，对空调机组内的加热/冷却介质和加湿蒸汽流量进行调节控制。一般常规的药品生产，室内的温度范围可控制在 18～26℃，相对湿度控制在 45%～65%（见表 6.1～表 6.5）。当工艺和产品对温湿度有特殊要求时，应按这些要求确定温度和相对湿度。例如某些生物制品（如疫苗）必须在 4℃的洁净室内进行纯化操作；某些疫苗胚胎的接种和孵化，房间温度必须高于环境温度[如(30±0.5)℃]；某些固体制剂产品（如泡腾片），房间的相对湿度必须控制在±20%以下。对这些特殊的温湿度，空调系统须设置额外的温度和相对湿度控制系统，以满足要求。

(4) 气流组织

气流组织就是空气在洁净室内的流动状态与分布。净化空调系统的目的就是将室外新鲜空气过滤后送入房间，同时尽快将产生的污染物排出，以确保室内的洁净环境。因此合理的气流组织是达到这一目的的重要保障。

医药洁净室的气流组织，必须满足如下要求：

① 有助于将洁净空气快速均匀地分布于室内各处；

② 快速及时地将室内产生的污染物通过回风口带出；

③ 合适的气流速度以防止室内污染物的二次飞扬；

④ 合理设置室内送回风口位置，避免气流短路与涡流；

⑤ 考虑室内高大设备对气流的影响。

洁净室的气流组织有两种基本方式：单向流和非单向流。

(a) 单向流(Unidirectional Air Flow, UDAF)

单向流，又叫层流，是指流线平行、流向单一、具有一定的和均匀的断面速度的气流组织方式。在这种流动方式下，送入房间的空气按单一的方向流动，充满整个洁净室的断面，像"活塞"一样把室内产生的尘埃粒子压至下风向后，再排出室外(图 6-9)。由于空气流线是平行的，所以一旦室内有污染物产生，能立即通过气流带走而不至于扩散，因此可以达到很高的洁净度，这种流型常用于高级别的 A 级医药洁净室。

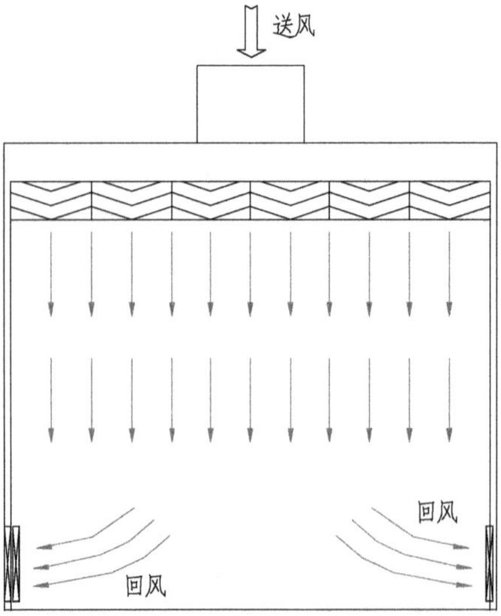

图 6-9 单向流洁净室气流流型示意图

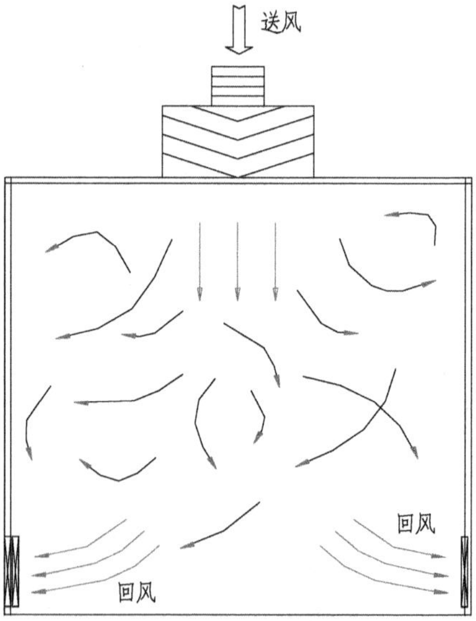

图 6-10 非单向流洁净室气流流型示意图

(b) 非单向流方式

非单向流又叫乱流，主要是通过空气的稀释作用，使通过高效过滤器送入室内的洁净空气不断与室内产生的污染物混合，并通过回风/送风系统排出室外，起到将污染物"冲淡"的作用。乱流方式的送风口一般置于吊顶上，回风口位于侧墙下方，形成顶送侧下回的形式(图 6-10)。这样空气自上而下的流动，与室内粒子自然沉降的方向一致，可有效地将尘埃粒子带走。

乱流方式由于受到送风口形式和布置的限制，相对层流而言不可能使室内获得很大的换气次数，且不可避免地存在室内涡流，因此室内的洁净度不可能很高。在一定的换气次数下，室内洁净度取决于生产操作特性和人员活动的多少。乱流洁净室构造简单，施工方便，投资和运行费用较小，是医药洁净室常用的气流方式。

医药洁净室的气流流型与送、回风形式密切相关。对于空气洁净度B级、C级和D级医药洁净室应优先采用顶送下侧回的送、回风形式。从空气净化的原理而言，顶送下侧回优于侧送下侧回、顶送顶回等形式。采用顶送下侧回的送、回风形式，达到同样的空气洁净度级别所需要的风量可低于其他几种形式。而顶送顶回风形式的最大优点是工程简单、造价低，但此种气流形式中空气中悬浮粒子沉降方向与回风的上升气流相逆，影响到空气中尘粒尤其是大颗粒尘埃的及时排出，所以它不适用于空气洁净度级别高的医药洁净室。对于生产中有粉尘散发或存在密度大于空气的有害物质的房间，即使空气洁净度级别不高，也不能采用顶送顶回风形式。

气流的送、回风形式除满足医药洁净室的净化要求外，还需根据工艺生产情况确定，当医药洁净室内有溶媒气体散发，或清洗间有水蒸气产生时，宜采用上下排风方式，以免上述气体在房间内积聚。

(5) 换气次数

换气次数就是单位时间(h)室内空气被全部替换的次数。由于医药洁净室的污染物通常通过空气的稀释和置换被带走，因此换气次数的大小直接决定了洁净级别的高低。对一个固定体积的房间而言，理论上送风量越多，换气次数越大，其所起到的稀释和置换效果越好，洁净度越能达标。但送风量与能耗成正比，过高的送风量将造成风机增大、风口增多、能耗加大，从而导致投资和运行费用增加。因此洁净室的送风量与换气次数必须合理设置，通常必须考虑到如下因素：① 抵消生产操作与人员活动产生的微粒数；② 维持洁净度级别所需的“恢复时间”的风量；③ 满足室内热、湿平衡及有害气体的稀释；④ 房间风量平衡的需求。

工程上对于不同级别的医药洁净室的空气换气次数有经验值可参考，如表6-11所示。

表6-11 不同级别的医药洁净室的空气换气次数对照表

空气洁净度级别	气流流型	平均风速/(m/s)	换气次数/(次/时)
A	单向流	0.36～0.54	—
B	非单向流	—	40～60
C	非单向流	—	20～40
D	非单向流	—	10～20

表6-11中各级别的换气次数包括满足15～20 min恢复时间要求，且适用于层高小于4 m的洁净室。当室内操作人员数量较少时，上述换气次数可取下限值。

另外洁净级别还与洁净室的气流组织有关。良好的气流组织和洁净室运行维护管理，可降低洁净室所需的换气次数。世界卫生组织(WHO)的技术报告(TRS 961)和国际制药工程协会(ISPE)指南均建议D级区的换气次数在6～20次/时，该值包括了口服液等非无菌制剂要求的换气量。

(6) 压差控制

为了维持洁净室的洁净度免受相邻区域(如室外无级别区，室内相邻低级别区域)的污染，洁净室必须保持一定的正压。

关于压差的大小，各个国家和地区的 GMP 分别做出了规定，例如我国 2010 年版 GMP 第四十八条要求："……洁净区与非洁净区之间、不同级别洁净区之间的压差应当不低于 10 Pa。必要时，相同洁净度级别的不同功能区域（操作间）之间也应当保持适当的压差梯度……"欧盟 GMP 规定的压差值为 10～15 Pa，美国 FDA 规定的压差值则不小于 12.5 Pa。另外在同一洁净区域内，为避免污染较大的房间空气的扩散（如清洗间的水雾、固体物料操作间的粉尘），同一洁净级别不同房间之间也必须保持一定的压差。该压差值根据工程经验不小于 5 Pa。

洁净室的正压一般通过送风量大于回风量和排风量的方法来达到，同时还需考虑到建筑围护结构的泄漏风量（如灯具、风口、设备密封处、洁净门缝等），通过调节送、回、排风管上的风量调节阀门，来达到设定的压差值。

在确保洁净级别前提下，压差值必须合理设置。压差过高则对外泄漏的风量也会增大，同时洁净室的门的开闭也会困难，极端情况下还会造成围护结构（如彩钢板）的变形，增大泄漏风量。因此在设计中对于相邻压差较大的区域，可通过增设缓冲间的方式以降低相邻房间的压差。

为了始终保持洁净室内的正压环境，空调系统的开启和停止必须有一定的顺序，启动时，必须是先开送风机后开排风机；关闭时则先关闭排风机，后关闭送风机。这一顺序可通过风机控制连锁系统来达到。同时当夜间生产停止时，空调系统不能关闭，必须运行在非生产模式，使室内维持一定的正压值（可比正常生产状态小），避免因停机引起的室外污染空气的倒灌。

在生产操作过程中，由于部分生产设备（如固体制剂除尘机组、水针隧道灭菌烘箱）排风的间歇运行，从而影响房间原有的风量平衡和压差关系。此时空调系统必须能对这种情况作出及时的反应。由于压差主要是由送、回、排风量的差值决定，因此通过设置自动风量调节阀，可以快速地适应这种变化。如在送风管上设置定风量阀（Constant Air Volume, CAV），回风（排风）管道设置变风量阀（Variable Air Volume, VAV），这样当工艺设备排风开启时，在房间送风量被 CAV 恒定的情况下，通过 VAV 调节回风量，可使室内风量和风压达到平衡而不受工艺设备排风启闭的影响。

6.1.3 医药工业洁净厂房建造实例

1. 口服固体制剂

口服固体制剂是生活当中最普遍使用的药物剂型，包括片剂、胶囊、颗粒剂、丸剂等。以常见的片剂/胶囊为例，其基本的制备工艺示意图如图 6-11 所示。

这一生产过程属于固体物料的物理加工过程。其最大特点在于间歇操作，每个生产工序均包含固体物料的进出料和上下游工序间物料的频繁转运，生产过程中不但容易产生物料的混淆与差错，同时固体物料的加工和处理过程，本身亦会产生大量的粉尘，通过空气的扩散而产生交叉污染。这是口服固体制剂操作过程中的最大风险所在。

避免生产过程的交叉污染与混淆风险，是口服固体制剂车间建设的关键。我国 2010 年版 GMP 规定"不得在同一生产操作间同时进行不同品种和规格药品的生产操作，除非没有

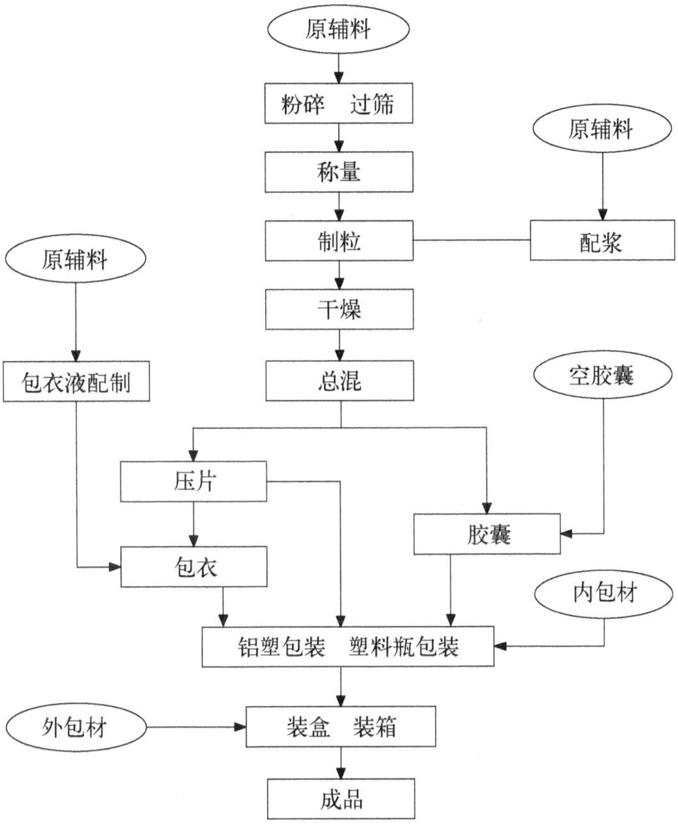

图6-11 口服固体制剂的制备工艺示意图

发生混淆或交叉污染的可能"(第一百八十八条)。"在分隔的区域内生产不同品种的药品;设置必要的气锁和排风;空气洁净度级别不同的生产区域应该有压差控制;应当降低未经处理或未经充分处理的空气再次进入生产区导致污染的风险;采用密闭系统生产……"(第一百九十七条)。这些方法与措施,将指导企业在车间建造中采取有效措施,控制药品生产的交叉污染风险。

(1) 生产操作的密闭化

基于口服固体制剂生产的固有特性,其加工工艺过程将不可避免地产生粉尘。因此必须从操作方法上加以改进,从源头上对粉尘加以控制。

传统的口服固体制剂的生产,由于工艺落后,装备简陋,存在大量的开放式的手工操作,由此产生了大量粉尘的散发及扩散(图6-12)。

随着生产技术的不断进步与制药新工艺、新装备的不断涌现,固体制剂的许多操作工序都实现了密闭化。图6-13为密闭化系统口服固体制剂的生产工艺流程示意图,其中强化混合制粒+沸腾干燥的制粒连线设备取代了传统的开放式的槽型混合机+摇摆式颗粒机的制粒方式;敞开的荸荠式糖衣锅被密闭操作的高效包衣机所替代。随着手工加料被真空输送系统(Powder Transfer System, PTS)所替代,以及密闭周转容器(BIN)的大量使用,使得口服固体制剂生产实现了密闭化的操作,减少了加工处理与转运过程中粉尘的散发。

在上述工艺过程中,粉尘散发最严重的原辅料的粉碎过筛和称量操作均在下降式气流

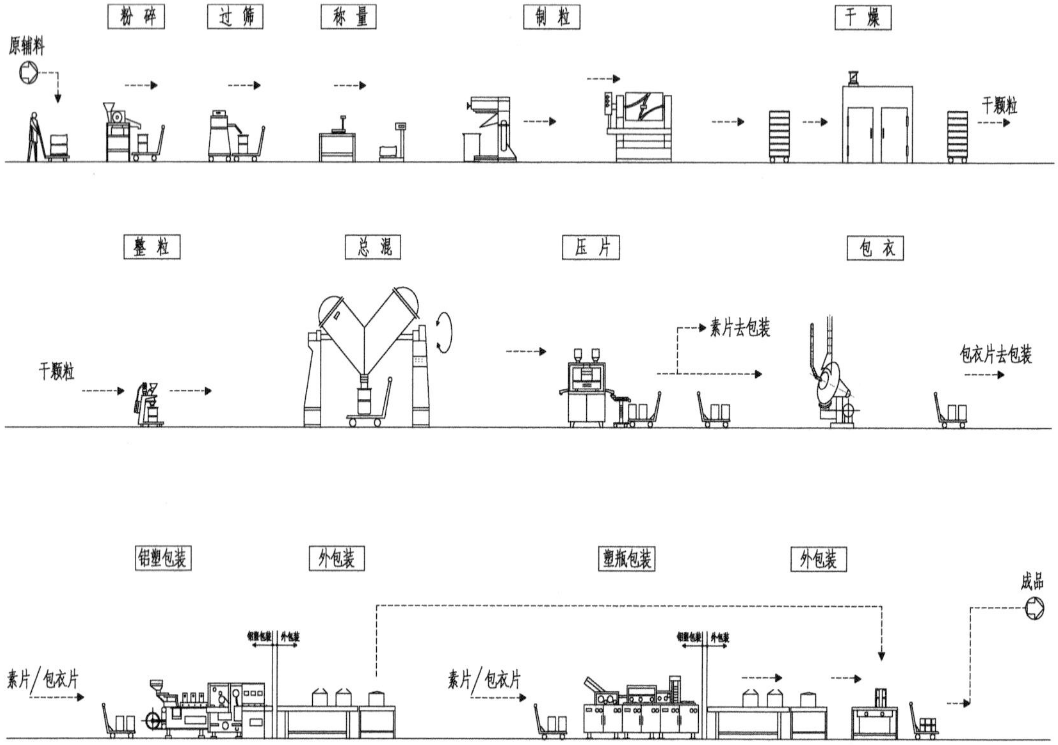

图 6－12 传统口服固体制剂的生产工艺流程示意图

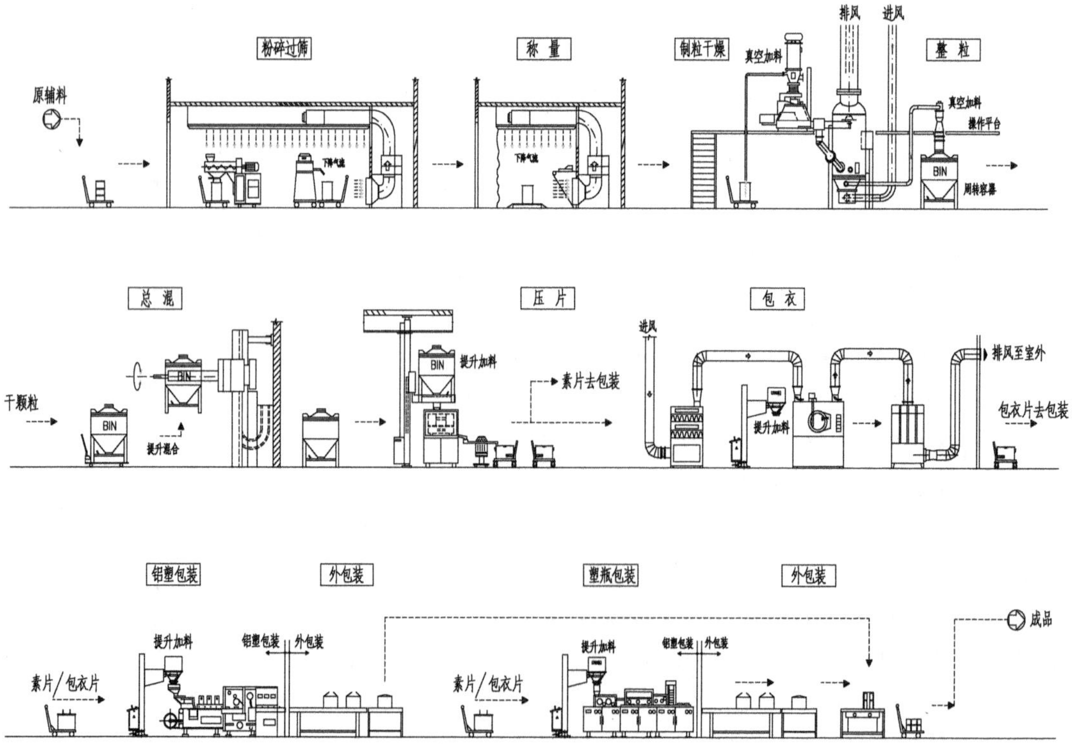

图 6－13 密闭化系统口服固体制剂的生产工艺流程示意图

柜(Downflow Booth)内进行,产生的粉尘被下沉气流所压制。加工处理后的粉体物料通过PTS加入强化混合制粒机,制得的湿颗粒通过气流输送管道进入沸腾干燥机,干燥所得的颗粒经密闭管道真空输送至整粒机整粒后进入周转容器,混合后的容器本体经液压提升至压片机加料斗加料,最后得到所需的片子。这样实现了从"制粒—干燥—整粒—混合—压片"这一过程的全密闭操作和转运,物料通过PTS一次加入混合制粒机,经过密闭系统的一系列加工处理和转运,最后得到成型的片子。另外对于包衣和包装加料,亦采用了液压提升加料的方法,这一方法有效地降低了物料处理和转运过程的粉尘散发,减少了交叉污染的风险。

(2) 合理的空间布局

由于口服固体制剂的间歇生产工艺,生产过程中不同品种、同一品种不同规格的原辅料、中间品和成品等必须在上下游工序间频繁的转运,由此造成生产区域物料流线的往复与交叉,极易引起差错与混淆,因此一个合理的空间设计和物料流线安排非常重要。

首先必须按照药品GMP的要求,对每一个物料暴露的操作岗位都提供独立的操作空间,避免在一个空间中同时进行多个品种的生产,以免引起交叉污染。同时必须注重空间设计,避免因操作空间的过度拥挤而产生差错和混淆。例如对于物料的前处理称量区域,要提供足够的空间,避免称量前和称量后物料的混淆。对于压片岗位,要合理设计空间方便物料进出的通畅。图6-14、图6-15分别为改进的物料称量区域和压片区域布置示意图。

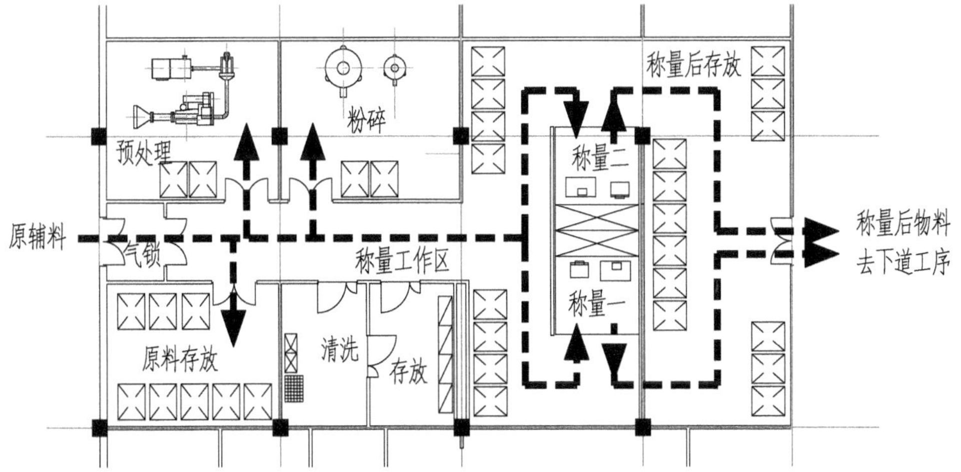

图6-14 称量区域布置示意图

其次,对于不同的生产工序,要按照生产流程顺序布置,尽量缩短物料的转运距离,避免大量固体物料转运路线的无效往返,减少交叉混淆的可能和不同操作之间的互相干扰,同时也可降低劳动强度,提高生产效率。

目前工程上普遍采取了模块化的思路(又称单元布置),就是根据具体生产工艺流程,将同类的或相似的操作工序集中区块布置,形成各种加工处理工序模块。如图6-16所示,对于口服固体制剂而言,可分为物料前处理(称量)模块、制粒干燥模块、总混模块、压片、胶囊充填模块、包衣模块、内外包装模块、物料中间储存模块以及器具清洗模块。

对单一的模块而言,可根据物料特性和操作工艺,配置不同的工序与设备,例如对于制粒干燥工序而言,可根据物料处理工艺,分别采取:① 强化混合制粒+沸腾干燥;② 强化混

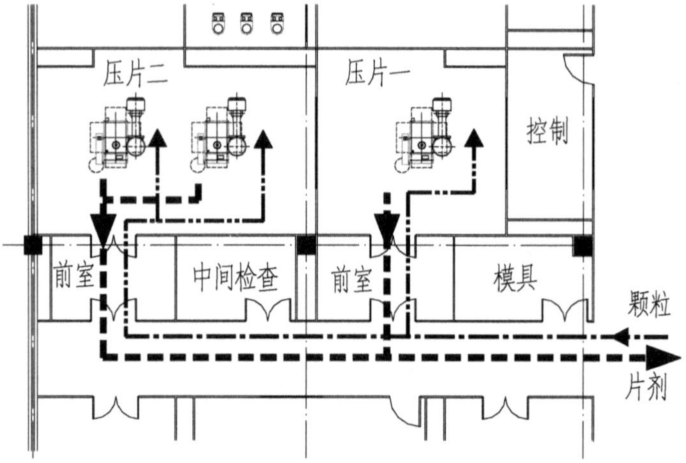

图 6-15　压片区域布置示意图

合制粒＋烘箱干燥；③ 一步制粒干燥；④ 干法制粒等不同的制粒工艺。同时设备的批生产能力也可高低搭配，适用于不同批量和不同操作工艺的产品，以增加生产的灵活性。又如对于压片岗位，可根据片子的质量、片子的几何尺寸、批量的不同，灵活配置不同形式和产能的压片机，以适应不同品种的生产需求。根据不同模块的生产特点，设置针对性的辅助措施，包括除尘系统、压差控制、低湿系统、防爆排风等。因此模块化的设计思路，对于口服固体制剂多品种共线生产（特别是大批量生产）而言，是一种较理想的工程解决方案，它可适应不同品种、不同操作工艺、不同批量的生产，得到广泛采用。

口服固体制剂车间除了平面布置外，还可利用建筑的高差进行垂直布置，利用重力输送物料。例如在建筑的上层进行原辅物料的预处理操作（如粉碎、过筛、称量、制粒干燥、整粒等）；在中间层进行压片、胶囊充填等操作；在下层进行内外包装等操作。这种设计方案的特点是有效利用建筑空间，减少建筑占地面积，适用于建筑占地面积受限而产能需求较大的生产设施。

(3) 有效的压差控制

为防止操作过程中的粉尘通过空气扩散至其他房间（岗位）而产生交叉污染，必须对空气流向进行控制。我国 2010 年版 GMP 第五十三条规定："产尘操作间（如干燥物料或产品的取样、称量、混合、包装等操作间）应当保持相对负压或采取专门的措施，防止粉尘扩散、避免交叉污染并便于清洁。"

为确保操作间的洁净度，净化空调系统均采用顶送侧下回的方式，使室内空气形成自上而下的运动，限制室内悬浮粒子的扩散，同时也抑制粉尘的飞扬。此外还必须考虑操作者的站位与送风/排风口及产尘点的相互位置，避免操作者对产品造成污染，也避免粉尘沾污操作者从而随操作者的移动扩散污染。

相对压差值的大小可根据粉尘散发的程度、操作的频繁程度以及整个区域的风量平衡和压差梯度综合考虑。我国 2010 年版 GMP 第四十八条规定："洁净区与非洁净区之间、不同级别洁净区之间的压差应当不低于 10 Pa。必要时，相同洁净度级别的不同功能区域（操作间）之间也应当保持适当的压差梯度。"这里提到的"适当的压差梯度"，从工程角度而言，1.5 Pa 的压差即可有效控制相邻房间的气流方向，考虑到压差测量仪表的灵敏度和误差，设

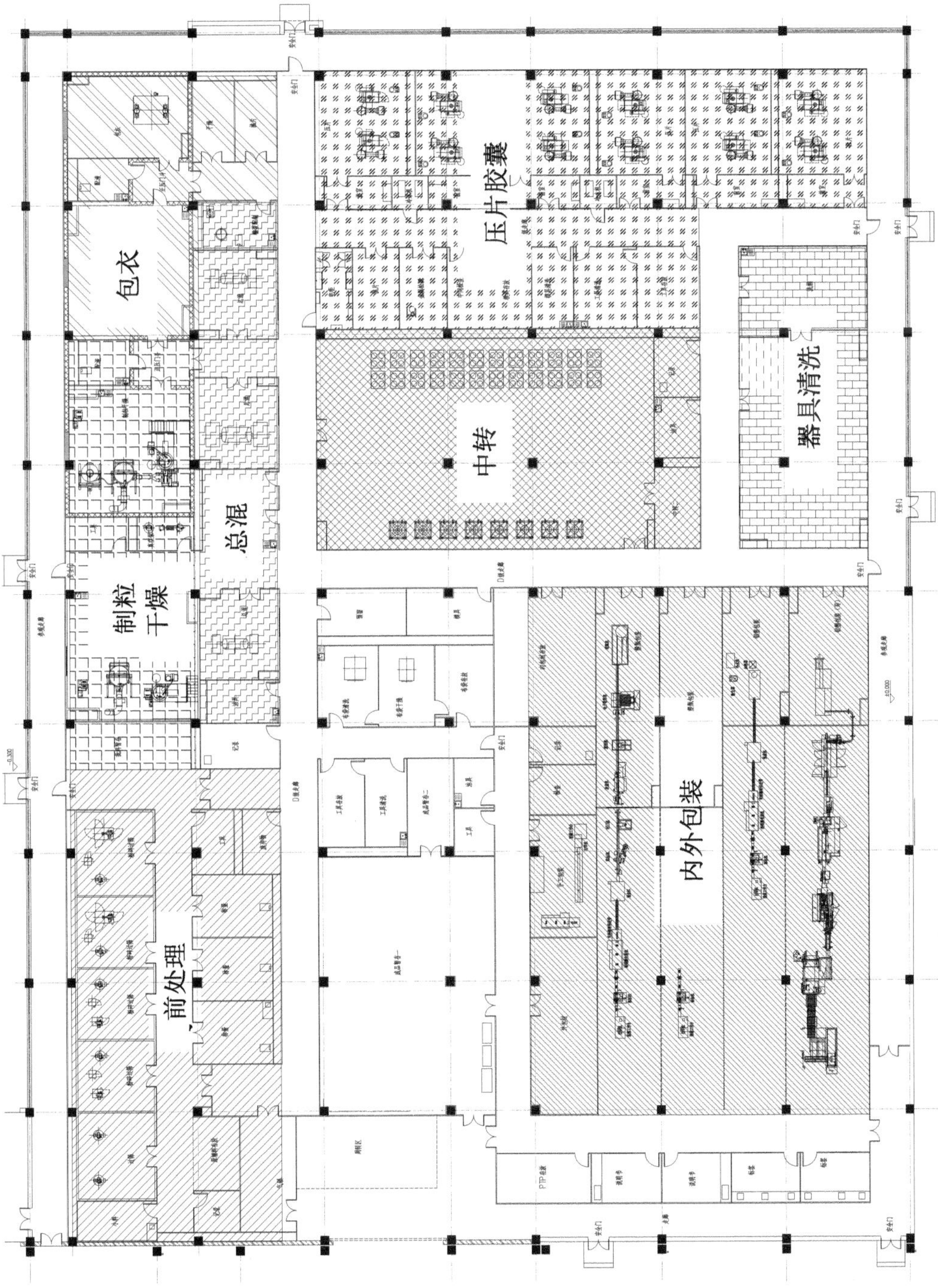

图 6-16 口服固体制剂模块分区图

计最小压差值可取 5 Pa。图 6－17 所示为物料前处理区域模块，保持粉碎、过筛等操作间与公共走道间最少有 5 Pa 的相对负压，即可有效避免粉尘向外扩散。而对于压片操作而言，保持压片房间的相对负压可避免室内粉尘向邻近区域扩散(图 6－18)。

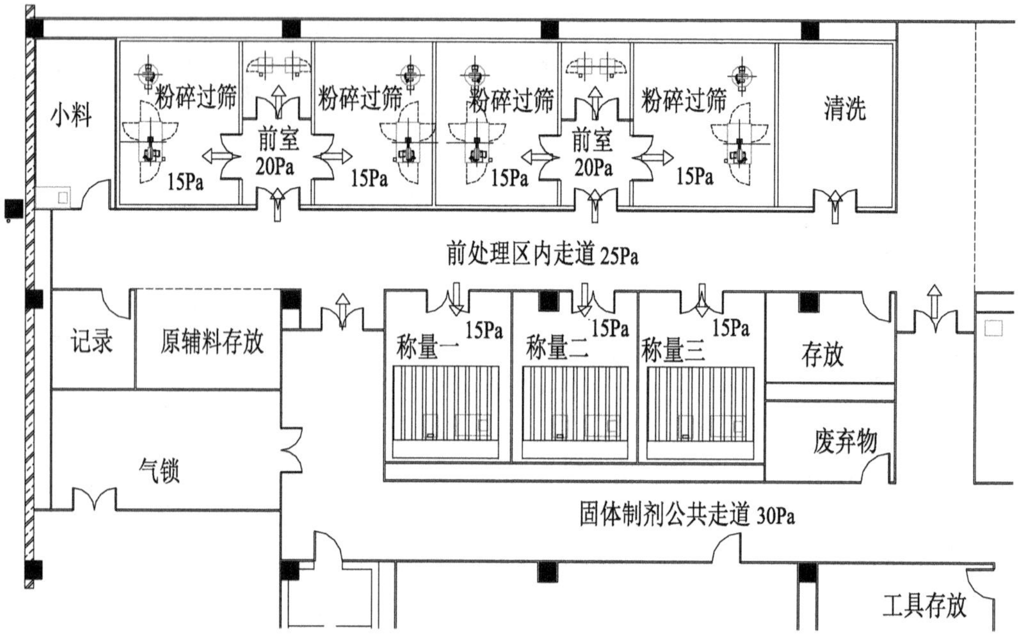

图 6－17 物料前处理区压差示意图

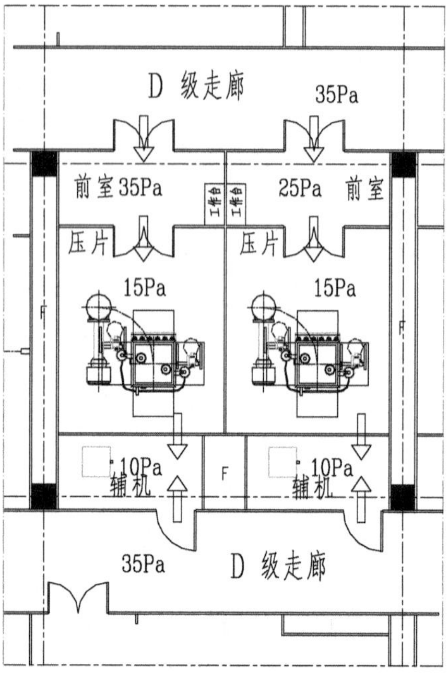

图 6－18 压片区压差示意图

(4) 前室的运用

由于压差是通过房间的送风量与排风量的差值而建立的。当房门开启时，会造成风量差值的缩小。鉴于口服固体制剂生产的特点，物料必须在不同的工序间频繁转运，相应的操作间的门也会因频繁的开闭造成压差的短时间波动，开启时间过长则会造成压差的消失，从而使得产尘操作间的粉尘向相邻房间扩散。为此需在进入产尘操作岗位前设置前室，确保产尘操作间的压差得到有效控制。

前室(又叫缓冲室)，一般设置在相邻压差较高的房间之间或需要有效控制气流的区域，例如粉尘散发较大的固体制剂粉碎、过筛、压片等产尘岗位，以有效控制气流与压差，降低相邻高压差房间之间的压差梯度，有利于房间风量与压差的控制。

前室的设置，可以针对每一个房间(专用前室)，也可针对一个操作区域(共用前室)，取决于操作过程的粉尘散发程度以及压差控制措施的有效性。前者可彻底避免操作岗位之间的互相影响，但平面布置比较繁杂。而共用前室则可简化平面布置，方便生产操作，但操作间需设有风量自动平衡及压差报警装置，以对压差的变化作出及时有效的反应(图 6－19)。

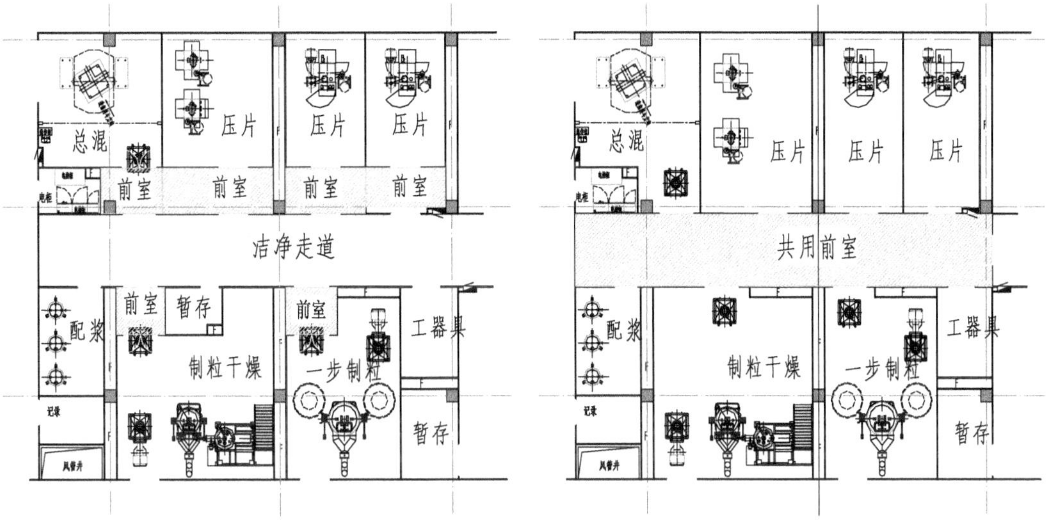

(a) 独立前室　　(b) 共用前室

图 6－19　前室示意图

(5) 优化的风量平衡控制

由于产尘操作间的排风(Exhaust Air, EA)/回风(Return Air, RA)含有多少不等的粉尘,长时间运行后,净化空调系统的排风过滤器阻力增大,风量减小,原有的风量平衡被破坏。部分设备(如烘箱的送排风、压片除尘系统的排风)的间歇运行也会造成房间风量的变化。为避免相对压差受到影响,可采用如图 6－20 所示的空调控制方式。其中操作房间的送风(Feed Air, FA)通过定风量阀门(CAV)保持恒定,以确保房间有一定的换气次数。而回风/排风则设置变风量阀门(VAV)控制。正常操作时,除尘机开启,排风至室外。送风/回风/排风保持风量平衡,并维持原来的房间压差。当操作结束,除尘风量变小,此时通过传感器测量房间风量和压差的变化情况,自动调节回风风量,保持原有的风量平衡,从而使压差得到有效控制。

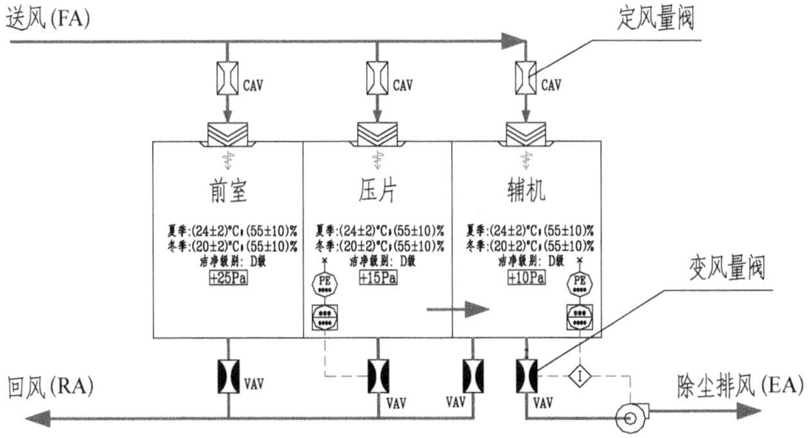

图 6－20　定风量/变风量控制示意图

（6）高效的除尘设施

由于生产过程伴随粉尘的散发，虽然采取了密闭操作工艺，但还存在导致粉尘散发的操作，如原辅料的粉碎过筛、压片操作等。因此这些产尘岗位还需要设置高效的除尘设施，将散发至空气中的粉尘捕集除去。

除尘就是借助重力、离心力、过滤、静电吸附等机理，将粉尘颗粒从气流中予以分离的过程。

药品生产中常用的除尘器包括旋风分离器、布袋除尘器和湿式除尘器等。旋风分离器是使含尘气体作旋转运动，借作用于尘粒上的离心力，把尘埃粒子从空气中分离出来的装置；布袋除尘器则通过过滤的原理，让粉尘通过由过滤材料（通常是无纺布等纤维材料）制成的过滤袋，将空气穿透布袋排出，而粉尘则被布袋挡住。布袋除尘器的除尘效率最高可达99.9%以上，类似于亚高效过滤器；而湿式除尘器则利用液滴、液膜、气泡等洗涤含尘空气，使尘埃粒子黏附和相互凝聚而将其与空气分离，该方法的除尘效率高，但会产生二次污水，因此必须对污水进行再处理。

除尘系统一般有两种基本形式：集中除尘和单机除尘。

集中除尘适用于大规模的生产场合，其产尘岗位及设备较多，生产时间较长，通过在各产尘岗位设置的局部除尘罩，将岗位粉尘集中排至中央除尘机组，除尘后的空气再排放至大气，图 6－21 为集中除尘示意图。

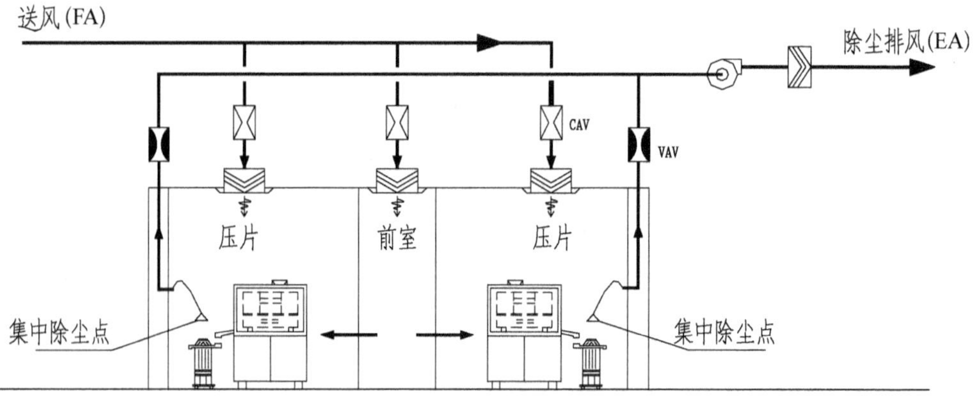

图 6－21 集中除尘示意图

该方法除尘效率高，除尘机容量大，排出的粉尘可集中回收处理，对操作者和环境影响不大，但灵活性不足。由于除尘机组是洁净室 HVAC 系统的组成部分，当部分岗位停止生产时，除尘机组仍必须工作，以保持室内的风量和压差平衡，因此能耗较大。

而单机除尘（图 6－22），其特点是一台工艺设备（例如压片机）配备一台除尘机组，其操作简单灵活，排风机组可随工艺设备同步运行，简单灵活，因此被普遍采用。

由于除尘机组的排风位于操作区域内，虽然不会影响风量的平衡，但由于除尘机组的清理（更换过滤器）会产生大量的粉尘，从而污染环境，因此对于分散式的单机除尘机组，目前均考虑将除尘机组放置在非洁净区，且通过管道直接排至室外。在这种情况下，因为除尘机组的间隙操作，会破坏操作间的风量平衡。为此必须采取变风量控制（VAV）系统，以避免操作间的风量和压差产生波动而使气流组织受到影响，从而产生粉尘扩散风险。

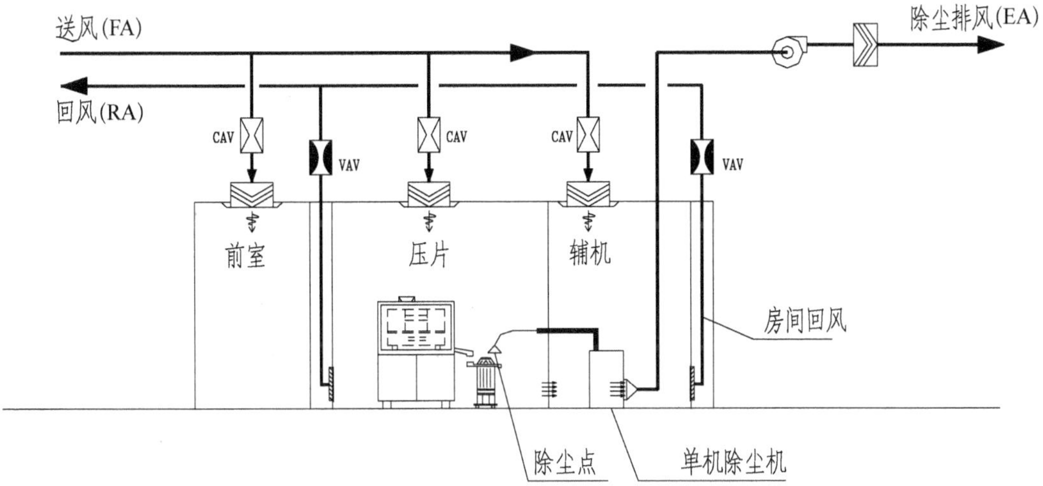

图 6-22　单机除尘示意图

当然再好的空调除尘系统，也只是将操作中产生的粉尘除去，而不能消除产尘现象。因此只有从源头加以控制，采用先进的操作工艺、密闭的工艺设备、合理的操作方法，才能有效降低粉尘污染的风险。

6.2 设　备

设备是药品生产的重要资源之一，是生产进行的必备手段。药厂应根据药品特性、剂型和生产规模的需要，选择和使用合理的生产设备，配备必要的工艺控制能力和设备的清洁、消毒、灭菌等功能，满足药品生产工艺的控制需求，同时降低污染和交叉污染，并保证药品生产的质量、成本和生产效率的管理需求。药厂应建立完善的设备管理体系，确保所有生产相关设备的设计、选型、安装、使用直至报废的设备全生命周期全过程均处于有效控制之中，最大程度减少药品生产过程发生的污染、交叉污染、混淆和差错。确保设备的性能满足预期的要求，通过生产过程控制、预防性维护、定期维护保养、定期校准、再确认等方式确保设备的有效运行和持续确认状态的维持。药品生产质量管理规范（GMP）对制药设备的基本要求是不仅可以满足生产工艺技术的需要，不得对药品和生产环境产生不利影响，而且应便于操作、清洁、消毒或灭菌。药厂应建立设备维修、保养、校准、确认等管理制度，配备专职管理人员，确保设备始终如一地符合 GMP 要求。

当前我国制药企业发展迅猛，已摆脱单机加手工业小规模生产，进入自动化设备大规模生产，产品的质量、数量、成本都依赖于设备的运行状态，建立有效、规范的设备管理体系。随着制药设备的发展，设备维修方式从传统的“事后维修”向“预防性维修”发展，设备从传统的手动、半自动向着自动化、信息化、智能化方向发展。

6.2.1　设备对产品质量的影响

20 世纪 60—70 年代，由于产品质量问题，1965 年 7 月至 1975 年 11 月，美国的六家大容量注射剂生产企业从市场召回撤回大容量注射剂产品事件有608起,其中451起基于美国FDA的要求,157起由企业发起。这些事件造成410名病人受到伤害,54人死亡。

频频出现的大容量注射剂产品导致患者败血症和热原反应的事件及民众的强烈呼声使美国政府受到了巨大压力,促使FDA成立了特别工作组,对美国的输液生产厂着手进行全面的调查。考虑到输液污染的原因比较复杂,工作组除政府药品监管官员外,还特邀微生物专家及工程师参加。他们先从美国4个主要的输液生产厂查起,之后将调查范围扩大到所有的输液厂及小容量注射剂生产厂。调查经历了几年时间,FDA从调查的事实清楚地发现,输液产品的污染与各种因素有关,如厂房、空调净化系统、水系统、生产设备等。调查中FDA发现灭菌柜设计不合理,安装在灭菌柜上部的压力表及温度显示仪并不能反映出灭菌柜不同部位被灭菌产品的实际温度,灭菌柜的相关性能在使用前没有经过确认。

由上可以看出,设备的质量直接影响药品的质量,设备的设计应充分考虑其科学性和适用性,合理的设备设计必须能满足生产的需求、提高生产效率,并能生产出稳定性好的产品,确保药品的安全性、均一性、效价或含量、质量或纯度不会改变。另外,设备在使用前没有经过确认,GMP附录一第四十条规定"关键设备,如灭菌柜、空气净化系统和工艺用水系统等,应当经过确认,并进行计划性维护,经批准方可使用"。

6.2.2 设备生命周期管理

图6-23为典型的设备生命周期管理流程,展示了设备在生命周期的一些典型管理阶段工作。

设备生命周期管理的目的是确保设备能够在整个生命周期的过程中持续有效地满足用户需求。

设备不能持续有效满足需求的典型场景有设备的功能不能满足需求、设备在使用过程中故障频发,对产品质量和生产效率等方面造成影响,出现这些问题的主要原因为: ① 设备的设计不合理;② 设备的制造、安装、调试存在问题;③ 操作员未按文件对设备进行操作;④ 设备未按规定进行维护保养。

1. 设备确认

设备确认工作是规范要求的合规工作,也是设备管理实践总结的要求,是设备管理必不可少的工作,这项工作应建立在基于科学的质量风险管理(Quality Risk Management, QRM)和质量源于设计(Qulity by Design, QbD)的概念上。此项工作面临的对象(设备)种类和复杂程度对药品质量的影响差异较大,所以在进行设备确认工作时,在满足规范要求的基础上,应充分应用风险管理的理念。

现阶段设备的确认可以按照图6-24的"V"模型的流程进行,其中的各项工作的复杂程度、正式程度、文件化程度对存在的风险级别相适应。

URS:用户需求(User Requirement Specification),是指最终用户根据使用目的、用途,对厂房、设施、设备或其他系统提出的功能、技术指标和运行参数的要求及期望。URS是设备技术文件的输入,贯穿设备全生命周期,是验证活动的源头,也是性能确认的最终依据。URS将作为采购合同、设备设计制造、安装调试直至最终验收的技术文件。应考虑投资成

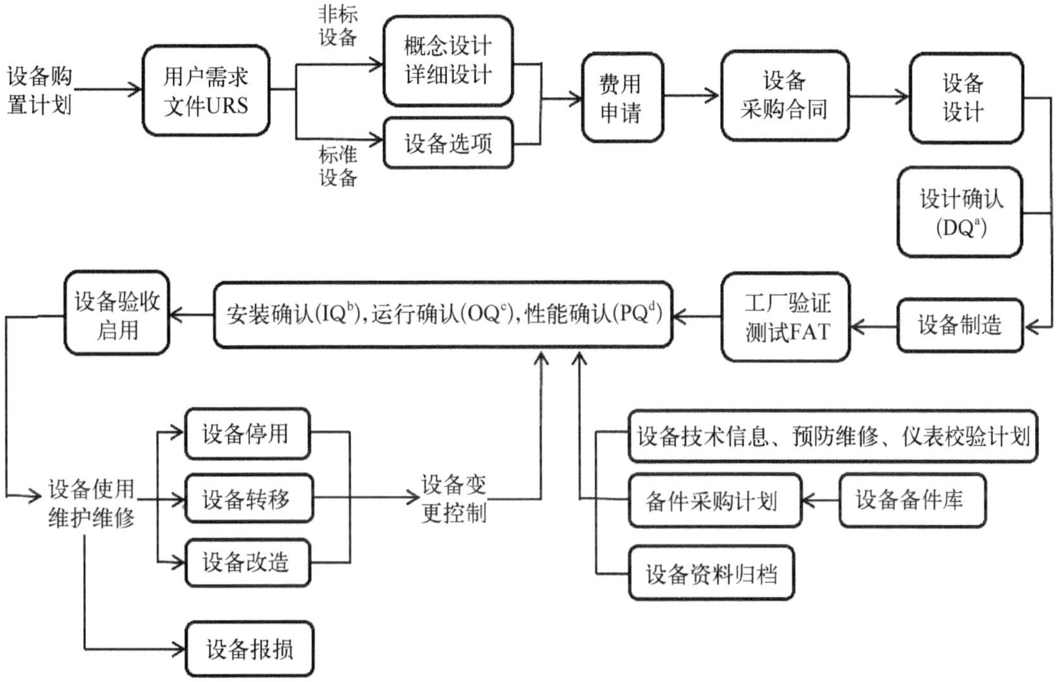

a 设计确认：Design Qualification，DQ；b 安装确认：Installation Qualification，IQ；c 运行确认：Operation Qualification，OQ；d 性能确认：Performance Qualification，PQ。

图 6－23 设备生命周期管理流程

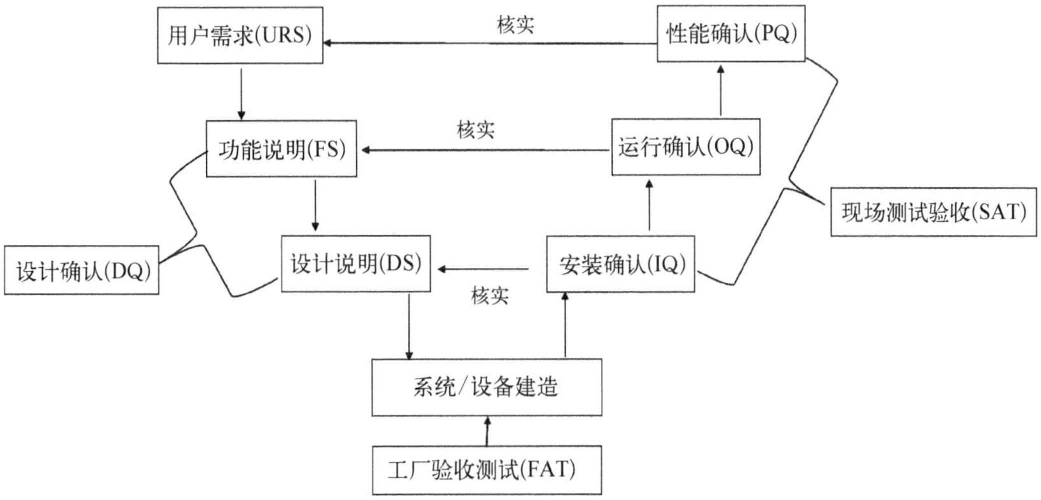

图 6－24 设备确认图

本、技术能力、设备使用可靠性，来评估 URS 的可行性以及可能存在的风险。

DQ：设计确认（Design Qualification），证明设计符合用户需求的过程，并有相应的文件。

FS、DS：功能说明，设计说明（Function Specification，Design Specification），URS 递交给设备或者系统供应商后，供应商可提供 FS 和 DS 等相关设计文件证明产品的设计能够满足设计的需求。

IQ：安装确认(Installation Qualification)，企业应当根据用户需求和设计确认中的技术要求对厂房、设施、设备进行验收并记录。

FAT：工厂验收测试(Factory Acceptance Test)，此为工程项目管理的概念，但是在2015年年欧盟GMP附录15中，已经增加了这个内容，在我国现行GMP中没有明确这一要求。该测试指在供应商(设备制造商)的工厂进行验收时做的测试。尤其对于复杂设计，存在制造安装风险的设备，则可能需要在设备的制造过程进行技术确认，以确认制造过程符合设计要求。这主要是为了控制风险，如有些项目，在设备制造后，无法再对其进行测试，但是如果到设备安装现场才发现不合格，再提出补救措施，将会严重影响项目进度。FAT的内容会和IQ有些重复，如果有些项目，FAT中做了测试，而运输、安装过程对这些项目又不会产生影响，则IQ可以引用FAT的测试结果，而不需要进行重复测试。

OQ：运行确认(Operational Qualification)，企业应当证明厂房、设施、设备的运行符合设计标准。

PQ：性能确认(Performance Qualification)，性能确认是证明厂房、设施、设备在正常操作方法和工艺条件下能够持续符合标准。

应当根据已有的生产工艺、设施和设备的相关知识制订性能确认方案，使用生产物料、适当的替代品或者模拟产品来进行试验/测试。

SAT：现场验收测试(Site Acceptance Test)，这个名词也是工程项目管理的概念。SAT和FAT相对应，FAT是在设备制造商处进行的测试，SAT就是在使用者的场所进行的测试。测试范围可涵盖安装、调试、运行等内容，SAT和IQ/OQ/PQ原则差别不大，主要区别为一个是法规的要求，一个是工程管理实践的流程，是供应商与客户的约定，二者的目的是一致的，更多的是名称和文件化的区别。如果SAT做得详细完整，IQ/OQ文件可以引用SAT的内容，反之亦然。

综上所述，确认工作是确保设备满足预定用途和规范要求的风险控制措施，措施的正式程度和文件化程度与风险的级别相关。

2. 设备的采购

设备采购是设备生命周期的初始阶段，在这个阶段主要考虑的是设备设计(选型)能否满足企业的需求，且设备(选型)应建立在基于科学的质量风险管理(QRM)和质量源于设计(QbD)的概念上。基于需要采购设备的复杂程度和对产品质量影响的程度，决定这一阶段工作的正式化、文件化程度。

设备的设计(选型)需慎重考虑防污染、防交叉污染和防差错，应符合预期使用用途，尤其是需要满足工艺需求，以最大限度降低对患者安全和产品质量的影响风险。

越是复杂的设备，供应商的影响就越大，对于设备供应商的管理和要求就越高，需要仔细评估供应商的能力是否能够满足设备全生命周期管理的要求。

在现阶段企业的设备管理存在的主要问题是企业的行政管理流程与质量管理流程缺乏关联，主要表现在，质量管理流程规定了规范的设备管理要求，但是这些要求并没有和签合同、付款等重要的行政管理流程关联，这样就造成了两个流程脱节，最终导致管理失效。

在采购阶段应进行设计确认(DQ)工作，通过供应商的设计文件等确认供应商提供的设备能够满足用户需求(URS)。

设备设计(选型)之前，首先要建立URS说明。URS说明是设备管理起点，尤其是复杂定制设备内容可能会涉及生产计划、设备操作、产品工艺、法规、质量控制、安全环境健康、设备维修、生产效率等诸多因素。一个好的设计开始于一个能够被设计者很好地理解的URS。因此在设计过程中应有生产、维修、工程、质量等多个部门的共同参与，特别是用户和维修人员，充分利用他们对现有设备的使用和维护经验帮助设计者进行新设备的设计。

设计确认必须证实设计文件已完全满足了用户需求。它涵盖了从最初的概念提出直到签署定购合同前各种文件评估、完善的设计确认及工程技术设计，是保证用户需求及设备/系统功效得以实现的基础。在设计阶段形成的设计图纸、技术要求、材料清单等文件应由技术人员进行检查核对，并得到审核人签字确认。

需要明确的是，标准设备和非标设备的确认方式存在一定差异，标准设备的设计确认主要是选型，核对供应商的参数表等，确认设备是否符合URS，而非标复杂的设备的设计确认就需要对供应商提供的技术参数、功能说明(FS)、设计说明(DS)、图纸(如设备平面图、P&ID图等)技术资料的适用性进行审查，并形成文件。

3. 设备安装调试

设备安装调试是否能够满足URS，对于设计后期的使用有较大的影响，所以，需要对这一过程进行有效的管理。这一阶段的GMP的要求主要为IQ、OQ的工作，在工程实践中还提出了FAT和SAT的概念，这些工作的目的都是一致的，都是确保设备能够满足预定的用户和规范的要求。

具体的IQ至少包括以下方面。

(1) 根据最新的工程图纸和技术要求，检查设备、管道、公用设施和仪器的安装是否符合设计标准；

(2) 收集及整理(归档)由供应商提供的操作指南、维护保养手册；

(3) 相应的仪器仪表应进行必要的校准(GMP附录"确认与验证")。

归纳起来，主要是两方面的工作，一是验收，包括对于设备、配件、配套文件进行检查；二是安装，主要是根据设计的图纸检查设备的定位、安装(设备本身的安装和与需要的公用设施的连接，如工艺用水、工艺气体、排水等)，如纯化水系统的安装，包括制水设备的定位、制水系统的安装连接、分配系统的安装连接等，这些工作关键要求就是对照设计图纸进行检查、确认，所有的安装工作是否满足设计的要求。

当然，为了满足工艺和GMP的要求，还会包括与药品直接接触的设备表面材质的确认，确保与药品直接接触的生产设备表面应当平整、光洁、易清洗或消毒、耐腐蚀，不得与药品发生化学反应、吸附药品或向药品中释放物质。

设备安装结束后就进入设备调试确认阶段，也就是规范中OQ阶段的工作，但在工程实践中这一阶段远远超过了OQ的内容，OQ主要是对调试后的设备按照预定的要求进行测试，所以在工程实践中SAT的测试范围可能更为广泛，包括在安装调试过程中进行的一些额外的测试，但主要目的都是确认调试后的设备运行是否能够满足设计标准。

运行确认至少包括以下方面。

(1) 根据设施、设备的设计标准制定运行测试项目；

(2) 试验/测试应在一种或一组运行条件之下进行，包括设备运行的上下限，必要时选择"最差条件"；

(3) 运行确认完成后，应当建立必要的操作、清洁、校准和预防性维护保养的操作规程，并对相关人员培训(GMP 附录"确认与验证")。

这一阶段的确认工作为下一阶段的工作做准备，需要注意的是，在进行 IQ、OQ 的过程也是对设备、系统的认识、熟悉、了解的过程，同时也是对人员培训的过程，这个过程完成后应建立设备、系统的相应 SOP 文件。

4. 校准

对于安装有计量器具的设备、仪器和系统而言，校准是不可缺少的重要工作，不进行规范的校准工作，获取的数据可靠性就失去了基础。

根据仪器仪表的使用用途和环境，基于风险控制策略，可将仪器仪表分级管理，以确定校准范围和频率。

计量技术规范 JJF1001—2011《通用计量术语及定义》分别给出了检定、校准的定义。

检定(Verification)：查明和确认计量器具是否符合法定要求的活动，包括检查、加标记和/(或)出具检定证书。

校准(Calibration)：指在规定条件下的一组操作，其第一步是确定由测量标准提供的量值与相应示值之间的关系；第二步则是用此信息确定由示值获得测量结果的关系，这里测量标准提供的量值与相应示值都具有测量不确定度。校准可以用文字说明、校准函数、校准图、校准曲线或校准表格的形式表示。某些情况下，可以包含示值的具有测量不确定度的修正值或修正因子；校准不应与测量系统的调整(常被错误称作"自校准")相混淆，也不应与校准的验证相混淆。通常，只把上述定义中的第一步认为是校准。

在现实工作中，通常会将检定和校准两个概念混淆，实际上这两个概念存在较大的差异。

根据《中华人民共和国计量法》的规定，国家对于"县级以上人民政府计量行政部门对社会公用计量标准器具，部门和企业、事业单位使用的最高计量标准器具，以及用于贸易结算、安全防护、医疗卫生、环境监测方面的列入强制检定目录的工作计量器具，实行强制检定。未按照规定申请检定或者检定不合格的，不得使用"。

所以检定是强制要求，是为了维护公众利益进行的工作，而校准则是"确定由测量标准提供的量值与相应示值之间的关系"，是企业的自主行为，企业根据自身的需求确定校准的范围，只是在制药领域有相应的法规要求，对药品生产企业的校准工作提出了原则要求。

药品生产企业需建立校准管理程序，保证项目阶段和日常运营过程中所使用的仪器仪表均处于受控状态。

由于药品生产企业需要校准的仪器仪表众多，且对于产品质量的影响差异较大，所以这些仪器仪表的校准要求也不尽相同，为有效利用资源，科学合理进行校准工作，需要对仪器、仪表进行校准关键性评估。该工作是校准活动的重要工作，应该在设备进入常规操作之前完成。它有助于定义后续的校准范围和周期。关键性评估应考虑仪器对产品安全、鉴别、效价、纯度或质量、设施/环境安全或商业效益的影响。

根据评估的结果建立仪器仪表台账和校准计划，台账应定期维护和更新，确保台账与现场实际信息一致。台账内容通常包括但不局限于：序号、仪表名称、级别、类别、内部编号、型号/规格、出厂编号、制造商、设计量程、工作量程、精度/最大允许误差、使用位置、位号、上次校准日期、校准周期、有效期至、校准单位等。

仪器仪表应有标识，对标识分类管理，且每个仪器仪表的标识应唯一，合格标识一般包括以下内容：计量编号、确认人/日期、有效期至。

企业应该根据制订的校准规程和已确定的校准计划，对仪器仪表进行校准。

校准时，不能污染产品。如果关键控制设备的完整性受到校准活动的影响，应有规程保证恢复到合格状态。同时校准至少包含工艺操作范围。如果没有明确的操作范围，校准应包含完整的测量范围。对于关键控制设备，如果校准不合格或超过校准有效期，应评估校验频率并采取足够的措施，并应按照“偏差”进行控制管理。

仪器仪表校准周期制定原则一般如下：

对于有校准规程的仪器仪表的校准周期应依据国家计量校准法规的要求确定校准周期并不得超过国家校准规程规定的校准周期。

没有校准法规要求的仪器仪表可根据国家计量部门给出的建议并结合生产工艺及仪器仪表的分类来确定校准周期。

由于仪器仪表的使用频率各不相同，可根据校准结果调整校准周期。同时对于校准合格的仪器仪表和不合格的仪器仪表应有规程进行管理。

达到使用寿命的仪器仪表应进行退役处理。故障或校准不合格，且无法恢复到满足使用要求的状态的仪器仪表必须进行退役处理。退役的仪器仪表需要有警示的标签。仪表退役后，在其整个生命周期里的文件应保存到企业SOP规定的时限。对于产品关键仪表，在退役前应考虑再进行一次校准，以确保在上一次校准到退役期间所指示的数据的有效性。

5. 设备的使用、维护和维修

(1) 性能确认

设备在正式投入使用前，应根据其对工艺及质量的影响开展相应的性能确认(PQ)工作。

PQ是设备确认的最终目的，其与工艺和质量相关，是用文件来证明安装调试好的设施、系统和设备，按照在运行确认期间制订的标准操作规程来操作，在设备设计的工作参数范围内负载运行，设备能始终如一和可靠地满足批准的工艺规程的要求并实现预期的工艺目的。

性能确认通常应该在IQ和OQ成功完成后执行。可以将性能确认作为一个独立的活动进行，在某些情况下也可以将性能确认结合运行确认或工艺验证来实施。而且性能确认的工作在大部分情况下与工艺验证的范围类似，所以也可以与工艺验证同时进行。

(2) 设备维护和维修

设备通过性能确认后就可以正常使用。为确保设备稳定，降低设备的故障率，要强调两方面，一是操作人员按照设备操作规程正确使用设备；二是要对设备进行有效的维护。

设备维护的目的是降低设备发生故障的概率，为设备可以持续生产出高质量的产品提供保证。设备的维护分类可以分为检查、维修及保养三类。有的制药企业也将设备的维护分为两类：预防性维护和基于设备故障后的维修。无论如何对设备的维护进行分类，其本质是相同的，进行日常的检查和后续的跟踪过程其实就是预防性维护，设备一旦发生故障，就是故障维修。

企业的设备维护或使用人员定期对设备与工具进行维护保养，防止设备故障或污染对药品的安全性、均一性、有效性以及含量、质量、纯度等造成影响。设备的预防性维护必须按照制订的已批准的预防性维修计划周期进行实施，同时制订预防性维护操作的书面规程并按其执行。如维护涉及与物料接触的部分，维护后应及时对设备进行清洁，以保证再次使用时不会对产品质量造成影响。设备的维护和维修还应有相应的记录。

良好的设备维修体系的运作，不仅有益于企业的产品质量，还可以通过合理的维修方法延长设备的使用寿命，延缓投资，进一步增加企业的收益。

忽视设备的维修与保养，设备的正常状态将得不到保障，也将无法保证生产出符合质量标准的产品、无法及时地满足市场需求，既不利于企业的发展，也不利于客户的需求，使企业蒙受更大的损失。因此企业建立完善的、强有力的维修体系，将会为企业的持续发展从硬件上提供保障。

预防性维修的项目和频率应根据以下内容而定：① 供应商的建议（供应商提供的用户手册或维保要求）；② 经验；③ 用途（相同的设备由于用途不同，可能需要设定不同的维护频率）；④ 风险分析。

设备的维护和维修应当有相应的记录。经改造或重大维修的设备应当进行再确认，符合要求后方可用于生产。

(3) 设备使用管理

根据规范要求，需要记录“设备使用日志”。

设备使用日志，用于记录有关操作，内容包括：使用、清洁、维护和维修情况以及日期、时间、所生产及检验的药品名称、规格和批号等。

设备使用日志是一个简要的概况性文件，其中只须简要记录所执行的活动，无须重复记录详细内容。但应确保可以通过设备使用日志的记录追溯到相关的记录。

设备使用日志应放置在设备的现场，按时间顺序进行记录。应定期审核设备使用日志，通过审核确保记录的正确性和完整性，并且对设备的运行状态进行评估。

设备在投入日常生产使用过程中，通过获取参数和设备运行情况观察的结果等，对设备性能进行趋势分析以判断设备性能稳定性，并通过评估结果确定是否需要进行再确认等工作。

如果设备发生变更，需要评估变更对于产品质量的影响，以确认需要采取的措施，如重新进行 IQ、OQ、PQ，甚至重新进行工艺验证等。

6. 设备清洁

直接接触药品的生产设备清洁对于控制产品污染和交叉污染风险有重要的作用，尤其对于多产品共用的生产设备，为防止交叉污染，还需要对设备的清洁方法进行验证。

为了确保设备清洁效果持续受控，应建立完整的清洁、消毒、灭菌程序。

GMP 中规定：“生产设备清洁的操作规程应当规定具体而完整的清洁方法、清洁用设备或工具、清洁剂的名称和配制方法、去除前一批次标识的方法、保护已清洁设备在使用前免受污染的方法、已清洁设备最长的保存时限、使用前检查设备清洁状况的方法，使操作者能以可重现的、有效的方式对各类设备进行清洁。

如需拆装设备，还应当规定设备拆装的顺序和方法；如需对设备消毒或灭菌，还应当规定消毒或灭菌的具体方法、消毒剂的名称和配制方法。必要时，还应当规定设备生产结束至清洁前所允许的最长间隔时限。”

所以制订设备清洁规程不仅需要对设备的结构有充分的了解，还需要熟悉所生产产品的特性。

以图6-25所示的万能粉碎机为例，制订这个生产设备的清洁规程，需要了解设备哪些地方需要清洁，哪些部件需要拆卸后进行清洁，结合所生产产品的特性，是否易清洁，黏附、溶解的特性，确定清洁方式、清洁溶剂和清洁检查的方式。

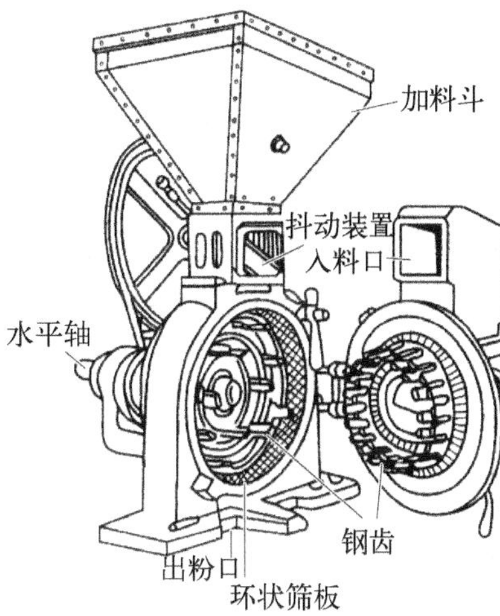

图6-25 万能粉碎机示意图

清洁验证

对于设备的清洁验证有如下关键点：

GMP附录“确认与验证”第四十九条中规定“如无法采用清洁验证的方式来评价设备清洁效果，则产品应当采用专用设备生产”。

所以规范中关于清洁验证的要求，主要是针对多品种共用且与药品直接接触的生产设备。

这里的清洁效果指能够采用数据的方式证明清洁后的设备交叉污染风险可控。

清洁验证是针对生产设备清洁方法的验证，简单地说，就是一个多品种共用生产设备如果有一种清洁方法就需要进行验证1次，有两种就需要验证2次，例如，一个固体制剂生产用的混合机，由于共用生产品种的溶解特性，对其制订了两种清洁方法，一种采用纯化水为清洁剂进行清洁，另一种采用以NaOH溶液为清洁剂进行清洁，则需要对这两种清洁方法都进行验证，以证明清洁方法的有效性。

清洁验证有一个可接受的标准，这个标准不是没有任何残留，而是指设备中各种残留物的总量低至不影响下批产品的安全有效性。因此需要合理地确定活性物质、清洁剂残留的限度标准。活性物质残留限度标准应当基于毒理试验数据或毒理学文献资料的评估建立。对于易受微生物污染影响的产品，还需要制订微生物污染的限度标准。

在清洁验证中，不能采用反复清洗至清洁的方法。目视检查是一个很重要的标准，但通常不能作为单一可接受标准使用。

因此“清洁验证应当综合考虑设备使用情况、所使用的清洁剂和消毒剂、取样方法和位置以及相应的取样回收率、残留物的性质和限度、残留物检验方法的灵敏度等因素”。

尤其是产品的工艺流程较长、共用设备较多且共线生产品种较多时，清洁验证的复杂程度就会大幅提高。

可以采用风险评估的模式，评估每种清洁方法的最差条件，开展验证工作。

将相似种类的产品分组，选择最差情况产品，如按活性成分溶解性，治疗剂量和处方(颜色，气味，难溶成分)分组，在每个分组中再按溶解性最差，治疗剂量最低和活性成分含量最高的原则。

将相似种类或等同的设备分组，将设备划分到指定组。在相似类型的设备中选择最难清洁设备，如大小相同但是内部搁板数量较多、结构复杂的储罐是最难清洁的设备；对于设计和功能相似，大小不同的设备，选择最大和最小两个极端规格等。

在清洁顺序中选择最小批量的下批产品或最小剂量的前批产品。

清洁验证通过的清洁方法就是正式的清洁方法，并不是验证结束就一劳永逸，需要在日常生产管理过程中对清洁效果进行确认，主要采用两种方式，一种是生产后的清场检查，在规范中明确规定需要对生产的清场检查进行复核，以确认清洁效果；二是必要时通过参照清洁验证的取样方法对设备的清洁效果进行确认，但不用像清洁验证时进行三次，但如果出现偏差，就需要仔细评估产品交叉污染的风险。

6.3 计算机化系统

案例 1

Therac 25 是加拿大原子能公司(Atomic Energy of Canada Limited, AECL)生产的一种辐射治疗的机器。由于其软件设计时的瑕疵，致命地超过剂量设定，导致在 1985 年 6 月到 1987 年 1 月，在其引起的六起已知的医疗事故中(表 6-12)，患者死亡或严重辐射灼伤。

表 6-12 六起医疗事故

序号	事 故 概 述
1	1985 年 6 月，一名 61 岁的女性到 Marietta 的 Kennestone 肿瘤中心接受锁骨部位的 10 M 电子伏特电子射线照射，治疗中病人感到炙热和疼痛，大声喊叫，医生 Tim Still 无法解释，怀疑与过量辐射有关，并与 AECL 电话联系。AECL 工程师答复称设备没有发生超剂量的可能。随后病人提出诉讼，病人由于遭受严重的烧伤，肩部和手臂被切除，但是诉讼也因为证据不足不能立案
2	1985 年 7 月，一名 40 岁女性子宫颈癌患者在加拿大安大略省 Hamilton 接受 Therac 25 治疗，治疗剂量为 200 拉德，治疗过程中机器停机，显示出现"HTILT"错误。同时控制台显示"No dose"(无剂量)和治疗暂停，于是操作人员按键盘恢复继续运行，同样错误再次发生，在发生 5 次之后，机器进入悬挂状态，进行了重启动的操作。病人当时反应有强烈烧灼感和电击麻刺感。该病人在 5 个月后死亡。据后来的分析，该病人在治疗过程中实际受到 15 000 拉德的辐射，对人体而言，辐射剂量达到 1 000 拉德就已经是致命的了
3	第三起事故发生在 Yakima，患者受到辐射灼伤，但在多年后从伤害中完全恢复
4	1986 年 3 月，一名男性背部肿瘤患者，在美国东得克萨斯某医院接受 Therac 25 治疗，治疗模式为电子射线，剂量为 180 拉德，面积为 10 cm×17 cm，操作人员对设备操作十分熟悉，迅速敲击键盘，输入相关数据，发现模式显示为 X(X 射线)，于是更改为 E(电子射线)，启动机器，机器很快停机，显示"Malfunction 54"，这个信息的含义在说明书中没有明确定义，其解释是能量已发射，可能过低或过高。控制台显示为剂量过低，操作人员于是进行了恢复和重启动的操作，这时治疗舱内的病人已无法忍受，跳下床敲门，治疗被迫终止。5 个月后该病人死亡，据分析该病人接受了 16 000～25 000 拉德的辐射
5	1986 年 4 月，美国东得克萨斯，一名男性面部皮肤癌患者进行 Therac 25 电子射线治疗，剂量为 180 拉德，事件发生过程几乎与第 4 起事故相同。由于脑部受损，病人在 20 天后死亡，据分析该病人接受了 25 000 拉德的辐射
6	1987 年 1 月，在治疗过程中设备故障暂停，技师敲击"P"键继续，导致过量辐射产生，患者 3 个月后去世

在美国放射治疗仪从20世纪60年代开始使用以来，一直没有发生重大的事故，所以无论是患者、医院或制造商，对于可能发生超剂量辐射事故毫无思想准备。1985年第一起事故发生并由患者提出诉讼后，设备制造方AECL完全否认故障出现的可能，由于厂方和医院都缺乏必要的记录，FDA完全无从着手调查。

1985年7月，第二起事故发生后，FDA督促AECL进行调查，AECL虽无法重现事故场景，但是他们已经开始怀疑事故可能是旋转台固定位置微开关的瞬时故障引发，微开关的瞬时故障又追溯至软件输入数据错误。AECL为此做出相应的改进，并通知医院和FDA，声称分析表明新方案的风险率比旧方案降低了5个数量级。

1986年发生在美国东得克萨斯的连续两次医疗事故，在操作人员和医生的共同努力下，终于发现Therac 25的控制系统可能存在重大隐患。

1986年4月Therac 25事故发生后，ETCC立即停止Therac 25工作，并通知AECL。ETCC的医生立即对事故进行了仔细的调查。由于机器的操作员能够确切记忆事故发生时设备实际操作过程，经过一段时间的努力，终于使错误信息“Malfunction 54”信息得以重现。他们发现，在机器的编辑阶段，数据的输入速度是该错误出现的关键因素，也就是说，对于一个熟练的操作人员，在重复同样的操作千百次之后，编辑速度越来越快，最终将使“Malfunction 54”信息出现，即超剂量辐射事故发生。参加实验的医生是在经过了相当长的实践后达到了临界的编辑速度。次日对结果感到迷惑的AECL工程师来到现场，直到他在医生和操作人员的训练下使“Malfunction 54”信息再次出现时，才接受了医院的观点，并测量这时的辐射剂量已经达到饱和的25 000拉德。

得知这个消息的美国芝加哥大学联合辐射中心的医生在他们的教学设备Therac 20上进行了实验，两个月后医生们观察到在学生实验中经常出现保险丝烧毁和继电器断路的事件，经分析其实质与Therac 25故障完全相同，但是由于有硬件电路的保护，没有造成任何严重的影响。

有了这一系列的实验结果，Therac 25故障的原因最终得到确认。故障并不仅是由一般的软件错误造成，根本原因是系统总体安全设计的问题。

事后的调查发现整个软件系统没有经过充分测试，调查事故的研究人员发现了以下几个主要原因。

(1) AECL没有独立审查的软件代码。

(2) 在评估机器如何产生预期结果以及存在哪种故障模式时，AECL没有考虑软件的设计。这些形成了称为可靠性建模和风险管理的一般技术的一部分。

(3) AECL从未使用软件和硬件的组合测试Therac 25，直到在医院被组装。

从这个案例分析可以看出，由于计算机化系统的特殊性，设备的硬件测试固然重要，但是控制设备硬件的软件也非常重要，尤其是有重大风险影响的软件必须要经过系统化的确认与验证。同样道理，制药企业中对产品质量有重大影响的计算机化系统也必须满足相应的GMP要求。无论是从自动化生产系统到简单的Excel电子表格，还是控制质量相关工艺的软件，验证都需要符合GMP法规的强制性要求。

6.3.1 计算机化系统定义

我国GMP中关于计算机化系统的定义为“计算机化系统由一系列硬件和软件组成，以满足特定的功能”。

在PIC/S的指南《在GXP监管环境内的计算机化系统管理规范》中将计算机化系统定义为：“计算机化系统由计算机系统和受控功能或过程组成。该计算机化系统由所有计算机硬件、固件、已安装的设备以及控制计算机运行的软件组成。受控功能可以由要控制的设备和定义该设备功能的操作过程组成，或者可以是不需要计算机化系统中的硬件以外的设备的操作。局域网和广域网的接口及联网功能是计算机化系统和操作环境的一部分，将众多的计算机和应用程序联系起来。”如图6-26所示。

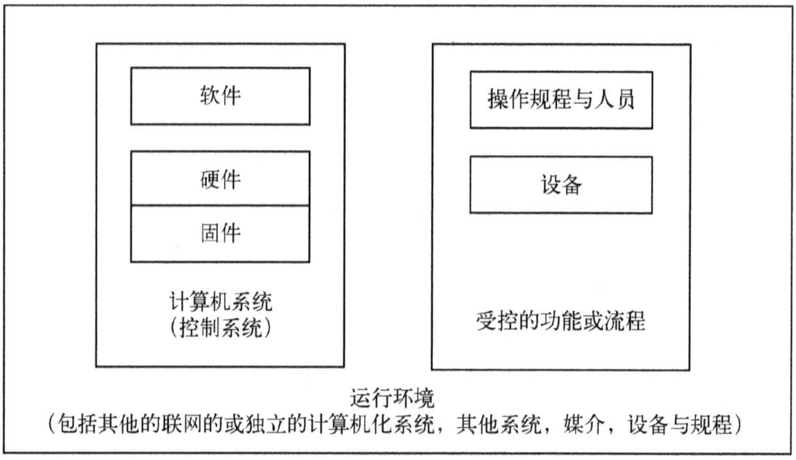

图6-26 计算机化系统

6.3.2 计算机化系统管理理念

使用计算机化系统的目的是替代人工操作，以提高效率、规范操作、降低成本，但是应当确保不对产品的质量、过程控制和其质量保证水平造成负面影响，不增加总体风险。

在制药企业中相关的计算机化系统繁多，系统功能、影响、复杂程度都不尽相同，这里风险管理扮演着重要的角色，风险管理应当贯穿计算机化系统的生命周期全过程，应当考虑患者安全、数据完整性和产品质量。

基于计算机化系统的特殊性、专业性、复杂性、出现问题不易感知。所以需要对计算机化系统进行有效管理，以控制风险。

国际药物工程协会（ISPE）从确保计算机化系统既能满足预定用途又能符合GXP法规要求出发，组织专家编写一套简称为GAMP的方法性指南文件，该指南从1995年第一版开始到2008年，已经更新出版至第5版。

GAMP5所提出许多理论和概念比较科学，并考虑到当期的工程实践状况，所以虽然它不属于法规，却是目前国际制药行业进行计算机化系统验证方法的主要参考依据，同时也是医药自动化最重要的合规性指南。

GAMP5对于GAMP4作了非常重要的更新，GAMP5更新重点：希望用最经济的方法使系统达到符合法规和预定用途的目的。

其中5个关键的概念贯穿了整个指南。

1. 基于对产品和流程的理解的概念

对于产品和流程的充分理解是计算机化系统需求的基础，也是基于科学与风险决策的基础。理解集中在对确保患者安全、产品质量和数据完整性重要因素的识别、描述和确认。其中包括了各种流程：研究和实验流程、生产和管理流程、质量检验和分析流程、储运和配送流程、药物警戒控制流程。对于生产系统流程，关键则是全面理解产品特征、确定关键质量属性(Critical Quality Attributes，CQA)和关键工艺参数(Critical Process Parameter，CPP)。

2. 基于质量管理体系的生命周期方法的概念

计算机化系统生命周期方法就是以系统的方式来定义和实施活动，其包括从系统概念提出、需求理解、经历开发、发布、运行使用一直到系统的退役。生命周期方法是质量管理体系(QMS)的重要组成，而且必须不断审查、改进和更新。生命周期方法也有利推动质量源于设计(QbD)方法的推广。生命周期及其阶段见图6-27。

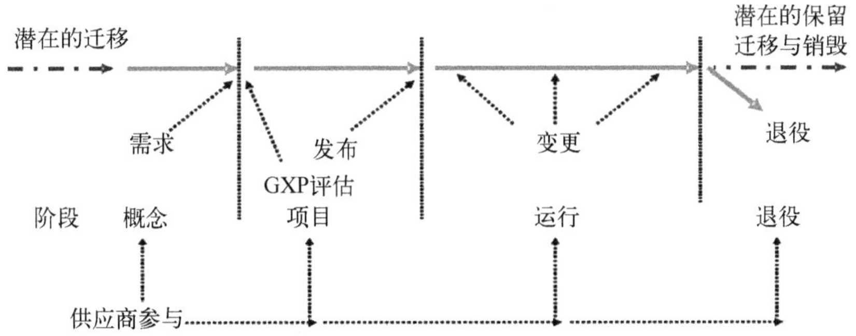

注：这可能是一个复杂的供应链；供应商可能可以提供贯穿于整个系统生命周期中的知识、经验、文件与服务。

图6-27 生命周期及其阶段

3. 可增减的生命周期活动的概念

贯穿于整个生命周期中的项目阶段和支持流程如图6-28所示。其中生命周期各阶段的活动和流程可根据以下内容进行调整。

(1) 系统对患者安全、产品质量和数据完整性三大要素影响的风险性。

(2) 系统和过程的复杂性和新颖性。

(3) 供应商的能力。

4. 基于科学的质量风险管理的概念

质量风险管理是对质量风险进行评估、控制、沟通和审查的系统化过程。质量风险管理主要针对可能对患者安全、产品质量和数据完整性有影响的关键质量属性、关键过程参数，对其进行识别、监控和追溯，至少确保使这些风险最终能被降低到可接受的范围。

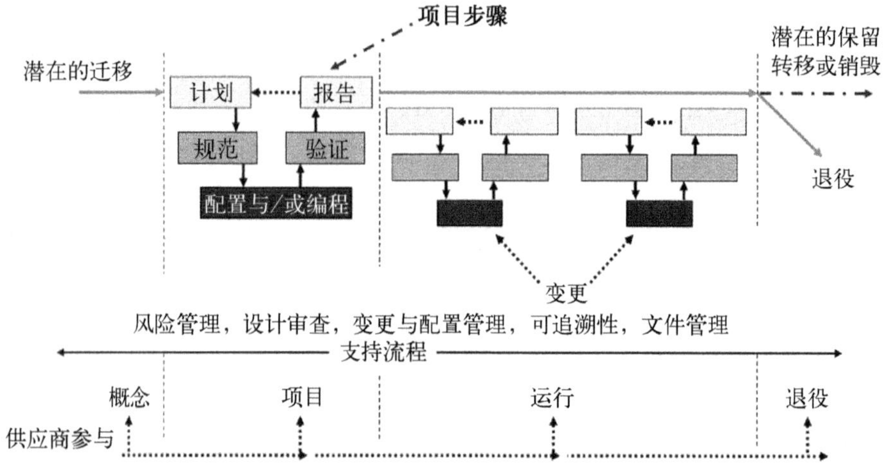

图 6-28 贯穿于整个生命周期中的项目阶段和支持流程

5. 充分利用供应商的活动的概念

利用供应商的知识、经验和文件方面的协助和作用，所以在这里对供应商的评估、选择和审计是非常重要的。利用供应商协助完成整个系统生命周期的工作，大量减少耗费的精力和时间。

以上五个关键概念及其之间的关系如图 6-29 所示。

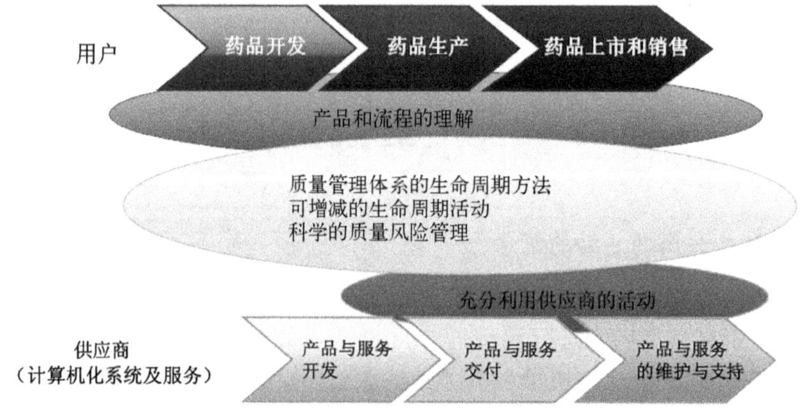

图 6-29 GAMP5 的关键概念及其之间的关系

6.3.3 计算机化系统软硬件的分类及相应典型验证方法

为了对计算机系统进行合理有效的质量风险管理，合理运用系统生命周期活动策略（包括可增减的生命周期活动和风险评估），GAMP 对系统的软硬件进行了大致的分类，但是这种分类是指导性的，并不意味所有的软硬件都可以被划分到特定的类别，软件的第 3 类到第 5 类之间并没有一个严密的分界线。

计算机化系统的分类与风险评估、供应商评估和生命周期方法密切相关。

其中计算机化系统软件的分类与软件定制程度、故障和缺陷的风险性以及验证交付物的数量和复杂程度密切相关。

1. 硬件分类

表6-13为计算机化系统硬件分类。

表6-13 计算机化系统硬件分类

分类	描述	典型系统示例	典型验证方法
标准硬件组件	商业化标准组件	标准的PLC系统	① 验证组件的安装和连接方式是否正确； ② 预安装组件的模块、版本号和系列号的记录
定制的内置硬件组件	特制需求的组件	合成特定工艺控制系统	① 编制设计标准； ② 验证测试； ③ 设计文件； ④ 供应商审计

2. 软件分类

表6-14为计算机化系统软件分类。

表6-14 计算机化系统软件分类

分类	描述	典型系统示例	典型验证方法
第1类（基础设施软件）	① 分层式软件（作为搭建应用程序的基础） ② 用户管理操作环境的软件	① 操作系统； ② 数据库引擎； ③ 中间件； ④ 编程语言； ⑤ 统计包； ⑥ 电子制表软件； ⑦ 网络监控软件； ⑧ 时间进度安排工具； ⑨ 版本控制工具	记录版本号，按照所批准的安装规程验证正确的安装方式
第2类（不可配置软件）	可以输入并储存运行参数，但是并不能对软件进行配置以适合业务流程	① 基于中间件的应用程序； ② 商用现成产品软件(COTS)； ③ 仪器仪表(HPLC、UV等)	① 简化的生命周期方法； ② 用户需求规范； ③ 基于风险的供应商评估方法； ④ 记录版本号，验证正确的安装方法； ⑤ 在根据使用要求的基础上进行风险测试(对于简单的系统，常规校准可能可以替代测试)； ⑥ 有用于保证系统合规、并符合预定用途的规程(维护和操作规程)

续表

分　　类	描　　述	典型系统示例	典型验证方法
第 3 类 可配置软件	该软件通常非常复杂，可以由用户来进行配置（组态）以满足业务流程的特殊需求。该软件编码不能更改	① 实验室信息管理系统（LIMS）； ② 数据获取系统； ③ 数据采集与监视控制系统（SCADA）； ④ 企业资源规划（ERP）； ⑤ 生产资源规划（MRPII）； ⑥ 临产试验监控系统； ⑦ 分散的控制系统（DCS）； ⑧ 不良药物反应（ADR）报告； ⑨ 色谱法数据系统（CDS）； ⑩ 电子文件管理系统（EDMS）； ⑪ 构建管理系统； ⑫ 客户关系管理（CRM）； ⑬ 电子表格； ⑭ 简单的人机交互界面（HMI）	● 生命周期方法 ● 基于风险的供应商评估方法 ● 证明供应商有合适的质量控制体系 ● 记录版本号，验证正确的安装方法 ● 在根据使用要求的基础上进行风险测试（对于简单的系统，常规校准可能可以替代测试） ● 有用于保证系统合规、并符合预定用途的规程（维护和操作规程）
第 4 类 定制应用软件	设计定制程序和编制源代码以使其适应用户业务流程的软件	① 内部和外部开发的 IT 应用程序； ② 内部和外部开发的流程控制应用软件； ③ 定制梯级逻辑软件； ④ 定制固件； ⑤ 电子制表软件	与可配置（组态）情形下相同，并且还包括： ① 更严格的供应商评估，包括可能的供应商审计； ② 贯穿整个生命周期的文档资料（功能规范 FS、设计规范 DS，结构测试等）； ③ 设计与源代码审查

3. 计算机化系统验证活动

根据软件分类情况，验证活动如图 6－30～图 6－32 所示。

（1）第 2 类——不可配置软件

（2）第 3 类——可配置软件

（3）第 4 类——定制应用软件

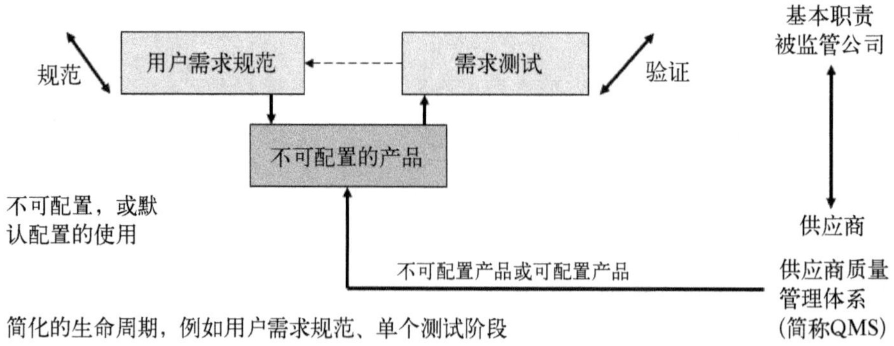

图 6－30　不可配置计算机化系统验证活动

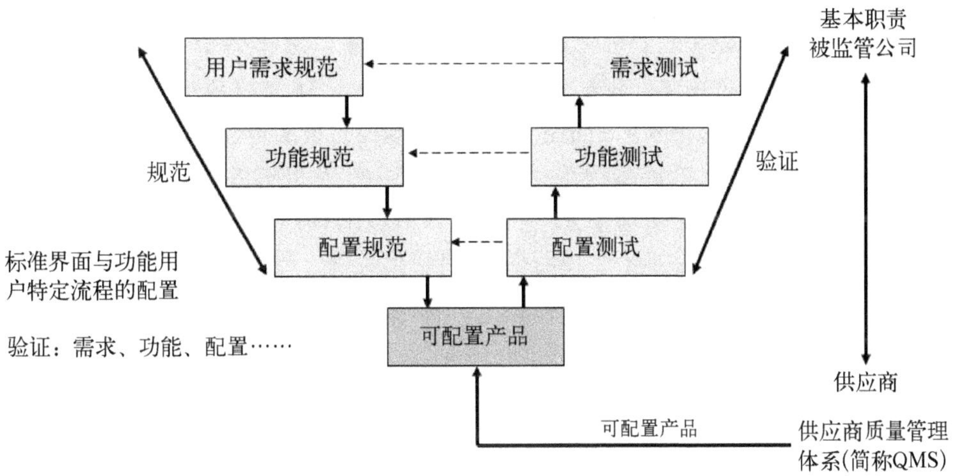

图 6－31　可配置计算机化系统验证活动

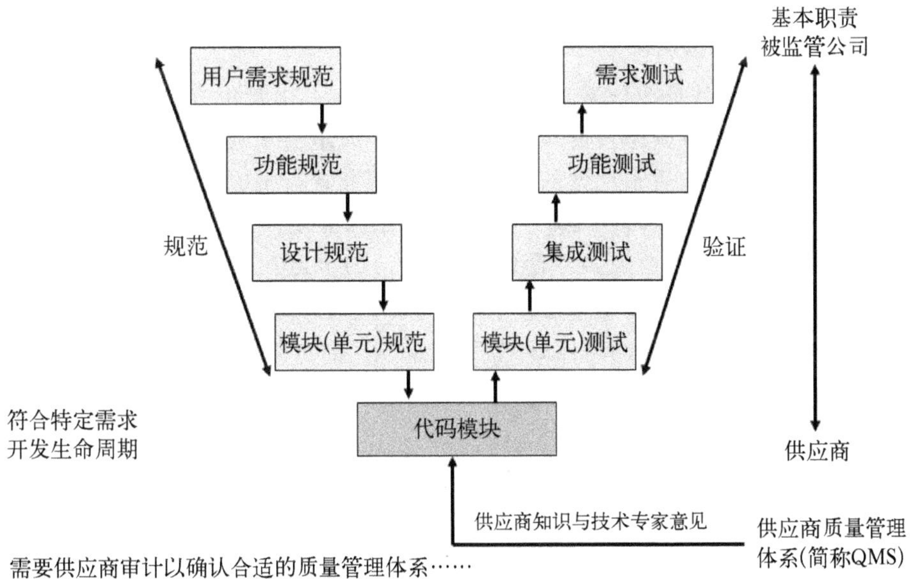

图 6－32　定制计算机化系统验证活动

6.3.4　未来制药设备展望

随着市场需求的不断增多，法规要求的不断提高，制药行业设备也正在悄然发生变化，在未来的发展中，制药设备将从传统的手动、半自动向自动化、隔离化、信息化、智能化、集成化方向发展，进入"智能制造"新时代，通过智能化管理系统与设备的融合，实现柔性化、定制化生产，达到智能生产与追溯大数据的相关联，通过积极运用大数据，使药品追溯体系更加完善。

1. 密闭化与自动化的提高

密闭化即人工操作比例降低，尽可能把人工操作工序或过程改为机械自动化工序或过程，降低人工操作在制药生产中的出现频率，减少人与药物的接触及缩短药物暴露时间，减少生产过程中由于人工操作带来的误差，提高设备的自动化水平，防止人为出错。这是提高药品生产质量的一个重要因素。比如在安瓿瓶水针灯检中，人工目检员工作强度较大，且人为检测因为各种因素干扰，得到的结果也不同，很难确保目检的可靠性。全自动灯检设备逐步取代人工灯检设备，可有效降低人为因素带来的误差，并可有效提高制药行业的生产效率，降低劳动强度。随着我国制药工业的不断发展和政府部门对药品生产监管力度的不断加大，我国制药装备的自动化水平会逐渐提高，自动化装备将逐步替代手动、半自动的装备。

2. 高度隔离化

隔离器是在人和产品之间有个隔离屏障系统，主要目的是防止污染和交叉污染。对于无菌药品的生产，主要是防止人对产品造成污染；对于有毒性、高致敏性药品的生产，在保证药品无菌性的同时，还需要保护操作人员的安全性。随着无菌药品的不断提高和有毒性、高致敏性产品需求的不断提升，未来无菌药品的生产越来越多地会朝着隔离化方向发展。

3. 集成化与模块化的提高

制药装备的集成化就是把分离或转序的工艺集成在一个设备或一个系统中完成，其特点是能防止交叉污染、减少操作人员和空间、降低安装技术要求及安装空间的要求。它包括多工序工艺装备的集成、前后联动设备的集成、进出料装置与主机的集成以及主机与检查设备的集成等。可以说，制药装备的集成化其意义在于药品生产减少人员操作和确保无交叉污染。像无菌原料药生产将原来多台设备、敞口生产的多道工序合并在一个密闭输送转移的系统中完成，极大地减少了由于工艺环节较多、核心操作区域暴露太多带来的药品质量风险。未来药品的生产更多地将向整体的生产线过度，装备的集成度也将不断提高。

4. 在线清洗、在线灭菌

设备可在线清洗和灭菌是制药装备用于制药生产特殊性的表现，特别是无菌制剂所用的制药装备能真正可在线清洗和灭菌化，CIP 和 SIP 是其最高的境界。可以说，一个产品可在线清洗和灭菌的功能恰是其先进性和符合 GMP 要求的标志，也是其对工艺要求的完善表现。从某种意义上说，制药装备的可在线清洗和灭菌化会给传统制药生产带来一场彻底的革命，可大大提高药品生产的质量和劳动生产率，减少手工拆洗所花的劳动量和清洗消毒(灭菌)操作空间，消除人工清洗所产生的失误操作，同时有效避免离线清洗和灭菌后人工无菌转配的风险。

5. 连续制造

传统上用于医药产品生产的是批制造。在这种工艺中，来自一个步骤的物料通常根据过程控制进行离线检测，并在进入下一处理步骤之前被存储。如果中间物料不符合质量期望，可能会在进入下一处理步骤之前丢弃或在某些情况下返工。在连续制造中，每一工艺步骤中产生的物料被直接地连续地送往下一步骤进一步处理，每一处理步骤需要可靠地生产可接受的中间体或产品。与批制造相比，连续制造往往涉及更高水平的工艺设计以确保充分的工艺控制和产品质量。与传统批制造相比，连续制造提供了改善产品质量控制和提高制造灵活性的可能性。此外，连续制造可以减少工艺开发研究所需的潜在昂贵 API 的数量，极大地减少工艺开发和优化工作中的物料成本。然而，设施建设需要初始投资，连续制造需要获得工艺知识。对于连续制造，可能存在经济障碍。因此，目前采用连续制造的潜在候选对象很可能是新治疗实体或具有巨大市场需求的已获批药品的新建或扩建生产设施。在连续制造实施过程中，也存在着挑战。在连续制造中，物料连续地在各个单元操作之间流动，产品在较长时间段内连续地形成。连续工艺的控制策略应评估连续制造特有的考量因素，因为工艺、产品或环境条件可能随时间而变化。这些考量包括但不限于了解影响流动性的材料属性、了解过程动态包括过程启动和停机对质量的影响以及为过程监测和控制设计适当的测量系统。

6.4 总　　结

通过本章阐述，我们可以得知厂房、设施的意义在于提供药品生产的支持系统，以控制药品生产过程的风险，但不同类别的产品的风险侧重不同，例如，无菌产品更为重要的是污染的风险控制，如微生物、微粒等。而非无菌产品尤其是口服固体制剂产品的风险控制体现在交叉污染上，尤其是生产过程中的粉尘控制。所以相应地设计考虑的重点就有所区别。

设备对于药品生产的重要性是毋庸置疑的，可以说没有设备就不能生产出药品，设备的管理重点在于如何能够提供满足药品生产需求的设备，且如何使设备的性能稳定。

由于科技的进步，计算机化系统大量投入使用，计算机化系统的特殊性使我们必须对其重视，如何有效管理也是我们关注的重点。

思考与讨论

1. 药品 GMP 对厂房与设施的基本要求有哪些？
2. 2010 年版 GMP 将药品生产洁净级别分为哪几个级别？每个级别的标准是什么？
3. 什么是单向流？
4. 设备确认通常包括哪些内容？
5. 计算机化系统的定义是什么？

第7章

物料管理

7.1 概　　述

物料是药品生产的物质基础，没有质量合格的物料就不可能生产符合质量标准的产品，因此物料是保证药品质量的基本要素之一。

药品生产过程就是物料流转的过程(图 7－1)，药品生产所用的物料包括原料、辅料、包装材料、工艺用水和工艺用气等。原料是指药品生产过程中使用的除辅料以外的所有投入物，例如化学药品制剂的原料是指原料药；生物制品的原料是指原材料；中药制剂的原料是指中药材、中药饮片和外购中药提取物。原料药的原料是指用于原料药生产的除包装材料以外的其他物料。辅料指生产药品和调配处方时所用的赋形剂和附加剂，如稀释剂、崩解剂、润滑剂、矫味剂等。包装材料是指与药品直接接触的包装材料和容器、与药品非直接接触的印刷包装材料(包括标签和使用说明书)等，不包括发运用的外包装材料。工艺用水是指制药工艺中使用的饮用水、纯化水、注射用水等。工艺用气指的是制药工艺中使用的氮气和压缩空气等。

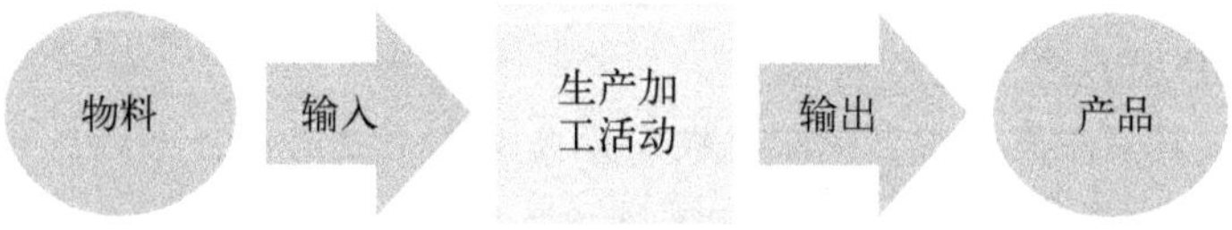

图 7－1　物料流转过程

物料与生产密不可分，以物料为线条，以生产活动为主导，是实现制药企业管理的关键。物料作为产品实现过程中最复杂的关键要素之一，其复杂性主要来源于三个方面：物料对药品生产工艺影响的复杂性、物料性质的复杂性和供应链的复杂性。

由于药品生产使用的原材料和包装材料大部分都不是制药企业自己生产的，因此，物料管理的加强意味着制药企业的质量管理向上游的延伸，即供应链的管理。物料管理涵盖从供应链、原辅料进厂到成品出厂的全过程。

供应链的概念是在 20 世纪 80 年代被提出的，译自英文“Supply Chain”。所谓供应链，是指产品生产和流通过程中所涉及的原材料供应商、生产商、批发商、零售商及最终消费者组成的供需网络，即由物料获取、物料加工到成品送到用户手中这一过程所涉及的企业和企业部门组成的一个网络。

近年来，随着世界经济全球化的发展，外包越来越成为司空见惯的企业战略，制药行业的供应链也变得越来越复杂。在越来越严厉的法规监管和日益复杂的供应链环境中，如何保证物料符合其在药品生产工艺中的预定用途？如何将基于科学的方法、风险管理方法和生命周期方法应用于物料管理，从而保证物料始终处于受控状态？

案例1 肝素钠事件

肝素是一种天然抗凝血药，能干扰血凝过程的许多环节，在体内外都有抗凝血作用，临床被用作预防外科手术中的血栓栓塞、心脏和肺部的血栓生成以及洗肾中的抗凝血药物使用的历史已有半个多世纪。肝素的钠盐为带负电荷的黏多糖大分子，不易透过肠黏膜，故常用静脉注射。由于其结构和组成的复杂，直到现在肝素还采用从猪小肠黏膜中提取的方法获得。

自2007年11月以来，美国卫生当局开始收到一直在接受透析的患者的急性过敏反应集群的报告。症状包括低血压，面部肿胀，心动过速，荨麻疹和恶心。尽管最初的调查主要集中在透析设备上，但疾病控制和预防中心的一项调查发现，Baxter Healthcare生产的注射用肝素钠（1 000 U/mL，10 mL和30 mL多剂量药瓶）的使用情况为案件的共同特征。这一发现促使百特医疗集团于2008年1月17日召回9批注射用肝素钠。截至2008年4月13日，自2007年1月1日以来，有81例死亡报告至少涉及接受肝素治疗的患者出现过敏反应或低血压的迹象或症状。但是，报告过敏症状或低血压的事实并非意味着这些都是所有病例的死亡原因。

在最初召回之后，不仅在接受透析的患者中注射肝素，而且在其他临床环境中的患者（例如接受心脏手术的患者）中继续有过敏性反应的报告，包括一些死亡报告。2008年2月28日，百特医疗集团召回了所有剩余批次和剂量的多剂量及单剂量注射用肝素钠和HEP-LOCK肝素冲洗产品。自召回以来，美国食品和药品管理局（FDA）的监测表明，2008年3月，与肝素使用相关的死亡人数已恢复到基线水平。

在调查过程中，FDA怀疑这些严重药物不良反应和死亡事故，是由于肝素钠产品中被掺入了一种“神秘污染物”。为了揭开这个“神秘污染物”的面纱，美国FDA联合美国多个大学的实验室以及欧洲的几十位顶级科学家，展开了研究。2008年3月，美国FDA宣布，他们已经鉴别出了这个“神秘污染物”——多硫酸软骨素（Over-Sulfated Chondroitin Sulfate，OSCS）。硫酸软骨素是从猪的喉骨、鼻中骨、气管等软骨组织提取制得的酸性黏多糖，将硫酸软骨素磺化得到的多硫酸软骨素与肝素钠结构十分相似，但其市价仅仅为肝素钠的1%，那么，在肝素钠中掺入多硫酸软骨素的动机很好理解。然而，多硫酸软骨素究竟是在哪个环节掺入的，又是如何逃脱层层检测的“法眼”？

首先梳理一下美国百特（Baxter）公司肝素钠产品的供应链。美国百特（Baxter）公司的肝素钠制剂，均由位于中国的常州凯普生物化学有限公司（以下简称“常州凯普公司”）提供的原料制造。这是一家中美合资产业，常州凯普是美国Scientific Protein Laboratories Inc（SPL）和常州天普制药有限公司合资的企业，其中美国SPL占股55%，常州天普占股45%。常州凯普公司将生产的肝素钠原料提供给美国SPL公司，再由美国SPL提供给百特（Baxter）公司用于生产医用肝素钠注射液。

中国是世界第一养猪大国，借此优势，中国成为肝素钠原料药的主要生产国，也是全球最大的出口国。近年来出现了很多提取肝素的生物制品公司，其生产模式大多为一家生物制品厂与数家小型家庭式小作坊合作。后者利用收购到的猪内脏加工提取肝素粗品，这是一项既脏又累的工作，大厂一般不愿做。而生物制品厂收集各合作厂的肝素粗品进行加工提纯，生成医用肝素钠，作为肝素钠注射液的活性成分。中国常州凯普公司正是这样一家生物制品厂。

由此可知，美国百特(Baxter)公司所使用的肝素物料供应链十分复杂，涉及多个环节，包括原材料即猪小肠的收集→原材料前处理→粗品提取→常州凯普公司原料药生产→美国SPL公司。如果企业没有建立有效的追溯系统和控制措施，就很难保证物料供应的安全可控，甚至给了不法分子可乘之机。该事件导致中国原料药遭遇出口信任危机，2008年2月20日—26日，美国FDA到常州凯普公司进行现场检查，并在2008年4月发布了关于该公司的警告信[①]，2012年2月，美国FDA宣布，将22家中国公司列入肝素“进口提防”(Import Alert)的公司名单。

那掺入的多硫酸软骨素为什么没有被检测出来呢？因为按照当时美国进口的标准检测方法，肝素成分的质量控制对象主要是“纯度”，测定方法是含硫量，多硫酸软骨素与肝素钠结构相似，而且含硫量高，按照当时的标准检测方法根本无法鉴别出来。

实际上，到这里，我们可以联想到“三鹿奶粉”事件。

产品的质量标准和检测方法是以产品的质量属性为目标，以生产工艺为基础制订的，按照正常肝素钠的生产工艺是不可能含有多硫酸软骨素，所以当时肝素钠的质量标准和检测方法是没有办法区分产品中是否含多硫酸软骨素。

此事件后，为了确保肝素钠供应链的质量安全，美国药典USP多次修订肝素钠的质量标准，以控制肝素钠质量。

美国FDA于2013年6月公布了肝素钠粗品质量监控的工业指南(Guidance for Industry Heparin for Drug and Medical Device Use: Monitoring Crude Heparin for Quality)，该指南主要是帮助肝素钠原料药及制剂生产厂家更好地控制肝素钠粗品的质量，防止多硫酸软骨素(OSCS)及来自反刍动物的污染物。指南要求使用者建立适当的测试方法或使用USP方法来鉴别和控制动物来源的肝素钠粗品质量。USP专论里已经明确规定了，肝素钠应明确标明来自的动物种类及器官组织，而FDA美国只批准提取于猪肠黏膜的肝素钠。美国FDA明确要求采购肝素钠粗品的药物和医疗器械厂家要做到：对每个运单的肝素钠粗品鉴别其动物来源；每个运单的肝素钠粗品使用前要测试OSCS量；要知道肝素钠粗品的真实生产厂家及重新包装、重新贴签及分销商；肝素钠药物和医疗器械的生产厂家要对肝素钠API生产商及肝素钠粗品生产商进行审计；按照ICH Q7(原料药的GMP指南)的要求控制肝素钠粗品，防止被OSCS污染，一旦有与质量有关的偏差或不合格，应全面调查；一旦发现肝素钠粗品里有OSCS或反刍动物的污染物，立即拒绝该批货物，并通知FDA。

从这个案例，我们可以看到，对供应链的管理和对物料的检测是物料管理的两个重要环节。如何科学设置物料管理的流程，合理分配在这两个环节上的管理投入，使得这两个环节

---

① 可参考 http://wayback.archive-it.org/7993/20170112200524/http://www.fda.gov/ICECI/EnforcementActions/WarningLetters/2008/ucm1048332.htm。

提供类似于双重复核的质量保证，而又不浪费资源，达到法规符合性和经济性的统一，是目前制药企业面临的现实挑战。

7.2 物料的质量标准

案例 2 毒胶囊事件

2012 年 4 月 15 日，央视《每周质量报告》节目对“非法厂商用皮革下脚料造药用胶囊”进行曝光。

药用胶囊是一种药品辅料，主要是供给药厂用于生产各种胶囊类药品。浙江省新昌县是全国有名的胶囊之乡，有几十家药用胶囊生产企业，年产胶囊一千亿粒左右，约占全国药用胶囊产量的三分之一。当时，胶囊出厂价差别很大，同种型号的胶囊按一万粒为单位，价格高的每一万粒卖六七十元，甚至上百元，低的却只要四五十元。而胶囊所用原料主要就是明胶，因此胶囊价格悬殊跟明胶原料有很大关系。

食用明胶是利用猪、牛、羊等动物的骨和皮的胶原通过变性降解加工而成，《食用明胶》行业标准明确规定，严禁使用制革厂鞣制后的任何工业废料生产食用明胶。

河北省的一些企业，用生石灰处理皮革废料，熬制成工业明胶，卖给绍兴新昌一些企业制成药用胶囊，最终流入药品企业，流向市场进入患者体内。由于皮革在工业加工时，要使用含铬的鞣制剂，因此这样制成的胶囊，往往重金属铬超标。

经检测，有 9 家药厂 13 个批次药品，所用胶囊重金属铬含量超标。毒胶囊事件央视报道发出后，某企业在其官网上发出一篇《关于我企业使用抗病毒胶囊壳重金属“铬”含量的说明》。其中提道，“在 2000 版药典中，检验标准没有重金属铬的含量测定，只是规定重金属的含量标准为不超过 5 mg/kg。曝光的我企业抗病毒胶囊是 2009 年 11 月份生产的，正是执行 2000 版药典标准，所生产抗病毒胶囊为合格产品”。

针对此事件，2012 年 4 月 21 日，卫生部要求毒胶囊企业所有胶囊药停用，药用胶囊接受审批检验。2012 年 4 月 22 日，公安部通报，经调查，公安机关已立案 7 起，依法逮捕犯罪嫌疑人 9 名，刑事拘留 45 人。

随后，《中国药典》增加了空心胶囊中铬的标准和测试方法。

仔细分析，这个案例与肝素钠的案例是类似的，产品的质量标准和检测方法是以产品的质量属性为目标，以生产工艺为基础制定的。正常的空心胶囊生产工艺是不会含有铬的，但不正常的工艺中就可能含有了。

这里可以清楚地看到物料质量标准的局限性，不能说满足质量标准的产品就是没有问题的产品，这个观念是狭隘的质量观念。

物料的质量标准是判断质量的依据之一，但仅仅依靠质量标准就判断质量在很多情况下是不够的。产品质量是生产过程决定的，企业在制定物料质量标准时，如果只是简单地引用法定标准，没有结合供应商的质量体系水平、生产工艺和产品质量特征，判断需要控制哪些内容才能保证该物料符合其在药品生产工艺中的预定用途，那么物料的质量是很难得到保证的，再加上部分企业和人员的道德伦理水平较低，以次充好，这时符合标准就是这些企业和人员的“挡箭牌”了。

过去比较常见的做法是，制剂生产企业在制定原料药和辅料质量标准时，往往简单地引用原料药的注册标准，没有结合自己的生产工艺，评估哪些质量指标是关键的（如晶型和粒径分布对制剂成品的影响等）；原料药企业在制定化工类物料质量标准时，往往简单地引用相关化学品的国家标准，从中摘选少量项目作为采购标准，而没有充分结合本企业具体工艺的特点，评估物料哪些项目对原料药的杂质含量会有关键影响。制定物料采购标准，特别是关键物料的采购标准时，往往容易出现的问题是没有结合供应商的质量体系水平、工艺和产品质量特征，判断针对具体物料供应商（生产商）需要控制哪些内容才能保证该物料符合其在药品生产工艺中的预定用途，例如，一个新的关键物料供应商/生产商采用了一条使用特定金属催化剂的新合成路径，因而在建立物料质量标准时，可能需要考虑特定重金属的残留问题和新的潜在杂质的问题，例如某关键物料生产商缺少其工艺中特定关键杂质的控制手段（如某精密仪器）则在建立物料采购标准时，应考虑针对该特定关键杂质的控制项目不宜减少检验频次。例如，欧洲药品管理局（European Medicines Agency，EMA）要求对药品制剂生产使用的辅料逐桶进行鉴别，但如果该辅料供应商是专线生产，经过适当的风险评估，可以无须每桶鉴别。

由此可知，物料的质量标准不低于注册或申报标准只是基本要求，还可以增加注册或申报标准以外的附加项目以控制成品的质量，确保产品符合临床用途。

对物料和供应商进行评估，制定物料质量标准（包括企业内部的基本需求标准和针对具体供应商的物料采购标准）的活动应该是一个多学科、跨职能团队合作的过程，通常应由质量管理部门（QA 和 QC）、EHS 部门、生产部门、研发部门、采购部门、仓储部门等共同参与。

对药品生产工艺的理解，包括物料在工艺中的作用和影响，是一个基于科学研究或经验积累的不断演进的过程，物料对生产工艺和药品质量的影响和作用机制往往是多方面的，随着生产经验的积累，企业对物料功能和作用机制的认识也在不断提升。制定物料质量标准的过程，其实就是知识管理的过程。随着企业对产品和生产工艺知识的积累和理解的提升，应定期回顾物料需求标准（包括物料采购标准）并判断是否需要进行改进。

企业应根据物料的预定用途和物料类别所要求的具体管理原则，结合药品生产工艺的特点，制定企业内部的物料质量标准（即该物料最基本的质量标准），必要时应在企业内部物料需求标准的基础上，结合关键物料供应商或潜在供应商的质量体系水平、工艺和产品质量特征，制定针对关键物料具体供应商的物料采购标准（即针对具体供应商的物料质量标准）。物料质量标准应通过书面方式正式建立，通常体现为厂内检验放行的物料质量标准和物料采购的协议质量标准等形式。物料质量标准应由质量管理部门批准，当然，除了质量标准，物料还有其他的一些要求，例如，安全方面的可接受标准（Material Safety Data Sheet，MSDS），可由其他相关部门进行批准。

7.3 物料供应商的确定及变更管理

7.3.1 物料供应商的管理

物料供应商在药品生产的供应链中占据了重要的地位，所以如何有效管理十分重要。

管理供应商首先要明确的就是供应商的定位及与供应商的关系。

了解了供应商的重要性，不难理解，应与主要供应商努力建立互信共赢的合作关系，而不是简单的采购关系。

选择供应商短期标准是企业合规情况、产品质量满足要求情况、价格水平情况、交货及时情况和整体服务水平情况，但要维持长期的关系还需要关注供应商是否能保证长期而稳定的供应，其生产能力是否能配合公司的成长而相对扩展，其产品未来的发展方向能否符合公司的需求，以及是否具有长期合作的意愿等方面，这些与供应商的持续管理能力有关，需要关注供应商的全面合规、持续合规的能力，供应商内部组织是否完善，供应商质量管理体系是否健全等。

在ISO9001－2015中对于供应商控制管理是这样描述的：

“外部供应的控制类型和程度对外部供方及其供应的过程、产品和服务的控制类型和程度取决于：

(1) 识别的风险及其潜在影响；

(2) 组织与外部供方对外部供应过程控制的分担程度；

(3) 潜在的控制能力。

组织应根据外部供方按组织的要求提供产品的能力，建立和实施对外部供方的评价、选择和重新评价的准则。评价结果的信息应形成文件。”

这里所需识别的风险，主要在于供应商是否能够持续稳定地提供满足需求的产品。

药品行业的特殊性之一在于所有成熟的市场都有高强度的监管要求，要想在市场生存的首要条件就是符合法规要求。

药品企业的物料供应商涉及不同的行业、国家和地域，来自不同行业的供应商，应符合该行业的适用法规，具备法定的生产或供应资质，这是进行供应商确认的基础和前提。例如：国内原料的生产商要符合《药品管理法》、相关注册文件和GMP的要求；药用辅料的生产商应遵循药典、《药用辅料生产质量管理规范》和相关注册文件的要求；国际上药用辅料应遵循药典、国际药用辅料协会(International Pharmaceutical Excipients Council, IPEC)的《药用辅料GMP指南》(GMP Guide for Bulk Pharmaceutical Excipients)和相关注册文件的要求。

而且药品的原料、辅料、直接接触药品的包装材料供应商的选择还要经过相应的行政和技术审批程序。如《总局关于调整原料药、药用辅料和药包材审评审批事项的公告》(2017年第146号)中调整我国原有的审批模式，改为“取消药用辅料与直接接触药品的包装材料和容器(以下简称药包材)审批，原料药、药用辅料和药包材在审批药品制剂注册申请时一并审评审批”，并且“国家食品药品监督管理总局药品审评中心(以下简称药审中心)建立原料药、药用辅料和药包材登记平台(以下简称为登记平台)与数据库，有关企业或者单位可通过登记平台按本公告要求提交原料药、药用辅料和药包材登记资料，获得原料药、药用辅料和药包材登记号，待关联药品制剂提出注册申请后一并审评”。

企业可以根据物料分级和物料需求标准决定不同类型供应商的管理要求，包括相应的供应商确认标准、审计周期、到货检验频次、变更控制标准、信息传递要求等。在应用于具体供应商时，还应考虑下列因素：供应商的行业，适用法规和质量管理体系、供应商的信誉与合作历史等。

供应商管理应遵循风险管理方法和生命周期模式，图 7－2 为供应商管理生命周期模式示例。

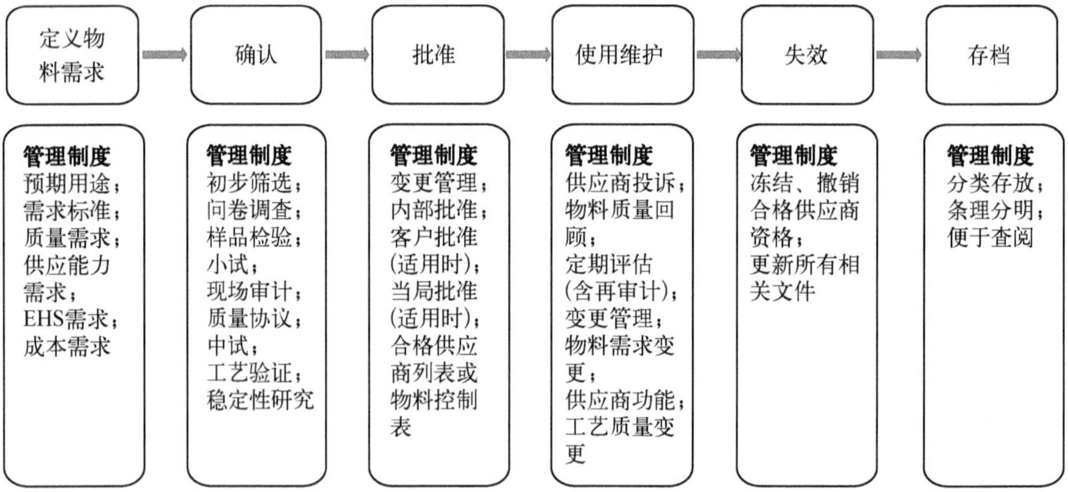

图 7－2 供应商管理生命周期模式

供应商对于物料风险的影响是显而易见的。从一个长期合作的供应商采购的物料，和从新供应商采购的物料，其风险是不一样的；而同样是长期合作的供应商，经过现场审计的供应商和未经过现场审计的供应商，其风险也是不一样的。评估供应商的风险，构成物料管理的重要组成部分。

评估供应商本身的质量保证能力有多种方式，主要包括现场审计、书面审计和收集参考客户的反馈。对于关键物料的供应商，应当进行现场审计；在由于特殊情况不能进行现场审计时，至少应当进行书面审计和收集参考客户的反馈。对于对质量有影响的物料，一般进行书面审计和收集参考客户的反馈，条件允许可以进行现场审计。对供应商本身质量保证能力的评估一般每一到两年重复一次，及时发现供应商的各种变化。这也称为维护性评估。

在实际操作中，供应商评估的指标不仅仅限于质量，可结合其他方面绩效指标进行综合评估。例如，供应商评估的四个核心要素可以为质量、交期、成本和技术，结合另外四个重要指标包括响应或灵活性、法律法规或环境保护、财务管理及经营和服务等。

很多企业在选择供应商时存在较多问题，是因为主观的成分过多，有时根据对供应商的主观印象来选择供应商；供应商选择的标准不全面，大多只集中在评估要素的某一方面，如产品质量、价格、交货期和数量等，没有形成一个全面的供应商评估指标体系，不能对供应商做出全面、具体、客观的评价。

应为企业量身定制一个适合自身的供应商考核的评估体系。采购部门制订的供应商评估指标要符合公司的整体战略。供应商评估体系的任务是将组织战略延伸和细化到供应链上。供应商评估应将流程透明化和操作公开化，所有流程的建立、修订和发布都通过一定的控制程序来进行，保证相对的稳定性。

量化评估指标可以减少主观干扰因素，且供应商评估指标及权重体系应因企业不同而不同。在一相对稳定的市场，绩效评估的衡量指标或许可以是一成不变的，但在一个快速变化的高度竞争市场中，供应商评价及选择指标体系应根据外部环境的变化而进行动态化管理。所以，对供应链何时以及如何变化随时应保持高度的警戒，并且了解这些变化对绩效评估有哪些影响就变得至关重要。

如建立网络化管理，建立一个评审小组来控制和实施供应商评价，小组成员由采购、质量、工艺、财务组成，包括研发工程师、相关专家顾问、质检人员、生产人员等。评审小组以公司整体利益为出发点，独立于单个事业部，要求组员必须有团队合作精神，具有一定的专业技能；或通过建立 ERP 系统平台，将组织的供应商评选和评估提升到一个更高的台阶。

好的做法是提升公司的采购战略和战略采购，从而将供应商评估和选择纳入公司的整体战略规划。当供应商评估证明供应商有较强的供应保证和质量保证能力时，制药企业可以降低内部控制的水平而不会影响整体的质量保证度。因此，有效的供应商评估不仅提高质量保证度，而且降低企业的运营成本。

7.3.2 物料分级管理

企业应采用风险管理方法对物料进行分级管理，道理很简单，如果一个企业有三十种物料，没有采取分级管理的话，那么这三十种物料的管理规则是一样的，企业往往采用最低标准管理高风险物料，不仅法规符合性将受到影响，而且更严重的是很难获得质量稳定的物料，最终会对产品的质量造成影响。当然企业也可能用高标准管理低风险物料，只是这样对于企业会造成资源浪费。

所以在分级管理的情况下，企业可以集中有限的财力和人力管好关键物料，在保证质量的同时，实现法规符合性和经济性。

风险评估时一般应考虑药品（对于原料药而言是相应的制剂药品）的预定用途，物料在药品生产中的预定用途（如作用、用量、对药品质量的影响）以及物料的性质等因素，科学和合理地定义关键物料。

注意不同的剂型划分标准是不一样的。这里的关键在于不同物料在整个产品中起到的作用，对于片剂，可能只有活性成分是关键物料，在药物传递系统非常重要的情况下，如缓释制剂，药物传递系统的关键成分也属于关键物料；其他辅料和包装材料属于对质量有影响的物料；其他物料属于对质量无影响的物料。而对于注射剂，在最终产品中的所有活性成分和非活性成分、直接接触药品的包装材料（安瓿、管制瓶、胶塞等），甚至除菌过滤用的滤器，都属于关键物料。

所以要恰当地评估关键物料，主要在于对产品质量、工艺、需求等的理解，以及各种物料在其中起到的作用。

通过评估将物料分级，如可以将物料分为三个类别。

Ⅰ类物料：对产品内在质量无直接影响的物料（如外包材、托盘、干燥剂、消毒剂等）；

Ⅱ类物料：对药品质量没有直接影响或影响可以被后续工艺步骤去除的物料；

Ⅲ类物料：关键物料，为保证药品符合质量标准必须对工艺中使用的物料质量进行严格控制的物料；

Ⅲ类物料分类举例如表 7－1 所示，（注：仅供参考，企业应结合自身品种和工艺的特点建立适合本企业的分类原则），并针对不同类型的物料制订与其风险水平相对应的管理原则。

表 7-1 Ⅲ类物料分类举例

原料药生产的Ⅲ类物料（关键物料）	制剂药生产的Ⅲ类物料（关键物料）
外购中间体	原料药
内包材及印刷性的包装材料	对药品疗效或安全性有关键影响的辅料
起始物料	内包材及印刷性的包装材料
在工艺中最后纯化步骤使用的物料，包括溶剂、工艺助剂、催化剂等	其他会影响产品质量的物料（可以从研发的历史数据来判断）
其他会影响产品质量并且现行的生产工艺不能去除其影响的物料（可以从研发的历史数据来判断）	

企业也可以根据具体品种和工艺的需要采用其他基于科学和风险管理的分类方式，例如综合考虑产品质量和工艺安全要求进行物料分类等。

在《中国药典》三部中，《生物制品生产用原材料及辅料质量控制规程》（以下简称《规程》）也是按照上述原则对于生物制品生产用原材料及辅料进行分级管理，在《规程》中根据风险评估原则分为四级进行管理，不同级别的质量控制要求不同，这样既能有效控制质量，又能平衡工作量，减少不必要的浪费。

7.3.3 供应商评估

对供应商的评估通常需要跨职能团队（如研发、生产、QC、QA、法规注册部门、采购部门、物料管理部门等）共同进行。供应商确认应遵循企业变更管理程序并符合相关注册法规的要求。

企业应建立物料供应商管理的操作规程，明确供应商的资质、选择的原则、质量评估方式、质量审计内容、评估标准、质量审计人员的组成及资质，确定现场质量审计周期以及物料供应商批准的程序。

对物料供应商的评估应至少包括：供应商的资质证明文件、质量标准、检验报告、企业对物料样品的检验数据和报告。如进行现场审计和样品小批量试生产的，还应包括现场审计报告以及小试产品的质量检验报告和稳定性考察报告。

供应商分类及确认批准前提举例如表 7-2 所示。

表 7-2 供应商分类与确认批准前提

供应商类别	确认批准前提
Ⅲ类物料（关键物料）供应商	供应商的调查问卷，质量协议等书面资料； 检查并对比供应商的分析报告书上的结果和自己的检验数据（如 3 个批号/3 批货物）； 物料小试或试生产的总结报告，必要时包括稳定性试验结果； 现场审计； 其他数据和资料（适用时）

续表

供应商类别	确认批准前提
Ⅱ类物料供应商	供应商的调查问卷，质量协议等书面资料； 检查并对比供应商的分析报告书上的结果和自己的检验数据（如3个批号/3批货物）； 物料小试或试生产的总结报告，必要时包括稳定性试验； 通常不需要进行现场审计，但当发生特定的质量事件时（如物料有污染的风险或供应商近期的供货产品质量经常出现不合格），应考虑进行现场审计； 其他数据和资料（适用时）
Ⅰ类物料供应商	供应商的调查问卷，质量协议等书面资料； 检查并对比供应商的分析报告书上的结果和自己的检验数据（如3个批号/3批货物）； 其他数据和资料（适用时）

如有可能，药品企业应尽量优先从生产商处采购，以减少供应链的复杂性对产品质量的风险。对于生产商不同于供应商的，对物料质量风险的评估应针对生产商的生产工艺和质量体系进行，除非该物料对产品质量没有影响。

同时应注意整个供应链的安全性、可追溯性和法规符合性（如相关方的经营资质要求），对于供应链的安全性不仅是质量安全，其他如环保、消防、安全等法规要求也是确保供应链安全的关键。

供应商审计是供应商评估的有效措施，审计的方式包括书面审计和现场审计。

现场审计是对供应商评估最直接有效的方式，可以获得其他任何方式都不可替代的信息。

有效的现场审计获得的信息，对于评估供应商能力及物料风险有非常积极的作用，能够有效地识别潜在的风险，并确定与供应商对于确保质量受控双方需要付出的资源的分担程度。例如：采购方减少检测项目或降低检测频率等，有一些制药企业内部无法进行的检测试验，可以委托供应商进行，或者增加某些在供应商那里没有进行的控制。

在GMP有如下要求"第二百五十五条　质量管理部门应当对所有生产用物料的供应商进行质量评估，会同有关部门对主要物料供应商（尤其是生产商）的质量体系进行现场质量审计，并对质量评估不符合要求的供应商行使否决权。

主要物料的确定应当综合考虑企业所生产的药品质量风险、物料用量以及物料对药品质量的影响程度等因素。

企业法定代表人、企业负责人及其他部门的人员不得干扰或妨碍质量管理部门对物料供应商独立作出质量评估"。

这里的"有关部门"包括使用部门、采购部门等。

负责物料供应商质量审计和质量评估的人员应具有相关的法规和专业知识，具有足够的质量审计和评估的实践经验。对于企业委派外部人员或专家开展供应商审计的，应在委托合同中说明受委托方与被审计方是否存在利益关系。

现场审计的主要目的就是现场核实供应商提供的书面资料是否与实际情况一致，从而评估供应商及产品风险。

所有进行现场审计的人员要对供应商及其提供产品有较为充分的了解，并能确认需要控制的风险点。

这里需要明确的是不同类别的产品基于使用目的等表现出不同的风险，如原料药主要要控制交叉污染风险；无菌原料还需要强调微生物污染风险。但对于印刷包装材料（如标签、说明书等），其主要风险就表现为混淆，即不同企业的标签、说明书混淆，或同一企业不同产品的标签、说明书混淆，又或同产品不同版本的标签、说明书混淆等情况。

所以在审计前需要明确审计的目的，并制订相应的审计计划，在进行审计过程中，如在现场未发生严重意外情况，应严格按照计划进行审计，并详细记录现场审计情况，并与被审计方充分沟通。

需要说明的是，供应商审计与其他质量审计并不完全一致，主要区别在于供应商审计不仅是为了识别风险，在很多情况下如果必须和该供应商合作，因此促进供应商改进提高也是审计的目的之一。

在审计实践中发现，书面审计和收集参考客户的反馈虽然提供的质量保证度有限，但是价格低、速度快、无须培训，因此通常用于对质量有影响的物料的供应商的评估。而现场审计的缺点是比较昂贵，而且对审计员要求较高。有一些占垄断地位或者优势地位的供应商，可能并不愿意接受现场审计。因此，很多制药企业的现场审计缺乏有效性，审计报告大多是企业背景描述和资质复印件，一张简单的调查表，再加上现场访问的“流水账”，很少有具体数据和事实的支持。这种缺乏有效性的现场审计提供的质量保证度有限，虽然比书面审计好一些，但不管是在法规符合性还是经济性上，都缺乏实际效果。

7.3.4 合格物料供应商的批准与使用

GMP中有如下明确要求“第二百六十二条　质量管理部门应当向物料管理部门分发经批准的合格供应商名单，该名单内容至少包括物料名称、规格、质量标准、生产商名称和地址、经销商（如有）名称等，并及时更新。

第二百六十三条　质量管理部门应当与主要物料供应商签订质量协议，在协议中应当明确双方所承担的质量责任”。

企业应建立适当的控制系统，保证生产以及采购和使用的原辅料和包装材料正确无误。控制系统应与企业的品种、技术手段和生产情况相适应，其中关键的就是“批准的合格供应商名单”。

企业应对每家物料供应商建立质量档案，档案内容应包括供应商的资质证明文件、质量协议、质量标准、样品检验数据和报告、供应商的检验报告、现场质量审计报告、产品稳定性考察报告、定期的质量回顾分析报告等。供应商档案一般应长期保存。

对经确认的物料供应商，企业应维护该供应商的确认状态，证明该供应商能始终如一地提供符合质量标准的物料。可通过但不局限于下列活动：

（1）供应商投诉；

（2）物料质量回顾（作为产品质量回顾分析的一部分，包括物料质量检验结果、质量投诉和不合格处理记录等）；

（3）供应商定期评估；

(4) 变更管理;

(5) 对于曾经批准为合格供应商,但由于各种原因暂时或永久性地不符合合格供应商标准的企业,制药企业应及时更新其合格供应商列表(或物料控制表等),冻结或撤销相关企业的资质,必要时应更新所有相关文件。

7.3.5 物料供应商的变更管理

在供应商管理的过程中,常常会碰到供应商变更,包括供应商发起的变更和客户制药企业发起的变更,如供应商资质变更,供应商生产工艺、质量标准、生产地址、关键设施设备等变更。

这些变更最终往往会影响到产品的质量,所以对于供应商变更需要进行有效管理。

企业应采取措施以尽早获知与物料供应商和生产商的关键变更(如在质量协议中规定关键变更的预先通知时间),以有效减少此类变更对药品企业对批准采购的供应商和相关物料的影响。

可根据不同变更的类型和对产品质量的不同影响,运用风险管理的方法设定不同的研究和审批标准,例如,必要时预验证和同步验证方法的选择;决定是否应进行产品稳定性研究。

案例 3

在 2018 年有举报人通过重庆市食品药品监管局公开信箱举报重庆医药工业研究院制药公司严重违反药品管理法,其中就涉及企业变更产品工艺的内容。

经重庆市药品监管部门核查该部分情况,结论为"经查,重庆医药工业研究院蔗糖铁原料药实际生产工艺与批准生产工艺一致。培美曲塞二钠原料药生产工艺有微小变更,符合工艺变更管理相关规定,不影响产品质量。企业在生产阿立哌唑原料药时,对生产工艺进行改进优化,并按优化工艺如实记录生产过程,由于未向监管部门报备即自行实施,为应对检查编造了生产记录,违反药品 GMP 有关规定。2017 年 1 月起未再编造生产记录。2017 年 8 月向监管部门报备生产工艺,经专家评估,工艺变更合理。本次调查中,调查组对阿立哌唑留样及所有批次库存产品、蔗糖铁和培美曲塞二钠部分批次库存产品进行了抽检,督查组也将该三个品种的部分批次库存产品同时送中国食品药品检定研究院检验,结果均符合规定,质量合格"。相关处理结果为"鉴于该企业阿立哌唑原料药生产存在违反药品 GMP 规定的行为,监管部门决定收回该企业阿立哌唑原料药 GMP 证书并责令其停产整顿,依照《药品管理法》给予警告处罚,责成企业对相关责任人做出严肃处理"。

通过这个案例可以清楚地感受到如果不能及时了解相关信息并评估供应商变更的风险,那么在某些情况下可能会产生难以接受的后果。

因此对于变更影响的评估,在某些情况下需要到供应商的现场实地进行沟通,收集相关信息,以了解完整真实的情况,这样才能对风险做成较为准确的判断,进而采取相对应的有效控制措施。

7.4 物料的管理要求

在此对本书第 3 章中“齐二药事件”案例进行分析。

药品原料提供商：提供假冒伪劣的原材料属于假药范围，违反了《药品管理法》的相关规定。不仅丧失个人职业道德，其行为也是违法行为。

“齐二药”公司采购员：贪图便宜，没有核实对方供应商的合法性与所提供药品的优劣，看不懂化验资料就贸然购进。

“齐二药”公司检验室负责人：在检验时，发现“药用丙二醇”相对密度超标，被授意出具虚假的检验合格报告书，导致工业用丙二醇和二甘醇被投入药品生产。

“齐二药”公司主管生产和质量管理的副总：当被告知“药用丙二醇”相对密度超标，授意检验师出具虚假的合格检验报告书，致使该批假冒丙二醇被投入生产，违反药品生产质量管理规定。

“齐二药”公司总经理：主管公司的全面工作，在明知本公司绝大多数检验人员检验资质不全的情况下，对公司的物料采购、药品生产等生产活动的管理严重不负责任，致使上述假冒丙二醇被投入生产。

事件后果：直接导致患者使用后出现不良反应，甚至失去生命。

制剂生产的物料可能来源于原料药行业、辅料行业、包装材料行业和其他相关行业；原料药企业的物料可能来源于基础化工行业、精细化工行业、种植业、养殖业、包装材料行业（可能包含药用级包装材料和非药用级包装材料等子行业）和其他相关行业。每一个行业的适用法规、生产控制能力和商业实践都不尽相同，因此物料管理应建立有效的供应链追溯系统和控制措施，对物料供应商进行评估确认，经质量管理部门批准后方可采购，并及时对供应商变更进行质量评估；确保药品生产所用的原辅料、与药品直接接触的包装材料符合相应的质量标准；建立规范的物料管理系统，使物料流向清晰，具有可追溯性；制定物料管理制度，使物料的采购、接收、检验、储存、发放、使用有章可循，做到规范购入、合理储存、控制放行、有效追溯，严格防止差错、混淆、污染的发生以保障物料质量。

7.4.1 物料管理职能

从图 7－3 可以看出，物料的质量直接决定最终产品的质量，为关键控制要素；而物料的采购库存，则影响着企业的资金流通。

销售管理部门根据市场需求，制订产品销售计划；生产部门根据销售计划，制订生产计划，由此产生物料需求计划；采购部门根据物料需求计划进行物料采购，并参与供应商评估；仓储部门负责物料接收、储存和发放；生产部门是物料使用部门，其负责物料领取、使用和退库；质量管理部门负责供应商审计、物料监督以及物料取样检验、放行；财务管理部门负责核算物料价格和生产成本等。

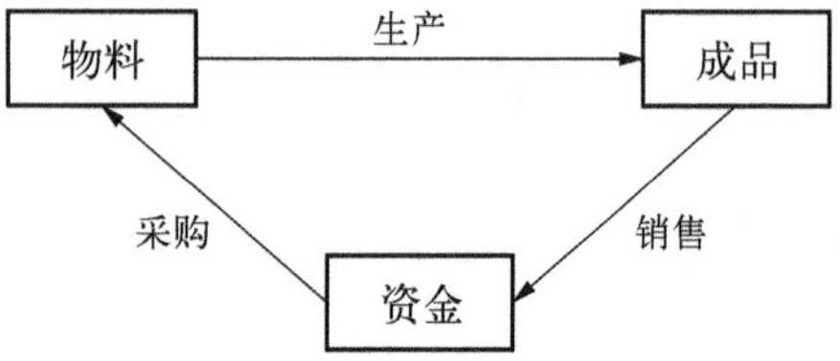

图 7－3 物料管理职能

7.4.2 物料采购

药品生产所用物料应从经评估、批准的供应商处购入，且购入物料必须符合质量标准要求：物料应符合国家药品标准/企业内控标准；中间体应符合质量标准（国家药品标准/企业内控标准）；物料包装和运输工具应对物料质量不产生影响。

应制订物料采购合同，将质量协议作为合同附件，合同内容中应有对包装的要求。一般先制订短期采购合同，合作稳定后再制订长期合同，并对供应商进行经常性的质量监督、检查管理。

供应商评估的内容参见“物料供应商的确定及变更管理”。

7.4.3 物料验收、放行

1. 入库初验

仓库的物料管理员应根据供应商提供的随货书面信息和本企业的采购订单及采购标准检查物料，对到货进行检查和复核，包括订单号、物料名称、供应商/制造商、批数、供应商给定的批号、包装类型、包装件数以及单位包装量。特别需要与《合格供应商名单》上信息进行核对。如果到货数量大于采购订单上的数量，超出双方同意的数量偏差范围时，仓库管理员应通知采购负责人，在得到采购负责人明确答复后，仓库管理员方可对多余部分进行接收或拒收。

同时还应检查每一个包装，查看是否有破损、渗漏、污染、水迹、虫蛀或鼠害。如果发现有虫蛀或鼠害，应将材料移出仓库以防止蔓延并及时按有关规定处理。必要时，应填写破损报告交给有关采购人员并在收料记录上注明有关情况。

如果供应商一次到货的物料不止一批，应该根据供应商的批号进行细分。对于可能的污染、损坏和缺损，每个容器都必须仔细检查。对于每个可疑的容器，整个运输订单都必须为进一步的调查保持待检状态。

药品生产中所用物料都应有适当的代码。采用物料代码的目的在于防止混淆和差错，并为文件的可追溯性奠定基础。名称、代码及批号是物料标识的三个必要组成部分。如某企业使用的碳酸钙有两种标准，成品A生产必须使用含铁量低于百万分之十的碳酸钙，成品B则可使用含铁量高达百万分之二百的碳酸钙，因此，虽然物料名称“碳酸钙”相同，但必须使用两个不同的代码来表达不同的质量标准。片剂生产中使用的乳糖，也有两种不同的标准，化学项目相同，但颗粒大小不同，它们用于不同成品的生产，因而使用两个不同的代码。假如没有代码，其后果将不堪设想。

2. 物料取样

取样是物料验收的关键环节，取样的核心在于所取的样品是否能够有效代表样本。取样计划和取样的实施操作规程是重点。

还需要考虑的是取样不能带来额外的污染、交叉污染、差错以及混淆风险，所以在取样过程中也要有相应的控制措施。

我国2010年版GMP专门制定了《取样》附录以规范并控制取样风险。

如针对取样过程中污染、交叉污染风险"第五条　取样设施应能符合以下要求：

(1) 取样区的空气洁净度级别应不低于被取样物料的生产环境；

(2) 预防因敞口操作与其他环境、人员、物料、产品造成的污染及交叉污染；

(3) 在取样过程中保护取样人员；

(4) 方便取样操作，便于清洁。

第六条　β-内酰胺类、性激素类药品、高活性、高毒性、高致敏性药品等特殊性质的药品的物料或产品取样设施，应符合本规范的生产设施要求。可在仓库设置物料取样区，取样区应确保防止开启的容器、物料和操作者之间的污染，防止其他物料、产品和环境的交叉污染，在取样过程中，应保护取样的样品和取样人"。

又如针对防止在对印刷包装材料取样过程中可能的混淆风险。

"第二十六条　为避免印刷包装材料取样时存在混淆的风险，每次只能对一种印刷包装材料取样，所取印刷包装材料的样品不能再放回原包装中。样品必须有足够的保护措施和标识，以防混淆或破损。"

图7-4　传递窗

这里需要注意的是，对于上述风险的控制措施还需要兼顾取样的便利性，因为现实中取样的工作量是比较大的。

在一些企业里设置了洁净取样区，但其物流通道采用的是传递窗的形式，如图7-4所示。

如果仅仅取一些体积和质量较小的物料是可以的，但如果物料的体积和质量比较大，就存在问题了，如图7-5的物料，可能就缺乏可操作性。

样品只能被经过培训的、有资质的人员严格按照书面的取样操作规程进行取样，一般由QA人员担任。被取样的容器必须有标识。

取样计划的制订应符合适当的标准，如考虑可变性、置信水平、精密度、供应商的质量保证水平、以往的产品质量的情况的统计结果及所需的检验量与留样量。对于原辅料取样，很多企业还是采用美国军工行业在19世纪50年代发明的取样方法，一般总件数 $n \leqslant 3$ 时，每件取样；n 为4～300时，取样数为 $\sqrt{n}+1$；$n>300$ 时，取样数为 $\sqrt{\frac{n}{2}}+1$，特殊情况另定。对于内包装材料，取样量参照国家标准(GB/T2828—2012)逐批检查计数抽样程序及抽样表(适用于连续批的检查)。

取样员取好样后，送至QC进行检测分析。应建立物料和产品批准放行的操作规程，明确批准放行的标准、职责，并有相应的记录。

3. 物料放行

GMP中明确了物料放行的最低条件。

"第二百二十九条　物料的放行应当至少符合以下要求：

图 7-5 体积较大的物料

（一）物料的质量评价内容应当至少包括生产商的检验报告、物料包装完整性和密封性的检查情况和检验结果。

（二）物料的质量评价应当有明确的结论，如批准放行、不合格或其他决定。

（三）物料应当由指定人员签名批准放行。”

所以物料的放行是综合了物料初验、取样、检验等相关信息而作出结论的过程。

7.4.4 物料的储存

仓库要有标有仓库区域的平面示意图，表明贮存类别。物料应尽可能地选择分类分库存放。通常，物料仓库分为以下几类：原料、辅料库——主要存放生产所需各类原料、辅料；包材库——主要存放生产所需各类包装材料；成品库——主要存放车间产出的成品；特殊药品库；包材不合格品库——存放不合格的包材；成品不合格品库——存放不合格的成品；原料、辅料不合格品库——存放不合格的原料、辅料；成品退货品库。

仓库管理员合理安排仓库货位，按物料的品种、规格、批号分区码放。一个货位上，只能存放同一品种、同一规格、同一批号、同一状态的物料（除非使用永久的物料隔断将不同批号物料分开）。物料要整齐、稳固地码放在托盘上，托盘须保持清洁，底部要通风、防潮；合格、不合格、待检状态应分别贴上绿色标签、红色标签、黄色标签；仓库内所有物料的账、卡，由相应仓库管理员保管，仓库管理员应及时填写相应的台账，确保账、卡、物一致。

原辅料、包装材料、成品应按照各自的物料贮存要求存放于特定的仓库。

仓库应有温、湿度监控，温、湿度传感器安装于仓库的关键区域。安装点确定应依据仓库温度的差异。监测设施应依据书面操作规程进行定期的校验和维修。

必要时，需要对仓库的温、湿度分布进行确认，以确保储存条件能够满足物料的要求。

物料，产品的待检，合格、不合格状态应醒目标识；一般在物料、产品的外包装上粘贴黄色、绿色、红色状态标签以区别物料的待检、合格、不合格状态，物料状态标签接收、发放、使用、销毁应有记录。如采用单独的隔离区域贮存待验物料，待验区应有醒目的标识，且只限于经批准的人员出入，待检区一般采用隔离线、隔离栏划区隔离，且在相应区域内放置待检标签（黄色）以明显区分，亦可采用单独库房贮存、隔离。

企业质量部门负责物料的合格、不合格标签的接收、发放、使用和销毁，并应有记录。

物料接收后应立即标识为待检状态，按企业制订的物料管理操作规程执行，经检验、评估后转为合格或不合格状态。

对于已取样的物料、产品，取样后应在物料、产品的外包装上标识取样标签，取样标签应至少包括取样人、取样日期等信息，如必要可在取样标签内容中增加物料、产品名称、物料号、取样量等更详细的信息。

对于规定复检期的物料，应在临近复检期前或经评估后在生产使用前完成复验，企业可制订相应的物料、产品复检管理操作规程；对于超过复检期的物料应标识为待验状态，根据复检、评估结果将物料状态由合格或待检状态转为合格状态或不合格状态，并根据相应物料管理操作规程处理，例如复检、评估后判为不合格，则按企业制订的不合格处理操作规程执行。

对于规定有效期的物料，超过有效期的物料、产品，一律不应再复检，应按企业制订的不合格处理操作规程执行，将物料状态由合格状态转为不合格状态。

对于退货产品，应在接收后存放在退货库，标识为待检状态，按企业制订的退货管理操作规程，评估后转为合格或不合格状态。

对于存放在非原装容器中的物料、产品的物料状态应酌情处理，一般需检验放行的物料、中间产品应标识为待检状态，经检验、评估后转为合格或不合格状态。

采用完全计算机化识别物料状态的仓储管理系统，应进行计算机系统确认后使用；采用该系统时，不必使用可读的物料状态标识牌、状态标签，但必须保证物料足够安全的隔离、受控，只有经受权人许可后方可进入该区域，从事取样、储存、运输等活动；计算机化仓储管理系统中应能明确识别物料的状态；对于计算机系统中物料状态的改变必须经适当的受权人员根据企业建立的书面操作规程执行。

物料、中间产品、待包装产品标签应根据用途规定物料、产品名称、物料号、批号、有效期或复检期、生产阶段等信息内容。

企业应设置专人管理物料、产品标签的接收、发放、使用、销毁，并应有记录。物料、产品标签、状态标签等标签的粘贴应牢固，不易脱落，清晰易读。

在实际操作中，仓库储存物料还需进行盘存管理。物料和仓储成本的控制核心是对库存量的控制，在不影响生产和市场销售的前提下，应尽量减少库存量。除了对库存量的控制之外，改善物料和仓储的管理体系，也可以卓有成效地节约成本，提高仓储的效率。

物料盘存的主要内容包括查明物资数量与账、卡是否相符；查明有无积压物资；检查物资的质量有无变化；保管条件是否符合该物资的要求。

7.5 总　　结

对于物料及供应商的有效管理是生产企业的关键管理环节，需要全面系统地了解管理的风险点，在对产品和物料的属性、工艺等有充分认识的基础上进行管理，这样才能有效地控制相关质量和合规风险。

思考与讨论

1. 物料的质量标准能够完全控制产品质量吗？为什么？
2. 简述物料供应商的重要性。
3. 供应商审计的目的是什么？
4. 物料取样要有什么控制点？

第8章

生 产 管 理

8.1 概　　述

药品生产管理就是利用生产企业的组织机构和人员、设施和设备、物料、工艺规程及操作程序等资源，通过科学的管理手段，按照GMP规范中药品生产的原则要求生产符合设计要求和注册标准的产品。

案例1　上海华联制药“注射用氨甲蝶呤”药品重大质量事故

2007年7月，国家药品不良反应监测中心陆续接到报告，广西、上海等地部分医院的白血病患者出现下肢疼痛、乏力、行走困难等不良反应症状，甚至造成个别患者瘫痪。经查，这些患者都使用了上海华联制药厂生产的注射用氨甲蝶呤药品。经过药监局和公安机关的调查，确认系该企业严重违反GMP要求，部分生产操作人员违反操作规程，导致氨甲蝶呤产品的生产过程中发生了交叉污染，混入了硫酸长春新碱产品，最终造成此次重大药品质量事故。为此，药监局依法吊销了该制药企业的《药品生产许可证》，注销了该药品的批准文号，没收该制药企业的违法所得，并按照《药品管理法》作出最高处罚。上海市公安机关也对相关责任人实行了刑事拘留。至此，这家知名制药企业在制药行业中消失。据调查，该药品重大质量事故的主要原因有以下几点。

(1) 该企业在同一条生产线上生产氨甲蝶呤、阿糖胞苷及硫酸长春新碱药品，但对于共线生产缺少必要的预防交叉污染的措施。

(2) 该企业违反GMP对物料管理的基本要求，为了不被发现，留存的尾料缺少必要的物料标识，以至于难以辨别。

(3) 该企业缺乏对生产过程的有效监控，对重要工序的操作缺乏复核和确认程序，以至于对擅自添加尾料的操作不能及时发现和制止。

(4) 该企业缺乏对药品生产批记录填写的管理，添加尾料的操作没有如实记录，以至于这种违规的操作无法被追溯。

这起药品重大质量事故的发生，反映出企业生产过程管理的混乱，管理人员和操作人员GMP意识的薄弱，特别是对预防交叉污染缺乏必要的措施和控制。也充分说明，违反相关法律法规、GMP要求生产出来的药品会对患者带来严重的危害。为了生产出符合注册标准，质量稳定、均一的药品，生产企业必须严格按照相关法律法规和GMP要求，对药品整个生命周期，特别是药品生产过程进行有效的管理。

药品生产管理就是企业应当建立完善的组织结构，建立适当的生产管理和质量保证体系，制订符合《药品管理法》、相关法律法规和GMP要求的程序，采取必要的措施，配备符合药品生产所需的设施、设备，保证产品能够按照注册、批准的生产工艺组织生产，防止药品生产过程中的差错、混淆、污染和交叉污染，确保药品达到规定的质量标准并能持续稳定地生产出符合预期用途和注册要求的药品。为此，各个国家和地区的相关政府部门都制定了专门针对药品管理的法律法规，尤其是GMP。GMP明确、详细地对药品生产的各个方面进行了规范。其中，要求药品的生产和包装工艺均应当按照注册工艺规程和批准的操作规程进行操作并有相关记录。药品的生产必须在严格受控的条件下进行，其工艺过程和产品质量需要严格监测与控制。总之，做好药品生产过程中关键的生产工艺控制，规范药品生产过程管理，可以确保药品各个生产环节的质量得到有效控制，保证产品质量。

8.2 药品生产工艺管理和控制

药品的正式生产和上市销售，需要经过研发，动物实验，临床试验，试生产（工艺验证），工艺、处方和质量标准的注册申报，直至药监部门的审核、批准。获得药监部门审核、批准的产品生产工艺、处方和质量标准就是该药品生产检验的法律依据。所以，生产企业应该严格按照批准的注册工艺和处方组织生产，按照批准的质量标准进行检测、控制，才能保证产品质量始终处于均一、稳定并符合质量标准。

8.2.1 药品注册批准工艺及处方

根据《药品注册管理办法》，药品注册批准工艺及处方是指国家药监部门根据药品注册申请人的申请，依照法定程序，对拟上市销售的药品的安全性、有效性、质量可控性等进行审查，并决定同意其申请的产品生产工艺及处方。药品注册批准工艺及处方是药品生产的指导文件，用于指导注册上市后的药品生产过程控制和质量控制。药品生产工艺和处方是生产药品的总体流程和方法，包括工艺过程、工艺参数、工艺配方、加工说明和注意事项等，是企业制订的为生产一定数量产品所需的起始原料和包装材料的质量、数量的一个或一系列文件。生产工艺是通过生产和科学实践总结出来的经验，并结合具体生产条件制订的。生产工艺规程有利于保证产品质量，指导企业的生产工作，便于计划和组织生产。生产工艺规程是一切生产人员都应该严格执行、认真贯彻的具有法规性的文件，生产人员不得违反工艺规程或任意改变工艺规程所规定的内容，否则就会违反相关法规的要求，影响产品质量。

案例分析：

2017年12月，国家食品药品监督管理总局发布了《总局关于沈阳新地药业有限公司涉嫌违法违规生产马来酸氯苯那敏的通告》(〔2017〕211号)，通告的主要内容为"初步查明，该企业违反批准的生产工艺，将对氯氰苄投料生产改为外购中间体氯苯那敏生产马来酸氯苯那敏原料药；物料来源、批生产记录、批检验记录、检验报告书、产品审核放行单等记录和数据不真实，无法追溯药品生产、质量控制过程；不配合检查组的检查"。要求所有使用单位立即停止使用该公司于2017年生产的所有马来酸氯苯那敏原料药，并对该公司于2017年生产的马来酸氯苯那敏原料药进行召回。同时，辽宁省食品药品监督管理局收回了该公司的《药品GMP证书》。

这是一起擅自改变产品生产工艺的违法违规事件，反映出企业生产工艺管理混乱，企业管理人员GMP意识薄弱。这起事件的发生也充分说明，为了生产符合注册标准、质量稳定均一、受控的药品，生产企业必须严格按照相关法律法规、GMP要求及注册工艺标准，对药品整个生命周期，尤其对药品生产工艺进行有效的管理。

2018年7月9日，国家药品监督管理局发布了《对通化兴华药业有限责任公司跟踪检查通报》，通报内容如下。

"一、企业枸橼酸铁铵维 B_1 糖浆Ⅱ未按照批准处方投料生产。

（一）企业未经批准擅自增加了枸橼酸铁铵维 B_1 糖浆Ⅱ中防腐剂对羟基苯甲酸乙酯的投料量，增加量为批准处方量的4倍，共涉及2017年1月至2018年3月生产的24批次产品。

（二）与《化学药品地方标准上升国家标准》(第二册)[WS-10001-(HD-0128)-2002]中的处方相比，企业枸橼酸铁铵维 B_1 糖浆Ⅱ处方中增加了95%乙醇，用于等量溶解抑菌剂对羟基苯甲酸乙酯。"

这也是企业擅自变更生产工艺的问题，通告"责成吉林省食品药品监管局收回该企业相关药品GMP证书，并对其违法违规行为依法调查处理"。

8.2.2 生产工艺的控制管理及评价

生产工艺的控制管理，主要通过产品生产工艺规程的制订，产品生产工艺的定期核查及产品生产工艺的变更控制等实施。

药品注册批准工艺及处方是经药监部门批准，具有法律法规效力的药品生产批准文件，也是药品生产的指导文件，用于指导注册上市后的药品生产过程控制和质量控制。为了保证产品能符合设计要求和注册标准，企业必须严格按照药品注册批准工艺及处方来制订产品的生产工艺规程。产品的生产工艺规程应该包括产品的生产工序和包装工序，包括主要步骤、主要方法、工艺参数及关键控制点。生产工艺规程的制订应该经过验证，得到验证数据的支持，保证按照注册工艺和处方所制订的生产工艺规程能够被稳定、持续地实施，保证按照制订的生产工艺规程所生产的产品能够符合注册标准和设计的要求。同时，为了保证生产工艺规程能够被稳定、持续地实施，也应该制订和实施相应的生产操作程序来支持生产工艺规程的贯彻落实。同样，一些主要的生产操作程序，如无菌灌装、设备清洁等也需要经过相应的验证，得到验证数据的支持，具有可操作性和重现性。生产操作程序应该尽可能详细、具体和量化，不要使用模棱两可的词语，使操作人员无所适从。另外，生产操作程序中设定的控制参数（如反应温度、反应时间等）不应该设为一个点（如30℃、20 min），而应该设为一个合适的范围[如(30±1)℃、(20±1)min]。否则，这些参数难以得到精确控制。操作程序制订后及生效前，应该留有适当的培训时间来培训相关人员，使相关人员能够了解并实施该操作程序，从而确保产品严格按照生产工艺规程进行生产。

生产工艺规程的制订不是一项"一劳永逸"的工作，企业还应该制订相应的程序，对生产工艺规程定期进行核查。如果发现与实际操作不一致的情况或与注册工艺及处方不一致的情况或偏差，应该进行调查和风险评估，确认其风险程度，并采取必要的措施，及时对工艺规程进行调整，确保生产工艺规程与注册批准的工艺和处方保持一致。企业也应该制订生产工艺规程的验证程序，包括对工艺规程的定期再评估、再确认和再验证，确保在现有的生产环境、生产设施、生产设备、原辅料及操作程序等条件下，按照现有的生产工艺规程能够生产出符合注册标准和设计要求的产品。

产品放行审核是产品上市前最后一道审核关口，企业应该根据GMP的要求制订产品放行的操作程序，明确批准产品放行的标准，对包括产品生产工艺规程的实施情况进行核对。放行审核者应该通过核查产品批记录对药品生产全过程进行审核，审核内容应该包括工艺处方的执行情况、关键工艺参数、物料平衡及产品收率、生产环境状况等。产品放行检查也应该对生产过程中出现的偏差情况、调查和处理结果进行审核，确保偏差已经妥善处理且处理结果能够保证产品符合工艺规程的要求。产品放行检查应该保证产品符合注册标准、符合GMP要求及相关的规程。通过产品放行检查，加强对产品生产工艺的管理。

药品生产工艺可能会需要随着质量标准的升级、生产设备的更新或物料的变更而变更。对于生产工艺必要的变更，必须通过变更控制程序来实施。企业应该建立变更控制系统，制订包括工艺变更的变更控制程序，对所有影响产品质量的变更进行评估和管理。工艺变更至少应该经过技术部门、生产部门、质量部门、注册部门及相关部门的审核、批准。主要的生产工艺变更还需要经过相应的工艺验证，获得满意的验证结果后才能实施。对于主要的工艺变更还应该报告政府药监部门，在得到药监部门的批准后或按照《药品注册管理办法》的有关规定提交相应的药品注册补充申请，并得到政府药监部门的审评、批准后才能实施变更并生产。变更控制制度的建立及严格实施，亦是保证生产工艺规程和生产操作符合产品注册标准的重要因素之一。

案例2

2014年美国FDA发布的一封警告信[①]中有关于变更的缺陷。

在实际生产过程中，对产品生产工艺规程的贯彻主要是通过产品批记录的形式来进行的，产品的生产过程和生产工艺的实施情况也必须采用批记录的形式记录下来，以证明产品的生产是符合GMP要求和工艺规程的，并可以追溯该批产品的生产历史以及与质量有关的情况。因此，产品批记录应当严格按照批准的注册工艺相关内容来制订。产品批记录的建立除了必须满足GMP所要求的内容外，批记录的设计，包括形式、内容及参数范围等都应该考虑如何更好地指导生产操作人员按照工艺规程进行生产；如何更好地避免偏离工艺规程；如何更有效地证明生产工艺的实施情况。由此可见，产品批记录的设计和制订也能够更好地保证产品生产符合GMP要求、符合产品工艺规程、符合产品注册工艺及处方。同时，产品批记录也应该根据工艺规程的变更，通过变更控制程序而得到及时的更新。

---

① 可参考 http：//wayback. archive-it. org/7993/20170112061623/http：//www. fda. gov/ICECI/EnforcementActions/WarningLetters/2014/ucm400853. htm。

8.3 药品生产过程管理

当药品的生产工艺、处方和质量标准被确定后，药品的质量就取决于药品生产过程的管理。

药品生产是指原辅料、包装材料和其他物料的采购、产品的加工、质量控制、审核放行、储存、发运及相关控制的一系列活动。药品的生产和包装过程均应当严格按照批准的工艺规程和操作规程进行操作并做相关记录，以确保药品达到规定的质量标准，并符合药品生产许可和注册批准的要求。

我国 2010 年版 GMP 第九章生产管理中第一节对药品生产的原则做出了明确的定义，具体如下。

"第一百八十四条　所有药品的生产和包装均应当按照批准的工艺规程和操作规程进行操作并做相关记录，以确保药品达到规定的质量标准，并符合药品生产许可和注册批准的要求。

第一百八十五条　应当建立划分产品生产批次的操作规程，生产批次的划分应当能够确保同一批次产品质量和特性的均一性。

第一百八十六条　应当建立编制药品批号和确定生产日期的操作规程。每批药品均应当编制唯一的批号。除另有法定要求外，生产日期不得迟于产品成型或灌装(封)前经最后混合的操作开始日期，不得以产品包装日期作为生产日期。

第一百八十七条　每批产品应当检查产量和物料平衡，确保物料平衡符合设定的限度。如有差异，必须查明原因，确认无潜在质量风险后，方可按照正常产品处理。

第一百八十八条　不得在同一生产操作间同时进行不同品种和规格药品的生产操作，除非没有发生混淆或交叉污染的可能。

第一百八十九条　在生产的每一阶段，应当保护产品和物料免受微生物和其他污染。

第一百九十条　在干燥物料或产品，尤其是高活性、高毒性或高致敏性物料或产品的生产过程中，应当采取特殊措施，防止粉尘的产生和扩散。

第一百九十一条　生产期间使用的所有物料、中间产品或待包装产品的容器及主要设备、必要的操作室应当贴签标识或以其他方式标明生产中的产品或物料名称、规格和批号，如有必要，还应当标明生产工序。

第一百九十二条　容器、设备或设施所用标识应当清晰明了，标识的格式应当经企业相关部门批准。除在标识上使用文字说明外，还可采用不同的颜色区分被标识物的状态(如待验、合格、不合格或已清洁等)。

第一百九十三条　应当检查产品从一个区域输送至另一个区域的管道和其他设备连接，确保连接正确无误。

第一百九十四条　每次生产结束后应当进行清场，确保设备和工作场所没有遗留与本次生产有关的物料、产品和文件。下次生产开始前，应当对前次清场情况进行确认。

第一百九十五条　应当尽可能避免出现任何工艺规程或操作规程的偏差。一旦出现偏差，应当按照偏差处理操作规程执行。

第一百九十六条 生产厂房应当仅限于经批准的人员出入。”

上述内容都是药品生产的基本要求，药品生产企业和生产人员应当严格执行。

通常情况下，药品生产过程管理覆盖了产品的生产前准备、产品的生产过程控制、产品的生产结束和产品放行批准。

8.3.1 生产前准备

生产部门应该按照工艺规程制订每个产品生产前预检查确认清单，并以经审核批准的书面形式存在。预检查、确认的内容应该包括但不限于生产环境(如温度、湿度、风压差等)，生产现场(如清洁、清场状况、状态标识等)，生产设备(如清洁状态、运行状况、工艺参数的设定、程序控制的识别系统、挑战试验标准品等)，计量仪器/仪表(如校验有效期、使用前校准等)，原辅料/包装材料/标签(如品名、规格、批号、状态、数量等)和相应的批生产/包装记录(如产品名称、产品规格、生产车间、生产线、产品批号等)等。产品生产前，生产相关人员应该对照该预检查确认清单对生产现场进行预检查，确保厂房设施、生产设备、仪器/仪表、物料、批记录及操作程序都是正常和正确的，确保生产现场没有上批遗留的产品、文件或与本批产品生产无关的物料，设备处于已清洁及待用状态。特别是对于采用计算机程序控制的半自动或自动化设备，更要确保其程序和运行都处于完好的状态。预检查、确认应该被记录，并归入该批产品的生产批记录中作为产品放行的依据之一。

8.3.2 生产过程中

生产管理人员和生产操作人员应该严格按照制订的产品工艺规程、过程控制程序、标准操作程序(SOP)及产品批记录对整个生产过程，包括生产工序和包装工序进行操作和监控，操作和监控的所有活动都应该记录在产品批记录上。过程控制也应该对生产过程中发生的偏差情况进行完整的记录、充分的调查、妥善的处理及采取整改和预防措施。过程控制涉及生产环境监控、原辅料/中间体/包装材料/标签使用、产品收率/物料平衡、取样及中间控制检测等操作。

在药品生产过程中，操作人员的职业素质、GMP意识和操作技能对药品的质量起到了关键的作用。再先进的生产设施和生产设备，没有生产操作人员的规范操作，也不可能生产出高质量的产品。因此，应该要求全员，特别是生产操作人员参与生产管理，严格规范生产操作，严把质量关。要提高操作人员的质量素质，从而达到保证药品质量的目的。为此，应该建立有效的培训机制，程序化、规范化培训。特别是对于生产操作岗位，应该制订书面的岗位职责或岗位描述，详细规定该岗位操作人员应有的资质(包括学历、工作经验等)和应知、应会的内容。然后，根据岗位职责或岗位描述中对该岗位的具体要求，编制经批准的该岗位的培训教材。培训教材应该包括应知、应会的内容和清单，操作人员应该按照清单上的应知、应会内容得到有效的培训并经考核合格后才能上岗操作。

生产过程控制还应该考虑尽可能采用现代化计算机系统和自动化控制设施/设备对生产工序(如混合操作、压片操作、包衣操作等)、包装工序、物料管理(如批号选择、物料分配、物料称量、物料状态控制、投料复核等)、中控检测(如在线片重检测、装量检测、包装材料/标签核对、自动质量缺失剔除等)、生产现场环境监控(如空气压差、温度、湿度自动记录和报警等)进行管理。使用计算机系统和自动化控制设施/设备可以节省人力资源,提高劳动生产效率,更主要的是可以保证产品质量的均一性,生产过程控制的有效性,尽可能避免人为的差错。为此,我国药监部门也发布了《计算机化系统》的附录,对计算机系统在药品生产过程中的应用规范提出了明确的要求。

对于生产设备,除了尽可能采用专用外,还应该考虑尽可能采用现代化程序控制或自动化程度高的操作系统,避免不必要的人为差错。生产设备应该考虑采用封闭式的、管道化输送的、连续性设计的生产线,尽量避免物料与人员的过多接触和物料暴露于空间的机会,以防人员对产品造成的污染和异物对产品造成的污染。药品生产应该考虑采用生产设备的在线清洗(Clean In Place, CIP)技术。在线清洗与手工清洗的方法和程序都不同,在线清洗不需要拆卸与重新装配设备及管路,就可以对设备和管路进行有效的清洗,将上批生产留在设备和管路中的残留物减少到可接受的程度,而且清洗的重复性和稳定性好,由此可见,在线清洗对降低污染和交叉污染风险有着积极的意义。

生产过程中对物料的有效控制,也是保证产品质量的重要环节之一,前述案例也充分说明了这一点。GMP对于物料的控制有明确的要求,企业应该严格按照GMP的要求在生产过程中对生产物料进行管理,包括从物料状态控制、物料分配、物料接收、投料及物料平衡等整个过程控制。同样,应该考虑采用现代化的计算机系统对物料在生产过程中的流通和使用进行控制,避免在传统物料管理方式中可能出现的人为差错。如一些企业采用的ERP(Enterprise Resource Planning)系统、MES(Manufacturing Execution System)等,这些系统能够按照工艺规程和处方的要求自动选择合适的物料(包括合适的状态、合适的批号、合适的数量等)。应该对生产过程中的物料平衡和收率情况进行核对和检查,如果发现有超出允许范围的偏差情况,必须按照偏差处理程序查明原因。在得出合理解释,确认无潜在质量事故后才可按正常产品处理。特别对于生产过程中产生的尾料、废料和不合格品的处理,必须制订专门的操作程序,严格按照GMP的要求进行控制和处置,使这些尾料、废料和不合格品流向明确,记录完整并具有可追溯性。

生产现场安装摄像监控设施也是提高生产过程控制的有效措施之一。生产现场安装摄像监控设施有助于提高操作人员的工作责任心,有助于规范操作人员的操作行为。摄像监控设施能够全方位、全时段对生产操作过程进行监控并记录,可以对生产过程的实施进行跟踪和追溯。摄像监控设施的跟踪和追溯功能也能够有效地帮助对生产过程中发生的偏差情况和质量投诉情况的调查,方便找出根本原因,从而采取有针对性的解决措施,避免类似的问题重复发生。

企业也可以通过实施一些行之有效的管理方法来提升药品生产过程控制的水平,如精益(Lean)管理中的"5S"管理。

整理分类(Sort):按照标准区分必要的和不必要的物品,对不必要的物品进行处理。

整顿放置(Set in Place):必要的物品按需要量,分门别类,定置管理,并摆放整齐,加以标识。

清扫(Shine):清除工作场所脏污(灰尘、污垢、异物等),防止脏污的再次出现,并保持工作场所干净整洁。

标准化(Standardize):将整理分类、整顿放置和清扫的活动制度化、规范化,并贯彻执行及维持。

持续性(Sustain):人人按照规定和制度行事,养成良好的习惯,培养积极进取的精神。

采用"5S"管理的理念,对生产过程中涉及的设施、设备、容器、零部件、工具及程序文件和记录文件进行分类化、可视化、定置化管理。5S管理可以起到优化生产过程,规范操作人员的操作行为,避免人为差错的发生。采用精益管理的理念,精简生产过程控制中一些不必要的程序或流程,使生产过程更容易控制,同时也提高了劳动生产效率。

生产过程控制还应该关注数据可靠性(Data Integrity, DI)的管理,应该制订对数据可靠性管理的相关程序和具体的要求。数据可靠性管理应该覆盖对所有与生产和质量有关的数据,包括计算机系统中的电子数据和书面记录中的数据。对于计算机系统或程序控制设备中的数据,应当配备审计追踪的功能,以方便对数据可靠性进行管理。对于书面记录上的数据可靠性管理,企业也应该制订相应的规定,包括文件/记录的受控管理程序,数据的更改规范等。近年来,GMP检查对数据可靠性的关注度越来越高,法规检查中也多次发现了与数据完整性有关的缺陷。

要对生产过程进行控制,就应该制订相应的控制程序、工艺参数及详细的操作规程等。生产过程控制的相关程序、要求、参数及操作规程不是凭空想象出来的,而是应该得到验证数据的支持。验证是药品生产过程控制的重要基础,GMP对验证专门颁布了相关的附录——确认与验证,对确认与验证活动的实施进行明确的规范。总而言之,生产过程涉及的生产工艺、厂房设施、生产设备、计算机控制程序及清洁等活动都应该进行验证或确认,以证明有关操作的关键要素能够得到有效控制。所以,企业应制订验证主计划,阐述其验证逻辑、验证目的、验证方针、验证组织和验证方法。验证主计划是一份工作文件,负责验证的部门应定期对其进行更新,以确保符合相关法规的要求。验证部门应该制订年度验证计划,验证活动都应当事先进行计划,有定期跟踪及年度回顾。关键的生产工艺和操作规程应当定期进行再验证,确保其能够达到预期效果。应当对设施、设备和工艺,包括清洁方法进行定期评估,以确认它们持续保持验证状态。应当采用质量风险管理方法评估变更对生产过程控制的潜在影响,必要时,进行再确认或再验证。当验证状态未发生重大变化时,可采用对设施、设备和工艺等的回顾审核,来满足再确认或再验证的要求;当趋势出现渐进性变化时,应当进行评估并采取相应的措施,确保生产过程能够得到有效控制。

上述管理文件、操作规程均需生产过程控制程序、操作程序及关键工艺控制点通过质量风险评估来确定。运用质量风险管理的方法,评估整个生产环节的工艺,识别出生产过程中的风险环节及影响产品质量的关键工艺,从而制订生产过程控制规程并设定关键控制点,通过风险控制措施消除风险或将风险降低到可接受的程度。当生产工艺、生产设施及生产设备发生变更,法律法规、技术要求发生变更时,还应该进行风险再评估。目前,制药行业常用的风险管理工具包括失败模式和影响分析(Failure Mode Effects Analysis, FMEA),失败模式影响和危害性分析(Failure Mode, Effects and Criticality Analysis, FMECA)、故障树分析(Fault Tree Analysis, FTA)、危害分析和关键控制点(Hazard Analysis and Critical Control Points, HACCP)、危害操作分析(Hazard Operability Analysis, HAZOP)等。

8.3.3 生产结束后

每批产品的生产、包装结束后，生产部门应该对设备进行清洁，对生产区域进行清场，确保生产现场没有遗留涉及与本批产品有关的原辅料、中间体、包装材料和标签等。清洁/清场操作应有记录，内容应该包括设备名称、设备编号、生产区域编号、产品名称、批号。生产工序、清洁/清场日期、检查项目及结果、清洁/清场操作人及复核人签名等，清洁/清场记录应归入产品批记录中。

生产后的清场，尤其对于多品种共线生产中产品更换的清场更是防止交叉污染的重要控制措施。不仅需要对清洁方法进行验证，更需要对日常清场后的效果进行认真细致的确认，确保清洁效果，这样才能有效控制药品生产过程中的交叉污染风险。如果产生交叉污染，将对药品的安全性有巨大的影响。

8.3.4 放行检查

产品生产结束后，还应该进行放行检查，保证产品及其生产符合注册要求和GMP要求。产品放行检查主要包括以下几点。

(1) 产品主要生产工艺和检验方法经过验证。

(2) 产品已完成所有必需的检查、检验，并综合考虑实际生产条件和生产记录。

(3) 所有必需的生产和质量控制均已完成并由相关主管人员签名。

(4) 变更已按照相关规程处理完毕，需要经药品监督管理部门批准的变更已得到批准。对变更或偏差已完成所有必要的取样、检查、检验和审核。

(5) 所有与该批产品有关的偏差均已有明确的解释或说明，或者已经过彻底调查和适当处理；如偏差还涉及其他批次产品，应当一并处理。

产品放行检查应当有明确的结论。每批产品应当有质量受权人或质量转受权人签名批准放行。

8.3.5 药品的批次管理

批次管理也是生产管理的重要部分，目的是便于追溯和风险控制，药品批的定义及批次划分的原则如下。

我国2010年版GMP对药品批次有明确的定义：经一个或若干加工过程生产的、具有预期均一质量和特性的一定数量的原辅料、包装材料或成品。为完成某些生产操作步骤，可能有必要将一批产品分成若干亚批，最终合并为一个均一的批。在连续生产情况下，批必须与生产中具有预期均一特性的确定数量的产品相对应，批量可以是固定数量或固定时间段内生产的产品量。

尽管不同剂型的制剂和原料药的批次划分各有其特殊要求和规定，但药品生产批次划分的最根本的原则就是确保同一批次产品质量和特性的均一性。

不同剂型药品和原料药批次划分及生产日期的确定原则如下。

(1) 无菌药品大(小)容量注射剂以同一配液罐最终一次配制的药液所产生的均质产品为一批;同一批产品如用不同的灭菌设备或同一灭菌设备分次灭菌的,应当可以追溯。

(2) 无菌药品粉针剂以一批无菌原料药在同一连续生产周期内生产的均质产品为一批。

(3) 无菌药品冻干剂以同一批配制的药液使用同一台冻干设备在同一生产周期内生产的均质产品为一批。

(4) 无菌药品眼用制剂、软膏剂、乳剂和混悬剂等以同一配制罐最终一次配制所生产的均质产品为一批。

(5) 非无菌药品口服固体、半固体制剂在成型或分装前使用同一台混合设备一次混合所生产的均质产品为一批。使用多台压片、填充设备时,应验证确有同一性能者。

(6) 非无菌药品口服液体制剂以灌装(封)前经最后混合的药液所生产的均质产品为一批。使用多台灌装设备时,则应验证确有同一性能者。

(7) 连续生产的原料药,在一定时间间隔内生产的在规定限度内的均质产品为一批;间歇生产的原料药,可由一定数量的产品经最后混合所得的在规定限度内的均质产品为一批,混合前的产品必须按同一生产工艺生产并符合质量标准,并具有可追溯的记录。

(8) 生物制剂应当按照《中华人民共和国药典》中的"生物制品分批规程"进行批的划分。

每批药品均应编制唯一的生产批号。除非另有法定规定外,药品生产日期不得迟于产品成型或灌装(封)前经最后混合的操作日期,不得以产品包装日期作为生产日期。为此,企业必须建立编制药品生产批号和确定生产日期的操作规程,对药品的批号编制和生产日期的确定进行严格的管理。

8.4 药品生产过程风险管理

我国2010年版GMP总则第三条"本规范作为质量管理体系的一部分,是药品生产管理和质量控制的基本要求,旨在最大限度地降低药品生产过程的污染、交叉污染以及混淆、差错等风险,确保持续稳定地生产出符合预定用途和注册要求的药品"。

因此在药品生产过程中要确保按照注册申请并批准的处方工艺进行生产,并防范生产过程中存在的四大类关键风险点,即污染、交叉污染、差错、混淆,这四类风险的严重程度主要与共线生产的品种数、生产的品种特性、生产组织方式、厂房布局、设备等有关。

8.4.1 污染和交叉污染风险控制

我国2010年版GMP对污染的定义为:在生产、取样、包装或重新包装、储存或运输等操作过程中,原辅料、中间产品、待包装产品、成品受到具有化学或微生物特性的杂质或异物的不利影响。

防止污染,主要是防止异物、微生物、昆虫、动物等对药品的污染。

GMP中有很多防止污染风险的要求,按照要求设置洁净区的主要目的就是防止微生物和空气中的悬浮粒子对于药品的污染，这对于无菌产品尤为重要。

还有如“第四十三条　厂房、设施的设计和安装应当能够有效防止昆虫或其他动物进入。应当采取必要的措施，避免所使用的灭鼠药、杀虫剂、烟熏剂等对设备、物料、产品造成污染。

第七十七条　设备所用的润滑剂、冷却剂等不得对药品或容器造成污染，应当尽可能使用食用级或级别相当的润滑剂。

生产和清洁过程中应当避免使用易碎、易脱屑、易发霉器具；使用筛网时，应当有防止因筛网断裂而造成污染的措施。

液体制剂的配制、过滤、灌封、灭菌等工序应当在规定时间内完成。

软膏剂、乳膏剂、凝胶剂等半固体制剂以及栓剂的中间产品应当规定贮存期和贮存条件。”

GMP 对交叉污染的定义为：不同原料、辅料及产品之间发生的相互污染。

GMP 明确要求生产过程中应当尽可能采取措施，防止交叉污染，这些措施包括但不限于：① 在分隔的区域内生产不同品种的药品；② 采用阶段性生产方式；③ 设置必要的气锁间和排风；④ 空气洁净度级别不同的区域应当有压差控制；⑤ 降低未经处理或未经充分处理的空气再次进入生产区导致污染的风险；⑥ 在易产生交叉污染的生产区内，操作人员应当穿戴该区域专用的防护服；⑦ 采用经过验证或已知有效的清洁和去污染操作规程进行设备清洁；⑧ 必要时，对与物料直接接触的设备表面的残留物进行检测；⑨ 采用密闭系统生产；⑩ 干燥设备的进风应当有空气过滤器，排风应当有防止空气倒流的装置。

显然，并不是企业采取了上述措施，就可以避免产品的污染和交叉污染。药品生产企业除了必须满足上述 GMP 明确要求的措施外，还应该按照我国 2010 年版 GMP 要求定期检查防止污染和交叉污染并评估其适用性和有效性。企业应该对产品整个生产过程进行质量风险评估，识别污染和交叉污染产生的原因，从而采取有针对性的措施，最大限度地避免污染和交叉污染的发生。产品污染或交叉污染的来源不外乎人员、生产设施/设备、物料/中间体、清洁方法等。从厂房设施和生产设备的角度考虑，企业应该尽可能采用独立的或隔离的生产区域和空气净化系统，杜绝不同产品之间的交叉污染。从现状来看，绝大部分药品生产企业对不同洁净级别的生产区域之间均采用了防止污染的措施，如气流控制、更衣室更衣及设置缓冲设施等。实际上，为了避免不同产品之间的交叉污染，企业还需要考虑在同样洁净级别但不同产品生产区域/操作间之间采取防止交叉污染的措施。对此，国内已有药品生产企业对在同样洁净级别但不同产品的生产区域/操作间之间采取了人/物流分离、气流控制、缓冲间及更衣等措施来防止不同产品之间的交叉污染。

对于生产设备，除了尽可能采用专用外，还应该尽可能采用封闭式的、管道化物料输送的、连续性工序设计的生产线，尽量避免物料与人员过多接触和物料暴露于空间，尽可能避免人员对产品造成的污染和异物对产品造成的污染。对于共用生产设施和生产设备，除了应该采用阶段性生产方式外，企业还应该制订共用生产设施和生产设备风险管理程序，并对共用生产设施和生产设备进行风险识别、风险分析、风险评估，确认这些共用生产设施和生产设备对产品造成交叉污染的风险等级，从而采取应对措施避免风险或降低风险等级。风险评估的内容应该包括但不限于人员、生产设施、生产设备、生产方式、物料、生产环境及清洁验证等方面，风险评估的范围应该涉及整个生产过程。需要注意的是，对于 GMP 规范中明确要求独立的和专用的生产设施和生产设备，不适用于通过风险评估的程序以达到不同产品共用的目的。

因交叉污染问题产生的案例并不少见，下面是相关案例分析。

案例 3

2017 年美国 FDA 发布了一封包含了设备清洁存在重大问题的警告信[①]。

FDA 的检查员在企业现场检查时，发现多个标识为“已清洁”的设备上有残留物，存在严重的交叉污染风险，对产品的安全性造成重大的影响。所以对该企业发布了警告信。

案例 4

2016 年 4 月 21 日，国家食品药品监督管理总局通报销往香港地区的银翘解毒片检出扑热息痛的调查情况。

国家食品药品监管总局接到中国香港卫生署通报称，中国香港卫生署抽样检验发现，天津中新药业集团股份有限公司隆顺榕制药厂（以下简称“隆顺榕制药厂”）生产的银翘解毒片（批号：MH－151）含有微量扑热息痛（检出量为 0.083 毫克/片），银翘解毒片批准的处方中不应含有扑热息痛。食品药品监管总局立即责成天津市市场和质量监督管理委员会对涉事产品生产企业进行全面的监督检查。

涉事的银翘解毒片是隆顺榕制药厂在香港地区注册的药品，注册证号标示为 HKP－00056。涉事产品于 2014 年 6 月生产，共计 46 箱，销往香港地区 31 箱，库存 15 箱，有效期至 2018 年 6 月 16 日。香港明华公司为其经销代理商。涉事产品不在内地销售。隆顺榕制药厂在内地销售的银翘解毒片批准文号标示为国药准字 Z12020274，且与在香港地区销售的涉事产品不在同一条生产线生产。

经调查，隆顺榕制药厂生产的银翘解毒片与精制银翘解毒片共用压片机，精制银翘解毒片批准的处方中含有扑热息痛 60 毫克/片，因清场不彻底导致产品交叉污染。2014 年 11 月，企业检验发现批号为 MH－151 的银翘解毒片含有微量扑热息痛。隆顺榕制药厂于 2014 年 12 月 11 日通知香港明华公司停止销售该批产品，就地封存，并进行销毁。隆顺榕制药厂将库存的 15 箱该批次产品做了销毁处理。香港明华公司于 2016 年 4 月 20 日致天津中新药业集团股份有限公司函称，明华公司在销毁了一部分涉事产品之后，将剩余部分产品送样至香港标准与检定中心有限公司检验，因未检出扑热息痛，香港明华公司在未通知隆顺榕制药厂的情况下再次销售了涉事批次产品，导致了本次事件发生。

隆顺榕制药厂在药品生产过程中因清场不彻底导致药品交叉污染，是违反 GMP 的严重事件，反映出该企业在质量管理方面存在严重缺陷。食品药品监管总局要求天津市市场和质量监督管理委员会责令隆顺榕制药厂停产整顿，彻底召回涉事产品，并对其违反药品 GMP 等的生产行为立案调查。

这是一起典型的药品交叉污染案例，由共线生产带来的问题，所以在 GMP 中对于共线生产管理有明确的要求，需要进行共线生产评估和管理。

“第四十六条　为降低污染和交叉污染的风险，厂房、生产设施和设备应当根据所生产

① 可参考 https://www.fda.gov/ICECI/EnforcementActions/WarningLetters/2017/ucm595730.htm。

药品的特性、工艺流程及相应洁净度级别要求合理设计、布局和使用，并符合下列要求：

（一）应当综合考虑药品的特性、工艺和预定用途等因素，确定厂房、生产设施和设备多产品共用的可行性，并有相应评估报告。

（二）生产特殊性质的药品，如高致敏性药品（如青霉素类）或生物制品（如卡介苗或其他用活性微生物制备而成的药品），必须采用专用和独立的厂房、生产设施和设备。青霉素类药品产尘量大的操作区域应当保持相对负压，排至室外的废气应当经过净化处理并符合要求，排风口应当远离其他空气净化系统的进风口。

（三）生产β-内酰胺结构类药品、性激素类避孕药品必须使用专用设施（如独立的空气净化系统）和设备，并与其他药品生产区严格分开。

（四）生产某些激素类、细胞毒性类、高活性化学药品应当使用专用设施（如独立的空气净化系统）和设备；特殊情况下，如采取特别防护措施并经过必要的验证时，上述药品制剂则可通过阶段性生产方式共用同一生产设施和设备。

（五）用于上述第（二）、（三）、（四）项的空气净化系统，其排风应当经过净化处理。

（六）药品生产厂房不得用于生产对药品质量有不利影响的非药用产品。”

在《确认与验证》附录中还明确规定“第四十九条　如无法采用清洁验证的方式来评价设备清洁效果，则产品应当采用专用设备生产”。

而且不仅是验证、评估，在日常生产中，生产后清场也明确要求对清洁效果进行复核确认，并有确认记录（GMP“第二百零一条　每批药品的每一生产阶段完成后必须由生产操作人员清场，并填写清场记录。清场记录内容包括操作间编号、产品名称、批号、生产工序、清场日期、检查项目及结果、清场负责人及复核人签名。清场记录应当纳入批生产记录”）。

8.4.2　差错和混淆风险控制

差错是指错误、过失或意外的事故。差错可以是主观原因或客观原因造成的。主观原因主要为粗心大意、理解能力、判断能力、记忆能力、急躁情绪、侥幸心理、技术水平、操作能力、身体素质及心理素质等。客观原因主要为无章可循、资料不全、资料错误、工具设备、器材供应、管理不善、培训不足、思想教育、习惯势力、工作交接、信息交流、工作环境、工作时间、疲劳作业、企业安全文化等。

混淆是指一种或一种以上的物料（包括原料、辅料、中间体、包材、标签）或成品与其他物料或成品相混，难以分辨。如原料与原料、成品与成品、标签与标签、有标识的与未标识的、已包装的与未包装的混淆等。在药品生产中，这样的混淆事件会产生严重后果，甚至带来极大危害，应该引起药品生产企业和各类从业人员的重视。不难看出，混淆的特点就是“相似相混”，名称、外观等越相似的物料或产品越容易发生混淆。混淆产生的原因是多方面的，但主要有如下几点。

（1）厂房或生产区域狭小、拥挤，同一区域有不同规格、品种、批号的药品同时生产，生产中物料流向不合理，生产线交叉，生产、运贮、仓储无保护措施，非生产人员进入等造成有意或无意混淆等。

（2）生产中使用的设备、容器无状态标志，清洁、清场不彻底等。

（3）原辅料、包装材料、半成品、中间体等物料无明显标志，放置混乱，散装或放在易破损的包装中，印刷性包装材料管理不善等。

(4) 生产人员未经培训上岗，工作责任心不强，操作不遵守有关操作程序，随意性等。

(5) 管理制度不健全或执行不力，无复核、统计、监督，发现问题未及时查找原因等。

既然已经找出了产生差错和混淆的主要因素，就应该针对这些因素，采取相应的措施来避免差错或混淆的发生。

1) 人为因素

在生产过程中，人的因素是最重要、最复杂的，也是最不容易管理的。除了人力资源管理、完善对员工的培训、提高员工的素质和GMP意识外，建立完善的生产管理制度、制订合理的生产指导性文件和详细的操作程序，加强对生产过程的控制，严肃劳动纪律等，可以减少人为差错和混淆的发生。企业采用程序化控制的生产管理系统和自动化程度高的生产设备来替代人工操作是避免人为差错和混淆的有效措施之一。

2) 生产环境

应该配置与生产规模相适应的，宽敞整洁的生产区域以满足生产的要求，且在同一生产区域内只生产一个批号的产品。生产过程中物料、中间体的存放应设有专门的区域，并有专人管理。生产区域应有门禁系统，避免非生产人员擅自进入。这也是避免人为差错和混淆的有效措施之一。

3) 生产前检查

生产开始前，应检查生产区域、设施、生产设备及容器等是否留有前一次生产的遗留物，设备是否清洁。所有区域、设施、设备及容器的状态标识是否均已显示处于可正常生产状态，否则不能进行生产操作。还应当核对物料、中间产品的名称、代码、批号和标识，确保生产所用物料或中间产品正确且符合要求，避免人为差错和混淆。

4) 工序衔接合理

在药品生产中，工艺布局的合理与否关乎药品生产秩序能否保持正常，生产效率能否提高，也关乎人为差错和混淆能否减少。工序衔接合理至少包括三方面内容：

(1) 生产流程顺向布置

生产流程应尽可能按照工艺流程方向布置，防止原材料、中间体和半成品在进入下道工序时出现路径交叉和迂回，造成差错或混淆。

(2) 传递迅速

根据统计，就生产过程而言，绝大部分的差错或混淆发生在工序之间的衔接过程。因此，生产过程的时间也要合理，传递要迅速，避免物料在某一工序特别是在工序和工序之间的衔接处滞留时间过长，防止物料混淆。

(3) 物料输送通畅

应当检查物料或产品从一个区域输送至另一个区域的管道和其他设备连接情况，确保连接正确。

5) 标识明确

药品生产中生产区域、设备、容器、物料及产品等都要用到识别标识和状态标识来标明它们的身份和所处的状态，以便正确识别并指导使用，防止差错和混淆。应该制订标识/标签管理程序来规范标识/标签的格式、内容、颜色及正确使用。每一生产操作间、每一台生产设备、每一盛物容器均应有能够指明正在加工的产品或物料、批号及数量等的状态标志。

我国2010年版GMP对物料平衡有明确的要求，并对其作出定义：产品和物料实际产量或实际用量及收集到的损耗之和与理论产量或理论用量之间的比较，并考虑可允许的偏差范围。物料平衡实际上包括了两方面的内容，一方面是指产品的收率必须被控制在经验证所确定的范围内；另一方面是指所用的印刷包装材料应该被控制在规定的限度内。由此可见，药品生产过程中的物料平衡是一项法规要求，是必须实施的任务，也是一项保证药品质量的有效措施。

众所周知，药品生产工艺须经药监管理部门注册批准。企业药品生产工艺规程又必须依据注册批准的生产工艺设计，并经工艺验证合格后制订。因此，按照生产工艺规程生产的产品的物料平衡应该在一个经验证确认的相对恒定的范围内。如果在生产过程中发生了偏离物料平衡范围的情况，就有可能发生少投料、多投料、投错料或生产工艺不正常的情况。所以，对药品生产过程中的物料平衡进行管理，也是防止差错或混淆及保证产品质量的有效措施之一。在工艺规程中，应该科学、合理、可操作地设置主要工序的物料平衡范围，在生产过程中对这些主要工序的物料平衡进行核算、控制，维护生产工艺过程正确实施，防止发生差错或混淆。按照GMP的要求，如果发现了物料平衡超标情况，必须查明原因，确认无潜在质量风险后，方能按照正常产品处理。同时，如有可能，应该对物料平衡超标的原因采取预防、整改措施，避免类似的物料平衡问题再次发生。

尽管按照生产工艺组织生产对生产过程进行管理，但在实际生产中还是难免会出现偏差的情况。生产企业的偏差是指任何可能影响产品质量的、未在计划中的事件。药品生产过程中的偏差主要是指对批准的生产工艺规程、标准操作程序或规定的标准的偏离，在产品生产过程中发生的任何偏离批准的规程、处方、质量标准、趋势或参数的非计划性差异。如由于生产设备故障造成工艺参数超标。

药品生产过程中发生的偏差是影响产品质量的主要隐患，是药品生产过程中必须严格控制的，也是GMP所重点关注的对象。各个国家和地区的GMP，包括我国GMP都对偏差管理作出了明确的规定。我国2010年版GMP针对偏差情况，规定各部门负责人应当确保所有人员正确执行生产工艺、质量标准、检验方法和操作规程，防止偏差的产生。尽管GMP法规要求防止偏差的发生，但生产过程中总会因为人为操作、生产设备、物料及中间体、生产环境和方法等原因而不可避免地发生偏差情况。从我国1988年版GMP颁布至今三十多年的GMP实施情况来看，GMP管理越是严格、履行水平越高的药品生产企业，其报告和记录的偏差可能就越多，当然这些偏差，绝大部分都是风险较低的偏差。而一些GMP管理松懈、履行水平低的企业，报告和记录的偏差则越低，甚至个别企业有零偏差的情况存在。在生产过程中有偏差发生是正常现象，而没有偏差记录则可能是不正常现象。实际上，GMP也是要求对发生的偏差进行适当管理。发现偏差应该及时记录并报告，然后对偏差情况进行调查，并且通过妥善处理或采取整改、预防措施，消除引起类似偏差的根源，质量隐患则可以得到控制。对于与生产规模不相称的偏差发生率或没有偏差的企业，或是因为对偏差的定义太笼统、不详细、不严谨，使得操作人员在发现偏差问题时难以确定其为偏差，而漏报；或是个别企业或人员为了掩盖质量问题，有意不报、瞒报偏差情况。长此以往，偏差情况越积越多，质量隐患得不到及时解决，总有一天会爆发严重的质量事故。为此，企业应当建立有效的偏差管理体系；制订偏差处理的操作规程；详细规定偏差的定义，偏差的风险等级，偏差涉及的范围，偏差报告的时限，偏差的记录、报告、调查、处理以及所采取的纠正、预防措施。对于参与偏差调查的人员，也应该有资格确认的程序。偏差调查人员应该按照程序的要求，经过专门的培训，获得调查员资格才能参与偏差调查。

对于微小的偏差，如文件差错等，在确认未对产品质量造成影响时，可以在相关受影响的记录上进行更正和记录可不发起偏差调查。对于中或高风险等级的偏差，除了及时记录外，还必须在规定的时限内通知相关部门管理人员、QA部门负责人甚至企业管理层。在对偏差进行回顾、调查后决定是否对生产中的产品停止生产；对有质量协议或合同规定的，是否通知客户或业务伙伴；对涉及已放行上市的产品，是否采取召回行动并通知政府药监部门。参与偏差调查的人员，至少应该包括QA人员、责任部门代表及该偏差问题的专家。

对于发生的偏差，应该使用合适的系统和严谨的方法执行和管理调查行动，如确认发生的偏差问题和调查的范围；运用合适的调查工具收集事实数据（如面谈、调看监控图像、趋势图及头脑风暴等）；回顾产品稳定性数据和评估。与设备有关的偏差调查可能包括对设备维护保养记录的回顾和评估；对重复发生的偏差应该确认为何之前的整改预防措施无效等。使用根本原因分析工具（如“5个为什么”“鱼骨图”及对比分析等）以确定可能的根本原因。偏差调查应该使用事先制订并经批准的调查报告模板，按模板确定的内容和要求完成调查，以免调查不完整、不完善。偏差调查报告应该作出最终受影响的评估。偏差调查报告至少应该经过QA部门的审核、批准。QA部门或产品放行部门必须确保所有调查涉及批号的产品在调查结束前均已被冻结待处理。在确认该偏差对产品质量没有影响后，产品可以放行。所有的偏差调查报告都应该编号管理、报告，相应的文件、记录都应该归档保存。QA部门应该对偏差进行年度回顾和趋势分析，并将偏差年度回顾和趋势分析归入年度产品质量回顾文件中。企业只有正确对待发生的偏差，采取妥善的处理或纠正、预防措施，才能从根本上保证产品质量，消除质量隐患。

8.5 批生产记录

对于药品来说，产品批记录就是它的身份证明和历史档案。我国2010年版GMP对批记录的定义为“用于记述每批药品生产、质量检验和放行审核的所有文件和活动，可追溯所有与成品质量有关的历史消息”。我国2010年版GMP也明确规定“每批产品均应当有相应的批生产记录，可追溯该批产品的生产历史以及与质量有关的情况”。由此可见，药品生产的批记录是法规要求，也是药品生产企业必须履行的职责。

药品批记录是药品生产的主要文件之一，批记录包括了批生产记录、批包装记录、批检验记录和药品放行审核记录。药品批记录是产品生产的指导性文件，可以指导生产操作人员按照批记录上设定的工艺规程、工艺参数、工艺步骤、产品处方、物料投料量及具体操作方法进行生产操作。药品批记录又是产品生产的原始记录，用于确认产品是否按照设计的标准进行生产操作，用于证明产品的生产是否符合注册工艺和处方要求，用于产品批准放行及用于对产品生产历史的追溯以及与质量有关的情况。

由此可见，批生产记录应当依据现行批准的工艺规程的相关内容来制订，应该体现所有需要监控的主要工艺参数和操作步骤。因此，批生产记录的编制，应与生产工艺规程、生产设备、生产实际、设备验证、工艺验证及清洁验证相结合。这样编制的批生产记录才能够指导生产操作人员按照工艺参数和操作步骤进行操作。编制的批生产记录要能够反映工艺规程中的主要控制点，要能够反映生产的全过程监控。批生产记录的设计还应该考虑尽可能减少操作人员的文字记录，但又能反映真实完整的操作内容。因此，可以把操作指示、工艺参数、注意事项等事先设计在批生产记录表上（表 8－1），只要求操作人员按照操作指示进行确认，填写结果、签名及复核等简单的记录。

表 8－1 批生产记录表

<table>
<tr><th colspan="5">制 备 操 作</th></tr>
<tr><th>操作指示</th><th>工艺参数</th><th>实 际</th><th>操作者及日期</th><th>复核者</th></tr>
<tr><td rowspan="3">确保右边各检查项目均为“是”。否则，不能用于生产，须立即通知主管</td><td>管道接头密封</td><td>是 □
否 □</td><td rowspan="3"></td><td rowspan="3"></td></tr>
<tr><td>阀门密封</td><td>是 □
否 □</td></tr>
<tr><td>天平水平调零点</td><td>是 □
否 □</td></tr>
</table>

批生产记录的编制也应该考虑整批产品的连贯性，应该包括生产开始至生产结束，这样的批记录才具有可追溯性。特别是对于那些工艺步骤长、子批号多的产品，更应该重视对批生产记录的设计，要保证能够从产品的最终包装追溯到生产开始投料时的原辅料的信息。对于那些工艺步骤长、子批号多的产品批生产记录，设计、建立一份批记录追溯表不失为一种有效的管理措施和模式，能够保证整批产品批生产记录的完整性。另外，批生产记录的编制，也应该考虑可能发生的异常情况和偏差情况，应该在批生产记录中留有适当的位置和空间便于记录偏差情况。

由于产品生产批记录是药品生产的主要文件，我国 2010 年版 GMP 对产品批生产记录的内容作出了明确的规定。要求内容应当包括以下方面。

（1）产品名称、规格、批号；

（2）生产及中间工序开始、结束的日期和时间；

（3）每一生产工序的负责人签名；

（4）生产步骤操作人员的签名，必要时，还应当有操作（如称量）复核人员的签名；

（5）每一原辅料的批号以及实际称量的数量（包括投入的回收或返工处理产品的批号及数量）；

（6）相关生产操作或活动、工艺参数及控制范围以及所用主要生产设备的编号；

（7）中间控制结果的记录以及操作人员的签名；

（8）不同生产工序所得产量及必要时的物料平衡计算；

（9）对特殊问题或异常事件的记录，包括对偏离工艺规程的偏差情况的详细说明或调查报告，并经签字批准。

因此，药品批生产记录上至少应该包含上述法规要求的内容。但批生产记录的编制除了必须包括上述 GMP 明确要求的内容，还应该结合该产品的实际情况、特殊要求及企业的管理标准，以便更好地体现生产操作的指导性、生产过程的追溯性及法规符合性。

批生产记录是数据完整性的重要载体之一，对批生产记录的管理也是生产管理和质量管理的重要组成部分。企业应该制订产品批生产记录的管理程序，明确规定对批生产记录的管理要求，包括格式模板、编号系统、版本控制、变更控制、修正记载、编制、审核、批准、发放、使用、汇总、归档及保管等内容。批记录的变更应该通过变更控制程序进行管理，批生产记录应该受控发放，并有发放记录或采用计算机系统对其发放进行管理。批生产记录至少应该经由生产部门和质量部门的审核、批准，也应当由质量管理部门负责归档管理。批生产记录应该按药品批号归档管理至少保存至药品有效期后一年。对于没有规定有效期的产品，其批生产记录至少应当保存三年。要注重批生产记录的真实性，只有如实反映生产过程的真实情况，才能真正起到追溯作用。

批生产记录要反映生产过程的真实情况，以便通过其可以追溯和了解产品的生产历史以及与质量有关的情况。为此，GMP对记录的填写有明确的要求："与本规范有关的每项活动均应当有记录，以保证产品生产、质量控制和质量保证等活动可以追溯；记录应当及时填写，内容真实，字迹清晰、易读，不易擦除；记录应当保持清洁，不得撕毁和任意涂改；记录填写的任何更改都应当签注姓名和日期，并使原有信息清晰可辨，必要时，应当说明更改的理由。"由此可见，GMP对产品批生产记录的重视程度。产品批生产记录应该是生产原始数据和信息的载体，应该在生产过程和操作时及时进行记录。产品批生产记录既不能凭经验事先填写，也不能凭回忆事后填写。

8.6 委托生产

对于药品生产，相关的法规也允许药品批准文号持有方委托其他生产企业进行生产。国家药监局颁布了《药品委托生产监督管理规定》(以下简称《规定》)，规范药品委托生产，确保药品质量安全。该《规定》明确"境内药品生产企业之间委托生产药品的申请、审查、许可和监督管理，适用本规定"。该《规定》也对委托生产作出定义："本规定所称药品委托生产，是指药品生产企业(以下称委托方)在因技术改造暂不具备生产条件和能力或产能不足暂不能保障市场供应的情况下，将其持有药品批准文号的药品委托其他药品生产企业(以下称受托方)全部生产的行为，不包括部分工序的委托加工行为。"

该《规定》明确药品委托生产的条件和要求具体为：

委托方和受托方均应是持有与委托生产药品相适应的《药品生产质量管理规范》认证证书的药品生产企业。

委托方应当取得委托生产药品的批准文号。

委托生产药品的双方应当签订书面合同，内容应当包括质量协议，明确双方的权利与义务，并具体规定双方在药品委托生产管理、质量控制等方面的质量责任及相关的技术事项，且应当符合国家有关药品管理的法律法规。

委托方负责委托生产药品的质量。委托方应当对受托方的生产条件、技术水平和质量管理情况进行详细考查，向受托方提供委托生产药品的技术和质量文件，确认受托方具有受托生产的条件和能力。委托生产期间，委托方应当对委托生产的全过程进行指导和监督，负责委托生产药品的批准放行。

受托方应当严格执行质量协议，有效控制生产过程，确保委托生产药品及其生产符合注册和《药品生产质量管理规范》的要求。委托生产药品的质量标准应当执行国家药品标准，其药品名称、剂型、规格、处方、生产工艺、原料药来源、直接接触药品的包装材料和容器、包装规格、标签、说明书、批准文号等应当与委托方持有的药品批准证明文件的内容相同。

委托方和受托方有关药品委托生产的所有活动应当符合《药品生产质量管理规范》的相关要求。

在委托生产的药品包装、标签和说明书上，应当标明委托方企业名称和注册地址、受托方企业名称和生产地址。

我国GMP在第十一章节中也对委托生产作出了明确和详细的要求，企业的委托生产行为必须严格按照上述《规定》和我国GMP的要求实施。

这里需要强调的是，委托生产的产品责任在于委托方，所以，委托方对于受托方委托加工的全过程负有相应的管理责任。

8.7 返工和重新加工

我国2010年版GMP对返工和重新加工有明确的定义。

返工：将某一生产工序生产的不符合质量标准的一批中间产品或待包装产品、成品的一部分或全部返回到之前的工序，采用相同的生产工艺进行再加工，以符合预定的质量标准。

重新加工：将某一生产工序生产的不符合质量标准的一批中间产品或待包装产品的一部分或全部采用不同的生产工艺进行再加工，以符合预定的质量标准。

为了对药品的返工和重新加工进行严格的管理，GMP对返工和重新加工活动作了专门的管理规定。

"第一百三十四条　制剂产品不得进行重新加工。不合格的制剂中间产品、待包装产品和成品一般不得进行返工。只有不影响产品质量，符合相应质量标准，且根据预定、经批准操作规程以及对相关风险充分评估，才允许返工处理。返工应当有相应记录。

第一百三十五条　对返工或重新加工或回收合并生产的成品，质量管理部门应当考虑需要进行额外相关项目的检验和稳定性考察。"

8.8 包装和贴签

完整的药品，除了药品本身，还应该包括完整的包装。我国GMP对药品包装的定义为：待包装产品变成成品所需的所有操作，包括分装、贴签等。但无菌生产工艺中产品的无菌灌装，以及最终灭菌产品的灌装等不视为包装。包装材料的定义为：药品包装所用的材料，包括与药品直接接触的包装材料和容器、印刷包装材料，但不包括发运用的外包装材料。

药品的包装可以分为内包装和外包装。内包装应能保证药品在生产、运输、贮藏及使用过程中的质量，并便于医疗使用。内包装材料的选用应考虑与药品的相容性。外包装系指内包装以外的包装，按由里向外分为单盒、中包装和大包装。外包装应根据药品的特性选用不易破损的包装，以保证药品在运输、贮藏、使用过程中的质量。

药品的包装操作可以分为内包装操作和外包装操作。内包装操作是指直接接触产品的包装活动，如口服固体片剂的塑封，口服液体制剂的装瓶。外包装操作是指不接触产品的包装活动，如塑封的口服固体片剂的批号打印、进盒、进说明书、装外箱，瓶装的口服液体制剂的贴签、进单盒、进说明书、装外箱，瓶装无菌粉针剂的贴签、进单盒、进说明书、装外箱等。内包装操作由于产品暴露于空气中，其应该在与生产区域洁净级别相同的区域内进行。外包装操作因为产品不暴露于空气中，其操作区域没有洁净级别的要求。

包装操作过程必须考虑减少污染、交叉污染、混淆或差错的发生。因此，一方面应该制订相关的程序和操作规程，严格管理包装过程；另一方面也应该对厂房设施和包装区域进行合理的设计，从根源上避免污染、交叉污染、混淆或差错的发生。包装过程应该尽可能在独立的区域内进行，至少也应该有完善的隔离设施来避免污染、交叉污染、混淆或差错的发生。在包装开始前，应该对包装区域进行检查，确保包装区域、包装生产线、印刷设备及其他有关设施均已处于待用状态，无上批遗留产品、文件或与本批产品包装无关的物料，并有检查记录。包装操作前，还应该检查所领用的包材和待包装产品，确保其与工艺规程的要求相符。在包装区域和包装线上，应当有醒目的标识标明包装中的产品名称、规格、批号等信息，用以提示操作人员当前正在包装的产品，以免发生混淆和差错。当有数条包装线在同一区域同时进行包装时，更应该严格采取隔离措施或其他有效防止污染、交叉污染或混淆的措施。在产品分装、封口后应该及时贴签。如未能及时贴签，应该有明确的标识来表示该产品的信息，以免发生混淆或贴错标签等差错。对此，应该制订相应的操作规程来规范此情况的发生。对于单独打印或包装过程中在线打印的信息（如产品批号或有效期）均应当进行检查，确保其正确无误，并予以记录。如果是手工打印的，应该增加检查的频率，保证打印的信息正确无误。

包装过程应该根据工艺规程进行物料平衡核算，当发现待包装产品、印刷包装材料以及成品数量有明显差异时，应当进行调查。未得出结论前，成品不能放行。

在包装过程中，应该尽可能设置自动质量检测装置，如自动金属检测仪、自动装量检测仪、自动数片仪、自动说明书缺失检测仪等。应该采用自动化设施或计算机系统来取代单一的人工检查，避免因人工检查时人的视力疲劳或疏忽而造成漏检。但使用这些自动化设施或计算机系统来进行检测时，应该对其进行验证、校准及使用前测试，确保这些设施或系统的正确性、准确性及灵敏性。

药品包装和贴签是药品生产过程的一部分，其操作过程也会对药品质量造成影响。所以，药品包装和贴签过程也应该严格按照工艺规程进行操作，其过程也应该有规范的记录，以便追溯产品包装操作以及与质量有关的情况。为此，我国GMP对药品包装过程批包装记录内容有明确的要求。

(1) 产品名称、规格、包装形式、批号、生产日期和有效期；

(2) 包装操作日期和时间；

(3) 包装操作负责人签名；

(4) 包装工序的操作人员签名；

(5) 每一包装材料的名称、批号和实际使用的数量；

(6) 根据工艺规程所进行的检查记录，包括中间控制结果；

(7) 包装操作的详细情况,包括所用设备及包装生产线的编号;

(8) 所用印刷包装材料的实样,并印有批号、有效期及其他打印内容,不易随批包装记录归档的印刷包装材料可采用印有上述内容的复制品;

(9) 对特殊问题和异常事件的记录,包括对偏离工艺规程的偏差情况的详细说明或调查报告,并经签字批准;

(10) 所有印刷包装材料和待包装产品的名称、代码以及发放、使用、销毁或退库的数量、实际产量以及物料平衡检查。

对于因包装过程产生异常情况需要重新包装的产品,应在经过检查、调查,有证据证明拟重新包装的药品质量没有受到影响,并经包括质量部门在内的相关部门的批准后,方可进行重新包装。对于不符合储存条件和运输要求的退货药品,不应该进行重新包装;对于因质量问题而退回的药品,不应该进行重新包装;对于接近有效期的药品,也不应该考虑重新包装。在重新包装过程中,应避免药品受到化学、微生物或异物的污染。在重新包装过程中,如果发现药品质量存在任何疑问,则应该考虑对重新包装的药品进行检验。重新包装不应该更改原有产品的批号、生产日期和有效期。重新包装应当有详细的记录,并归入原有的产品批记录。

包装材料应当由专人按照操作规程发放,并采取措施避免混淆和差错,确保用于药品生产的包装材料正确无误。应当建立印刷包装材料设计、审核、批准的操作规程,确保印刷包装材料印制的内容与药品监督管理部门核准的内容一致,并建立专门的文档,保存经签名批准的印刷包装材料原版实样。印刷包装材料的版本变更时,应当采取措施,确保产品所用印刷包装材料的版本正确无误。宜收回作废的旧版印刷模版并予以销毁。印刷包装材料应当设置专门区域妥善存放,未经批准人员不得进入。切割式标签或其他散装印刷包装材料应当分别置于密闭容器内储运,以防混淆。印刷包装材料应当由专人保管,并按照操作规程和需求量发放。每批或每次发放的与药品直接接触的包装材料或印刷包装材料,均应当有识别标志,标明所用产品的名称和批号。过期或废弃的印刷包装材料应当予以销毁并记录。包装期间,产品的中间控制检查应当至少包括下述内容:① 包装外观是否正确;② 包装是否完整;③ 产品和包装材料是否正确;④ 打印信息是否正确;⑤ 在线监控装置的功能是否正常。

样品从包装生产线取走后不应当再返还,以防止产品混淆或污染。因包装过程产生异常情况而需要重新包装产品时,必须经专门检查、调查并由指定人员批准。包装结束时,已打印批号的剩余包装材料应当由专人负责全部计数销毁,并有记录。如将未打印批号的印刷包装材料退库,应当按照操作规程执行。

8.9 总结

综上所述,由于药品的特殊性,在药品的生产过程中要严格按照申报并批准的处方工艺组织生产,且设备、设施、物料供应商及批量等相关要素也应与上市批准检查确认的一致,如果出现变更则需要对变更进行充分评估,确认变更对产品质量的影响,并按照相关规定向监管部门进行申报。

对于生产过程中出现的偏差要及时报告处理，对相关物料、产品进行影响评估，对于重大偏差应进行彻底调查，并采取相应的纠正措施和预防措施。

生产过程中要严格按照GMP的原则要求组织生产，最大限度地降低污染、交叉污染、差错和混淆等风险，这样才能有效地保证药品的安全性、有效性和质量可控性。

思考与讨论

1. 为什么要严格执行药品注册批准工艺及处方？
2. 药品生产过程中主要控制的风险有哪些？
3. 为什么要进行生产后清场工作？
4. 为什么说在药品生产质量管理中药品批生产记录是重要的？

第9章

质量控制实验室管理

9.1 概　述

作为质量管理体系的一部分，质量控制实验室管理是确保所生产的药品适用于预定的用途，符合药品标准和所规定要求的重要因素之一。建立、实施并维护一个有效的实验室管理体系能够有效支持企业整体质量管理体系的有效实施，持续稳定地生产出满足法律法规、顾客等方面所提出的质量要求的产品，从而实现公众和个人的共同目标，即为患者提供高质量的药品。

质量控制实验室的主要工作范围：在产品制造实现过程中按照规定的检验方法对物料、中间产品、产品等进行测试，以确认满足相应的质量标准。

质量控制实验室的基本流程见图9-1。

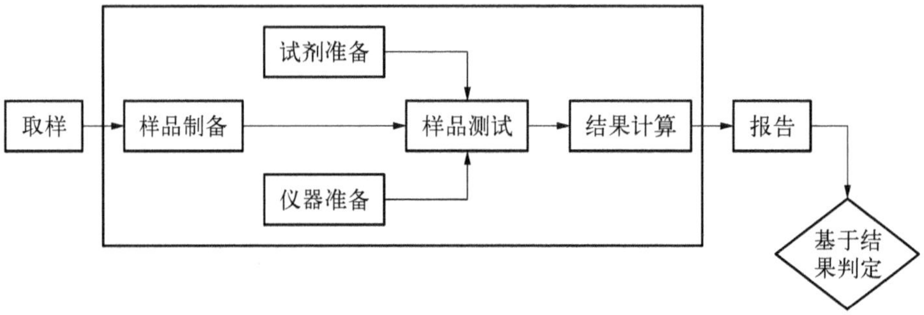

图9-1　质量控制实验室的基本流程

质量控制实验室的工作流程与生产制造流程是相互独立的，虽然质量控制实验室的工作对产品质量不产生直接影响，但其在检验过程中产生的数据会对产品质量的判断造成影响。数据管理是药品质量管理体系的一部分，应当遵守归属至人、清晰可溯、同步记录、原始一致、准确真实的基本要求，确保数据可靠性。

所以，质量控制实验室的管理的核心目标是确保检验数据真实准确、完整地展现样品的质量属性。具体表现在以下方面：① 及时放行合格的生产物料用于药品的生产，为生产出合格的药品提供必备的前提条件；② 有效的药品生产过程中间控制保证了各个阶段产物的正确性和质量符合性，准确的终产品的检验数据为产品最终放行提供了重要的质量依据；

③ 有效的稳定性数据和趋势分析指导企业确定药品正确的有效期、包装材料、运输/贮存条件等，并确保在市产品处于有效的质量保证状态；④ 实验室各个方面的有效管理，使质量系统始终处于受控状态，例如，通过实验数据证明对工艺运行和产品质量的有效监控，为工艺能力及其稳定性提供保障。

质量控制实验室的工作还包括：负责原辅料、包材、工艺用水、中间体及成品的质量标准和分析方法的建立、取样和检验；产品的稳定性考察和市场不良反馈样品的复核工作。质量控制的职责也可涵盖产品过程控制。

质量控制实验室的具体工作包括但不限于以下内容：① 确保实验室安全运行，并符合GMP管理规范；② 根据药典、注册标准、各种法规及企业内部要求制订原辅料、包材、工艺用水、产品过程控制、中间体及成品的质量标准及分析方法；③ 组织取样、检验、记录、报告等工作；④ 对于检验过程中发现的异常现象应及时向质量保证部及相关生产负责人通报，并调查是否为实验室原因，如确认不是或无可查明的实验室原因，应协助查找其他原因；⑤ 保留足够的起始物料和产品的样品（即留样），以便以后必要时对产品进行跟踪检测；⑥ 根据需要制订稳定性试验方案，并确保其具体实施；⑦ 确保用有效的体系来确认、维护、维修和校验实验室仪器设备；⑧ 参加与质量相关的客户审计；⑨ 参加与质量有关的投诉调查；⑩ 根据需要参与和支持生产工艺验证、清洁验证和环境监测工作。

9.2 药品质量标准

9.2.1 相关标准

1. 质量标准(Specification)

药物的质量研究与质量标准的制定是药物研发的主要内容之一。在药物的研发过程中需对其质量进行系统、深入的研究，制定科学、合理、可行的质量标准，并不断地修订和完善，以控制药物的质量，保证其在有效期内安全有效。

2. 药品注册标准

国家药品监督管理部门批准给申请人特定药品的标准，生产该药品的药品生产企业必须执行该注册标准。

3. 国家药品标准

指国家为保证药品质量所制定的质量指标、检验方法以及生产工艺等的技术要求，包括国家食品药品监督管理总局颁布的《中华人民共和国药典》、药品注册标准和其他药品标准。

4. 药典标准

《中华人民共和国药典》简称《中国药典》，依据《中华人民共和国药品管理法》组织制定和颁布实施。《中国药典》一经颁布实施，其同品种的上版标准或其原国家标准同时停止使用。《中国药典》各品种项下收载的内容为标准正文。正文系根据药物自身的理化与生物学特性，按照批准的处方来源、生产工艺、贮藏运输条件等制订，用以检测药品质量是否达到用药要求并衡量其质量是否稳定均一的技术规定。

5. 企业标准

企业根据实际使用的需求，为了满足物料、中间产品、成品符合一定的质量标准要求而制定的标准，通常严于法定标准。

药品标准是药品现代化生产和质量管理的重要组成部分，是药品生产、供应、使用和监督管理部门共同遵循的法定依据。药品质量的内涵包括三方面：真伪、纯度、品质优良度。三者的集中表现是使用中的有效性和安全性。因此，药品标准一般包括以下内容：法定名称、来源、性状、鉴别、纯度检查、含量(效价或活性)测定、类别、剂量、规格、贮藏、制剂等。药品标准包含的主要内容见表 9-1。

表 9-1 药品标准包含的主要内容

项目	内容
性状项	记载药品的外观、臭、味、溶解度以及其他物理常数等，在一定程度上反映药品的质量特性
鉴别项	根据反映该药品某些物理、化学或生物学等特性所进行的药物鉴别试验，不完全代表对该药品化学结构的确证
含量项	规定的试验方法，用于测定原料及制剂中有效成分的含量，一般可采用化学、仪器或生物测定方法
检查项	包括反映药品的安全性与有效性的试验方法和限度、均一性与纯度等制备工艺要求等内容

9.2.2 药典

药典是一个国家记载药品标准、规格的法典，一般由国家药品监督管理部门主持编纂、颁布实施，国际性药典则由公认的国际组织或有关国家协商编定。药品标准的制定对加强药品质量的监督管理，保证质量，保障用药安全有效，维护人民健康起着十分重要的作用。

目前全球范围内常用的药典有中国药典(Pharmacopoeia of the People's Republic of China, ChP)、美国药典(United States Pharmacopoeia, USP)、欧洲药典(European Pharmacopoeia, EP)、英国药典(British Pharmacopoeia, BP)、日本药局方(Japanese Pharmacopoeia, JP)。

1. 美国药典/国家处方集(USP/NF)

美国药典是由美国药典委员会(The United States Pharmacopieial Convention)编辑出版。USP 于 1820 年出版第一版，1950 年以后每 5 年出版一次修订版。NF 于 1883 年出版第一版，自 1980 年的第 15 版起并入 USP，但仍保持两部分，前部分为 USP，后部分为 NF。

美国药典是美国政府对药品质量标准和检定方法作出的技术规定，也是药品生产、使用、管理、检验的法律依据。NF 收载了 USP 尚未收入的新药和新制剂。美国药典正文药品名录分别按法定药名字母顺序排列，各药品条目大都列有药名、结构式、分子式、CAS 登记号、成分和含量说明、包装和贮藏规格、鉴定方法、干燥失重、炽灼残渣、检测方法等常规项目，正文之后还有对各种药品进行测试的方法和要求的通用章节及对各种药物的一般要求的通则。可根据书后所附的 USP 和 NF 的联合索引查阅。目前的最新版本是 USP40 - NF35，于 2016 年 12 月出版。

2. 英国药典

英国药典是英国药品委员会(British Pharmacopoeia Commission)的正式出版物，是英国制药标准的重要来源。英国药典不仅为读者提供了药用和成药配方标准以及公示配药标准，还向读者展示了许多明确分类并可参照的欧洲药典专著。英国药典出版周期不定。BP - 2004 由三卷本组成，其中两卷为英国药典，另一卷为英国兽药典(兽医药品部分)。各条目均以药品名称字母顺序排列，内容包括药品性质、制法、血产品、免疫产品、电磁药品制法及外科材料等部分。英国药典书后附有全部内容关键词索引。目前英国药典的最新版本是 BP - 2015。

3. 欧洲药典

欧洲药典委员会于 1964 年成立。1977 年出版第一版《欧洲药典》。1980 年到 1996 年期间，每年将增修订的项目与新增品种出一本活页本，汇集为第二版《欧洲药典》各分册，未经修订的仍按照第一版执行。1997 年出版第三版《欧洲药典》合订本，并在随后的每一年出版一部增补本，由于欧洲一体化及国际间药品标准协调工作不断发展，增修订的内容显著增多，时隔五年，第四版《欧洲药典》于 2002 年 1 月生效。目前欧洲药典最新版本为 EP9.2。

4. 日本药局方

日本药局方(The Japanese Pharmacopoeia)由日本药局方编集委员会编纂，由厚生省颁布执行。其分两部出版，第一部收载原料药及其基础制剂，第二部主要收载生药、家庭药制剂和制剂原料，目前日本药局方的最新版本是 JP17。

5.《中华人民共和国药典》(简称《中国药典》)

《中国药典》现在是每五年进行一次版本更新，2015 年版是目前最新版的《中国药典》，分为四部：一部内容为药材和饮片、植物油脂和提取物、成方制剂和单味制剂；二部内容为化学原料药和制剂；三部内容为生物制品；四部内容为通则、药用辅料，包括凡例、正文及附录，是药品研制、生产、经营、使用和监督管理等均应遵循的法定依据。所有国家药品标准应当符合中国药典凡例及附录的相关要求。新版药典进一步扩大药品品种的收载和修订，共收载 5 608 种。一部收载品种 2 598 种，其中新增品种 440 种；二部收载品种 2 603 种，其中新增品种 492 种；三部收载品种 137 种，其中新增品种 13 种、修订品种 105 种。首次将上版药典附录整合为通则，并与药用辅料单独成卷作为新版药典四部。四部收载通则总数 317 个，其中制剂通则 38 个、检测方法 240 个、指导原则 30 个、标准物质和对照品相关通则 9

个；药用辅料收载 270 种，其中新增 137 种、修订 97 种。

为了便于理解中国药典中凡例、正文及附录的作用和区别，将以下例进行介绍：

(1) 正文

2015 年版《中国药典》二部“正文”中 P1120“格列吡嗪”品种项下：

【含量测定】照高效液相色谱法(通则 0512)测定。

色谱条件与系统适用性试验用十八烷基硅烷键合硅胶为填充剂；以 0.1 mol/L 磷酸二氢钠溶液(用 2.0 mol/L 氢氧化钠溶液调节 pH 至 6.00±0.05)-甲醇(55∶45)为流动相；检测波长为 225 nm。取格列吡嗪对照品与杂质Ⅰ对照品，加甲醇溶解并稀释制成每 1 mL 中分别含 0.5 mg 与 2.5 mg 的混合溶液，取 20 μL 注入液相色谱仪，理论板数按格列吡嗪峰计算不低于 2 000，格列吡嗪峰与杂质Ⅰ峰的分离度应符合要求。

测定法取本品约 25 mg，精密称定，置 50 mL 量瓶中，加甲醇适量，振摇使其溶解并稀释至刻度，摇匀，精密量取 5 mL，置 50 mL 量瓶中，加甲醇 20 mL，用 0.1 mol/L 磷酸二氢钠溶液稀释至刻度，摇匀，作为供试品溶液。精密量取 20 μL 注入液相色谱仪，记录色谱图。另取格列吡嗪对照品，同法测定。按外标法以峰面积计算，即得。

(2) 凡例

按药典“凡例”中规定：精密称定指称取质量应准确至所取质量的千分之一；取本品约 25 mg 指取用量不得超过规定量的±10%；精密量取 5 mL 指量取体积的准确度应符合国家标准中对该体积移液管的精密度要求。

(3) 通则

照高效液相色谱法(通则 0512)测定指按药典“附录”0512 高效液相色谱法中要求进行测试；格列吡嗪峰与杂质Ⅰ峰的分离度应符合要求指符合药典“附录”0512 高效液相色谱法中要求待测物质色谱峰与相邻色谱峰之间的分离度应大于 1.5。

凡例是为正确使用《中国药典》进行药品质量检定的基本原则，是对《中国药典》正文、附录及与质量检定有关的共性问题的统一规定。

正文系根据药物自身的理化与生物学特性，按照批准的处方来源、生产工艺、贮藏运输条件等所制订的、用以检测药品质量是否达到用药要求并衡量其质量是否稳定均一的技术规定。

附录主要收载制剂通则、通用检测方法和指导原则。制剂通则系按照药物剂型分类，针对剂型特点所规定的基本技术要求；通用检测方法系各正文品种进行相同检查项目的检测时所应采用的统一的设备、程序、方法及限度等；指导原则系为执行药典、考察药品质量、起草与复核药品标准等所制订的指导性规定。

凡《中国药典》收载的品种，自执行之日(2015 年 12 月 1 日)起，原收载于历版药典、卫生部颁布药品标准、国家食品药品监督管理局颁布新药转正标准和地方标准上升国家标准的同品种药品标准同时废止。

药品注册标准不符合《中国药典》有关要求的，药品生产企业应按《药品注册管理办法》的有关规定提出补充申请。对于药品注册标准中收载的检验项目多于《中国药典》规定的或质量指标高于《中国药典》要求的，在执行《中国药典》的基础上，应同时执行原标准的相应项目和指标。

《中国药典》品种项下未收载的制剂规格，其质量标准按《中国药典》同品种相关要求执行，规格项按原批准证明文件执行。

9.3　质量控制实验室人员管理

9.3.1　法规要求

GMP中关于质量控制实验室人员管理有如下要求："第二百一十八条　质量控制负责人应当具有足够的管理实验室的资质和经验，可以管理同一企业的一个或多个实验室。

第二百一十九条　质量控制实验室的检验人员至少应当具有相关专业中专或高中以上学历，并经过与所从事的检验操作相关的实践培训且通过考核。"

9.3.2　行业规则要求

1. 检测和校准实验室能力认可准则(CNAS—CL01)

指定一名员工作为质量主管(不论如何称谓)，不论其他职责，应赋予其在任何时候都能确保与质量有关的管理体系得到实施和遵循的责任与权力。质量主管应有直接渠道接触决定实验室政策或资源的最高管理者。

2. 良好实验室规范原则(GB/T22278—2008)

质量保证人员的责任应包括但不仅限于下列责任。

(1) 持有试验机构使用的所有被批准的研究计划和标准操作程序副本，并且能够得到主进度表的最新版本的副本。

(2) 核查研究计划中是否包含良好实验室管理规范(Good Laboratory Practice, GLP)原则所要求的信息，核查应予以记录。

(3) 对所有研究进行检查，以确定其是否遵循GLP原则执行，检查也应确定研究人员是否持有并遵循研究计划合标准操作程序。

9.3.3　基本要求

1. 组织架构

质量控制负责人必须由具有相应的资格和经验的人员担任，可以根据生产规模设立一个或几个实验室，例如微生物实验室、仪器分析实验室、理化实验室、原辅料实验室、包材实验室、车间中控实验室等。质量控制组织构架见图9-2。

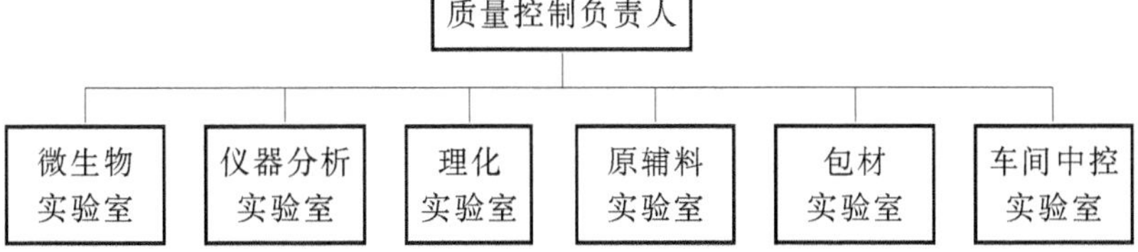

图9-2　质量控制组织构架

2. 资质要求

负责质量检验的人员应受过适当教育，并经专业技术培训，具有基础理论知识和实际操作技能。质量控制实验室所有人员的职责应当书面规定。

3. 培训

培训是实施药品GMP的重要环节。应当指定部门或专人负责培训管理工作，应当有经质量管理负责人审核或批准的有关培训的标准操作规程(SOP)、方案或计划，培训记录应保存。

应当由有资格的人员进行有计划的培训，培训内容至少包括员工所从事的特定操作及和其职能有关的GMP知识，并应对培训效果进行评估。进入洁净区域的人员需按规定进行相关培训。由于质量控制实验室人员从事的是一项专业性很强的工作，因此，人员应具有一定的职业化要求。

在新员工的培训方面，初到实验室的新员工(包括转岗人员)应接受岗前培训，考核合格后方可进行独立操作。岗前培训的内容至少涵盖以下内容：① 部门统一的GMP管理培训；② 指定岗位的岗位职责；③ 指定岗位应知应会的标准操作规程、质量标准和分析方法的学习、演练等。

关于在岗人员的再培训，应定期组织化验员进行GMP、其他法规要求以及专业技术知识、标准操作规程等的培训；应组织化验员对新发布的标准操作规程进行学习；质量控制部负责人可以根据工作需要安排化验员参加权威机构或仪器供应商组织的专业知识培训；如有必要，质量控制部负责人或其授权的人员可定期组织化验员知识及技能的考核。

9.4 传统质控实验室管理

9.4.1 样品管理

样品是检验工作的主要对象，样品状态和特性的变化对检验结果的有效性和准确性将带来直接的影响。实验室应有检验样品的运输、接收、标志、保护、存储、分发、留样和清理的程序，确保样品的完整、有效、安全和保密。

检验样品应有唯一性标识，样品在整个流转期间应保留其标识。标识系统的使用应确保样品不会出现混淆，标识系统应包含检验样品的细分和样品在实验室内、外部的传递状态。

实验室在接收检验样品时，应记录异常情况或对检验方法中正常情况的偏差。当对样品有任何疑问时，应在开始工作前询问相关部门，以得到进一步的说明。

实验室应有程序和适当的设施避免检验样品在存储、处置和准备过程中发生变质、丢失或损坏。应遵守随样品提供的处理说明。当样品需要存放在规定的环境条件下养护时，应维持、监控和记录这些条件。当检验样品需要安全保护时(贵重药品、精麻毒放药品或其他原因)，实验室应对安全存放作出合适的安排。

9.4.2 留样、稳定性考察、持续稳定性

药品 GMP 规范对样品的留样、持续稳定性考察进行了较多的叙述，下面将留样、稳定性考察、持续稳定性考察三者进行对比，如表 9－2 所示。

表 9－2　留样、稳定性考察、持续稳定性考察的区别

	留　样	稳定性考察	持续稳定性考察
考察目的	用于药品质量追溯或调查物料、产品	考察原料药或药物制剂在温度、湿度、光线的影响下随时间变化的规律，为药品的生产、包装、贮存、运输条件提供科学依据，同时通过试验建立药品的有效期	在有效期内监控已丧失药品的质量，已发现药品与生产相关的稳定性问题(如杂质含量或溶出度特性的变化)，并确定药品能够在标示的贮存条件下，符合质量标准的要求
考察对象	主要针对每批生产的市售产品；和工艺中涉及的物料	产品研发阶段需要进行影响因素试验(无包装)、加速试验(市售包装)、长期稳定性研究试验(市售包装)；产品批准上市后首次投产前三批应进行长期稳定性试验；产品生产过程中如发生重大变更或生产工艺、包装材料发生变更时需要进行稳定性考察；重新加工、返工或回收工艺考察时应进行稳定性考察；需要对中间产品的稳定性进行考察，以确定中间产品的贮存期限	主要针对市售包装产品，但也需兼顾待包装产品
考察时间 检验频次	留样应保存至药品有效期后一年；除稳定性较差的原辅料外，用于制剂生产的原辅料留样至少保存至产品放行后两年；每年需要进行目检观察	影响因素试验考察 10 天，于第 5 天、第 10 天取样；加速试验考察 6 个月，于第 1 个月、第 2 个月、第 3 个月、第 6 个月月末分别取样一次，按照稳定性重点考察项目检测；长期稳定性考察为确定药品有效期提供依据，前 12 个月，每 3 个月取样一次，之后于第 18 个月、第 24 个月、第 36 个月分别取样进行检测，将结果与 0 月比较以确定有效期	持续稳定性考察的时间应涵盖药品有效期，取样时间参照长期稳定性考察取样时间间隔
考察环境	与产品标签上贮存条件一致	影响因素试验(高温度、高湿度、强光照射)；加速试验(隔水式电热恒温培养箱)；长期稳定性考察试验结晶药物的实际贮存条件进行，应考虑药物销售不同地区温湿度对产品的影响	贮存条件应采用与药品标示贮存条件相对应的《中国药典》规定的长期稳定性试验标准条件

续表

	留　样	稳定性考察	持续稳定性考察
考察批次	每批产品均有留样，用于制剂生产的原辅料每批均需有留样	除影响因素试验为一批产品外，其他考察均需进行三批产品的稳定性考察	至少每年应考察一个批次，除非当年没有生产
考察项目	目检观察或对物料进行鉴别	对质量标准中的重点项目进行考察，与质量标准的项目不完全一致	与稳定性考察项目相似
考察需量	全检两倍量（无菌检查和热原检查等除外）	按照取样频次、考察项目所需的检验量、产品批准上市前预先确定的产品有效期确定稳定性考察所需供试品数量	与稳定性考察项目相似

9.4.3 试剂、试液、培养基和检定用菌种的管理

除生化试剂和指示剂外，一般常用的化学试剂分为基准试剂、优级纯、分析纯、化学纯四个级别。标定滴定液应用基准试剂；制备滴定液可采用分析纯或化学纯试剂，但不经标定直接按称重计算浓度者，应采用基准试剂；制备杂质限度检查用的标准溶液，采用优级纯或分析纯试剂；制备试液与缓冲液等可采用分析纯或化学纯试剂。

《药品生产质量管理规范》(2010 年修订)中第二百二十六条规定：

“(一) 试剂盒培养基应从可靠的供应商处采购，必要时应对供应商进行评估。

(二) 应有接受试剂、试液、培养基的记录，必要时，应在试剂、试液、培养基的容器上标注接收日期。

(三) 应按照相关规定或使用说明配制、贮存和使用试剂、试液及培养基。特殊情况下，在接收或使用前，还应对试剂进行鉴别或其他检验。

(四) 试液和已配制的培养基应当标注配制批号、配制日期和配制人员姓名，并有配制(包括灭菌)记录。不稳定的试剂、试液和培养基应当标注有效期及特殊贮存条件。标准液、滴定液还应当标注最后一次标化的日期和校正因子，并有标化记录。

(五) 配制的培养基应当进行适用性检查，并有相关记录。应当有培养基使用记录。

(六) 应当有检验所需的各种检定菌，并建立检定菌保存、传代、使用、销毁的操作规程和相应记录。

(七) 检定菌应当有适当的标识，内容至少包括菌种名称、编号、代次、传代日期、传代操作人。

(八) 检定菌应当按照规定的条件贮存，贮存的方式和时间不应当对检定菌的生长特性有不利影响。”

9.4.4 标准品和对照品的管理

标准品系用于药品鉴别、检查、含量测定的对照品、对照药材、对照提取物与标准品。标

准物质应由国家药品监督管理部门指定的单位(中国药品生物制品检定院)制备、标定与供应。标准物质应附有使用说明书、标明质量要求、使用期限和装量。

实验室应有程序规定安全贮存、运输和使用标准物质,以防止污染和损坏,确保其完整有效。实验室应有专人负责标准物质的管理。应有符合要求的存放条件,有特殊存放要求的标准物质应记录环境条件。标准物质应在有效期内使用。过期的标准物质由质量负责人批准后报废、销毁。

使用标准物质,要严格遵照检验规程及标准要求。对有毒有害、易燃易爆的标准物质,要制订安全措施,并认真执行标准操作规程。

精麻毒药品的标准物质的使用及管理应实行专柜、双人双锁的管理方式,使用时需经质量负责人批准。

标准品或对照品应有适当的标志,内容至少包括名称、批号、制备日期(如有)、有效期(如有)、首次开启日期、含量或效价、贮存条件。

企业如需自制工作标准品或对照品,应建立工作标准品或对照品的质量标准以及制备、鉴别、检验、批准和贮存的操作规程,每批工作标准品或对照品应用法定标准品或对照品进行标化,并确定有效期,还应通过定期标化证明工作标准品或对照品的效价或含量在有效期内保持稳定。标化的过程和结果应有相应的记录。

这里需要强调标准品(对照品)当前批管理,由于标准品(对照品)发布部门会不定期发布新批次的标准品(对照品),新批次的标准品(对照品)的纯化、标定可能与旧批次的标准品(对照品)不一致,这时需要使用部门进行对比掌握使用,避免因标准品(对照品)变化对产品质量带来的影响。

9.4.5 特殊物料的管理

滴定液应制订专人配制、专人标定、专人发放的规定。在规定的试用期内使用。滴定液的配制、标定参照《中国药典》的相关规定进行操作并进行记录。

标准溶液的配制、标定按法定检验标准规程进行操作并详细记录,在规定的使用期限内使用。

中药标本室应建立必要的使用和管理制度。中药标本应由具备资格的单位进行鉴定,并根据其特性分类保管。剧毒标本必须实行专柜、双人双锁的管理方式;少数贵重的标本也应与一般药材分开,专人专柜管理。中药标本室应有适宜的温度、相对湿度,并有通风、防潮、防虫和防腐的措施。

9.4.6 传统实验室检验管理流程

传统实验室检验管理流程包括检验、记录、报告。

本章节主要描述质量控制实验室对于物料和产品的检验以及检验记录和检验报告书的相关要求。

检验是保证药品质量的重要措施和有效手段,是通过科学的分析手段,对物料、中间产品、待包装产品和成品必须按照质量标准进行检查和检验,得出准确、真实、可靠的试验数据,以防止不合格物料或中间产品进入下一环节,杜绝不合格产品出厂销售,以及保证药品质量起到重要作用。检验应当有书面操作规程，规定所用方法、仪器和设备，检验操作规程的内容应当与经确认或验证的检验方法一致。

检验记录是确认数据的完整性及判断是否严格按照标准操作规程进行试验的重要依据之一。检验应当有可追溯的记录并应当复核，确保结果与记录一致。检验记录应包括所有关键的试验细节，并且所有计算均应当经过严格核对。

检验报告书中的结论作为物料和产品放行的依据之一。物料只有经质量管理部门批准放行并在有效期或复验期内方可使用，产品只有在质量受权人批准放行后方可销售。因此，每批物料和产品均需进行检验并出具检验报告书。

1. 检验

(1) 收样与分发

根据相应的取样规程，对物料、中间产品或待包装产品、成品进行取样，并将检验样品放在规定条件下贮存(具体详见样品管理章节)，同时依据企业规定，为待检样品分配分析号并做好登记。

待检样品在进行检验前应由专人负责分发给检验人员，并做好相应的登记，检验空白原始记录一般与待检样品一同分发，检验人员应核对检验样品和检验记录，通常包括品名、规格和批号，无误后方可领取。

在开始检验前必须进行外观检查。当外观显示可疑、受损或不能在合适的条件下保持(如避光、冷藏等)时，则不能进行检验。

(2) 检验过程

① 人——检验人员

检验人员应受过适当教育(中专或高中以上学历)，并经过与所从事的检验操作相关的培训且通过考核，具有基础理论知识和实际操作技能，方可独立进行实验。

对于中间产品或待包装产品，其检验可由生产人员进行，也可由中间控制实验室人员或质量控制实验室人员进行。具体可由企业自己规定，但必须在相关文件中明确规定。

② 机——仪器和设备

只有通过确认和校准且在校准有效期内的仪器和设备方可使用。容量分析用的玻璃容器应经过校准且合格。玻璃容器在使用前应仔细检查，确保完好、无裂纹。

大型精密仪器须有详细的仪器使用维护保养操作规程，操作者经培训后方可操作仪器，并应严格按照操作规程操作，做好仪器使用记录。

③ 料——包括试剂、试液、标准品或对照品、培养基以及检定菌等

在实验过程中应严格遵守相应要求(具体详见物料管理章节中相关规定)，并有明确的标识以便于追溯。

④ 法——质量标准、检验方法和检验操作规程

原辅料、包装材料、中间产品、待包装产品和成品必须符合经注册批准的要求和质量标准；检验方法应当经过验证或确认(具体详见分析方法控制策略章节)。检验操作规程的内容应与经确认或验证的检验方法一致。

⑤ 环——环境

精密仪器等有特殊要求的仪器应安放在适当的仪器室内，应有防止静电、震动、潮湿或

外界环境影响的控制措施，并应对环境进行监测同时记录。如在天平使用过程中，应关闭防风罩避免气流的影响，并满足必要的环境温度、湿度要求。

(3) 实验结束

检验人员需将剩余检验样品放回原处并在规定条件下贮存，以便后续出现 OOS 进行原检验样品的复验。需要强调的是：① 记录、报告没有复核、审核，则实验还没有真正结束；② 前检验相关样品、溶液、试液等需保留至记录、报告被复核、审核后。

2. 记录

检验记录的形式在考虑其目的、功能和细节的基础上，应清晰易读以便于复核和审核。记录填写处应留有足够的空格。

检验记录可预先编号装订成册，或具有较强的灵活性且管理安全的其他记录方式也是可以的。检验记录需受控并保证唯一性。

如检验记录的母版文件为电子版形式，且记录中的计算部分采用了公式，则每一个公式必须经过验证。必须将电子版文件中的固定内容锁定并加以保护，验证报告批准后方可使用。

《药品生产质量管理规范》第二百二十三条规定：

"检验记录应当至少包括以下内容：① 产品或物料的名称、剂型、规格、批号或供货批号，必要时注明供应商和生产商(如不同)的名称或来源；② 依据的质量标准和检验操作规程；③ 检验所用的仪器或设备的型号和编号；④ 检验所用的试液和培养基的配制批号、对照品或标准品的来源和批号；⑤ 检验所用动物的相关信息；⑥ 检验过程，包括对照品溶液的配制、各项具体的检验操作、必要的环境温湿度；⑦ 检验结果，包括观察情况、计算和图谱或曲线图以及依据的检验报告编号；⑧ 检验日期；⑨ 检验人员的签名和日期；⑩ 检验、计算复核人员的签名和日期。"

检验记录应体现与实际操作的同步性，当填写错误时，用单线划掉并签字，不能抹去或覆盖原来的数据。

检验人员出具检验结果后，与质量标准中规定的接受标准进行比对，并作出该检验项目合格或不合格的评定。

3. 报告

企业应制订检验报告书的相关管理规程，包括检验报告书的内容、格式、审核与批准、发放的相关程序。

检验报告书要做到依据准确、数据无误、结论明确、文字简洁、清晰、格式规范。

检验报告书通常包括产品的相关信息(品名、规格、批号、生产日期、有效期等)、检验依据、检验项目、标准规定、检验结果和结论。

检验报告书只有经过质量控制负责人或其受权人审核批准后才可发放。

当对全部检验项目完成检验后，根据检验结果出具检验报告书。如涉及委托外部实验室进行检验的情况，应符合委托检验的有关规定，同时应在检验报告书中予以说明。

(1) 物料

质量控制部门可依据物料生产商的检验报告、物料包装完整性、密封性的检查情况和检验结果出具检验报告书，并标明“符合要求”或“不符合要求”的结论。经质量管理负责人或质量控制负责人及其受权人签名批准放行后，物料可被放行使用。物料检验报告书是对物料放行或否决的重要依据。

(2) 中间产品或待包装产品

中间产品或待包装产品是否出具检验报告书可由企业根据自身管理模式确定，并在相应规程中明确规定。

(3) 成品

检验报告书经过质量控制部负责人或其受权人审核批准后，交给负责产品放行的部门。

(4) 复核与审核

检验记录的复核必须由第二个有资质的人进行，复核的内容必须进行规定。复核过程中如果发现错误，应由检验人员进行更正，并签注姓名和日期。必要时，应当说明更改的理由。

复核的内容至少应包括：① 确认每一试验步骤都已完成并记录，检验是否严格依照标准操作规程中规定进行，包括试剂试液名称和数量、试验仪器和色谱柱、试验步骤等；② 如有打印的原始图谱，是否都已附上，同时应确保原始图谱上的数据与记录相一致；③ 计算过程和结果是否正确，并遵循药典中的进位规则；④ 检验结果的判定是否正确。

检验记录和检验报告应由质量控制部负责人或指定人员负责审核，审核人应具备足够的知识、相应的资格和经验，熟悉法规和质量标准，并应经过培训。审核人应对所进行的检验过程和检验结果的正确性作出判断，并且产品质量应符合相应的质量标准。

审核的内容至少应包括：① 取样是否操作符合规定，取样是否记录完整准确，样品是否按规定的储存条件存放，检验单是否完备；② 检验是否严格依照经过验证的分析方法的规定进行；③ 中间产品、成品所有的检验是否均完成，检验记录内容是否完整，检验结果是否已复核，检验报告单打印内容及签章是否完整，内容和结论是否准确，记录内容和报告单内容是否相一致；④ 计算过程是否经复核，复核人是否签字；⑤ 记录中的原始图谱是否齐备，是否有签名及日期；⑥ 检验过程中是否存在试液、仪器、对照品、执行 SOP 等方面的偏差；⑦ 产品已按留样或稳定性考察的标准操作规程中的规定进行了留样或稳定性考察试验。

日志类记录(包括检验台账、仪器的维护和使用日志、色谱柱使用记录、标准品使用记录等)，如必要，可由责任人员定期复核或审核。

9.5 基于信息管理系统的质控实验室管理

9.5.1 基本概念

实验室信息管理系统(Laboratory Information Management System, LIMS)是将以数据库为核心的信息化技术与实验室管理需求相结合的信息化管理工具。以《检测和校准实验室能力的通用要求》(GB/T 27025－2019)规范为基础，结合网络化技术，将实验室的业务流程和一切资源以及行政管理等以合理方式进行管理。通过 LIMS,配合分析数据的自动采集和分析,大大提高了实验室的检测效率,降低了实验室运行成本并且体现了快速溯源和痕迹,使传统实验室手工作业中存在的各种弊端得以顺利解决。目前实验室信息管理系统在西方发达国家的应用相对比较成熟,我国经过多年发展,很多实验室也开始逐渐认识到信息化在管理中的作用,纷纷开始引入 LIMS。LIMS 也不断在各个行业进行改进和提升。相信随着科技的不断进步和产品功能的不断完善,实验室信息系统将完全可以实现各种虚拟化在线实验室。

9.5.2　实验室信息管理系统的基本功能

实验室信息管理系统的基本功能包括:业务流程管理、各类资源管理、行政管理以及各类客户需要个性化定义的功能。

实验室信息管理系统是实验室管理科学与现代信息技术结合的产物,是利用计算机网络技术、数据存储技术、快速数据处理技术等,对实验室进行全方位管理的计算机软件和硬件系统。其具体作用有以下几个方面。

(1) 提高样品测试效率

测试人员可以随时在 LIMS 上查询自己所需的信息,分析结果输入 LIMS 后,自动汇总生成最终的分析报告。

(2) 提高分析结果可靠性

分析人员可以及时了解与样品相关的全面信息;系统自检报错功能可以降低出错的概率。另外,LIMS 提供的数据自动上传功能、特定的计算和自检功能,消除了人为因素,也可保证分析结果的可靠性。

(3) 提高对复杂分析问题的处理能力

LIMS 将整个实验室的各类资源有机地整合在一起,工作人员可以方便地对实验室曾经做过的全部分析样品和结果进行查询。因此,通过对 LIMS 存储的历史数据的检错,有可能得到一些对实际问题处理有价值的信息。

(4) 协调实验室各类资源

管理人员可以通过 LIMS 平台,实时了解实验室内各台设备和人员的工作状态、不同岗位待检样品数量等信息,能及时协调有关方面的力量化解分析流程出现的“瓶颈”环节,缩短样品检测周期。调节实验室内不同部门富余资源,最大限度地减少资源的浪费。

(5) 实现量化管理

LIMS 可以提供对整个实验室各种信息的统计分析,得到诸如设备使用率、维修率、不同岗位工人工作量、出错率、委托样品测试项目分布特点、实验室全年各类任务的时间分布状态、试剂或经费的消耗规律等信息。管理层能定量地评估实验室各个环节的工作状态,很好地实现实验工作的全面量化管理。

9.5.3　量化管理模式

实验室是获取数据并对数据进行科学分析的场所,实验室工作流程的规范性在组织中是较好的，因此为实验室进行信息化建设和量化管理提供了可能和基础。

实验室要适应新时期检验检测工作的需求和市场环境，必须提高实验室管理水平。要提高实验室管理水平，就要建立现代组织管理制度，采用现代管理技术和工具。量化管理又称为终极管理，是各种现代管理理论融合的产物，是科学管理的实际应用。LIMS 是一种现代管理技术和工具。所以量化管理和 LIMS 可以提高实验室管理水平，升级传统实验室管理为现代实验室管理。

量化管理要求在目标下分解任务，并参照目标评估任务的执行情况，以控制执行过程，靠近和实现目标。量化管理的关键词是分解、评估与控制。分解与控制都可以在管理层意志和制度下实现，评估是管理学上的难点，而评估才是推动量化管理成效的内在机制。任何管理手段都是为了提高工作效率、实现目标，落脚点都是提高人的积极性和创造性。而要提高人的积极性和创造性，只有配之于绩效管理才能实现。评估是绩效管理的关键，只有公正、合理的评估才能使制度具有执行力。第三方评估是解决评估公平问题的有效途径。LIMS 的作用之一就是可以提供对整个实验室各种信息的统计分析，从而为公平评估提供可靠依据，所以 LIMS 有利于实现量化管理。

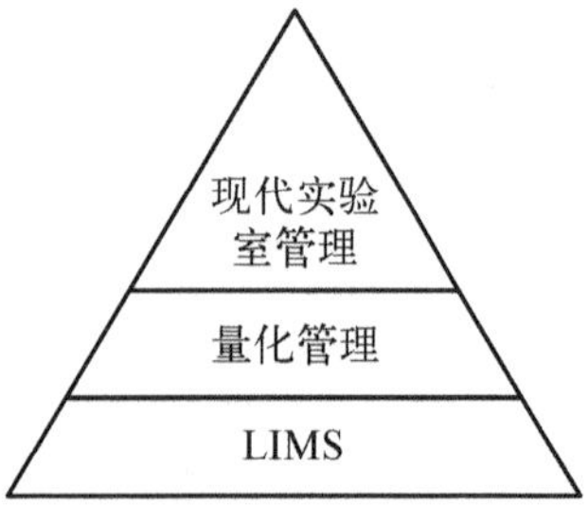

图 9-3 现代实验室管理、量化管理、LIMS 三者关系模式

由此可见，量化管理有助于推动现代实验室管理，而 LIMS 有利于实现量化管理，所以 LIMS 与量化管理的结合可以实现现代实验室管理。三者关系模式如图 9-3 所示。

高效的实验室信息管理系统提供了许多便利的功能，如快速锁定样品，查看任意样品原始记录、原始图谱，通过电子签章、电子签名等安全有效的方式进行 COA 报告，原始记录单的审核工作，稳定性趋势分析，移动极差分析的数据统计等，在很大程度上减轻了实验室人员繁重的工作。在严格遵从药品管理行业 CGMP 法规的同时，规范了实验室管理，确保了数据的及时性和有效性。

9.6 质量控制实验室仪器管理

9.6.1 基本要求

实验室的检验仪器直接用于提供检测结果或辅助检测的进行，是实验室的重要资产，也是重要检验工具，对保证检测结果的准确可靠起到至关重要的作用。检验仪器可分为测量仪器、计量仪器、分析仪器、分析设备等。

实验室应配备正确进行抽样和检验所需要的仪器设备。当实验室必须使用外部仪器设备（包括租用外部设备、外部场所试验设备等）或在外部场所使用试验仪器设备时，应指定“外部场所试验质量保证体系程序”，确保满足检验标准与方法的要求。

实验室使用仪器设备的种类、数量、各种参数应能满足本企业所承担的药品检验的需要，必须能达到对所生产的成品进行全检的各项要求，并有必要的备品、备件和复检。仪器的量程、精度与分辨率等应能达到被测药品标准技术指标的要求，并经计量检定部门计量校准。

9.6.2 仪器设备的管理

检验仪器设备的购买申请，由质量管理部门根据企业生产品种情况提出，报相关领导批准。同购买药品生产中涉及的设备物料类似，复杂的、定制的仪器需要提出用户需求，并需要对外购检验仪器的供应商进行评估。

通常测量仪器在投入使用前应进行安装确认和校准，计量仪器投入使用前应经过校准，分析仪器、分析设备在投入使用前应进行设计确认、安装确认、运行确认和性能确认，以便为设备仪器的正常使用提供充分的保证。表 9－3 是 USP＜1058＞《分析仪器确认》中对于仪器的确认等工作的要求。

表 9－3　USP＜1058＞《分析仪器确认》中对于仪器的确认等工作的要求

DQ	IQ		OQ		PQ
时间表和实用性					
在仪器新型号购买之前	每台仪器安装时（新的、旧的或已有但未确认的仪器）		安装或仪器大修之后		每台仪器按规定的间隔具有周期性
活　动					
制造商 DQ 保证	描述	⇄	固定参数		预防性维修和保养
制造商提供充分可用性的保证	仪器运输				
仪器适于在实验室使用	集成和安装的有效和便利	⇄	环境		
	网络和数据存储	⇄	可靠的数据存储、备份、获取		
	安装证明	⇄	仪器功能检测	⇄	运行检查

在每个阶段下的活动通常按照表 9－3 中列出的进行。但是，在某些情况下，可以更加适合进行或合并某个特定活动于其他阶段。这样跨域超过一个确认阶段的活动用双箭头连接来显示。如果某个列出于特定阶段的活动进行于另外一个阶段，没有必要在列出该活动的阶段重复进行。进行该活动要比该活动在哪个阶段进行重要得多。

1. 设计确认（DQ）

设计确认是基于仪器预定用途，对仪器的功能与操作标准和提供商的选取标准作出规定的活动汇总，并以文件方式记录。DQ 不仅可以由仪器开发者或制造商进行，也可以由使用者进行。制造商通常负责稳健设计和维护信息，描述该分析仪器如何制造（设计标准、功能要求等），在发给客户之前如何测试。虽然如此，使用者仍应该确保商用成品仪器适用于他们的预定用途，并且制造商已经采纳了能够保证仪器可靠的质量系统。使用者也应该确定制造商在辅助安装、服务、培训方面的能力。确定的过程可以借助使用者以前与制造商的互动交流。

2. 安装确认(IQ)

安装确认是对用于确定某个仪器按照设计和规定的方式运输并正确安装在选定的环境中,以及该环境适合于此仪器所必需的活动汇总,并以文件方式记录。IQ应用于某件仪器,其可以是新的或是二手的,或应用于任何已经在现场但是此前从未确认过的仪器。IQ的相关部分也会用于某个已经确认的设备,但是该设备经过运输至另外的一个场所或由于其他原因(如延长的存储)重新安装。通常与IQ相关的活动和文件如下。

(1) 描述

提供仪器的描述或仪器组成部分的收集。包括制造商、型号、序列号、软件版本和地点。可使用恰当的图标和流线图。

(2) 仪器运输

明确已有仪器、软件、手册、备件和其他订购单明确的仪器附件,这些都未被损坏。对于二手的或是已有的仪器,应有手册和文字资料。

(3) 效用性/便利性/环境

证明满意的安装地点应与制造商提供的环境需求匹配。

(4) 集成和安装

集成和安装仪器,运行初步诊断和测试。集成和安装应有制造商、供应商,专门工程师或者确认过的内部职员进行。制造商安装试验和指导为决定仪器的接受度提供有价值的基本参考。在集成和安装过程中观察到的任何非常规事件都应记录。然而,从制造商或供应商处购买的安装包应补充到使用者特定的规范中。

(5) 网络和数据存储

一些分析系统需要使用者在安装地点提供网络连接和数据存储功能。需要时,连接仪器至网络,并检查其功能。

(6) 安装测试

安装之后进行仪器的初始诊断和检查。

3. 运行确认(OQ)

运行确认是证实某个仪器将会在选定的环境中按照其操作规范运行所必需的活动汇总,并以文件方式记录。OQ阶段的测试活动包含了以下测试参数。

固定参数:测试该仪器的不变参数,如长度、高度、质量、输入电压、可接受压力、载荷等。如果由制造商提供的这些参数的规格令用户满意,可以放弃测试要求。但是,如果用户需要确认这些参数,可以在使用者的场地进行测试。固定参数在仪器的寿命周期内不会变化,因此不需重测。这些测试还可以在IQ阶段(见表9-3)进行;如果固定参数是OQ测试的一部分,则无须重测。

安全数据存储、备份、存档:当可行的时候,根据书面程序,在用户的场所测试安全数据处理工作,如存储、备份、审计追踪、存档等。

仪器功能测试:使用者要求的仪器功能应该被测试,以确认该仪器能够按照制造商所预期的操作。制造商提供的信息有助于识别这些参数的规范,并帮助设计用于评估这些识别出来的参数的测试。使用者或者有资质的设计师，应该进行这些测试，以便证实该仪器在使用者的环境中达到制造商或使用者的标准。

日常分析检测不构成 OQ 测试，OQ 测试是特别设计，用于确认在用户环境中该仪器根据其规范的运行情况，并且重复该测试可能没有必要。但是，当仪器经历大修或改装时，相关的 OQ 和/或 PQ 测试应该重复，以便确认该仪器是否能继续正常运转。如果某个仪器移到另一个位置，应该进行一项评估，以确定什么 OQ 测试应该被重复（如果确实有）。

OQ 测试可以为模块式或整体式。系统中单个组成部分的模块式测试可以方便这样的组成部分交换，而无须重新确认。设计整个系统的整体式测试也是可以接受的。

4. 性能确认(PQ)

性能确认是证实某个仪器持续地按照由用户定义的规范运行，并适合其预定用途的活动汇总，并以文件方式记录。在 IQ 和 OQ 已经执行之后，该仪器对其预定用途的持续适用性通过性能确认来证实。PQ 阶段可以包括下列工作。

设立一个或一系列测试，以确认具有满足其预定用途的表现。PQ 测试通常基于仪器常见的现场用途并且可以包含分析已知组分或标准物。该测试应该具备良好的科学基础并反映该仪器的一般用途。与供试样品同步进行的一些系统适用性测试或者质量控制检查可以用于证实该仪器正在适当地运行。PQ 测试可以模拟在 OQ 中进行的测试，但是如果需要，其结果的质量标准可以与设定的不同。尽管如此，使用者对于 PQ 测试的标准应该证实仪器在其用途上的无故障运行。如同 OQ 测试一样，PQ 测试可以为模块式或整体式。

测试的频率取决于该仪器的耐用性和利用其所做检验的重要性。测试可以是不定时的，例如：该仪器每次使用的时候，它也可以在相同间隔下定时进行。使用该仪器的体验可以影响这个决定。最好每次使用仪器时重复同样 PQ 测试，以便能够汇编该仪器表现的历史数据。另外，该仪器可以整合到一个整体辅助系统，以便确保其持续保持已确认的状态。与供试样品同步进行的一些系统适用性测试或质量控制检查也会说明该仪器正在适当地运行。

应保存对检验有重要影响的每一台仪器的设备档案与使用记录。

用于检验的所有设备及对检验结果的准确性与有效性有显著影响的辅助设备（如用于测量环境条件的设备）在投入使用前应进行校准，其量程范围应涵盖实际生产和检验的使用范围。实验室应指定和实施仪器设备的校准或检定、确认的总体计划，以确保实验室的测量可追溯到已有国家计量基准。凡属于强制检定范围的仪器设备，都应由指定的计量机构执行检定。检定合格或校准值经评估后（校准的偏移值在可接受范围内）方可进行实验使用。仪器设备检定/校准合格只是保证其在相应周期的有效期限内处于合格状态的一项基本措施，但是这并不等于检定/校准合格的检验仪器设备在有效期内的准确度始终保持不变。恰好相反，由于检验仪器设备自身的偏移或者所处环境的影响等，仪器设备是随着其不断使用或时间的退役而变化的，因此期间核查可作为验证仪器设备状态可信度的重要手段。通过期间核查，一旦发现产生偏离的现象，可以及时采取维修、维护等措施，尽可能避免检验数据的不准确性。

经过重大维修的设备、应故搬移过的设备均应进行再确认，符合要求后方可用于检验。

检验仪器设备应有状态标识，仪器设备应有明显的标识表明其校准或验收状态。

仪器设备的放置、使用环境应符合技术资料仪器使用说明书的规定，如仪器设备对环境有要求时，其放置的房间应有环境监测、控制手段，并有专人或自动记录仪每天进行环境的监控、记录。

9.6.3 仪器分类管理

现代实验室通常包括一套仪器和设备，差异从氮吹仪到复杂的自动仪器。因此，应用单一的一套原则来确认这样不同的仪器是不科学的。使用者最有能力确立某个仪器所需要的确认程度。基于所需的程度，可以方便地将仪器分为 A 类、B 类和 C 类，具体定义如下。

1. A 类

A 类包括没有测量能力或通常的校准要求的标准设备。其中，制造商对基本功能的标准被接受为用户需求。A 类设备与用户需求的符合性可以通过肉眼观察其操作来确认，并以文件方式记录。此类设备的样板是氮吹仪、磁力搅拌器、漩涡混合器和离心机等。

2. B 类

B 类包括提供测量所得数值的标准设备和仪器以及控制需要校准的物理参数（如温度、压力或流动）的设备，其中用户需求通常与制造商的功能标准和操作限度相同。B 类仪器或设备对用户需求的符合性是按照该仪器或设备的标准操作程序来测定的，并在 IQ 和 OQ 中以文件记录。此类仪器的样板是天平、熔点仪、光学显微镜、酸度计、可变量移液器、折光仪、温度计、滴定仪和黏度计等。此类设备的样板是马弗炉、烘箱、冰箱/冰柜、水浴锅、泵和稀释仪等。

3. C 类

C 类包括仪器和计算机化系统，其中对功能、操作、性能限度的用户需求针对特定的分析用途。C 类仪器对用户需求的符合性通过具体的功能测试和性能测试来测定。安装这些仪器是一项负责的任务，可能要求专家的协助，应该将在此文件中所描述的完全确认程序应用于这些仪器。此类仪器的样本包括：① 原子吸收光谱仪（Atomic Absorption Spectrometer）；② 差示扫描量热仪（Differential Scanning Calorimeter）；③ 溶出度仪（Dissolution Apparatus）；④ 电子显微镜（Electron Microscope）；⑤ 火焰吸收光谱仪（Flame Absorption Spectrometer）；⑥ 高压液相色谱仪（High-Pressure Liquid Chroma-tograph）；⑦ 质谱仪（Mass Spectrometer）；⑧ 酶标仪（Microplate Reader）；⑨ 热重分析仪（Thermalgravimetric Analyzer）；⑩ X 射线荧光光谱仪（X-ray Fluorescence Spectrometer）；⑪ X 射线粉末衍射仪（X-ray Powder Diffractometer）；⑫ 密度计（Densitometer）；⑬ 二极管阵列检测器(Diode-Array Detector);⑭ 元素分析仪(Elemental Analyzer);⑮ 气相色谱仪(Gas Chromatograph);⑯ 红外光谱仪(IR Spectrometer);⑰ 近红外光谱仪(Near-IR Spectrometer);⑱ 拉曼光谱仪(Raman Spectrometer);⑲ 紫外/可见光光谱仪(UV/Vis Spectrometer);⑳ 电感耦合等离子发射光谱仪(Inductively Coupled Plasma-Emission Spectrometer)。

每类仪器均提供了样板。注意,在此提供的仪器清单仅仅用于举例说明,并不意味着全部仪器。其并未提供在用户场所的某个仪器的准确类别。该类别应该由用户根据他们具体的仪器或用途来确定。

某个仪器的准确分组必须通过使用者对其具体要求来确定。取决于具体的用户需求,同样的仪器可以适当地在一个用户处归为一类,而在另一个用户处归为另外一类。因此,应当由使用者对分类进行仔细选择。

9.7 分析方法确认与验证、分析方法转移

在GMP中有"第二百二十三条 物料和不同生产阶段产品的检验应当至少符合以下要求。

(一)企业应当确保药品按照注册批准的方法进行全项检验;

(二)符合下列情形之一的,应当对检验方法进行验证:

1. 采用新的检验方法;

2. 检验方法需变更的;

3. 采用《中华人民共和国药典》及其他法定标准未收载的检验方法;

4. 法规规定的其他需要验证的检验方法。

(三)对不需要进行验证的检验方法,企业应当对检验方法进行确认,以确保检验数据准确、可靠。"

在《中国药典》中类似的要求:"采用本版药典规定的方法进行检验时应对方法的适用性进行确认。"

所以只有经过验证或确认的分析方法,才可以用于物料和产品的检验以及清洁验证。检验方法必须经过验证或确认,这是物料和产品放行的前提之一。因为只有经过验证或确认的分析方法才可以有效地用于控制药品的内在质量。

不同分析方法各有特点,同一分析方法可用于不同的检验项目,但验证内容会有不同。例如,采用高效液相色谱法进行药品的鉴别和杂质定量检验,两检验项目在方法验证时要求不同。前者重点要求验证专属性,而后者则需要重点验证专属性、准确度和定量限。

表9-4列出了国内外针对分析方法验证或确认的相关指南,表9-5列出了分析方法的验证、确认以及方法转移的相关要求。

上述指导原则主要适用于化学药品(包括物料和产品)的理化分析方法和仪器分析方法的验证与确认以及清洁验证方法的验证。不适用于化学药品的微生物方法和生物制品分析方法验证。

表 9-4　国内外针对分析方法验证或确认的相关指南

机构或组织	文件名称
《美国药典》	<1225> Validation of compendial procedures 药典方法验证
	<1226> Verification of compendial procedures 药典方法确认
ICH	Q2 (R1) Validation Of Analytical Procedures Q2 (R1) 分析方法验证
《中国药典》2015 年版	附录 9101 药品质量标准分析方法验证指导原则

表 9-5　分析方法的验证、确认以及方法转移的相关要求

内容	适用范围	目的	发起时机
方法验证	1. 采用新的检验方法； 2. 检验方法需要变更的； 3. 采用《中国药典》以及其他法定标准未收载的检验方法； 4. 法规规定的其他需要验证的检验方法	证明采用的方法适合相应检测要求	1. 建立质量标准时； 2. 在药品生产工艺变更、制剂的组分变更、原分析方法修订时
方法确认	1. 不需要进行验证的检验方法； 2. 药典方法和其他法定方法	确认方法在本实验室条件下的适用性	在实验室批准适用该方法前
方法转移	将分析方法由 A 实验室转移到 B 实验室	确认采用的方法在 B 实验室条件下的适用性	在 B 实验室批准使用该方法前

9.7.1　方法验证

方法验证就是根据检验项目的要求，预先设置一定的验证内容和验证标准要求，并通过设计合理的实验来验证所采用的分析方法是否符合检验项目的要求。

1. 引发方法验证的原因

建立质量标准时，应对分析方法中的各检验项目进行完整的验证。

当药品生产工艺变更、制剂的组分变更、原分析方法修订时，可根据变更的内容决定对分析方法进行部分验证还是完整验证。

当原料药合成工艺发生变更时，可能引入新的杂质，杂质检查方法和含量测定方法的专属性就需要进行验证，以证明有关物质检查方法能够检测新引入的杂质，且新引入的杂质对主成分的含量测定应无干扰。

当质量标准中某一项目分析方法发生部分改变时，如采用高效液相色谱法测定含量时，检测波长发生改变，则需要重新进行检测限、定量限、专属性、准确度、精密度、线性等内容的验证，证明修订后的分析方法的合理可行。

当变更达到一定程度时，则需要完整的验证。如分析方法完全改变，则应按新方法进行

完整的验证。

2. 方法验证的一般原则

通常情况下，分析方法需进行方法验证。对于仅需按照实验室日常测试操作步骤即可测定的检验项目不需要进行验证，如外观、崩解时限、密度、质量、pH、灰分和装量等。

方法验证的内容应根据检验项目的要求，结合所采用分析方法的特点确定。

同一分析方法用于不同的检验项目会有不同的验证要求。

3. 需要验证的检验项目

检验项目是为控制药品质量，保证药品安全有效而设定的测试项目。根据检验项目的设定目的和验证内容的不同要求，将需验证的检验项目分为四类：

(1) 鉴别试验；

(2) 杂质的限度检查；

(3) 杂质的定量测定；

(4) 含量测定，包括原料药或制剂中有效成分的含量，制剂中其他成分(如防腐剂等)的含量，溶出度与释放度等检查中的溶出量以及含量均匀度。

除此之外还有一些物理项目的检测，如粒径分布、旋光度、熔点和硬度等，由于这些要求与其他检验项目有所不同，通常其分析方法验证应有不同的要求。鉴别的目的在于判定被分析物是目标化合物，而非其他物质。用于鉴别的分析方法要求具有较强的专属性和耐用性。

杂质检查主要用于控制主成分以外的杂质，如无机杂质、有机杂质等。杂质检查分为限度检查和定量测定两部分。用于限度检查的分析方法验证侧重专属性、检测限和耐用性。用于定量测定的分析方法验证强调专属性、准确度、精密度、线性、范围、定量限和耐用性。

含量测定对准确度要求较高，因此所采用的分析方法要求具有一定的专属性、准确度和线性等要求。

在分析方法验证中，需采用标准物质进行试验。由于分析方法具有各自的特点，并随分析对象而变化，因此需要视具体方法拟订验证的指标。

9.7.2 方法确认

方法确认是验证进行检测的条件确实适合该已验证方法的过程，方法确认必须是对药典分析方法或者法定分析方法进行确认，同时证明该方法使用人员有能力操作药典分析方法或者法定分析方法。

1. 适用范围

适用于物料和产品中不需要进行验证的检验方法以及药典方法和其他已验证的法定标准。通过方法确认来证明方法在本实验室条件下的适用性。

实验室日常测试操作步骤不需要进行方法确认，例如，干燥失重，炽灼残渣，各种湿法化学步骤，酸值和简单的仪器方法（如 pH 计），除非有特殊要求。

2. 方法确认的范围和程度

在《中国药典》(2015 年版）中没有明确方法确认的范围和程度，但在《美国药典》中有较为明确的要求，具体可参见＜1226＞ Verification of compendial procedures（药典方法确认）。

9.7.3 方法转移

方法转移是在两个实验室之间进行的，通过比较转出方和接受方两个实验室的分析结果，以确认分析方法在接受方实验室条件下的适用性。通常分以下步骤进行。

1. 方法转移方案

为保证方法转移的顺利实施，在双方充分沟通的基础上，确定方法转移方案。方法转移方案应对以下内容作出明确规定：方法转移的目的；待转移的检验方法；物料；试验样品应为同批有代表性的样品，标准品应尽可能来源同批次；接受标准；异常数据的调查；实验结果的评估；双方的职责。并经双方审核、批准。

接收方的分析人员应充分正确理解方法，如有不确定的地方应及时咨询转出方相关人员。必要时可由转出方事先培训接收方人员。

2. 方案的实施

双方均应在规定的时间内完成样品的检验，以减少检验双方实验间隔时间过长造成的差异。

3. 方法转移报告

工作完成后，应按规定的模板出具报告，并经双方审核和批准。报告中必须明确地写出结果和结论，包括评价和建议。特别需要注意的是，在对比两个实验室间的数据时，应当采用具有统计学意义的方式来科学评价。

9.7.4 方法验证、方法确认和方法转移的管理

企业必须制订方法验证、方法确认和方法转移的操作规程，其应涵盖范围，方案的起草、审核和批准，方案的实施，报告的起草、审核和批准以及文件的管理等方面内容。

1. 方案的准备

在方法验证、方法确认和方法转移前，必须依据操作规程进行方案的起草、审核和批准。对于方案，有如下要求。

(1) 详细描述被执行程序；

(2) 明确规定被测参数的接受标准；

(3) 明确职责。

2. 方案的实施

在方案的实施过程中，应注意以下方面的内容。

(1) 从事检验的人员必须是合格的分析师；

(2) 所用分析仪器已通过确认和校准；

(3) 实验必须依据预先确定和批准的方案进行，并有记录；

(4) 实验过程中任何失败的测试，过程中的偏差或异常均需复核和评估并查出原因。

过程中的偏差或异常需通过正式的体系(如调查报告，验证/确认/转移报告中偏差的鉴定和批准)进行记录和批准。

3. 报告

方法验证/确认/转移工作完成后，应按规定的模板出具报告，并经审核和批准。报告中必须明确地写出结果和结论，包括评价和建议。

4. 文件的保存

方案、原始记录和报告均应长期保存。

9.8 超出质量标准的实验结果(OOS)和实验室偏差

超出质量标准的实验结果(Out of Specification, OOS)的概念源于 1993 年美国新泽西州对 Barr 药厂的判决。

1993 年，美国食品和药物管理局(FDA)就一系列问题起诉巴尔药厂，包括公司处理超标结果的操作规程。巴尔药厂最终败诉，该诉讼受理法官阿尔弗雷德·M. 沃林签发了后来被称为“巴尔判例”的判决书。巴尔判例使得超标被称为 QC 实验室的主要问题，并要求制定相关的法规要求在超标发生后首先进行实验室调查，之后才能进行复测。

在对 Barr 药厂的判决书中详细阐述了导致超出质量标准的实验结果的 3 种基本情况——实验室检验操作错误、非工艺或操作错误、生产工艺相关错误，企业在发生超出质量标准的实验结果后应对发生的原因进行调查，复测是基于调查的目的，而不是简单否定第一次检验的结果。

在 1993 年的巴尔判例后，美国 FDA 于 1998 年发布了一份指南文件草案，在 2006 年正式发布工业指南《Out-of-Specification (OOS) Test Results for Pharmaceutical Production》。

随着药品质量管理的发展，超出质量标准的实验结果的定义也不断清晰与深化，目前，只要是超出标准的所有检验结果，违反药品注册申请审批文件包括 DMF 文件(药物主文件)、药典以及企业标准(包括中控标准)的情况都是超出质量标准的实验结果。

超出质量标准的实验结果的发现与调查应当是按规定的程序规范进行的，应当有标准的记录和确切的结论。

9.8.1 定义

超出质量标准的实验结果(OOS)：结果超出设定质量标准(超标)。其中包括注册标准以及企业内控标准。如果对于产品有多个接受标准，结果的评判采用严格的标准执行。

超出趋势(Out of Trend, OOT)的实验结果：结果虽在质量标准之内，但是仍然比较反常，与长时期观察到的趋势或者预期结果不一致。一般来讲，OOT 的限度应由企业根据以下原则制订。

根据稳定性试验数据，对历史批次实验结果的回顾总结，可以通过数学统计工具计算出，例如：平均值$\pm 3\delta$。

根据企业对产品特性和质量的了解。如理化试验的超出趋势限度可定义为稳定性试验含量测定的检测值与上一个监测点的结果绝对偏差大于 3.0%，且与初始值的绝对偏差大于 5.0%。

对于上述任何超出质量标准及趋势的分析结果都须进行实验室调查。此调查应当遵循真实、科学、有效的原则，且必须符合相应的法规要求。

9.8.2 实施 OOS/ OOT 调查原则和流程

现在 OOS/OOT 的调查原则和流程基本参照美国 FDA 的指南内容进行。

在该指南中将超出质量标准的实验结果调查流程分为两个阶段：第一阶段为实验室调查；第二阶段为全面调查。

1. 第一阶段：实验室调查

为了使调查有意义，调查应是彻底的、及时的、没有偏见的，形成文件并具备科学性。调查的第一阶段应包括对实验室数据的准确性的初步评价。如果可能，这应在丢弃试验溶液(包括混合的或均匀的来源测试样品)之前进行。这样，假定是实验室错误或仪器故障，可以使用原测试溶液测定。如果初步评估显示在得到该数据的分析过程中没有发生明显错误，应进行全面的超出质量标准的实验结果调查。如果超出质量标准的实验结果出自合同化验室，化验室应将数据、所有发现和支持性文件提交生产商的质量部门，以便其展开全面的超出质量标准的实验结果调查。

(1) 检验员职责

得到准确的化验结果的责任首先是在做检验的检验员身上。检验员应明白检验过程中可能会产生的潜在问题，并应对可能导致不准确结果的问题进行关注。

应该确认只有符合标准的仪器才能使用，还要确认所有的仪器都经过校正。

在倒掉样品液或标准液之前，分析者应当核实数据与标准的符合性。

当出现怀疑结果，并且没有明显的解释时，制备液如果稳定，应当保留。此时要通知主管，检测结果的准确性评估应当马上进行。

如果发现明显的错误，如样品溶液的泄漏或样品成分的未完全转移，分析员应该立即记录所发生的事件，实验应马上停止，继续实验是无意义的。

(2) 实验室负责人

一旦一个超出质量标准的实验结果被确认，实验室负责人的评估应客观、及时。不应预先假想导致超出质量标准的实验结果的原因。应迅速评价数据以确定结果是实验室错误导致的，还是由于生产过程有问题。

立即进行评估可以包括对用原测试过程所采用的溶剂、测试装置和玻璃容器配置的样品进行复测。原样复测可以对假定的实验室错误提供确认的依据。

调查评估包括：

① 与检验人员讨论实验方法，确认检验人员对检验程序的理解。

② 解释检验获得的原始数据包括图谱，确定反常或怀疑的信息。

③ 确认计算过程中是否正确；确定对计算机自动计算是否做了未授权的变更。

④ 确认仪器的性能。

⑤ 确认标准品、溶剂、试剂和其他使用的溶液是否符合控制的标准。

⑥ 评估执行的实验方法，以确保检验方法是按验证过的方法进行的，并评估历史数据。

⑦ 对保留的样品液进行迅速重新测定，对评估 OOS 的原因有很大的促进作用。

在调查的每一步都应做充分的记录，这点很重要。

实验室管理人员不仅要确定获得单个值的可靠性，更重要的是要考虑在实验室的质量保证程序中，是否有可造成出现 OOS 的漏洞。

实验室管理人员应该特别注意 OOS 趋势分析。

作为有效的质量管理体系的一部分，公司的高层管理者应当适当地控制这些 OOS 趋势发展，确保任何一个有问题的区域得到控制。

指导实验室错误相对来说不应太多，频繁的错误表明检验员培训不充分或工作粗心，设备维护保养不善或没有得到正确校准。当确定是实验室错误时，公司应确定错误的来源，并采取改正措施以防再次发生。为了确保完全符合 CGMP，制造商应持有足够的改正措施的文件。

所以在第一阶段的主要目的是确认第一次检测过程是否存在实验室错误，而不是为了所谓的“合格结果”。

2. 第二阶段：全面调查

如果最初的评估不能判定是实验室错误引起了 OOS 结果，实验结果看来是正确时，就应当采用预先确定的程序进行 OOS 全面调查。

一个全面的调查应包括对生产和取样程序的回顾，并且经常包括附加的实验室检验。这样的调查有最高的优先权。在这一阶段的内容中，还需评估 OOS 结果对已销售批次的影响。

全面调查包括生产过程的审核和/或附加的实验室工作。调查的目的是判定产生 OOS 的根源，从而采取适当的纠正与预防措施。

这里需要明确的是，无论在第一阶段还是在第二阶段进行的复试，其方式都是基于调查，以确定 OOS 产生的根本原因。

9.8.3 特殊检验方法和微生物实验结果调查

一些特殊的检验方法，如动物试验、生物检测方法等的调查流程和复测原则不能简单地按照上述的流程进行，需要参照各检测方法的具体要求进行。

由于微生物实验的特殊性及不可重复性，对于超标准及超趋势的结果，感染菌种的鉴定实验应首先进行，以确定感染菌种的有害程度。另外，如无特殊原因或明显的操作错误，一般不以复检试验来判断结果的有效性。如确实需要复检，则必须确认药典等法律法规无限制。

9.9 实验室偏差

根据ICH的定义。偏差(Deviation)是指任何对批准指令(生产工艺规程、岗位操作法和标准操作程序等)或规定标准的偏离。所以实验室也存在偏差，如人员差错、仪器故障、试液污染等。

9.9.1 实验室偏差与OOS/OOT的区别

实验室偏差是指在实验过程中出现偏离实验要求的情况，如人员差错、仪器故障、试液污染等；而OOS/OOT则是整个实验过程中没有出现明显的实验室偏差，但最终的结果超出了标准或趋势。OOS/OOT最终调查的结论可能是由于实验室偏差，也有可能是由于非实验室偏差。

所以这里需要再次强调的是，如果发现明显的错误，如样品溶液的泄漏或样品成分的未完全转移，分析员应该立即记录所发生的事件。实验应马上停止，继续实验是无意义的。

准确判断实验室偏差和OOS/OOT能够高效地管理质控实验室，这也是每一间实验室必须做好的事情。

9.9.2 实验室偏差调查

尽管实验室偏差与生产偏差均是偏差，但不同偏差对于产品质量的影响却有较大的区别。

生产偏差发生在生产现场，往往发生在产品生产的过程中，所以不可避免地会对产品质量或物料产生影响，所以在调查、处理过程中需要仔细评估相关影响。

实验室偏差发生在实验室，而实验室与生产现场相对独立，检验过程的偏差在大部分的情况下对物料和产品质量没有影响，所以这时对于实验室偏差的调查、处理就不需要考虑评估对于产品、物料的影响，这类实验室偏差的处理流程可以相对简化，以提高实验室的效率。

9.10 总　　结

尽管现在的生产质量管理强调产品质量是生产出来的，甚至是设计出来的，但由于检测贯彻整个生产过程，检测提供的准确结果对于生产的重要性也是不言而喻的。所以对于实验室的有效管理是确保检验结果准确的基础。实验室如何确保数据结果可靠是实验室管理的根本目的。

思考与讨论

1. 中国药典包括几部？每部的主要内容是什么？
2. 分析方法确认与分析方法验证有什么区别？
3. 什么是 OOS？如何进行 OOS 调查？

第10章

无菌药品生产质量管理

10.1 概　　述

案例 1

在 1970 年 7 月 1 日至 1971 年 4 月，美国的多家医院暴发了由成团肠球菌或阴沟肠杆菌引起的院内败血症。所有这些医院都使用了由同一家药企制造的静脉输液产品，并且所有受影响的患者在接受公司的输液产品后都出现了败血症。败血症在流行病学和微生物学上可追溯到该公司用于输液瓶的螺旋盖封闭系统被污染。

调查发现该公司自 1970 年 3 月左右开始对瓶盖密封系统进行变更。变更前的密封系统包含了红色天然橡胶圆垫及沥青衬垫，变更后采用了其认为密封性及材质更好的弹性衬垫。变更前后的密封系统如图 10－1。

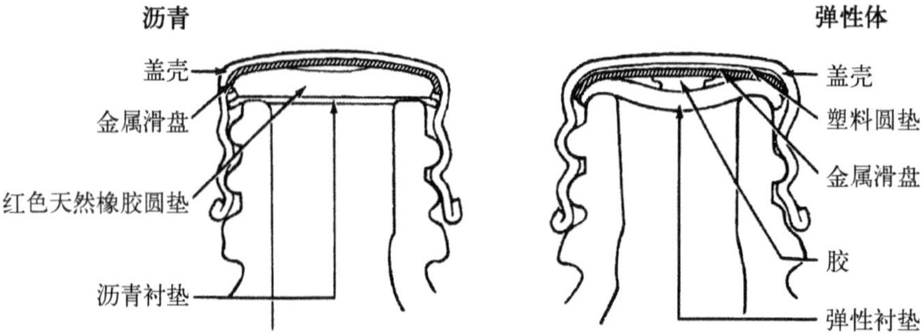

图 10－1　变更前后的密封系统

该公司在当时进行的产品无菌检验是按照 USP 的方法进行的，每个灭菌批次产品中先抽取 10 瓶进行初始检测，若存在不合格情况则再抽取 20 瓶进行复测，如果复测合格则产品放行，复测不合格则产品报废。1969 年时，2 200 批中有 7 批的初始检测失败，复测后报废 1 批。到了 1970 年更换衬垫后，3 850 批中有 31 批的初始检测失败，复测后报废 10 批。可以看到变更后产品无菌检验阳性率较变更前明显高，后经调查确认变更前红色天然橡胶圆垫及沥青衬垫具有抗大肠杆菌和阴沟肠杆菌的抗菌特性。

在实验室和制造工厂中对这些产品的污染机理进行的调查揭示了以下内容。

(1) 整个制造厂的许多区域都存在疫情菌株。

(2) 在高压灭菌生产工序后，活的微生物进入螺旋盖封闭系统的内部。

(3) 在灭菌后的冷却过程中通过螺纹空隙将水分吸入密封系统的最内部。

(4) 通过简单地复制正常的院内操作使用方式，很容易将污染物从封闭系统转移到药液中。

(5) 在引入弹性衬垫之前，该公司密封系统中使用的红色天然橡胶衬垫含有广谱抗菌抑制剂。

这一流行病和相关研究的结果表明，变更后设计的螺旋盖密封系统被认为不能保持产品无菌性。

此次败血症暴发的核心根源不是企业没有做无菌检查或违规生产。而在于无菌检测本身存在的局限性、设备或系统设计建造的缺陷以及缺乏工艺理解。

从现在对于制药工艺、设备和产品的理解，当时知识、监管等存在局限性。这个案例反映了无菌药品生产典型的几个问题，而且类似问题在现在药品生产企业仍有不同程度的体现：

(1) 产品是检验出来的，不是生产出来的，更不是设计出来的，这是这个案例反映出来的最大问题。产品是否无菌是根据无菌检验的结果进行判断的，而不是根据产品本身的质量属性、工艺设计、工艺及设备验证、生产记录等信息来判断的。无菌检验方法存在极大的局限性。

(2) 产品研发设计存在较大问题，密封系统存在明显的缺陷，不能保证产品的无菌性。

(3) 在生产过程中，当时还没有明确的 GMP 要求，设备确认、工艺验证、变更、偏差、OOS 等概念都是缺乏的，对于出现在生产过程中的问题，仅从标准角度出发进行判定。

(4) 对于无菌产品的生产质量管理，不是系统的、全过程的管理。

无菌药品是指法定药品标准中列有无菌检查项目的制剂和原料药，包括注射剂、眼用制剂、无菌软膏剂、无菌混悬剂等。

由于无菌药品不通过胃肠道消化系统或皮肤屏障直接进入人体内，所以产品存在质量问题产生的安全性风险要明显高于非无菌药品。

根据该类产品带来的风险，这类产品根据具体的临床使用方式，需要对相关风险进行控制，这些也是这类产品有别于非无菌产品的关键质量属性，这些关键质量属性包括无菌、热原(内毒素)、不溶性微粒(可见异物)等。

案例1很典型地反映出无菌药品的微生物污染带来的危害。

热原是由微生物产生的能引起恒温动物体温异常升高的致热物质。细菌内毒素是革兰氏阴性菌细胞壁上的一种脂多糖和微量蛋白的复合物，在细菌死亡或解体后才释放出来，是一种具有内毒素生物活性的物质，具有热原活性。一定浓度的热原活性的物质进入人体内后使患者产生冷感、寒战、发热、头痛、恶心、呕吐、肤色灰白、休克，严重时导致死亡，这种症状称为热原反应。

静脉注射产品含有的不溶性微粒(可见异物)进入人体后，会造成血管栓塞，诱发静脉炎，导致产生肉芽肿等临床症状。

无菌工艺的本质就是减少或者消除这些潜在污染源。降低产品质量风险，最终达到保护患者的目的。

产品根据无菌生产工艺的区别分为最终灭菌的无菌产品和非最终灭菌的无菌产品。这两类产品由于工艺本身的巨大区别，也表现出明显的不同的风险。

无菌产品应在灌装到最终容器中之后进行最终灭菌，如果因产品处方对热不稳定不能进行最终灭菌，则应采用最终灭菌方法的替代方法，过滤除菌和/或无菌工艺。

欧盟于1999年8月正式开始执行灭菌方法选择决策树，顺着决策树往下，明显看出其采用的灭菌方法达到的无菌保证级别在逐渐下降，因此，为了保证产品的质量和安全，确保达到无菌的最高等级，有必要将灭菌前微生物负荷降至最低水平。决策树的作用是在考虑各种复杂因素的情况下，辅助选择最佳的灭菌方法。另外，使用热不稳定的包装材料不能作为选择无菌工艺的唯一理由。无菌药品的生产企业，首先应根据特定的处方选择最佳的灭菌方法，然后再选择包装材料。任何商业的考虑均不能作为不使用具有最高无菌保证等级的最终灭菌方法的理由。

溶液剂型产品灭菌方法选择决策树示意如图10－2所示。

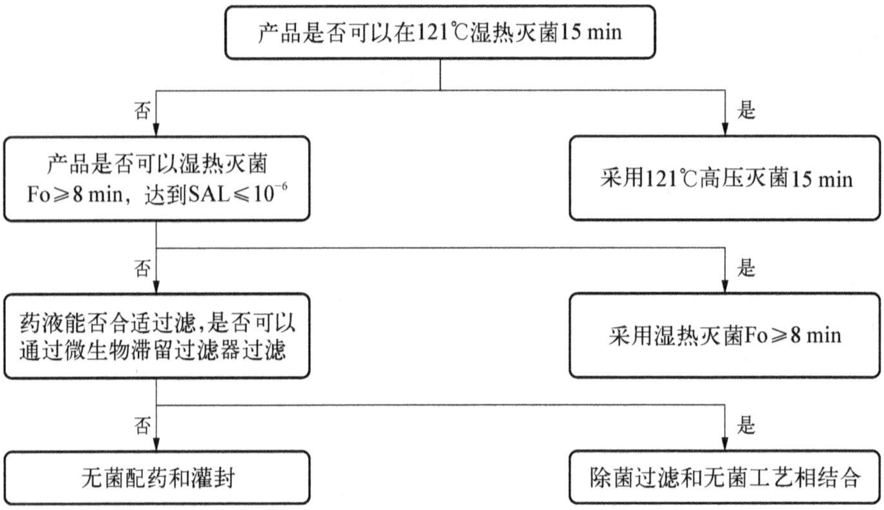

图10－2　溶液剂型产品灭菌方法选择决策树示意图

非溶液剂型、半固体或干粉产品灭菌方法选择决策树示意如图10－3所示。

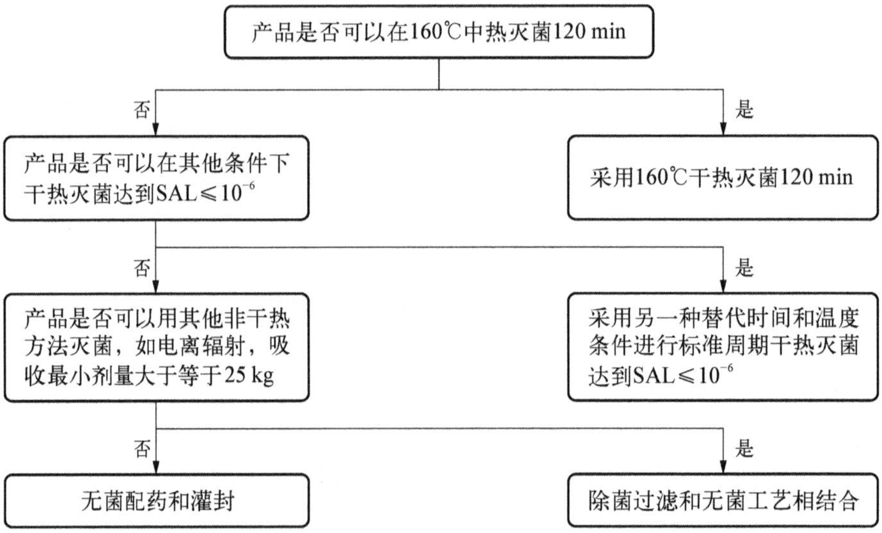

图10－3　非溶液剂型、半固体或干粉产品灭菌方法选择决策树示意图

通过表 10-1 对比最终灭菌工艺和非最终灭菌工艺及生产操作要求，揭示两者之间存在的区别。

表 10-1　最终灭菌工艺和非最终灭菌工艺及生产操作要求对比

对比项目	最终灭菌的无菌产品	非最终灭菌的无菌产品
灭菌工艺	在产品被密封后采用灭菌工艺对产品进行灭菌，典型的灭菌工艺有湿热灭菌、辐射灭菌、气体灭菌等	在产品密封前采用灭菌工艺对物料、中间产品进行灭菌，然后再继续生产直至产品被密封，典型的灭菌工艺为除菌过滤
产品可接受无菌保证水平	SAL$\leqslant 10^{-6}$	SAL$\leqslant 10^{-3}$
生产过程中产品暴露工序洁净级别要求	C 级或 C+A 级	B+A 级或 D 级背景隔离器技术（灭菌后）
产品暴露工艺操作要求	非无菌操作	灭菌后的工序要求无菌操作
关键验证	灭菌工艺验证	灭菌工艺验证+模拟无菌灌装验证
人员要求	人员操作要求相对低	人员操作要求相对高
设施、设备	设备、设施的设计满足一般 GMP 要求	灭菌后工序设备、设施设计要满足无菌操作要求
生产过程控制	1. 最终灭菌前微生物负荷控制； 2. 从配制至灭菌的时间控制	1. 除菌过滤前微生物负荷控制； 2. 从配制至除菌过滤前的时间控制； 3. 除菌过滤后需满足无菌控制要求
环境监控	基于风险进行环境监控	在除菌过滤后，无菌操作的暴露工序需在线监控生产环境

通过对比可以看出，非最终灭菌的无菌制剂由于产品密封后不再进行灭菌，所以在物料、中间体灭菌后密封前的暴露操作阶段的微生物污染风险尤其突出，且由于微生物污染控制的难度很大，管理的要求很高，是监管检查的重点。

本章将从“人、机、料、法、测”五个维度详细介绍影响无菌药品生产的关键因素（图 10-4）。另外影响药品生产的关键因素“环境”将在以上五个维度描述时融入其中。

本章还将介绍两个无菌药品生产的先进技术吹—灌—封技术和无菌隔离技术，以提供更多的指导和参考。

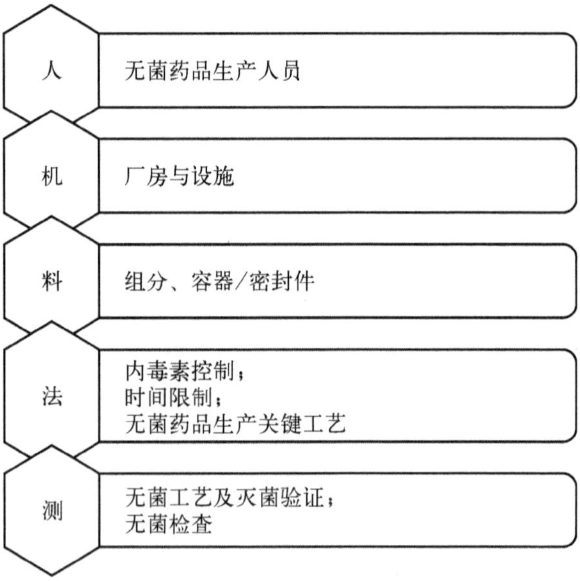

图 10-4 影响无菌药品生产的关键因素

10.2 无菌药品生产人员

在无菌药品生产中，人员的影响是最大和最不可控的。因为在整个无菌药品生产过程中，人员在关键区域的行为习惯对无菌药品最终质量的影响最大。

"人是洁净区生产最大的污染源"。人体、内衣、工服外饰、卫生、习惯和行为均会产生污染，其中皮肤、头发、口、鼻(眼等)、工服工鞋和化妆品等均是主要污染源。

洁净室内人员穿无菌服时，静止时发菌量一般为 10～300 个/分；躯体一般活动时的发菌量为 150～1 000 个/分；快步行走时发菌量为 900～2 500 个/分。

表 10-2 是人体粒子释放数量与活动的关系，而在空气中存在的微生物则附着在微粒上。

表 10-2 人体粒子释放数量与活动的关系

活动内容	每分钟产生不少于 0.5 μm 粒子数量/万个
坐姿、站立不动	10
坐姿，头臂有动作	50
坐姿，臂、腿、头有活动	100
起立	250
慢走	500
正常行走	750
以 2.5 m/s 速度行走	1 000
工作时	1 500～3 000

建立并保持良好的质量保证系统，应配备足够数量并具有适当资质的人员完成各项操作，所有人员应明确工作职责，熟悉与其相关的 GMP，并接受包括卫生学在内的良好的培训。无菌药品生产对人员的基本要求和原则如下。

1. 培训

所有无菌药品生产应该由经培训的人员操作。无菌药品生产管理者应有相关的理论知识，在无菌药品的制备中有实践经验，在微生物学方面经过适当的培训。

所有在无菌药品生产工序工作的人员都应该意识到偏离了验证规程可能对产品和病人带来的风险。因此生产操作人员、生产管理人员、设备维修维护员，甚至参观人员都应该接受系统的相关培训。培训课程内容应包括但不限于：① 药品生产质量管理规范（GMP）；② 无菌操作技术；③ 洁净室行为；④ 微生物学；⑤ 卫生学；⑥ 穿衣技术；⑦ 接触法取样方法；⑧ 污染控制；⑨ 受微生物污染的药物对病人安全的危害；⑩ 关键工艺特性；⑪ 无菌生产区域操作的特定书面规程。

对于进入关键区域的人员，都应接受严格的培训，培训应包括理论和现场的指导。可从实施非关键操作开始，当然这些非关键操作应在授权人员的监督下进行。经过一段时间的实践后，通过无菌工艺模拟试验对这些员工进行关键操作确认和技能考核，之后这些员工方可在关键区域独立进行关键操作。通过无菌工艺模拟试验确认的人员如果在规定的时间内未进入关键区域操作，那么这些人员应重新接受培训并通过无菌工艺模拟试验的关键操作确认和技能考核后方可进入关键区域进行独立操作。

在对人员进行培训时，负责培训管理工作的人员应该制订培训计划，人员应定期参加发展中的培训项目。培训的目的是运用于实际工作。监督人员还应定期再评估每位从事无菌操作员工的能力及每个操作者在实际操作中对书面规程的符合性。

2. 人员卫生

人员的卫生状况与药品质量有关，应制订规程对员工进行健康检查，并保持良好的健康状况，传染病患者或体表有创伤的人员不宜从事药品生产。

进入无菌操作区内的工作人员患病（如咳嗽、感冒和其他类型感染）时，应及时向负责的管理人员报告。如患病状况可能影响产品质量，管理者应给这类职工另行安排适当的临时性工作。

无菌操作区内人员应保持双手卫生，避免裸手直接接触暴露的药品及与药品相接触的生产设备表面。手不应有可见的创口，若有也应用无菌的橡胶布完全盖住小伤口和感染处，人员的指甲应修剪整齐并保持清洁。不要使用指甲油或其他可能散落尘埃粒子的化妆品。

人员在生产区、仓储区内不得佩戴装饰品，不得喝饮料、吃食物、嚼口香糖和吸烟等。

3. 人员监测计划

应建立人员监控计划，这个计划应能清楚地反映客观状况并有相应的解决措施。

只有经过批准，经过专门培训的人员方可进入无菌操作区内，无论何时均需遵守这个原则。例如：非无菌操作区的人员和外来参观者需进入该操作区时，必须经过有关部门批准，并由负责接待来宾的本区人员监督他们着装是否合适，是否已按该操作区域的规定执行。

每天或每批生产时，通过对每个操作人员手套表面取样实现对人员的监控。此取样计划还应包括衣着其他部位的取样点，且应有适当的取样频率。应根据风险评估的结果来制订取样部位和取样频率。对那些从事强体力劳动的操作人员（如需要重复操作或复杂操作的人员），质量部门应制订更全面的取样计划。

无菌是无菌工艺操作的核心。在整个操作过程中，保持手套和衣着的无菌是无菌操作间生产人员的基本。消毒后立即取样是不适当的，因为它会妨碍无菌操作过程中原先存在微生物的检出。当操作人员超过设定限度或呈现不良趋势时，应及时对其进行调查。调查后采取的措施包括：增加取样频率、加强观察、进行再培训、对更衣方式进行再确认，并在某些情况下将操作人员调出无菌操作区。

4. 无菌区着装和更衣确认

只有经过培训、考核并衣着适当的人员方可进入无菌操作区。所有需进入无菌实验室和无菌生产区（包括 A 级和 B 级区域）工作的操作工、机修工、QC/QA 取样人员必须接受更衣程序的确认，并公布合格者的名单，定期监控并进行趋势分析，以确保进入无菌区的所有人员是“会穿无菌衣”的。

衣着应当成为身体和已灭菌物品的暴露区之间的屏障，它们应能阻止身体产生的微粒及脱落的微生物所致的污染。如衣着的任何组成部分损坏，则应立刻更换，手套应勤消毒。

企业应建立恰当的无菌着装管理流程，并避免它们在灭菌后使用前的储存期间受到二次污染。例如：对于使用湿热灭菌进行无菌衣着的灭菌时可以考虑使用透气呼吸袋进行包裹，这样衣着灭菌后可以有较长的有效期（如 1 个月），有利于企业充分利用灭菌釜，同时可以避免无菌衣着在储存期的二次污染。

另外由于无菌衣着是用来“包裹”操作人员的，那么无菌衣着的材质（布料）和缝合部位的密封性就非常重要。无菌衣着多次清洗或灭菌后这些缝合部位及材质本身的紧密性就会变差，所以要控制重复清洗和灭菌次数，避免无菌衣着的完好性“失效”。企业可以根据衣着的材质设定合理的重复清洗和灭菌次数，重复清洗和灭菌次数应经过验证，同时在清洗后或灭菌前仔细检查无菌衣着的完好性，可以有效防止此类问题发生。

1）建立更衣的标准操作程序

人员进入无菌区先得通过气锁间，但人是主要污染源，是污染无菌环境的主要威胁。无菌的衣服、鞋套、手套、帽子、口罩以及眼罩对所有要进入无菌区的人来说是必需的。由于无菌着装对控制微生物污染有重要意义，企业应根据具体情况制订合理的更衣程序，建立完备的更衣标准操作程序（SOP），并遵照其执行。

2）更衣的确认程序

应当制订监控计划，检查、评估人员对无菌操作规程的执行情况。应制订更衣确认程序，以评估操作人员按规程更衣后保持衣着要求的能力。

(1) 确认的程序

① 每个受训者事先必须先经过无菌操作的培训，如无菌衣穿着的 SOP、接触法取样的方法、污染控制和无菌操作技术等。

② 进入无菌区前，受训者先要进行更衣的实践。

③ 管理人员必须向每个受训者解释更衣表面监控的程序。

④ 将表面监控用在 3 次更衣程序上。受训者经过 3 次更衣练习，直到达到“会穿衣进入无菌区”的程度。

⑤ 每次表面监控用直接接触法或棉签法取样。应说明取样点的合理性。

(2) 频率

① 每个初次受训者必须经过 3 次更衣考核，达标后才能进入无菌区。

② 更衣已合格的人员每年需重复一次更衣考核，尚未进入无菌区的人员根据风险评估的结果定期重复。

③ 当发现合格人员中有违反更衣程序趋向时，需重复 1～3 次更衣考核。

因自动化操作而导致人员数量很少时，通常只需一年做一次年度的再评估。其他形式的无菌操作，如出现不利条件，则应增加检查/确认的次数。

(3) 更衣合格标准

① 已证明受训人掌握了更衣程序、污染控制和无菌技术。

② 资料和录像显示出受训人 3 次更衣程序都是正确的。

③ 3 次更衣考核的微生物检测结果在合格标准内。

为保护暴露的无菌产品，人员应保持良好的衣着质量并严格按无菌要求操作。应有书面规程阐述什么情况下(如有 3 个月没有进行无菌操作或日常监控结果超标)人员应当接受再培训、再考核或安排到其他生产区工作。

3) 无菌区行为规范的观察体系

由于无菌生产工艺过程人员操作是主要微生物污染来源之一，建立良好的现场观察体系能够有效督促现场工作人员培养良好的操作习惯，改善无菌保证水平。USP＜797＞药品—无菌制剂(Pharmaceutical Compounding — Sterile Preparations)中强调了现场观察的重要性。现场观察的方法可以是多样化的，如通过观察视窗或通过监控录像系统甚至委派人员进行现场观察。观察的范围可以包括：① 个人卫生习惯及着装过程；② 无菌操作习惯；③ 清洁和消毒规程的评估。

具体进行评估时企业可以参照自己制订的标准操作规程(SOP)条款进行对照，也可以根据 GMP 条款或本章描述的一些良好行为规范进行考核，并通过考核记录定期反馈给一线员工。

对于现场观察中发现的一些共性不良习惯或需改进的操作流程，需要进行整改。整改时可以通过更新培训资料和标准操作流程，重新进行培训等。

通过现场观察⟶问题记录⟶问题反馈⟶更新文件⟶加强培训⟶现场观察的持续改进体系，不断提高无菌操作的规范性。

案例 2

用接触碟法取样进行更衣确认程序的表面监控如图 10-5 所示。

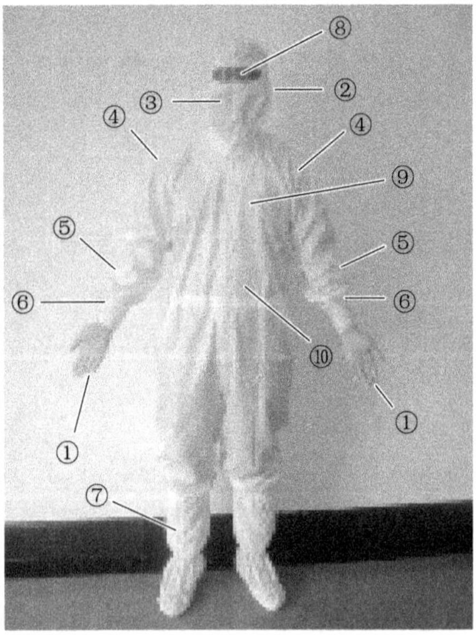

① 双手手指印；② 头部；③ 口罩；④ 肩部；⑤ 前臂；⑥ 手腕；⑦ 腿部/靴子；⑧ 眼罩；⑨ 前胸；⑩ 腹部。

图 10-5 用接触碟法取样进行更衣确认程序的表面监控

在设计这些取样点的位置时应充分考虑实际生产过程中整个人员着装被微生物污染的可能性大小以及着装的残存微生物对于产品的污染风险的高低。

所有取样点都应在身体的正面（迎风面），因为操作员在洁区内工作时大部分时间都是往前走的，所以正面被空气中微生物污染的概率更高，需要重点监控。强调了双手的取样，因为操作时大部分的动作都通过双手完成，双手引起污染的概率更高，尤其是手腕处。关注手腕和口罩/眼罩的取样，因为这些部位更靠近人体皮肤，容易在运动中产生污染。

表 10-3 为个人卫生及着装规范性评估。由具备资质的评估人员来评估被评估人员，并完成每一栏描述的情况。如果被评估人员完成了表 10-3 中描述的情况，在表格相应位置打“√”；如果未完成表格中描述的情况，在表格相应位置打“×”；如果活动不适用于评估，填写“不适用(N/A)”。

表 10-3 个人卫生及着装规范性评估

观察结果	恰当的着装和行为
	在进入外围洁净区时未化妆及佩戴首饰（如手表、戒指、耳环等）
	不得将食物和饮料带入或存放在外围洁净区或更高级别洁净区
	意识到清洁和脏的区域的分隔线并观察相关活动
	穿鞋套或指定的清洁区的一次性工作鞋，将鞋套和指定清洁区的工作鞋合适地放置在分隔线相对洁净的一侧
	如必要穿戴胡须套
	戴口罩，口罩必须遮住鼻梁至下巴的部分
	根据规程清洁双手：用肥皂和温水清洗双手及前臂至少 30 s
	用不掉落纤维的毛巾或烘干机烘干双手和前臂
	选择合适的服装，检查是否有洞、破损或其他缺陷
	检查头发是否被全部覆盖住，没有任何部分暴露
	用无水酒精通过持续擦拭再次消毒双手，在穿戴无菌手套前使双手完全干燥
	穿戴合适尺寸的无菌手套，确保穿戴后紧实，在手指处无其他空隙
	检查手套确保无任何缺陷、洞或破损
	在涉及无菌区活动时，在进入直接的无菌区工作前和接触到可能污染手套的物品或表面后，都须用 70%无菌异丙醇消毒

续表

观察结果	恰当的着装和行为
	去掉在外围洁净区使用的人员保护装备
	脱掉手套，清洁双手
	脱掉衣服并丢弃，或者悬挂在钩子上用于在同一个工作日内重新使用
	脱掉口罩，头套和胡须套(如果有)
	脱掉并丢弃鞋套或一次性工作鞋，确保将无鞋套的脚放在隔离线较脏的一侧并再次消毒双手(在每次离开配制区域时都需脱掉并丢弃鞋套)

立即通知被评估人员所有不可接受的活动，并演示和告知其正确的行为方式。

对于现场观察中发现的一些共性不良习惯或需改进的操作流程，需要进行整改。整改可以通过更新培训资料和标准操作流程，重新培训等方式施行。

5. 关键区域人员的良好行为规范

关键区域人员的良好行为规范要求应包括：

(1) 尽量减少进入洁净区的人数和次数

进入洁净区的人员应保持工作需要的最低人数。检查和控制都要尽可能在洁净区外面进行，辅助人员尽量靠近层流区域外侧，生产无关人员尽量不进入洁净区。进入无菌区人数应通过验证来确定。

(2) 进入无菌区域前消毒双手

人员在进入无菌区域前应用无菌的消毒剂(如酒精)消毒双手，待消毒剂挥发干后方可进入无菌区域。

(3) 仅用无菌工器具接触无菌物料

在处理已灭菌物料时，始终须使用无菌工器具。在每次使用期间，无菌工器具应保存在A级环境中，保存环境应能避免污染(如放在无菌容器中)。在操作全过程中，应在必要时更换工器具。

首次更衣后，应在必要时将所戴的无菌手套消毒或更换，以最大限度地降低污染的风险。人员不应以其衣着或手套的任何部位直接接触无菌产品、无菌容器、无菌密封件及关键表面。

(4) 缓慢和小心移动

快速移动会在关键区域产生紊流。它们破坏单向流，造成超越洁净厂房设计及控制参数的不良状况。缓慢和小心移动是洁净厂房始终遵循的基本原则。动作应尽量平缓，尽量避免下蹲动作，更不应躺在地面或坐在地面上。如果因为维修不可避免产生这些动作时，维修后应立即更换衣服，避免交叉污染。

(5) 保持整个身体在单向气流通道之外

采用单向流设计是为了保护无菌设备的表面、容器—密封件以及产品。在关键区内单向流保护的破坏会增加产品污染的风险。

(6) 用不危害产品无菌性的方式进行必要的操作

为保持无菌物料附近的无菌状态，应在适当的侧面进行操作，在垂直单向流条件下，不得在产品上游方向进行无菌操作。

(7) 在关键区域人员间保持一段距离

在关键区域的任何情况下，人员间应保持一段距离，人员的着装(包括无菌手套)不可相互接触。操作人员尽可能不说话，必要时，可先退出关键区域后再与其他人员交谈。

(8) 每次接触物品后应对双手进行消毒，晾干后再进行下一步操作

即使没有接触任何物品，也应定期(如每隔 10～20 min)对双手进行再次消毒。如果在关键区域内进行关键操作(如涉及所有灌装部件、悬浮颗粒及浮游菌取样口操作等)之前进行了其他操作，则应退出关键区域重新消毒双手后方能进入关键区域进行关键操作。

(9) 检查着装

进入关键区域后应定期检查着装，尤其在进行动作幅度较大的操作之后应确认头套、脚套是否穿戴紧密。

(10) 在关键区域双手不应接触地面

在关键区域中的任何时候，双手都不应接触地面。如果不小心接触了地面，那么必须立即返回更衣室内更换手套后方可进入关键区域。

案例 3

无菌技术，安全和质量保证：具备资质的评估人员将评估被评估人员，并完成表 10-4 中每一栏描述的情况。如果被评估人员完成了表格中描述的情况，在表格相应位置打“√”；如果未完成表格中描述的情况，在表格相应位置打“×”；如果活动不适用于评估，填写“不适用(N/A)”。

表 10-4 无菌操作及相关规范评估

观察结果	观察标准
	根据 SOP 完成适当的手消毒，着装和穿戴手套的过程
	使用合适的试剂消毒 A 级区的设备表面
	在将部件/瓶子放入 A 级区工作区域前使用合适的试剂消毒
	仅将必需的物料放入 A 级区工作区域，引入前进行合适的处理
	不阻断或破坏关键区域的进风
	确保注射器，针头和管子分别包装完好，仅在 A 级区工作区域中拆开包装
	仅在直接制备区域的层流 A 级区条件下进行操作
	不应将关键部分暴露在可接触污染或比 A 级区更糟的空气中
	用 70%无菌异丙醇喷洒消毒胶塞、注射口、安瓿瓶颈，并有充分干燥
	在不接触污染的情况下将针头装在注射器上
	在不接触污染的情况下刺破瓶子胶塞和刺穿输液口
	正确标记
	在延长操作时，通过喷洒 70%无菌异丙醇对无菌手套进行常规消毒

续表

观察结果	观　察　标　准
	根据制造商的说明书清洁，设置和校验自动混合装置
	根据制定的政策或被认可的指南处理尖锐物和废弃物

立即通知被评估人员所有不可接受的活动，并演示和告知其正确的行为。

对于现场观察中发现的一些共性不良习惯，或需改进的操作流程，需要进行整改。整改时可以通过更新培训资料和标准操作流程，重新进行培训等方式施行。

10.3 厂房与设施

根据无菌药品工艺特点，其生产的厂房与设施和其他类别的产品有明显区别，主要基于风险控制及当前的工程实践水平，GMP对此有较为明确的要求。

10.3.1 无菌药品生产的洁净区

1. 洁净区级别划分

无菌药品生产所需的洁净区可分为以下4个级别。

A级：高风险操作区，如灌装区、放置胶塞桶和与无菌制剂直接接触的敞口包装容器的区域及无菌装配或连接操作的区域，应当用单向流操作台（罩）维持该区的环境状态。单向流系统在其工作区域必须均匀送风，风速为0.36～0.54 m/s（指导值）。应当有数据证明单向流的状态并经过验证。在密闭的隔离操作器或手套箱内，可使用较低的风速。

B级：指无菌配制和灌装等高风险操作A级洁净区所处的背景区域。

C级和D级：指无菌药品生产过程中重要程度较低操作步骤的洁净区。

2. 无菌药品的生产操作的洁净级别要求

无菌药品的生产操作环境可参照表10－5中的示例进行选择。

表10－5　无菌药品的生产操作环境

洁净度级别	最终灭菌产品生产操作示例
C级背景下的局部A级	高污染风险的产品灌装（或灌封）
C级	1. 产品灌装（或灌封）； 2. 高污染风险产品的配制和过滤； 3. 眼用制剂、无菌软膏剂、无菌混悬剂等的配制、灌装（或灌封）； 4. 直接接触药品的包装材料和器具最终清洗后的处理
D级	1. 轧盖； 2. 灌装前物料的准备； 3. 产品配制（指浓配或采用密闭系统的配制）和过滤直接接触药品的包装材料和器具的最终清洗

续表

洁净度级别	非最终灭菌产品的无菌生产操作示例
B级背景下的A级	1. 处于未完全密封状态下产品的操作和转运，如产品灌装(或灌封)、分装、压塞、轧盖等； 2. 灌装前无法除菌过滤的药液或产品的配制； 3. 直接接触药品的包装材料、器具灭菌后的装配以及处于未完全密封状态下的转运和存放； 4. 无菌原料药的粉碎、过筛、混合、分装
B级	1. 处于未完全密封状态下的产品置于完全密封容器内的转运； 2. 直接接触药品的包装材料、器具灭菌后处于密闭容器内的转运和存放
C级	1. 灌装前可除菌过滤的药液或产品的配制； 2. 产品的过滤
D级	直接接触药品的包装材料、器具的最终清洗、装配或包装、灭菌

10.3.2 公共介质分配

无菌药品的生产操作环境可参照表10－6中的示例对公共介质进行选择。

表10－6 无菌药品的生产操作环境对公共介质的选择

类　别	使　用　范　围
纯化水	1. 制备注射用水、纯蒸汽的水源； 2. 用于容器具、内包材粗洗、洁净服清洗、地漏和D级区域厂房卫生清洁； 3. 纯化水不得用于注射剂的配制与稀释
注射用水	1. 直接接触无菌药品的包装材料的最后一次精洗用水、无菌原料药精制工艺用水、无菌制剂的配料用水等； 2. 注射用水可作为配制注射剂的溶剂或稀释剂及容器的精洗
灭菌注射用水	1. 灭菌注射用灭菌粉末的溶剂或注射剂的稀释剂； 2. 其质量应符合灭菌注射用水项下的规定
纯蒸汽	纯蒸汽可用于湿热灭菌和其他工艺，如设备和管道的消毒，注射用水制备
压缩空气	1. 压缩空气特指进入洁净室或可能与经清洁的产品容器或物料相接触的压缩空气； 2. 在进入无菌生产区或与无菌容器、物料接触前经可靠的除菌过滤
氮气	1. 氮气是制药行业常用的惰性气体，用于将产品同氧气隔离以提高产品的稳定性或增强产品耐受热处理(如湿热灭菌)的能力； 2. 在进入无菌生产区或与无菌容器、物料接触前经可靠的除菌过滤

10.4 组分、容器/密封件

10.4.1 组分

组分分为药品成分和器具组件，药品成分是指任何药品生产中使用的成分，包括那些可能不出现在药品成品中的成分；器具组件须允许快速更换、拆装，易于处理，尽可能少地使用工具。

无菌生产的药品可能会由于其中一个或多个成分被微生物或内毒素的污染而受到污染。这些成分包括活性原料、注射用水和其他赋形剂。找出每种成分可能被感染的物质(如生物负荷、内毒素等)，建立恰当的合格标准很重要。

在无菌加工过程中，会采用每种成分分别灭菌或几种成分混合后最终灭菌的工艺。对药品成分的灭菌可以有许多方法，最常用的方法是将成分溶解到注射用水等溶剂中，然后对溶液进行过滤。溶液通过一个灭菌过滤膜或过滤器来进行过滤。当成分可溶且耐热时，采用最终热灭菌工艺；当成分可溶而且不耐热时，采用过滤除菌；当成分在溶液状态不稳定时，需将成分无菌过滤结晶(或冻干)后，成为无菌粉末，显而易见，这种方法需要更多的操作处理，因此在加工过程中受污染的可能性更大。

接触灭菌后药品的容器或设备表面也必须是无菌的。

在每个批次生产之前，应对和产品或者容器密封包材接触的设备部件进行清洗和灭菌。与产品接触的设备部件包括灌装容器、过滤器壳体以及灌装泵。与容器密封包材接触的设备部件包括震动盘，送料轨。与容器和胶塞一样，也要对这些接触的部件进行预处理。这就意味着要用清洁剂(如需要的话)和纯化水对其进行清洗，随后用注射用水进行一次或多次清洗。一般情况下，通过在高压釜通清洁蒸汽来实现灭菌，或者将不适于采用湿热灭菌的部件放置在灭菌烘箱中进行灭菌。

在生产前应对以下所有部件和仪器进行清洁和消毒，包括：① 除菌过滤设备；② 合适的管路/连接器软管＋容器至过滤器的密封；③ 密封圈＋含膜式过滤器和密封的过滤器；④ 阀门和备用垫圈(根据具体情况定)；⑤ 储存/灌装容器；⑥ 灭菌的镊子和手套。各个部件需要按照 SOP 的要求进行清洗、灭菌。

常见的多孔/坚硬装载包括真正的多孔物(如过滤器、滤膜、织物、胶塞、管道等)和坚硬的物品(如不锈钢器具、零部件等)。通常企业可以选择饱和蒸汽灭菌程序。但是不需要针对每类物品建立特殊的灭菌程序，可以建立能够获取最低无菌保证的标准化灭菌程序。

10.4.2 容器/密封件

导论部分的“完达山制药厂刺五加注射液致患者死亡的严重不良事件”案例反映了两方面的问题，其一是完达山药业公司生产质量管理问题；其二就是涉事产品的容器——密封件的密封存在问题，这与本章中的案例 1 类似。

无菌产品中直接接触药品的包装材料的完整性是保证产品在运输、储存和使用时保持无菌的关键要素。在产品研发期间就要确保选用的容器与密封件的密封性能够满足要求，且在生产质量管理过程中要进行有效的控制。

GMP 规范中规定“第七十七条　无菌药品包装容器的密封性应当经过验证，避免产品遭受污染。

熔封的产品（如玻璃安瓿或塑料安瓿）应当做 100%的检漏试验，其他包装容器的密封性应当根据操作规程进行抽样检查”。

（USP）<1207> Sterile Product — Package Integrity Evaluation（无菌产品包装完整性评价）中详细阐述了现阶段无菌产品包装完整性检查的方法及选用原则。

传统的评价方法为微生物侵入挑战试验、色水检测等，现阶段根据产品的工艺要求、包装材料的特性还有许多物理检测方法，如高压放电、压力衰减检测方法等。

物理检测有许多优点，如灵敏度较高、使用方便、检测迅速及成本低等。在产品有效期内，均可使用物理检测方法来确定包装完整性是否符合规定要求。在产品包装的研发阶段，应考虑采用微生物侵入试验，或采用经验证过的并且比微生物检测更为有效的物理检测方法，来检测产品包装的完整性。但是，对有效期内产品的稳定性试验来说，因进行微生物侵入试验较为困难，故建议采用物理检测方法。

需要注意的，现阶段没有一种方法适合所有产品，测试方法选择基于特定产品的具体情况。对于给定产品的生命周期，可能会采用超过 1 种方法进行检测。

美国 FDA 在 2008 年发布了《容器和封闭系统完整性测试替代无菌检验作为无菌产品稳定性考察方案的组成部分》（Guidance for Industry Container and Closure System Integrity Testing in Lieu of Sterility Testing as a Component of the Stability Protocol for Sterile Products），由于无菌检验方法自身的局限性，在该指南中建议在无菌产品稳定性考察过程中采用容器和封闭系统完整性测试替代无菌检验评价产品的无菌属性。

密封组件的供应商，如胶塞、玻璃瓶和铝盖等，需要定期审计，保证其产品质量稳定可靠。在密封系统的部件发生变更时，必须评估其对密封系统完整性的影响，必要时重新进行密封完整性验证。

10.5 内毒素控制

案例 4

2015 年 4 月 24 日国家食品药品监督管理总局通告[①]江苏苏中药业集团股份有限公司生产的生脉注射液在广东省发生不良事件，个别患者用药后出现寒战、发热症状。经广东省食品药品检验所检验，该批次药品热原不符合规定。

热原（Pyrogen）污染是注射用原料药及制剂生产厂普遍存在的问题。污染可能来源于原材料、水、试剂、车间环境、设备等。含有热原的药品进入人体，会使人体发生发冷、寒战、体温升高、身痛、出汗、恶心呕吐等不良反应。有时体温可升至 40℃，严重者出现昏迷、虚脱，

① 国家食品药品监督管理总局关于江苏苏中药业集团股份有限公司生脉注射液质量问题的通告（2015 年第 12 号）。

甚至有生命危险。在制药过程中，引起热原反应的主要物质是革兰氏阴性菌细胞壁中的脂多糖等，也称细菌内毒素或内毒素(Endotoxin)。

10.5.1　内毒素污染途径与去除方法

内毒素在不同的溶液中的存在形式可能不同，并随料液成分的变化而变化。一般有单体、微团和小泡三种存在形式。

不同溶液体系中内毒素的存在形式见表 10－7。

表 10－7　不同溶液体系中内毒素的存在形式

溶　液	内毒素的存在形式	尺　寸
水	小泡为主	<0.1 μm
盐　水	小泡为主	<0.1 μm
$MgCl_2$	小泡为主	<0.1 μm
EDTA	微团为主	300～1 000 L
脱氧胆酸盐	单体为主	10～20 K

1. 污染热原的途径

(1) 溶剂等(如注射用水或缓冲液)

这是注射剂出现热原的一个很重要的原因。如蒸馏水器结构不合理或操作不当或注射用水在存放时间内污染热原。

(2) 从原辅料中带入

容易滋长微生物的原辅料，如胰岛素、葡萄糖等常污染热原。

(3) 从容器、用具、管道和装置等中带入

(4) 制备过程中的污染

制备过程中，由于操作时间长，装置不密闭，人员操作不当等都会增加污染细菌的机会，从而可能产生热原。

为了防止污染热原应在生产各环节进行必要的控制。

药物制剂成分、容器、密闭系统、贮藏时限和生产设备均应在内毒素控制说明的范围内。

各工艺加工前应尽可能降低污染物水平，同时在加工过程中防止引入新的污染，如洁净环境的定期监控，采取防止尘埃产生和扩散的措施，A/B 区清洗和消毒剂配置用水应符合注射用水标准，控制清场质量等。

进入洁净区物料和工器具的材质应得到确认，同时经过相应的净化处理，处理方式应能达到其在洁净区的使用要求。

药物制剂生产、加工、包装或贮存所用的设备应设计合理、规模适当，布局合理，便于操作、清洁、消毒和灭菌。

应以适当的时间间隔对设备和用具进行清洁、干燥和/或消毒，以控制生物负荷和内毒素的影响。清洁后应干燥设备，除非设备处置紧接着有灭菌步骤。

药物制剂容器和密闭系统应清洁，并根据药物性质，通过干热灭菌和其他处理除去热原物质，确保它们适合其预期使用的目的。

灭菌级滤器和湿热灭菌已经被证明不能有效地除去内毒素。

设备表面的内毒素能被高温干热灭活，或通过清洁操作从设备表面除去。某些在线清洁操作可采用适当纯化水和/或其他溶剂(如酸、碱、表面活性剂等)进行初步冲洗，接着用热的注射用水进行最终冲洗。

与产品直接接触的设备、管道、容器、工具的清洁方法应得到验证。

对于每批无菌和/或无热原的药物制剂，应有适当的实验室检验以确定是否符合要求。检验方法应是书面的并被遵循。

内毒素的控制通常可划分为：① 来源控制，控制物料、器具存放过程的条件，减少微生物滋生；② 通过清洗、灭菌降低微生物负荷，减少内毒素的生成；③ 通过干热除热原或者其他手段对已存在的内毒素进行破坏或去除。

2. 内毒素的去除方法

(1) 加热法

一般说来，热原在60℃下加热1 h不受影响，100℃也不会发生热解。有资料显示，即使经过7 h的121℃湿热灭菌，内毒素也多不能有效去除。所以一般要选择干热灭菌法。

例如：180℃干热灭菌3～4 h，250℃干热灭菌30～45 min或650℃干热灭菌1 min。因为药品的有限耐热性，干热去除热原一般只用于金属玻璃器材等。

(2) 酸碱法

酸法氧化，碱法水解，主要应用于玻璃容器的去热原。

(3) 蒸馏法

一般用于去除水中的热原。例如：在生产注射用水的过程中，原水被加热后变为水蒸气，在蒸馏塔的螺旋管道中向上高速流动。由于水的相对分子质量很小，而内毒素相对分子质量相对较大，在高速运行中由于离心力的作用，相对分子质量较大的内毒素被“甩”出来，形成“脏水”流出。而去除了(或部分去除了)内毒素的水蒸气继续上升，到达冷凝塔后凝结成“合格”注射用水。

(4) 活性炭吸附法

活性炭是一种有效去除热原的方法。但由于活性炭自身的去除问题，所以在制剂生产中应该慎重使用。

(5) 超滤法

内毒素在溶液中尺寸一般不会超过0.1 μm，所以0.22 μm的除菌滤膜对内毒素的去除没有显著效果。一般要用比除菌滤膜孔径更小的超滤膜对热原进行去除。因为内毒素在溶液中有三种形式，最小的形式是单体，而单体的相对分子质量一般只有10 000～200 000，所以超滤膜的截留相对分子质量一般要在8 000～10 000(图10-6)。目前，这种方法常应用于中药注射剂的除热原工艺。

(6) 离子交换法

由于在pH大于2的料液中，内毒素分子带负电荷，所以带正电荷的离子交换层析也经常用于缓冲液中去除热原。

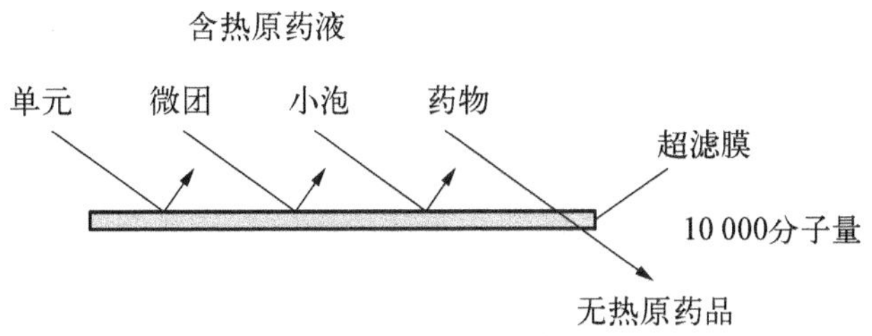

图 10－6 超滤法除热原

10.5.2 内毒素控制

细菌内毒素污染来自两个方面：① 由于物料(原辅料、包装材料)本身携带的细菌内毒素引入；② 生产过程中污染能产生细菌内毒素的活微生物，在灭菌前繁殖代谢产生。因此，细菌内毒素的风险控制主要针对这两方面。

1. 物料中细菌内毒素污染控制

控制物料携带的细菌内毒素可采取以下措施：

(1) 根据原辅料在成品中的含量合理制订原料和辅料细菌内毒素限度。

(2) 原辅料的生产工艺中应有降低、控制微生物污染和细菌内毒素污染的措施。

(3) 在成品生产中合理使用活性炭，一方面达到降低细菌内毒素的目的，另一方面尽量控制活性炭产生的风险。

(4) 可通过清洗及清洗验证控制包装材料携带内毒素的风险。注射剂的玻璃瓶、胶塞的清洗效果验证应包括细菌内毒素项目。

2. 生产过程中微生物污染控制

生产过程中污染微生物，并代谢产生的细菌内毒素，这类风险因素的控制关键在于控制产品灭菌前微生物污染水平以及各工艺步骤的时限。

应注意虽然终端过滤器能截流药液中的绝大部分微生物，但对降低药液中已有细菌内毒素无效，因此控制配制工序的微生物污染和配制工序时间相对重要。

10.6 时间限制

微生物污染的影响因素中，时间是极其重要的，因为微生物的繁殖主要与时间有关，在GMP规范中规定“第五十七条　应当尽可能缩短药液从开始配制到灭菌(或除菌过滤)的间隔时间。应当根据产品的特性及贮存条件建立相应的间隔时间控制标准”。

所以在无菌产品生产过程中为降低微生物负荷量及内毒素负荷量，应当建立完成每个生产步骤的时间限制，以确保药品的质量。在不危及药品质量的情况下，从规定时间限制的偏差是可以接受的。这种偏差必须确认并存档。

通常，无菌加工的每个步骤必须有时间限制。时间限制应当包括：从批药品混合开始到消毒的时间；各步过滤之间的时间；在生产线上的产品暴露时间；设备、容器和密封灭菌后的时间。在不同生产过程中的时间限制应当有数据支持。在建立如配方生产过程的时间限制时，应当测定生物负荷和内毒素载量。

产品过滤的总时间不应超过防止微生物渗透滤器的最长时间。这样的时限应当也阻止上游生物负荷和内毒素载量的增加。因为用于上游溶液澄清或去除微粒的滤器能成为微生物附着的培养基，所以也应当建立和确认它们的最长使用时间。

不同生产阶段确定的时限应有数据支持。当确定各阶段存放时间时，应充分评估生物负荷和内毒素负荷。比如料液过滤前存放时间应考虑内毒素负荷的显著增加，防止微生物被过滤法去除而产品却产生内毒素污染的情况。

工艺时间限制具体检查以下内容：

(1) 是否建立不同生产环节时间限制的规定

必须包括产品的配制和灭菌时间间隔、过滤工艺时间间隔、产品暴露在生产线上的时间间隔、无菌设备、直接接触药品的包装材料的保存时间限制。

(2) 不同生产环节的时间限制是否有数据支持

微生物负荷量及内毒素负荷量必须在建立各生产环节时间限制时进行评估。

生产过程中严格执行各步骤时限，发生偏差后及时评估处理。已接受的，这些偏差应合理并有文件记录证明。

10.7 无菌药品生产关键工艺

无菌药品按生产工艺可分为最终灭菌产品和非最终灭菌产品两类，部分或全部工序采用无菌生产工艺生产的产品为非最终灭菌产品。

无菌药品、直接接触药品的包装材料应尽可能采用热力灭菌方式进行最终灭菌。采用湿热灭菌方法进行最终灭菌的，通常标准灭菌时间 F_0 值应当大于 8 min，流通蒸汽处理不属于最终灭菌。最终灭菌产品中的微生物存活概率(即无菌保证水平)不得高于 $1/10^6$。

最终灭菌工艺通常将产品在洁净度级别较高的洁净区(不得低于 C 级)进行灌装和密封，以降低产品的微生物和微粒污染。最终灭菌前的所有工序应尽可能降低产品微生物污染水平，从而降低灭菌工艺的风险。

采用无菌生产工艺生产的产品比最终灭菌工艺生产的产品微生物污染风险高，影响因素多。且由于产品密封后不再进行最终灭菌，所以在物料无菌处理后的暴露工序须完全在无菌环境下进行无菌操作，暴露的工序操作须在 A 级洁净区下进行。

无菌药品生产关键工艺主要为灭菌工艺和无菌生产工艺。

《中国药典》附录 1421 灭菌法中描述了五种灭菌方法，分别为湿热灭菌法、干热灭菌法、辐射灭菌法、气体灭菌法和过滤除菌法。

10.7.1 湿热灭菌法

湿热灭菌法指将物品置于灭菌柜内，利用高压饱和蒸汽、过热水喷淋等手段使微生物菌体中的蛋白质、核酸发生变性而杀灭微生物的方法。该法灭菌能力强，为热力灭菌中最有效、应用最广泛的灭菌方法。药品、容器、培养基、无菌衣、胶塞以及其他遇高温和潮湿不发生变化或损坏的物品，均可采用本法灭菌。流通蒸汽不能有效杀灭细菌孢子，一般可作为不耐热无菌产品的辅助灭菌手段。

湿热灭菌条件的选择应考虑被灭菌物品的热稳定性、热穿透力、微生物污染程度等因素。湿热灭菌条件通常采用 121℃×15 min、121℃×30 min 或 116℃×40 min 的程序，也可采用其他温度和时间参数，但无论采用何种灭菌温度和时间参数，都必须证明所采用的灭菌工艺和监控措施在日常运行过程中能确保物品灭菌后的 SAL 不高于 $1/10^6$。当灭菌程序的选定采用 F_0 值（F_0 值为标准灭菌时间，系灭菌过程赋予被灭菌物品 121℃下的灭菌时间）概念时，应采取特别措施使被灭菌物品能得到足够的无菌保证。此时，除对灭菌程序进行验证外，还必须在生产过程中对微生物进行监控，证明污染的微生物指标低于设定的限度。对热稳定的物品，灭菌工艺可首选过度杀灭法，以保证被灭菌物品获得足够的无菌保证值。热不稳定性物品，其灭菌工艺的确定依赖于在一定的时间内，一定的生产批次的被灭菌物品灭菌前微生物污染的水平及其耐热性。因此，日常生产全过程应对产品中污染的微生物进行连续地、严格地监控，并采取各种措施降低物品微生物污染水平，特别是防止耐热菌的污染。热不稳定性物品的 F_0 值一般不低于 8 min。

采用湿热灭菌时，被灭菌物品应有适当的装载方式，不能排列过密，以保证灭菌的有效性和均一性。

湿热灭菌法应确认灭菌柜在不同装载时可能存在的冷点。当用生物指示剂进一步确认灭菌效果时，应将其置于冷点处。本法常用的生物指示剂为嗜热脂肪芽孢杆菌孢子（Spores of Bacillus Stearothermophilus）（《中国药典》附录 1421 灭菌法）。

工艺验证

蒸汽灭菌器的设计确认、测量仪器的校准、安装确认、运行确认等通用思路在验证管理方面有专门论述，在此仅针对湿热灭菌工艺中可能涉及的部分项目进行阐述，以增进理解。

(1) 博维—狄克氏试验（BD 试验）

用于检查高真空多孔装载灭菌器是否成功进行排除空气。

实验过程：将测试包放置在灭菌腔内，空载进行灭菌周期，不需要其他干燥时间。实验结束后查看灭菌测试包中的指示卡。

判定方法：蒸汽快速平稳地渗入测试垫板（或测试包），使内部变色卡色条呈现均匀变色，符合要求。

可能的失败原因：① 没有充分进行真空排气作业；② 排出空气阶段出现泄漏；③ 蒸汽源中存在非液化气体。

(2) 气密性实验（真空状态下泄漏试验）

气密性测试用于验证在排除空气的过程中，漏入灭菌室的气体量不应干扰蒸汽的渗透，并且在干燥过程不会受到潜在的二次污染。

实验过程：将测试压力表安装在灭菌室上（设备如具有相应的绝对压力表，可以不再安装），抽真空室内室压力为 7 kPa（或以下），关闭全部与灭菌室相连的阀门、真空泵，观察时间 t_1 和压力 p_1，至少等待 300 s，但不得超过 600 s，让灭菌器的冷凝水气化，然后记录时间 t_2

和压力 p_2。(600±10)s,再记录一次。计算 600 s 内的升压速率。

(3) 满载热分布试验

满载热分布试验是灭菌工艺验证中的关键项目。

测试方法:探头分布同空载热分布测试放置同一位置,可以监控灭菌介质的均匀性和稳定性。

如果热分布结果不符合验证标准,则说明装载方式不能满足灭菌工艺的要求,需要重新调整装载方式,进行测试,直到符合测试标准。经验证满足热分布和热穿透的装载方式需要以文件方式进行固定,以保证在日常生产过程中能够按照验证的装载方式进行装载被灭物体。

(4) 热穿透试验

对于蒸汽不易穿透的产品或物料还可能需要进行热穿透试验。

目的:确认受热最慢的负载达到杀灭要求,冷点的产生还是源于负载热传递速率的不同。

测试方法:热探头分布在系统蒸汽最难到达的区域,均质灭菌物(如胶塞)时应考虑反映几何中心、角落、柜顶部和底部。最难穿透的部位重复 3 次试验。特定负载的冷点或结构用于判定日常循环中的暴露时间,确保整个负载都暴露于充足的杀灭力。

(5) 微生物挑战性试验

热穿透数据只能确认温度,不能确认有效性湿热灭菌的其他条件,微生物挑战试验可以为负载各部具有同样的杀灭效率提供必要的证据,通常和满载热分布测试同时进行。校准的生物指示剂也可用于 F_0 的计算,并证实温度探头所获取的温度测试数据。

(6) 呼吸器的评估试验

为保证冷却干燥过程中灭菌负载不会被空气二次污染,很多设备的呼吸器采用 0.2 μm 除菌呼吸器。呼吸器必须考虑无菌性和完整性两个方面。负载灭菌中呼吸器应该同步灭菌,滤膜的上游和下游应该防止必要的温度传感器进行检查。在过滤器使用至最大循环时间时,完整性测试必须测定。

10.7.2 干热灭菌法

本法系指将物品置于干热灭菌柜、隧道灭菌器等设备中,利用干热空气达到杀灭微生物或消除热原物质的方法。适用于耐高温但不宜用湿热灭菌法灭菌的物品灭菌,如玻璃器具、金属制容器、纤维制品、固体试药、液状石蜡等。

干热灭菌条件一般为(160～170℃)×120 min 以上、(170～180℃)×60 min 以上或 250℃×45 min 以上,也可采用其他温度和时间参数。无论采用何种灭菌条件,均应保证灭菌后的物品的 SAL 不高于 $1/10^6$。采用干热过度杀灭后的物品一般无须进行灭菌前污染微生物的测定。250℃×45 min 的干热灭菌也可除去无菌产品包装容器及有关生产灌装用具中的热原物质。

采用干热灭菌时,被灭菌物品应有适当的装载方式,不能排列过密,以保证灭菌的有效性和均一性。

干热灭菌法应确认灭菌柜中的温度分布符合设定的标准及确定最冷点位置等。常用的生物指示剂为枯草芽孢杆菌孢子(Spores of Bacillus Subtilis)。细菌内毒素灭活验证试验是证明除热原过程有效性的试验。一般将不小于1 000单位的细菌内毒素加入待去热原的物品中,证明该去热原工艺能使内毒素至少下降3个对数单位。细菌内毒素灭活验证试验所用的细菌内毒素一般为大肠埃希菌内毒素(Escherichia Coli Endoxin)(《中国药典》附录1421灭菌法)。

工艺验证

干热灭菌器的设计确认、测量仪器的校准、安装确认、运行确认等通用思路在验证管理方面有专门论述,在此仅针对干热灭菌工艺中可能涉及的部分项目进行阐述。

通常在进行灭菌工艺验证前,需要完成相应的基础准备工作,如设备评价、设备安装质量确认、设备基本运行确认、仪表校准等,也包括灭菌、除热原工艺设计准备工作(或对灭菌、除热原工艺设计的资料做回顾性检查),如微生物指示剂和内毒素指示剂的评价、选择、标定,初步筛选灭菌、除热原的程序,产品的热稳定性试验等。性能确认中的两个重要项目为装载热分布和热穿透测试。

装载热分布受装载形式影响,通常在最小、最大装载条件下分别测试3次。测试过程中一般一分钟记录一次温度,并制成过程温度曲线。测得各点温度需与设备自控温度传感器的温度进行比对,已确认装载下的设备"冷点"。同空载热分布,装载热分布试验中使用的温度传感器安装时也需防止与固体表面接触,以准确测定设备内空气热分布的状况。

热穿透测试可同装载热分布同时进行,也可以分开进行。在装载或最大装载情况下因热穿透状况不仅取决于腔室内的热分布,也取决于灭菌对象的特性、装载、包装情况,所以热穿透测试可更准确地反映出实际使用情况,此项测试更为重要。热穿透状况的数据可以通过将温度传感器放到容器、物料、西林瓶或其他物品的内部并使温度传感器与物品表面接触以反映物品表面温度。热穿透测试中"冷点"周围应确保设有温度传感器和集中一定数量的生物指示剂(如放置3支生物指示剂)。

在装载试验的过程中同时记录空气和灭菌对象在升温、降温过程中的温度变化速度是十分重要的。用于指示热分布的温度传感器所指示的温度变化过程可以说明装载情况下空气温度达到灭菌暴露温度设定值所需要的时间,而用于指示热穿透情况的温度传感器则可以说明使灭菌对象达到灭菌暴露温度时所需要的时间。显然灭菌对象达到最低灭菌温度的时间将滞后于腔室内灭菌用热空气达到最低灭菌温度所用的时间,而滞后值在最大装载时最为明显。为了保证灭菌对象能够在灭菌温度下暴露足够长的时间,灭菌器控制系统的温度设定值常常高于灭菌、除热原过程所要求的最低温度值,产品暴露于最低灭菌温度或高于此温度的全部时间及累积 F_H 值均应记录于验证文件之中。

在连续干热灭菌系统(如隧道烘箱)的热分布研究中主要试验的目的是确认灭菌器不同区域的温度分布状况,同时亦要确认物品传递系统的横向温度分布状况,这在验证过程中应引起注意。

在装载热分布和装载热穿透测试中,为了达到验证的目的,最理想的方法是选择典型的装载,但在选择典型装载时应考虑的因素很多,包括不同的物品、不同的数量、不同的物品位置及不同物品的不同数量组合。由于不能将所有可能的情况都一一试验,所以验证最好采用极端条件如最大装载和最难被热穿透的物品的组合,这种设计可称为最差装载。

验证试验记录中必须有详细、准确的温度传感器分布图和相对应各点的温度值记录，并应在其分布上分别注明并找出装载状态下的“热点”和“冷点”，其“热点”对热敏感物质十分重要，而“冷点”则对于验证灭菌、除热原的效果，提供产品的无菌、无热原的质量保证十分重要。建议在每次试验过程中都应该改变用于测定热穿透情况的温度传感器的分布位置，以完整地反映热穿透状况，并准确地确定“冷点”。容器类物品(如西林瓶)的灭菌过程，在热分布及热穿透测试中若发现若干个“冷点”，在随后的试验中，“冷点”区域的西林瓶或其他容器应有足够的温度传感器加以监测。当热分布和热穿透测试达到设计和验证方案规定的标准时，应连续运行3次，以证明灭菌器的灭菌、除热原过程具有重现性。在重复试验中，必须在“冷点”区域集中安放一定数量的温度传感器以证明“冷点”区域的最小 F_H 值达到或超过 F_H 值的要求范围，同时温度传感器在重复试验过程中的位置应保持一致。若在实际生产中可能使用较少的装载，如仅灭菌某一件物品或某一个零件，则应进行最小装载的热穿透实验，以保证在最小装载情况下的灭菌效果。或者说保证在最小装载的情况下灭菌对象不被放在“冷点”处。

(1) 灭菌器内悬浮粒子监测试验

在干热灭菌过程中，高温可将许多物质炭化，产生悬浮粒子。大量的循环空气则可以将悬浮粒子传播分布到灭菌器中。而被灭菌的物品(诸如西林瓶等)在灭菌器中通常处于开口状态，极易被污染，所以在干热灭菌系统中排除悬浮粒子、防止污染是十分重要的。干热灭菌设备应设置于C级中。由于干热灭菌器的进风系统必须保证进风质量符合A级洁净空气的标准，故而即便采用洁净室内空气作为内循环介质，进风及循环风系统中必须设置高效过滤器，并对选用的高效过滤器定期进行完整性测试(PAO测试)。因高效过滤器本身在高温状态下可能被高温破坏产生悬浮粒子，同时在使用过程中升温和降温速度对高效过滤器的寿命及产生悬浮粒子的概率也有很大影响，因此必须严格按照供应商规定的升温、降温速度范围设计和控制灭菌、除热原过程程序。

(2) 除热原验证

热原是一种能引起恒温动物体温异常升高的致热物质，是微生物的代谢产物，由高分子复合物(磷脂、脂多糖和蛋白质)组成，其活性中心脂多糖(Lipopolysaccharide, LPS)是细菌内毒素的主要结构，故可采用细菌内毒素验证除热原效果。细菌内毒素灭活验证常被称为内毒素挑战性试验，可与热穿透测试同时进行，也可以在热穿透测试之后单独进行。若与热穿透测试同时进行，可将用挑战性试验生物指示剂或细菌内毒素挑战试剂放于热穿透测试温度传感器附近。用于此项验证研究的装载状况应为最大装载，且必须保证有足够多的微生物、细菌内毒素标准物质设置于装载的最“冷点”部位(F_H 值最小部位)。通过本试验以完成上述测试，证明了干热灭菌过程可满足灭菌、除热原的温度和时间要求，进一步证明了干热灭菌、除热原过程的有效性。除热原的工艺条件比杀灭孢子的灭菌工艺条件要苛刻得多，通常相当于标准干热灭菌时间 F_H 的数十倍，故而如干热灭菌工艺验证中内毒素挑战性试验可实现下降内毒素3个对数单位，也可不必再进行生物指示剂挑战性试验。

10.7.3 过滤除菌法

在进行过滤工艺设计时，应根据待过滤介质属性及工艺目的，选择合适的过滤器并确定过程参数。

除菌过滤工艺应根据工艺目的，选用 0.22 μm（更小孔径或相同过滤效力）的除菌级过滤器。0.1 μm 的除菌级过滤器通常用于支原体的去除。

对无菌药品生产的全过程进行微生物控制，避免微生物污染。最终除菌过滤前，待过滤介质的微生物污染水平一般不大于 10 cfu/100 mL。

选择过滤器材质时，应充分考察其与待过滤介质的兼容性。过滤器不得因与产品发生反应、释放物质或吸附作用而对产品质量产生不利影响。

合理的过滤膜面积需要经过科学的方法评估后得出。面积过大可能导致产品收率下降、过滤成本上升；过滤面积过小可能导致过滤时间延长、中途堵塞甚至产品报废。

应注意过滤系统结构的合理性，避免存在卫生死角。过滤器进出口存在一定的限流作用。应根据工艺需要，选择合适的进出口大小。

选择过滤器时，应根据实际工艺要求，确定过滤温度范围、最长过滤时间、过滤流速、灭菌条件、进出口压差范围或过滤流速范围等工艺参数，并确认这些参数是否在可承受范围内。

药品生产企业在选择除菌过滤器供应商时，应审核供应商提供的验证文件和质量证书，确保选择的过滤器是除菌级过滤器。药品生产企业应将除菌过滤器厂家作为供应商进行管理，如进行文件审计或工厂现场审计，质量协议和产品变更控制协议的签订等。

1. 过滤系统的设计

尽可能采取措施降低过滤除菌的风险，如宜安装第二个已灭菌的除菌过滤器，最终的除菌过滤滤器应当尽可能接近灌装点。通常通过两个或以上相同或递减孔径的过滤方式，统称为序列过滤。序列过滤系统中，如果在最终除菌过滤器前增加一个除菌级过滤器，并且确保两个过滤器之间无菌，以及控制过滤前介质的微生物污染水平一般不大于 10 cfu/100 mL，这种情况下称为冗余过滤系统。冗余过滤系统中，接近灌装点的过滤器称为主过滤器，其前端的过滤器则称为冗余过滤器。冗余过滤系统使用后，如果主过滤器完整性测试通过，则冗余过滤器不需要进行完整性测试；如果主过滤器完整性测试失败，冗余过滤器必须通过完整性测试。另一种序列过滤系统是指在过滤工艺中经过验证需要一系列（两个或以上）的除菌级过滤器才能达到除菌效果的系统，那么这一系列的过滤器被认为是一个除菌单元，在使用后必须全部通过完整性测试。

过滤器位置设计时应该考虑有菌气体或液体的释放，并且根据产品批量、管路长短、安装和灭菌方便性等，确认过滤器安装的区域和位置。

过滤系统设计时，应考虑过滤器完整性测试的方便性及其给系统带来的微生物污染风险。过滤器灭菌后，接触其下游系统的气体和冲洗液体必须是无菌的。

除菌过滤系统设计时，应充分考虑系统灭菌的安全性和方便性。使用在线灭菌方式时，应考虑系统内冷空气和冷凝水的排放问题，从而保证系统温度在最低点时也能达到预期的 F_0 值。采用离线方法灭菌时，应充分考虑转移和安装过程的风险。例如：应注意气流方向，操作人员的无菌操作过程，以及可考虑无菌连接器等连接方案。

若采用一次性过滤系统且需进行使用前完整性测试或预冲洗，在设计时需额外考虑如下因素：上游连接管路的耐压性、下游的无菌性、下游能提供足够的空间（如安装除菌级屏障过滤器或相应体积的无菌袋)进行排气排水。如果使用一次性无菌连接装置,应有文件证明不会有微生物进入污染的风险。

2. 除菌过滤验证

除菌过滤验证包含除菌过滤器本身的性能确认和过滤工艺验证两部分。除菌过滤器性能确认和过滤工艺验证,两者很难互相替代,应独立完成。

除菌过滤器本身的性能确认一般由过滤器生产商完成,主要的确认项目包括微生物截留测试、完整性测试、生物安全测试(毒性测试和内毒素测试)、流速测试、水压测试、多次灭菌测试、可提取物测试、颗粒物释放测试和纤维脱落测试等。

过滤工艺验证是指针对具体的待过滤介质,结合特定的工艺条件而实施的验证过程,一般包括细菌截留试验、化学兼容性试验、可提取物或浸出物试验、安全性评估和吸附评估等内容。如果过滤后,以产品作为润湿介质进行完整性测试,还应进行相关的产品完整性测试验证。除菌过滤工艺验证可以由过滤器的使用者或委托试验检测机构(如过滤器的生产者或第三方试验室)完成,但过滤器使用者应最终保证实际生产过程中操作参数和允许的极值在验证时已被覆盖,并有相应证明文件。

不同过滤器生产商的验证文件一般是不能相互替代的,同一生产商的同一材质的除菌过滤验证文件往往也不能直接互换,除非有合理的声明或文件支持。如果在生产过程中有两个或以上不同生产商提供同一材质或者不同材质的过滤器,或同一生产商的同一材质(不同的成膜工艺)的过滤器,验证应该分别进行。

3. 除菌过滤器、系统的使用

除菌过滤系统应进行风险评估,尽量进行密闭性确认。过滤器上游系统密闭性可通过压力保持和在线完整性测试等方式确认。过滤器下游密闭性可通过压力保持进行确认,相关参数应经过验证。

除菌过滤应在规定的工艺控制参数范围内进行,为保证除菌过滤的有效性,应对影响除菌过滤效果的关键参数进行控制和记录。控制项目应包括除菌过滤温度、时间、压力、上下游压差等,系统的灭菌参数、无菌接收容器的灭菌参数以及过滤器完整性测试结果等。

应制订企业的培训计划,除菌过滤器的相关培训应纳入培训计划中。培训内容包括理论知识及操作技能。理论知识培训包括过滤器生产商提供的使用说明、工作原理、相关参数及滤芯、过滤系统相关验证要求;操作技能培训包括相关滤芯使用的标准操作规程,如完整性测试培训,清洗灭菌、干燥、保存等操作培训,产品除菌过滤工艺培训,系统密闭性测试培训等。应对人员进行理论和实际操作考核,考核合格后上岗。当系统或参数发生变更,相关的标准操作规程内容修订后,应对人员进行再培训。

除菌过滤工艺过程发生偏差时,应进行深入的调查,以找到根本原因并采取纠偏措施。对发生偏差的产品应进行风险评估。

使用前,除菌过滤器必须经过灭菌处理(如在线或离线蒸汽灭菌、辐射灭菌等)。在线蒸汽灭菌的设计及操作过程应重点考虑滤芯可耐受的最高压差及温度。灭菌开始前应从滤器及管道设备中排出系统内的非冷凝气体和冷凝水。灭菌过程中,过滤系统内部最冷点应达到设定的灭菌温度。在整个灭菌过程中,滤芯上下游压差不能超过滤芯在特定温度下可承受的最大压差。灭菌完成后，可引入洁净的空气或其他适合气体来对系统进行降温。降温时应维持一定的正向压力以保持系统的无菌状态。

使用灭菌器进行灭菌时，通常采用脉动真空灭菌方法。灭菌过程应保证过滤器能被蒸汽穿透，从而对过滤器进行彻底灭菌。不论采用滤芯加不锈钢套筒还是囊式滤器的形式，过滤器的进口端和出口端都应能透过蒸汽。应参考过滤器生产商提供的灭菌参数进行灭菌。温度过高可能导致过滤器上的高分子聚合物材质性质不稳定，并可能影响过滤器的物理完整性或增高可提取物水平。

除菌过滤器使用前，应当进行风险评估来确定是否进行完整性测试，并确定在灭菌前还是灭菌后进行。当进行灭菌后一使用前完整性测试时，需要采取措施保证过滤器下游的无菌性。除菌过滤器使用后，必须采用适当的方法立即对其完整性进行测试并记录。常用的完整性测试方法有起泡点测试、扩散流/前进流试验或水侵入法测试。

冗余过滤器完整性测试结果可作为产品放行的依据。除菌过滤器使用前，应通过风险评估的方式确定是否进行完整性测试，以及测试哪一级过滤器或者两级过滤器都要进行检测，并确定在过滤器灭菌前还是灭菌后进行。灭菌后的检测，应考虑确保两级过滤器之间的无菌性。

在线测试能更好地保证上下游连接的完整性。当无法满足在线测试条件时，可选择进行离线完整性测试。此时应将过滤器保持在套筒中整体拆卸，并直接进行测试，不应将滤芯从不锈钢套筒拆卸单独测试。

10.7.4　无菌生产工艺

无菌生产工艺是指在生产过程中要保持无菌的状态。

首先要说明的是，没有绝对的无菌，即这里所说的无菌是相对的，而且对于无菌生产工艺的无菌保证水平，当前的期望是 $SAL<1/10^3$，远远低于最终灭菌的无菌保证水平 $SAL<1/10^6$，所以从这个角度而言，采用无菌生产工艺生产的非最终灭菌无菌产品的风险高于最终灭菌的无菌产品。

保持无菌状态要从与无菌生产相关的各方面进行保证。

要确认过程的无菌状态，而不是仅采用最终的产品无菌检验来判断这是无菌生产的关键点。

如何确认无菌状态是一个复杂的问题，这需要进行大量的确认、验证和监测工作。比如，人员需要培训确认和监测，以确定人员的资质和操作能够满足无菌生产工艺的要求；厂房设施需要确认、洁净环境需要监测以确定厂房设施和相应的环境能够满足无菌生产工艺的要求；相关设备需要确认和监测以确定能够满足生产的要求；物料处理工艺需要验证和监测以确定能够满足无菌工艺的要求，就是无菌生产区域内使用的消毒剂都要确认其消毒效果。

是不是进行了上述工作就可以了呢？答案显然是否定的。

通过前面的学习，我们了解到影响无菌生产工艺的因素众多，且由于微生物的污染可检测性很差，所以在工业实践过程中总结出了在当前而言较为行之有效的效果确认方法就是“无菌工艺模拟试验”。

GMP 第四十八条要求"无菌生产工艺的验证应当包括培养基的模拟试验"。

2018 年 9 月 11 日，国家药品监督管理局发布了《无菌工艺模拟试验指南(无菌制剂)》《无菌工艺模拟试验指南(无菌原料药)》和《除菌过滤技术及应用指南》三个针对无菌药品生产的技术文件[①]。

在《无菌工艺模拟试验指南(无菌制剂)》《无菌工艺模拟试验指南(无菌原料药)》中对无菌工艺模拟试验进行了详细的阐述，并提出了原则性的要求。

对于无菌生产来说，即使所有与产品无菌性有关的设备部件、容器以及原料都经过有效的灭菌处理，但当这些生产要素在实际工艺条件下组合在一起时，仍有可能有各种原因导致产品被污染，使得无菌性得不到保证，且由于无菌检验的局限性，因此对于无菌工艺无菌性的评估验证必须从工艺整体考虑。

无菌工艺模拟试验也被称为培养基灌装或培养基灌装试验。通常需要将培养基暴露于设备、容器密封系统的表面和关键环境条件中，并模拟实际生产完成工艺操作。然后，将装有培养基的密闭容器进行培养以检查微生物的生长，并对结果进行评价，以确定实际生产中产品被污染的概率。

无菌工艺模拟试验必须尽可能模拟整个工艺过程，不同类型的无菌产品工艺流程有差别，这就要求无菌工艺模拟试验必须根据无菌产品的类型特点来设计试验方法。

无菌工艺模拟试验(即培养基灌装)应在与实际生产相同的条件(如环境、设备等)下尽量模拟实际生产完成操作。

无菌工艺模拟试验的方法按照生产工艺特点一般可以分为：溶液灌装、悬浮液制剂灌装、冻干产品灌装、粉末灌装、无菌霜剂/乳膏剂/乳剂/凝胶灌装等。其中溶液灌装模拟最典型；悬浮液制剂与溶液灌装流程接近，是在溶液灌装流程基础上增加无菌的空白不溶粉末；冻干产品灌装较为复杂，必须考虑冻干工艺对微生物生长的影响；粉末灌装模拟方式较多，可以根据实际情况尽量选择与实际工艺最接近的方法进行；无菌霜剂/乳膏剂/乳剂/凝胶灌装试验需要特别考虑的一个要点是如何在培养结束后对灌装容器进行检查。另外由于临床试验或其他特殊要求，部分产品批次量极少，在培养基灌装设计时应特别考虑。培养基灌装试验需要模拟整个工艺过程，包括从部件、材料的灭菌准备，一直到完成灌装和容器密封的整个过程。

在培养基灌装设计中，工艺条件的选择应该选取合理的最差条件。用最差条件来对工艺流程、设备和整个体系进行挑战。如果在最差条件下能够获得好结果，这说明在比最差情况要好的实际生产中，无菌保证的可靠性更有保证。最差条件例如：① 在准备阶段将物料、灌装部件和待灌装的容器按照工艺要求在无菌条件下保存到被允许的最长时间；② 灌装时在关键区域保留最多的人员；③ 用促生长的培养基来代替实际生产时要灌装的物料。

最差条件并不仅是上述列出的几点，最差条件是指在工艺允许范围内正常生产时可能遇到的最差情况，并不包括偏差引起的超出工艺要求的特殊情况。使用最差条件进行灌装是培养基灌装的一个根本原则。应该用书面规程来规定培养基灌装时应该挑战的各种最差条件。

整个培养基灌装过程中需要严格控制丢弃任何已经灌装的培养基，避免将一些潜在污

① 国家药品监督管理局关于发布除菌过滤技术及应用指南等 3 个指南的通告(2018 年第 85 号)。

染的可能性也同时丢弃了。任何丢弃都要有充分的理由，并做好相应的记录和解释。确定因操作不当或储存不当而导致培养基密封性缺陷的，并在日常生产过程中也有明确的书面规程可以进行剔出报废的产品才可以丢弃。通常所有密闭性完整的容器都应进行培养并检查。例如：在灌装过程中正常产品的灌装量控制精度需要很高，但培养基灌装时，只要符合最低灌装量，就不应该丢弃。但如果是胶塞上位不正确的培养基，由于密闭系统不完整，必须进行丢弃。当发生偏差时，可以用培养基灌装来评估已生产批次的风险。但需要注意，即使为了评估偏差情况而设计的培养基灌装结果符合要求，也不能因此将偏差或引起偏差的行为看作正常操作。即如果操作会带来风险，培养基灌装的结果并不能用来证明这些操作可以作为常规操作规程来实施，还是要按照科学的无菌控制工艺(可以基于风险评估)进行日常生产。

无菌工艺模拟试验可以理解为扩大样品量的无菌检验，通过模拟无菌生产工艺中最差条件进行生产，使进行培养的样品具有代表性，通过最终结果的统计学分析来评估无菌工艺的保证能力。

现阶段我们对于采用无菌工艺生产的无菌产品的无菌保证期望值为 $SAL \leqslant 1/10^3$，基于这个期望值，采用无菌工艺生产无菌制剂的无菌工艺模拟试验可接受标准如表 10-8 所示。

表 10-8 无菌工艺模拟试验可接受标准

培养基灌装数量	无菌检查接受标准
灌装数低于 5 000	不得检出污染，当有 1 瓶污染时，需进行调查，并在调查时进行再验证
灌装数在 5 000～10 000	当有 1 瓶污染时，需进行调查，并应考虑重复培养基灌装； 当有 2 瓶污染时，需进行调查，并应考虑再验证
灌装数超过 10 000	当有 1 瓶污染时，需进行调查； 当有 2 瓶污染时，需进行调查，并应考虑再验证

这个标准是基于 99%置信限度得出来的，随着模拟灌装量的提高，出现污染的数量也可能相应增加，判定的标准也可以基于统计学工具进行计数。

发现任何污染样品均应进行调查。分离到的污染微生物应鉴别到种。调查过程中应详细分析可能的污染原因。此外，任何对于污染的调查都应充分评估其对上一次培养基灌装后生产并投放到市场产品的影响。

此外，不管批次量的大小如何，如果培养基灌装试验出现微生物污染，都是一种不良趋势，预示着有污染的风险。因此，当培养基灌装出现污染时，不管是否符合合格标准，都必须进行完全的调查，查明问题，制订纠偏措施。如果培养基灌装反复出现污染，即使每次结果都符合标准，也必须采取更严格的防治污染措施，并应考虑再次进行培养基灌装。

10.8 无菌检验

尽管无菌检验具有相当的局限性，但无菌检验在当前仍然有较为重要的意义。

实验室应具有进行微生物检测所需的适宜、充分的设施条件。实验室的布局与设计应充分考虑到良好微生物实验室操作规范和实验室安全的要求。实验室布局设计的基本原则是既要最大可能防止微生物的污染，又要防止检验过程对环境和人员造成危害。合适的规划及活动区域的合理区分将提高微生物实验室操作的可靠性。

通常，实验室应划分成洁净或无菌区域和活菌操作区域，同时应根据试验目的，在时间或空间上有效分隔不相容的试验活动，将交叉污染的风险降到最低。

无菌操作室的环境洁净度条件不应低于无菌生产操作区，以降低无菌检查出现假阳性的风险。无菌检查应在B级背景下的A级的单向流洁净区域或隔离系统中进行。相关阳性试验条件应能满足《生物安全实验室建筑技术规范》(GB 50346—2011)的要求。

进行无菌检验时，应进行无菌检验方法适用性试验，以确认所采用的方法适合于该产品的无菌检查。当检验程序或产品发生变化可能影响检验结果时，应重新进行方法使用性试验。

无菌检验的过程和结果判断要严格按照《中国药典》的要求进行，尤其是出现阳性结果时。《中国药典》规定："除非能充分证明试验结果无效，即生产的微生物非供试品所含，否则判断供试品不符合规定。"《中国药典》也列出试验结果判断无效的条件，以下条件至少符合一条。

(1) 无菌检查试验所用的设备及环境的微生物监控结果不符合无菌检查法的要求。

(2) 回顾无菌试验过程，发现有可能引起微生物污染的因素。

(3) 供试品管中生产的微生物经鉴定后，确证是无菌试验中所使用的物品和(或)无菌操作技术不当引起的。

10.9 洁净室的类型

系统的密闭性状况与无菌的可靠性有直接的线性关系，系统的密闭性增加，无菌的可靠性随之增加，无菌完整性谱图如图 10-7 所示。无菌药品生产工艺的最低要求是开放式洁净室。

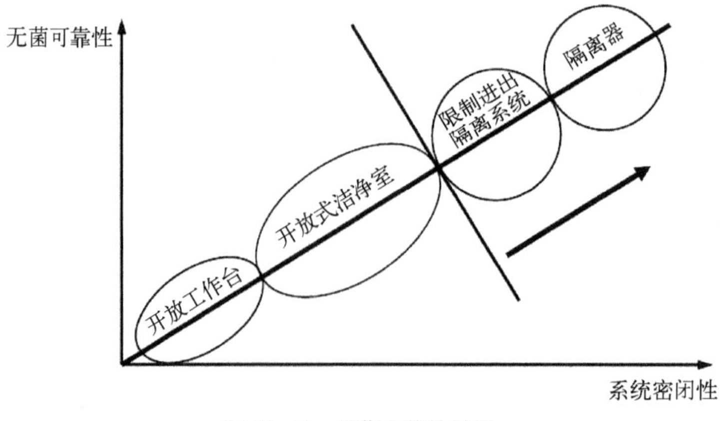

图 10-7 无菌完整性谱图

1. 开放式洁净室

最低要求开放式洁净室的原理如图 10 - 8 所示。

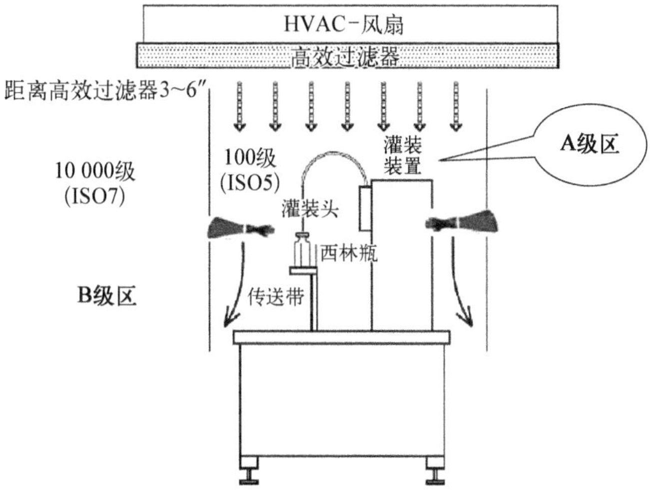

图 10 - 8 最低要求开放式洁净室的原理

背景环境为 B 级区，该环境允许操作人员进入。

关键区域为 A 级区，无菌核心区域，操作人员须根据已定义的 SOP 从 B 级区打开设备，进行工艺操作和干预，这些动作高度依赖操作人员洁净服。

生物去污染方法为表面局部消毒或者某些情况下进行房间熏蒸(较少采用)。

操作者与无菌工艺核心需避免接触，如通过聚碳酸酯门、屏风或垂帘等。

2. 限制进出隔离系统(Restricted Access Barrier System, RABS)

限制进出隔离系统的原理如图 10 - 9 所示。

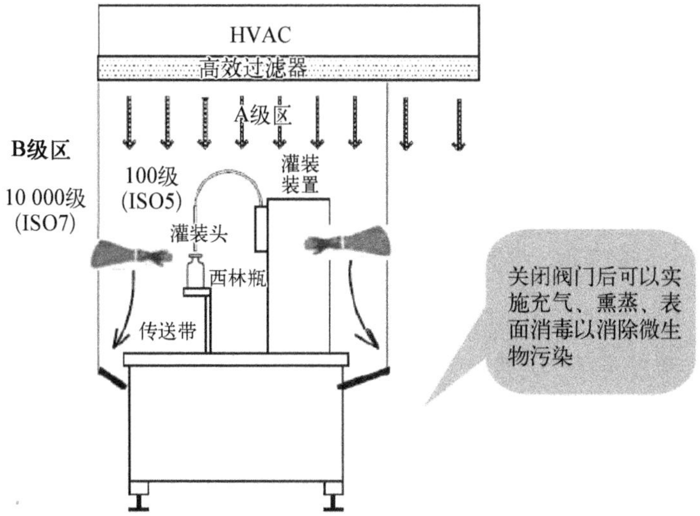

图 10 - 9 限制进出隔离系统的原理

背景环境B级区，该环境允许操作人员进入。

关键区域为A级区——无菌核心区域，操作者通过手套箱进行操作，密封的部件在B级区处理。

生物去污染方法与开放房间相同，表面局部消毒，某些情况下进行房间熏蒸（较少采用）。

操作者与A级区无菌核心工艺相隔离，具体方式如聚碳酸酯门，屏风带有手套箱和部件传递口。

与传统的隔离装置不同的是，RABS的隔离装置并不是完全密闭的，而是一道由操作间正高压作用的空气力学屏障，它对无菌容器起保护作用。灌装的流通方向为垂直单向流通，流通速度可以控制，使空气可以连续地循环和更新。通过两种技术的联合使用，可以清除操作间里存在的颗粒物，预防来自外部的污染。在避免完全密闭的同时，持续的空气循环延长了无菌条件的时间，中间不必停工进行清除污染的作业。

无菌区的四周是屏障区，而屏障区也处在单向流通的控制之下。屏障区就像处在操作间和车间其他地方之间的一个辅助的保护屏障，方便机器的清洁和维护作业。无菌操作期间，在生产时只能通过从灌装机关键部位设的手套箱进入。

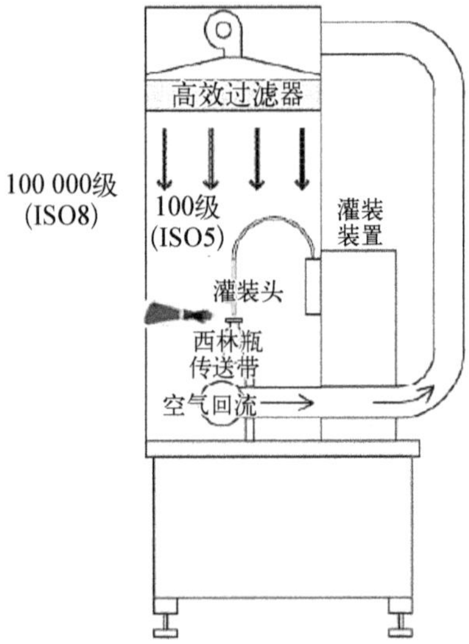

图10-10　隔离器的原理

3. 隔离器(Isolator)

隔离器的原理如图10-10所示。

小的封闭空间，操作者不进入，关键工艺核心区（A级区）位于D级区的环境下。

操作者只在停产期间打开设备，通过手套箱进行操作。

生物去污染方式为隔离器内部表面局部消毒，或者更经常地在隔离器内部进行喷雾或蒸汽消毒。

操作者与无菌工艺核心相互隔离，隔离方式为通过隔离罩、隔离窗、隔离手套箱或者部件传递口。

由于人是无菌生产过程中最大的污染源，隔离器技术是将人与生产工艺完全分离开的一种方法，并且隔离器不需要在A级区，背景环境可以在D级区的环境下。

10.10 “吹灌封”三合一无菌灌装技术

吹塑、灌装、密封（简称“吹灌封”）设备是一台可连续操作，将热塑性材料吹制成容器并完成灌装和密封的全自动机器。

吹灌封(Blow/Fill/Seal)三合一无菌灌装工艺（简称BFS工艺）的出现，以1962年德国工程师Gerhard Hansen发明的BFS机器为标志。BFS机器可以在计算机程序控制下完成所有物料管线的在线清洗/在线灭菌(CIP/SIP)，使制瓶、灌装、封口3种工艺过程均在A级风淋保护下的同一无菌环境中完成。该技术为先进的无菌处理技术之一，图 10－11 为吹灌封技术过程示意图。

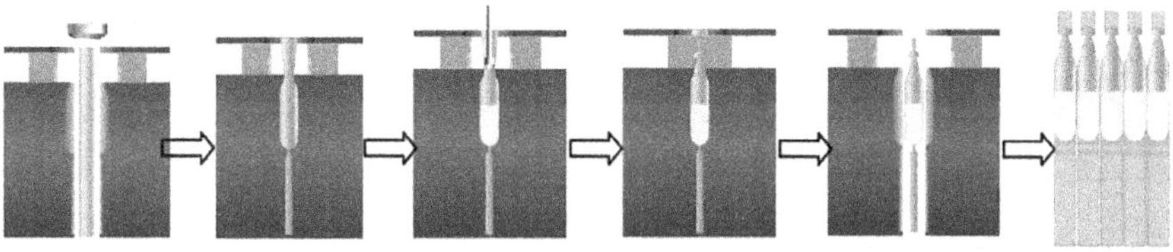

图 10－11 吹灌封技术过程示意图

10.10.1 BFS 无菌灌装工艺的优势

BFS 设备按照“黑白分区”的原则设计、安装，整个生产过程由计算机程序控制完成，工艺参数稳定可靠，设备的灌装区在 A 级层流区保护下，生产期间的灌装间无操作人员，生产过程不存在污染源。与物料接触的所有工艺管线（包括配制系统）均可实现 CIP/SIP，吹灌封工位有 A 级风淋室保护，产品在灌装间外冲裁，产品输送通道一端在 A 级层流区，一端在普通生产区，有不小于 40 Pa 的压差保护，整个工艺过程有很强的无菌保障能力。

BFS 设备在无菌状态下自制容器，无须对容器进行清洗和灭菌，节约工艺用水和能源。

BFS 设备采用模块化设计，一台设备就像一个“小工厂”，可自动完成吹灌封全部工艺过程及监控，设备占地面积小，生产过程能耗少，所以 BFS 无菌灌装工艺的综合生产成本并不比传统无菌灌装工艺高，但产品质量和综合经济效益要大大高于传统的无菌灌装工艺。

BFS 设备可根据工艺需要使用 PP/PE 两种材料，塑料容器生产的综合成本低，产品技术含量和附加值高。

BFS 设备可在计算机程序控制下自动完成 CIP/SIP，并有可靠的重现性，结果安全可靠。

BFS 设备可实现无菌灌装，无须高温灭菌，产品质量稳定，只要更换不同的模具就可适用多种形式的无菌产品灌装和多种无菌容器的生产。

BFS 设备的灌装机会在产品灌装的同时，在瓶颈处形成“鲁尔接口”①结构。“鲁尔接口”可以和注射器紧密连接，抽取溶液时外部空气不会进入容器，产品可实现无菌生产、无菌使用，安全性能好。塑料包装废弃物易处理，不会对环境造成污染。BFS 无菌灌装工艺有近 50 年的历史，由于具有在生产和使用过程中的无菌保障能力强等优势，BFS 无菌灌装工艺替代清洗、灌装、密封、灭菌的玻璃安瓿生产工艺和玻璃瓶大输液生产工艺已成为一种趋势。柔性包装的无菌产品在战备和救灾等特殊领域更具不可替代的优势。

10.10.2 BFS 无菌灌装机的工艺流程

BFS 设备的基本工作原理为机器的螺杆注塑挤压机将塑料粒子加温热融后，通过挤出

① 鲁尔接口：英文为 Luer taper，是一种标准化的微量无渗接口。

头在洁净空气的支撑下形成型坯。在 A 级风淋区的保护和型坯夹的帮助下，型坯进入密封单元的模具中，在洁净压缩空气和真空的作用下在模具内加工成容器；灌注系统在容器中灌入产品的同时排出容器内的气体。密封单元的头模将容器密封后模具单元张开，机械手将产品经通道送出灌装间，送入普通生产区。

(1) 挤出成型

注塑机和型坯挤出头将塑料粒子经挤压、热熔(170～230℃，3.5×10^{7} Pa)形成的管坯挤入打开的模具中，型坯割刀在头模下面将管坯切断，主模具合拢，在将容器底部密封的同时，特制的芯轴灌注单元下降到容器颈部位置，在压缩气体或真空的作用下将管坯制成容器，同时在模具内的循环水系统作用下将容器冷却。

(2) 灌装

通过特制的芯轴单元，将待灌装的产品经过精密计量灌入容器(时间压力定量法)，同时排出容器内的空气，并在容器的颈部形成"鲁尔接口"。

这是整个生产过程的关键，其过程是将聚乙烯(PE)小瓶的吹瓶、灌装、封口三个步骤集中在一个操作过程中完成。整个过程是在无菌条件下完成的，也就是在 B 级背景的 A 级洁净区内完成的。其具有以下三个要点。

① 设备应具有洁净空气系统，洁净空气主要用于塑坯的支撑空气、瓶体，成型空气、药液灌装系统等。设备带有时间压力定量灌装系统，用来保证装量准确。

② 塑坯壁厚应控制系统，保证瓶壁均匀。

③ 真空系统，保证灌装管路剩余药液的吸除，密封性完好。

另外，设备自身应配备 0.2 μm 除菌过滤器、管坯的空气过滤器及无菌空间的空气过滤器、设备能实现 CIP/SIP。

典型的无菌灌装空间示意图如图 10－12 所示。

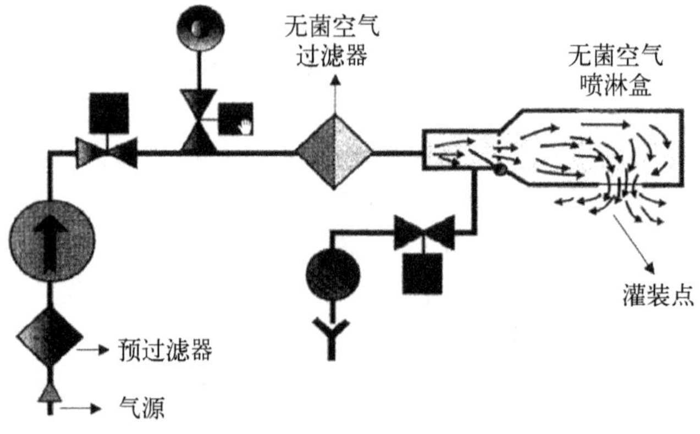

图 10－12　无菌罐装空间示意图

(3) 密封、模具打开

当特制的芯轴单元回撤后，头模合拢，将容器密封，密封后模具单元张开，产品被机械手输送出设备。设备开始进行下一个生产周期，依次重复，循环运行。产品输送过程由 2 只机械手完成，机械手运行不会跨越不同级别的区域。

(4) 成品的漏液测试

成排的小瓶通过传送带的输送，进入检漏机，由检漏机对其进行是否存有泄漏部位的完整性检测。

10.10.3 设备设计

吹灌封技术是在无菌状态下完成塑料容器的整个吹塑、灌装、密封过程，所以对设备的要求较高。

设备一般包含以下几部分。

(1) 液压系统

主要用于设备运行的驱动，如主模具机构从挤出位置到灌装位置的传送，主模具和头部成型模具的闭合和打开，尾部拉废料装置的提升和下降等机械运动。

(2) 气动系统(可分为子系统)

① 通用空气系统：主要用于进行气缸、阀门的运作；

② 洁净空气系统：空气采用无菌过滤，主要用于塑坯的支撑空气、瓶体成型空气、药液灌装系统的空气；

③ 真空系统：用于瓶体成型和灌装管路剩余液滴的吸除；

④ 芯轴升降控制系统：采用直线式电动机控制，避免了采用液压件出现的液压渗漏危险；

⑤ 塑坯壁厚控制系统；

⑥ 模具机构；

⑦ 塑坯挤出系统；

⑧ 药液灌装定量系统：采用药液的无菌过滤；

⑨ 在线灭菌 SIP 和在线清洗 CIP 系统；

⑩ 控制系统。

另外，设备在注意无菌性的同时，应能满足产品的单位质量差异要求。

10.11 总　结

尽管无菌产品的定义是指法定药品标准中列有无菌检查项目的制剂和原料药，但在其生产质量管理过程中，不能简单地根据无菌检验结果来判定产品是否是无菌的，无菌产品的无菌质量属性的判定是基于设计、工艺、过程及记录。所以要用过程质量管理的理念和方法来管理无菌产品的生产。

思考与讨论

1. 无菌药品的生产有哪些特殊要求？

2. 最终灭菌和无菌工艺生产管理有哪些差异？

3. 从事无菌药品生产的人员应接受哪些特别的培训？对从事无菌药品生产的人员有

哪些卫生要求?

4. 简述容器密封性对无菌药品的重要性。

5. 什么是内毒素? 内毒素的去除方法有哪些?

6. 无菌工艺模拟试验的作用是什么?

第11章

生物制品生产质量管理

11.1 概 述

根据《中国药典》三部的定义，生物制品是指以微生物、细胞、动物或人源组织和体液等为起始原材料，用生物学技术制成，用于预防、治疗和诊断人类疾病的制剂，如疫苗、血液制品、生物技术药物、微生态制剂、免疫调节剂、诊断制品等。

公元10世纪，中国发明了种痘术，用人痘接种法预防天花，这是人工自动免疫预防传染病的创始。种痘不仅减轻了病情，还减少了死亡。17世纪，俄国人来中国学习种痘，随后将其传到土耳其、英国、日本、朝鲜、东南亚各国，后又传入美洲、非洲。1796年英国詹纳发明接种牛痘苗方法预防天花，他用弱毒病毒（牛痘）给人接种，预防强毒病毒（天花）感染，使人不得天花。

此法安全有效，很快推广到世界各地。牛痘苗可算作第一种安全有效的生物制品。微生物学和化学的发展促进了生物制品的研究与制作。19世纪中期，“免疫”概念已基本形成。1885年法国巴斯德发明狂犬病疫苗，用人工方法减弱病毒的致病毒力，做成疫苗，被狂犬咬伤的人及时注射疫苗后，可避免发生狂犬病。巴斯德用同样方法制成鸡霍乱活疫苗、炭疽活疫苗，将过去以毒攻毒的办法改为以弱制强。沙门、史密斯等研究加热灭活疫苗，先后研制成功伤寒、霍乱等灭活疫苗。19世纪末日本北里柴三郎和德国贝林用化学法处理白喉和破伤风毒素，使其在处理后失去了致病力，接种动物后的血清中和相应的毒素，这种血清称为抗毒素，这种脱毒的毒素称为类毒素。科赫制成结核菌素，用来检查人体是否有结核菌感染。抗原—抗体反应概念的出现，有助于临床诊断。这些为微生物和免疫学发展奠定了基础，继续发展出各种生物制品，在预防疾病方面越发显得重要，是控制和消灭传染病不可缺少的步骤之一。

现代恶性肿瘤、自身免疫病等重大疾病的治疗中占据了重要地位的抗体类药物也属于生物制品。

我国历史上著名的医学家葛洪在《肘后备急方》中有两个关于治疗狂犬病的记载，分别是“疗捌犬咬人方，先咖去学，灸疮十壮”和“乃杀所咬之犬，取脑敷之，后不复发”。第一种方法是先清理伤口上狗的口水，然后将伤口的毒血弄出来，再用高温的灸条消毒能够杀灭病毒，这样就能减少狂犬病的发作概率，这种做法就和现代狂犬诊疗方案中清创是一致的。第二种方法就是将疯狗打死取出疯狗的脑髓敷在伤口上。因为疯狗脑髓中含有大量狂犬病毒，这种病毒只能通过唾液传播，直接敷在伤口上就相当于给人体打了疫苗一样，这也是最早提出“疫苗”的概念。

我国生物制品行业始于20世纪初，80年代后生物制品进入高速发展期，现有生物制品生产企业数百家。

我国在1919年成立了中央防疫处，这是中国第一所生物制品研究所，其规模很小，只有牛痘苗和狂犬病疫苗，几种死菌疫苗、类毒素和血清都是粗制品。中华人民共和国成立后，先后在北京、上海、武汉、成都、长春和兰州成立了生物制品研究所，建立了中央（现为中国）生物制品检定所，它执行国家对生物制品质量控制、监督，发放菌毒种和标准品。

根据生物制品的用途可分为预防用生物制品、治疗用生物制品和诊断用生物制品三大类。

预防用生物制品主要用于传染病的预防。这类生物制品主要为疫苗，包括病毒性疫苗、细菌性疫苗、纯化疫苗、类毒素疫苗。病毒性疫苗是以病毒或病毒的某种抗原为原料，分为减毒活疫苗如麻疹减毒活疫苗、麻腮风联合活疫苗，灭活疫苗如脊髓灰质炎灭活疫苗，纯化疫苗如流感病毒裂解疫苗，基因工程疫苗如重组（CHO）乙型肝炎疫苗等；细菌性疫苗是以培养的细菌为原料，分为减毒活菌疫苗如卡介苗、灭活死菌疫苗；纯化疫苗如伤寒Vi多糖疫苗、精制百日咳、白喉、破伤风联合疫苗等；类毒素疫苗是用细菌产生的外毒素经解毒精制而成，如破伤风疫苗和白喉疫苗等。

在控制和消灭传染病方面，接种预防生物制品效果显著，在公共卫生措施方面收益最佳，这不仅是国家或地区，而且是世界性的措施。世界卫生组织（WHO）在1966年发表宣言，提出10年内在全球范围消灭天花，1980年正式宣布天花在地球上被消灭。1978年WHO又做出扩大免疫规划（Expanded Program on Zmmunization，EPI），目的是对全球儿童实施免疫。EPI是用四种疫苗预防六种疾病，即卡介苗预防结核病，麻疹活疫苗预防麻疹，脊髓灰质炎疫苗预防脊髓灰质炎，百白破三联预防百日咳、白喉和破伤风，有计划地从儿童开始，使世界儿童都得到免疫。

治疗类生物制品是以治疗疾病为目的的生物制品，主要包括抗毒素，抗血清、血液制品，生物技术制品等。

诊断类生物制品则是以诊断疾病为目的的生物制品，主要分为体内诊断制品和体外诊断制品，我国现阶段将国家法定用于血源筛查的体外诊断试剂按药品生物制品管理，如HBsAg酶联免疫诊断试剂盒、HCV抗体酶联免疫诊断试剂盒等。

11.2 生物制品与化学药品的区别

由于生物制品是指以微生物、细胞、动物或人源组织和体液等为起始原材料，用生物学技术制成，用于预防、治疗和诊断人类疾病的制剂，所以这类药品与化学药品有较为显著的区别。下面对两者的区别之处进行比较。

1. 生产起始物料对比

化学药品的生产起始物料为化学物质，而生物制品的起始原材料则为微生物、细胞、动物或人源组织和体液等。如疫苗类药品的主要起始原材料为细菌、病毒、细胞等；血液制品的起始原材料为血浆；而抗体类药物的起始原材料则主要为基因工程改造的细胞。

2. 生产工艺流程对比

化学药品的生产工艺流程分为原料药（Active Pharmaceutical Ingredient，API）生产工艺流程和制剂生产工艺流程。化学药品原料药的生产工艺流程主要是采用化学和物理手段进行合成、提取、纯化，生产工艺的理论成熟、工艺可控。

生物制品的生产工艺流程主要分为原液生产工艺流程和制剂生产工艺流程，原液的生产工艺包括基因工程、细胞工程、发酵工程和分离纯化工程等技术，生产涉及生物过程和生物材料，如毒种传代、细胞培养、亲和层析、病毒灭活、离子交换、超滤浓缩、活生物体材料提取等。生物制品的结构特性容易受到各种理化因素的影响，且分离提纯工艺复杂，因此其质量控制体系是针对生产全过程，采用化学、物理和生物学等手段而进行的全程、实时的质量控制。生产过程中每一环节或制备条件的改变均可能影响其非临床安全性评价的合理性。生物制品原液的生产过程相对化学药品原料药的生产过程明显复杂，且生产过程存在固有的可变性，其副产物的范围和特性也存在可变性，甚至培养过程中所用的物料也是污染微生物生长的良好培养基。在生产过程中，使用小牛血清促细胞生长、使用胰酶消化细胞、使用抗生素防止细菌污染，在细胞培养过程中可能存在被支原体污染、宿主细胞 DNA 残留在制剂成品中等情况，增加了生物制品的安全性风险。

图 11 - 1 为抗体药物生产基本工艺流程。

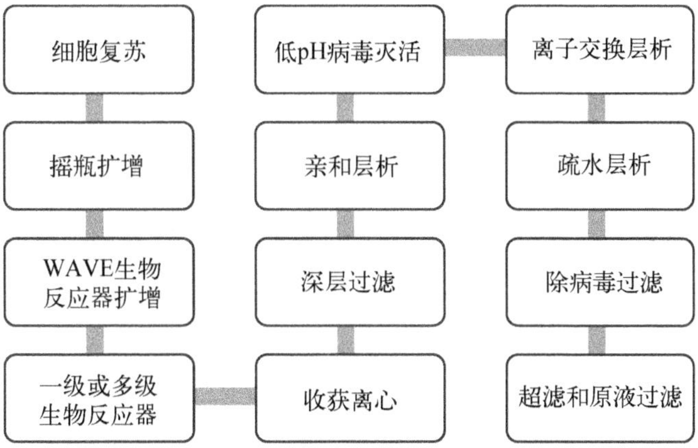

图 11 - 1　抗体药物生产基本工艺流程

3. 质量控制对比

化学药品的成分绝大多数情况是明确的，相对分子质量较小，结构简单，纯度高，所以质量控制可以采用准确度、精密度高的方法，产品的质量可控性好。

生物制品多数为蛋白质或多肽及其修饰物，具有相对分子质量相对较大，结构复杂多样和可变性等特点，通过现有的理化方法和手段不能完全确认其化学结构特征，如产品的空间构象等，且生物制品组分复杂，有效成分浓度很低，生物大分子杂质含量比较高，生产工艺复杂，易引入特殊杂质和污染物，因此需要进行安全性检查，如重组乙型肝炎疫苗涉及的安全性检查包括细胞外源因子检查、原液、半成品、成品中有关血清白蛋白残留量、CHO 细胞中 DNA 残留量检查、热原检查、过敏试验、异常毒性检查等。血液制品生产中，应当采用经过验证的工艺进行病毒去除或灭活处理，操作过程中应当采取措施防止已处理的产品被再次污染。生物制品质量控制所使用的生物学分析技术通常比理化测定具有更大的可变性。为提高产品效价(免疫原性)或维持生物活性，常需在成品中加入佐剂或保护剂，致使部分检验项目不能在制成成品后进行。因此，需要对生物制品的生产过程和中间产品的检验进行特殊控制。大部分生物制品的活性组分均为大分子的生命物质(如蛋白质、多肽、核酸、多糖类等)，组分相同但相对分子质量不同，而产生不同的生理活性，常需进行相对分子质量的测定。

4. 储存运输对比

生物制品多为蛋白质或多肽类成分，具有复杂的分子结构，较不稳定，易失活，易被微生物污染，易被酶解破坏，某些特殊原材料、中间品和成品的运输、储存需全程在"冷链"系统中进行。

5. 使用和不良反应

生物制品多为无菌产品并通过注射途径进入人体，由于生物制品的特殊性，可能引起不良反应和副反应，如接种疫苗后，可能引起副反应，包括一般副反应(含加重反应)、异常反应、疫苗合并症和疫苗接种耦合症等。

基于生物制品的特殊性，国家药品监管部门制定颁布了《生物制品批签发管理办法》，规定"对获得上市许可的疫苗类制品、血液制品、用于血源筛查的体外诊断试剂以及食品药品监管总局规定的其他生物制品，在每批产品上市销售前或者进口时，指定药品检验机构进行资料审核、现场核实、样品检验的监督管理行为。未通过批签发的产品，不得上市销售或者进口"。

也就是说这些生物制品在产品上市前除了在企业内部进行相应的管理控制，国家相关部门还需要进行相应的管控。

11.3 生物制品制造检定管理

11.3.1 菌毒种管理

菌毒种指直接用于制造和检定生物制品的细菌、支原体、立克次体或病毒包括 DNA 重组工程菌等。菌毒种按我国《人间传染的病原微生物名录》为基础分类。菌毒种应建立种子批系统。种子批系统的来源及传代、检定、管理和保藏应符合相关规定。

1. 来源及传代

生物制品生产和检定用毒种的来源途径应合法，并经国家药品监督管理部门批准。生物制品生产用毒种应采用种子批系统。原始种子应验明其历史、来源和生物学特性等，从原始种子传代和扩增后保存的为主种子批。从主种子批传代和扩增后保存的为工作种子批，工作种子批用于生产疫苗。主种子批、工作种子批的生物学特性应与原始种子批一致，每批主种子批和工作种子批均应按现行版《中国药典》三部各论或国家药监部门批准的企业注册标准要求保管、检定和使用。细菌性疫苗种子批系统应详细记录细菌的来源、传代及其所使用的原材料的近况。建立种子批系统时，应确定菌种制备、扩增方式以及次数。应根据菌种的储存特点及生产规模、尽可能制备批量足够大的工作种子批，以满足一定生产周期内的使用。病毒性疫苗种子批系统应详细记录病毒的来源、传代历史以及传代过程中任何可能对病毒表型产生影响的操作(如冷适应、不同物种动物体内或细胞传代，或有目的的基因操作等)。

2. 菌毒种的检定

生产用菌毒种种子批的检定应符合现行版《中国药典》三部各论或国家药监部门批准的企业注册标准要求。细菌疫苗生产用菌种种子批检定内容应包括菌种形态特性、培养特性、增殖能力、分子遗传标识、免疫学特征、毒力、毒性、毒性逆转、免疫原性、免疫力等试验，同时应采用相对敏感的方法检测种子的菌株纯度，以保证菌种没有外源因子和杂菌污染。病毒性疫苗生产用病毒种子批检定项目的确定应根据每个病毒株种子批建立的特定情况，以及对病毒种子相关特征的评估，包括在生产细胞基质，禽胚或动物体内的生长特征、组织嗜性、遗传标志、鉴别(对重组载体目的蛋白基因或目的蛋白的鉴别)、储存期间的活力、生产过程中的遗传稳定性、减毒特性、纯度以及无外源因子污染。如果毒种的减毒或驯化是通过不同物种间传代获得的，则应对该病毒种子进行评估，以证实无相关物种间的外源性污染。种子批遗传稳定性评估，通常应自主种子批代次起至少超过疫苗中病毒代次5代。种子批检定至少应包括鉴别(血清学、全病毒或部分病毒特征性序列)、外源因子、病毒表型、遗传稳定性等。

3. 菌毒种的管理

菌毒种应由各生产单位质量管理部门对本单位的菌毒种实施统一管理。由国家菌毒种保藏机构统一编号的菌毒种，使用单位不得更改及仿冒。保管菌毒种应有严格的登记制度，建立详细的总账及分类账。收到菌毒种后应立即进行编号登记，详细记录菌毒种的相关信息。在保管过程中，凡传代、冻干及分发，记录均应清晰、可追溯，并定期核对库存数量。收到菌毒种后，一般应及时进行检定。用培养基进行保存的菌种应立即检定。

4. 生产用菌毒种生物安全分类

以《人间传染的病原微生物名录》为基础，根据病原微生物的传染性，感染后对个体或者群体的危害程度，将生物制品生产用菌毒种分为四类。

(1) 第一类病原微生物

指能够引起人类或者动物非常严重疾病的微生物以及中国尚未发现或者已经宣布消灭的微生物。

(2) 第二类病原微生物

指能够引起人类或者动物严重疾病，比较容易直接在人与人、动物与人、动物与动物间传播的微生物。

(3) 第三类病原微生物

指能够引起人类或者动物疾病,但一般情况下对人、动物或者环境不构成严重危害,传播风险有限,实验室感染很少引起严重疾病,并且具备有效治疗和预防措施的微生物。

(4) 第四类病原微生物

指通常情况下不会引起人类或者动物疾病的微生物。

第一、二类病原微生物统称为高致病性病原微生物。

5. 菌毒种保存和销毁

菌毒种经检定后,应根据其特性,选用冻干或适当方法及时保存。细菌性疫苗种子库应依据不同细菌的特性采用在培养基上保存培养物、冷冻干燥、液体超低温冷藏等方式保藏菌种,以保证其稳定性;病毒性疫苗种子库一般可采取液体超低温冷藏或液氮保存方式保藏。销毁第一、二类菌毒种的原始种子批、主种子批和工作种子批时,须经本单位领导批准,并报请国家卫生行政当局或省、自治区、直辖市卫生当局认可。销毁第三、四类菌毒种须经单位领导批准。

在制造检定过程中需要使用菌毒种的生物制品,因此,菌毒种的重要性是不言而喻的。菌毒种是这类产品制造的基础,也是实现产品临床目的的基础,所以基于微生物的特性须建立严格的管理要求,相关管理要求的要点在产品的制造检定规程中也有明确的规定。

11.3.2 原材料管理

生物制品是采用生物技术制备而成的具有活性的药品,其生产工艺复杂且易受多种因素影响。生产过程中使用的各种材料来源复杂,可能引入外源因子或毒性化学材料。制品组成成分复杂且一般不能进行终端灭菌,制品的质量控制仅靠成品检定难以保证其安全性和有效性。因此,对生物制品生产用原材料和辅料进行严格的质量控制,是降低制品中外源因子或有毒杂质污染风险,保证生物制品安全有效的必要措施。这里所述的原材料不包括用于生物制品生产的起始原材料(如细胞基质、菌毒种、生产用人血浆和动物免疫血清等)。

应根据生产工艺、原材料用途、对生物制品的安全性和质量影响程度等对原材料进行评估和质量控制。相关分类管理要求见《中国药典》三部:生物制品生产用原材料及辅料质量控制规程。

由于生物制品的特殊性,对于相关物料来源、供应商变更管理的要求要更为注意,涉及药品注册事项的应按法规要求进行报批。

11.3.3 厂房、设施、设备

由于生物制品的特殊性,所以厂房、设施的设计有相应的特殊要求。

生物制品的厂房设施的设计、建造、使用、维护不仅要满足相关设计规范和GMP的要求,还要根据《病原微生物实验室生物安全管理条例》要求满足《生物安全实验室建筑技术规范》(GB 50346—2011)等标准的要求。

对于交叉污染防控要求高的生物制品的共线生产在 GMP 和《中国药典》中都有明确要求，如“第十六条　灭活疫苗(包括基因重组疫苗)、类毒素和细菌提取物等产品灭活后，可交替使用同一灌装间和灌装、冻干设施。每次分装后，应当采取充分的去污染措施，必要时应当进行灭菌和清洗。

第十七条　卡介苗和结核菌素生产厂房必须与其他制品生产厂房严格分开，生产中涉及活生物的生产设备应当专用。

第十八条　致病性芽孢杆菌操作直至灭活过程完成前应当使用专用设施。炭疽杆菌、肉毒梭状芽孢杆菌和破伤风梭状芽孢杆菌制品须在相应专用设施内生产。

第十九条　其他种类芽孢杆菌产品，在某一设施或一套设施中分期轮换生产芽胞菌制品时，在任何时间只能生产一种产品。

第二十条　使用密闭系统进行生物发酵的可以在同一区域同时生产，如单克隆抗体和重组 DNA 制品。

第二十一条　无菌制剂生产加工区域应当符合洁净度级别要求，并保持相对正压；操作有致病作用的微生物应当在专门的区域内进行，并保持相对负压；采用无菌工艺处理病原体的负压区或生物安全柜，其周围环境应当是相对正压的洁净区。

第二十二条　有菌(毒)操作区应当有独立的空气净化系统。来自病原体操作区的空气不得循环使用；来自危险度为二类以上病原体操作区的空气应当通过除菌过滤器排放，滤器的性能应当定期检查。

第二十三条　用于加工处理活生物体的生产操作区和设备应当便于清洁和去污染，清洁和去污染的有效性应当经过验证。

第二十四条　用于活生物体培养的设备应当能够防止培养物受到外源污染。(生物制品附录)

第十一条　血液制品的生产厂房应当为独立建筑物，不得与其他药品共用，并使用专用的生产设施和设备。

第十五条　血浆融浆区域、组分分离区域以及病毒灭活后生产区域应当彼此分开，生产设备应当专用，各区域应当有独立的空气净化。

第十六条　血液制品生产中，应当采取措施防止病毒去除和/或灭活前、后制品的交叉污染，病毒去除和/或灭活后的制品应当使用隔离的专用生产区域与设备，并使用独立的空气净化系统。(血液制品附录)”

生物制品多为非最终灭菌的无菌产品，其生产环境的空气洁净度级别应当与产品和生产操作相适应，厂房与设施不应对原料、中间体和成品造成污染。生物制品的生产操作应当在符合表 11-1 中规定的相应级别的洁净区内进行，未列出的操作可参照表 11-1 在适当级别的洁净区内进行。

表 11-1　生物制品生产环境的空气洁净度级别

洁净度级别	生物制品生产操作示例
B 级背景下的局部 A 级	附录一无菌药品中非最终灭菌产品规定的各工序； 灌装前不经除菌过滤的制品其配制、合并等
C 级	体外免疫诊断试剂的阳性血清的分装、抗原与抗体的分装

续表

洁净度级别	生物制品生产操作示例
D级	原料血浆的合并、组分分离、分装前的巴氏消毒； 口服制剂其发酵培养密闭系统环境(暴露部分需无菌操作)； 酶联免疫吸附试剂等体外免疫试剂的配液、分装、干燥、内包装

11.4 生物制品制造检定过程生物安全风险控制

案例 1

血友病为一组遗传性凝血功能障碍的出血性疾病，其共同的特征是活性凝血活酶生成障碍，凝血时间延长，终身具有轻微创伤后出血倾向，重症患者没有明显外伤也可发生“自发性”出血，如不及时干预治疗会导致死亡。

20 世纪 70 年代末，英国国家医疗服务体系 NHS 开始推行一种新型血友病疗法，患者只需定期自行注射一瓶凝血因子Ⅷ制剂，便可过上正常人的生活。

这种制剂使用方便且疗效好，因此迅速在英国的血友病患者中推广开来，这种新疗法在给血友病患者带来希望的同时也存在着巨大的风险。因为每一批制剂都是由上千名献血者的血浆混合在一起，慢慢沉淀再提取而成。这种做法看起来非常高效，但如果有一名献血者的血液中含有传染性病毒，将会污染整批制剂。

凝血因子Ⅷ制剂在英国的需求量很大，但当时英国实行的是义务献血，为避免血浆出现供不应求的情况，NHS 只能选择从美国进口。在美国，献血是有偿的，很多穷人、瘾君子、囚犯都会通过献血赚取生活费。这些未经严格把关的血浆采集后，常被用于制作凝血因子Ⅷ制剂。大规模地从美国进口血浆，在当时就已经让一些英国官员感到不安。有人指出，美国进口的血浆或许会引发肝炎的传播。

伦敦皇家医院血友病中心前主任科尔文认为当时(卫生部官员)并没有把肝炎视为一种严重的病。

就这样，在没有充分意识到危险性，且没有更有效的血友病治疗方案的情况下，英国卫生部依然坚持从美国进口血浆。直到 1983 年 5 月，英国出现第一例血友病患者感染了艾滋病，才有人意识到问题的严重性。

当时，英格兰和威尔士疾病控制中心负责人加尔布雷斯给英国卫生部写信，要求他们立即终止使用从美国进口的血浆。但是，同年 7 月，英国政府否决了停止使用和进口美国血浆的提议。

英国肯特医院血友病中心前主任温特表示，对卫生部来说这样的决定太难，在 1983 年那一年中，英国有十名患有血友病的人死于大脑出血，出血是血友病最常见的死因。

1984 年 4 月，美国国家癌症研究所宣布他们已经找到了艾滋病的病因——艾滋病病毒(HIV)。几个月后，科研人员又找到了检测艾滋病病毒的方法，英国政府立刻命令所有医院对血友病周期性治疗患者进行检测。

到 1989 年，已有超过 1 200 多名英国血友病患者被确诊患有艾滋病，事实上，并非只有英国进口了受污染的血浆，法国、日本也都被波及。

从这个案例我们可以了解到生物制品在制造检定过程中有一个特殊的风险源——病原微生物污染风险。

由于生物制品起始原材料为微生物、细胞、动物或人源组织和体液等，且在制造检定过程中还会使用生物源的物料，导致生物制品病原微生物污染风险较其他类别的产品高，所以如何有效控制病原微生物污染风险是生物制品制造检定管理的重点。

11.4.1 病原微生物污染来源

部分品种生物制品本身就是以病原微生物或其组成成分、代谢产物为起始材料，采用生物技术制备而成的，如疫苗类生物制品，就是采用各类病原微生物制作的用于预防接种的生物制品。血液制品类则是从人血浆中分离出相应组分制成的生物制品，而在人血液中往往含有各类通过血液传播的病原微生物，如肝炎病毒、艾滋病毒、梅毒等。还有部分生物制品在制造过程中会引入其他生物源物料，如牛血清等，这类物料都有引入病原微生物的风险。

11.4.2 病原微生物风险控制

为控制生物制品的病原微生物的污染风险，需要从物料、厂房设施、设备、工艺及现场管理等各方面进行。

1. 物料控制

以血液制品为例，血液制品的起始原材料为人血浆，案例 1 很清楚地说明了人血浆中包含的风险，为了控制其中的风险，在《中华人民共和国献血法》《血液制品管理条例(2016 修订)》《单采血浆站管理办法》(国家卫生和计划生育委员会令 第 6 号)《单采血浆站质量管理规范》《中国药典》及 2010 年版 GMP 附录《血液制品》中对采血浆有严格的管理制度和技术要求。

相关法规中规定了对“供血浆者”采取了严格的登记追溯管理制度，规定“单采血浆站必须使用计算机系统管理供血浆者信息、采供血浆和相关工作过程”。

“单采血浆站应在每次采浆时对供血浆者进行检测”，单人份血浆须检测血液传染的乙型肝炎病毒、梅毒螺旋体、人类免疫缺陷病毒、丙型肝炎病毒等病原微生物，合并血浆还需检测 HBsAg、HIV-1 和 HIV-2 抗体、HCV 抗体、乙型肝炎病毒表面抗体等项目。

由于检测试剂灵敏度等的限制，对病毒感染后病毒抗体处于阳转前潜伏期(窗口期)的血浆样本，会出现无法避免的漏检，使血液制品存在病毒污染的潜在风险。如果忽视这个潜伏期(窗口期)，就会出现漏检风险，所以监管部门制定了《实施原料血浆检疫期管理技术指导原则》等原料血浆检疫期的管理规定和技术要求。

其他动物来源的物料也参照人血浆管理的原则，需符合原产国和中国相关动物源性疾病的安全性要求。

2. 厂房、设施设计

本部分可参阅 11.3.3 的具体内容。

3. 工艺设计

在物料控制部分，描述了血液制品物料的病原微生物控制管理要求，在制造检定过程中，还需要对病原微生物进行更系统的控制。一类是以病原微生物为物料进行生产的控制措施，一类以含（或潜在）有病原微生物的物料进行生产的控制措施。

1）以病原微生物为物料进行生产的控制措施

这类产品主要是以疫苗为代表的产品，大部分的疫苗都是以活的病原微生物为主要物料进行生产的。如果是灭活疫苗，则需要在生产过程中将病原微生物灭活，如伤寒疫苗为“本品系用伤寒沙门菌培养制成悬液，经甲醛杀菌，用 PBS 稀释制成。用于预防伤寒”；流感病毒裂解疫苗为“本品系用世界卫生组织（WHO）推荐的并经国务院药品监督管理部门批准的甲型和乙型流行性感冒（简称流感）病毒株分别接种鸡胚，经培养、收获病毒液、病毒灭活、纯化、裂解后制成。用于预防本株病毒引起的流行性感冒”。

对于这类产品在生产过程分两个阶段，一类为有菌（毒）生产阶段，一类为灭活（无毒）生产阶段，这两个生产阶段的生产区域要严格分开不能共用。

2）以含（或潜在）有病原微生物的物料进行生产的控制措施

血液制品就是这类产品的典型代表，对献血员筛选和对血浆的检测可降低原料血浆的病毒含量，这是保证血液制品安全性的一个重要手段。筛查能够保证病毒负载量最小，但是它不足以完全保证避免病毒感染。这是因为各种检测方法都有不足，它们不能检测出低于一定水平的病毒感染；感染病毒后至能够检测出抗体及抗原仍存在一个“窗口期”；筛查过程中可能发生操作错误，尤其是大规模血浆筛查；筛查也仅限于被检测的病毒。因此生产过程中采用去除和灭活病毒工艺至关重要。

在国家药品监管部门颁布的《血液制品去除/灭活病毒技术方法及验证指导原则》（国药监注〔2002〕160 号）中，对血液制品去除/灭活病毒技术方法及验证提出了相关要求。

在指导原则中说明“由于不同类血液制品潜在的污染病毒的可能性不同，为此选择病毒去除/灭活方法的侧重点也应有所不同”。

病毒灭活的方法从原理上可分为化学方法、物理方法和其他方法。

（1）化学方法

有机溶剂/表面活性剂（S/D）法，这是血液制品中一种核心的病毒灭活方法。

（2）物理法

巴氏消毒法，在 60℃条件下对蛋白质溶液进行连续加热至少 10 h，使病毒蛋白变性，从而抑制病毒遗传物质的复制，最终使病毒失去传染性。

（3）其他方法

纳米膜过滤，纳米膜过滤病毒去除技术是使用 15～45 nm 的滤膜对血液制品溶液进行过滤，利用筛分原理，在纳米膜过滤中，大于滤膜孔径的病毒或其他病原体被截留在滤膜上，尺寸较小的蛋白产品则能通过滤膜继续存留在溶液中。其他方法还有冷乙醇沉淀、深度过滤、层析等这些既是生物制品的生产工艺，同时也具有病毒去除的作用，但这些过程对病毒去除能力有限，因此只能作为一种辅助的手段。

由于单一病毒灭活/去除方式的局限性，存在对有些病毒（尤其是非包膜病毒）不能完全地去除的可能性，因此目前生产过程中一般采用两种或两种以上的病毒灭活/去除方法。

在生物制品制造过程的病毒灭活/去除工艺还需要进行完整有效的验证,以确认工艺的有效性。

由于病原微生物危害风险巨大,为最大限度地降低相关风险,需要从生物制品制造检定的全过程采用多方面的措施进行控制,以确保产品在当前的知识、能力水平的安全性。

11.5　生物制品变更管理

由于科学技术的进步、法规制度的完善、市场的变化以及企业自身生产条件的改变等,生物制品上市后进行各种变更往往不可避免。变更是维持产品生产工艺和控制的先进性、提高产品质量和生产效率、更新产品相关信息(即产品说明书、标签信息)的重要手段。但是也应该认识到,任何变更都可能会影响到产品的质量可控性、安全性和/或疗效;任何与产品相关的信息变更都可能会影响产品安全有效的使用。

监管部门针对生物制品的变更,发布了相关的指导原则:《生物制品生产工艺过程变更管理技术指导原则》《疫苗生产场地变更质量可比性研究技术指导原则》《生物制品上市后变更研究技术指导原则(征求意见稿)》,美国 FDA 和欧盟 EMA 也均发布相关指导原则,指导企业和监管机构对生物制品变更进行评估控制。

企业在对变更前后产品质量、稳定性、生物学等方面进行系统性研究的基础上,对任何变更活动均应实施风险评估,全面评价变更对产品质量和临床使用的影响,最大限度地降低变更导致的风险。需特别注意加强对研究结果的自我评估。

任何变更都应以保证产品的安全性和有效性为基本出发点,在提高或至少不改变最初注册生物制品安全性和有效性的基础上进行相关改进。对产品的任何改变都需要综合产品本身及生产过程的复杂性、适应证人群、变更目的等方面进行充分的论证以及必要的研究,所遵循的原则与初始申请产品信息时的原则一致。所有变更均应符合 GMP 法规要求。任何涉及安全性和有效性的重大变更在实施变更前均需要获得批准方可实施。所有变更,不论是否对质量、安全性或疗效有影响,都需要进行验证并记录下来备查。

在变更过程中要强调"合规",需要监管审批、备案的变更要严格按照相关程序进行。

通俗地说,变更过程中的评估就是要证明变更后的产品质量和风险应与变更前原则一致。

工艺变更中最主要的工作就是需要进行充分有效的可比性研究。证明可比性并不意味着产品的质量属性在场地变更前后是完全等同的,但应该是高度相似的,并且依据现有的知识和研究结果足以预期其在产品质量属性方面的差异不会对产品的安全性和有效性产生任何不良影响。

11.5.1　可比性研究

可比性研究是生物制品变更评价的基础和成功的关键。目的在于通过收集相关技术资料对比分析确认变更是否对生物制品的质量、安全性和有效性产生不利影响。可比性研究应根据变更的类型、预计变更对产品特性造成的影响程度及变更对安全性和有效性潜在影响的评估，确定可比性研究的策略和范围，设计可比性研究方案，注重对比、综合地评估变更可能对与安全性和有效性相关的产品特性、浓度、质量、纯度或效价产生的影响。可比性研究包括工艺可比性、产品质量可比性和稳定性可比性，必要时还应进行非临床及临床研究数据的可比性分析。研究工作一般应从以下方面考虑。

1. 研究用样品的选择

已上市生物制品变更发生在产品获准上市后的生产阶段，验证研究应采用中试及以上商业化规模及商业化生产地的样品。变更前后产品质量比较研究一般采用变更后三批生产规模样品和变更前历史数据进行。如根据产品以往经验累积的知识和综合分析变更对产品的潜在影响后，不使用商业化规模样本进行评估，需提供充分依据证明样品具有代表性。

2. 可比性验收标准

可比性的验收标准不等于质量标准，可比性验收标准应基于一系列对变更前相关产品的生产工艺、质量分析及稳定性对比数据确定，某些情况下还应该包括非临床数据和临床数据。通过对变更后数据与历史数据趋势分析的比较和分析，以统计结果来判定变更前后结果是否可比。变更前后产品需保持质量等同性或属性高度相似并且既有知识足以预测质量属性差异，又不会对产品的安全性和有效性产生不良影响。

3. 稳定性研究

变更有可能影响产品的稳定性。变更后样品的稳定性试验应基于科学、风险管控，选取具有代表性的批次，一般采用至少三批样品进行 3～6 个月加速试验和长期留样考察(加速试验可做到效力不合格为止)，并与变更前规模生产样品的稳定性历史数据进行比较。稳定性试验应对样品进行全检，且对关键项目尽可能采取不同原理的检测方法进行检验(纯度试验应侧重于建立检测产品降解产物的方法)，以全面了解产品的质量变化。物化、生物学等分析方法的应用可对原液/原料药和制剂做全面鉴定(如分子大小、电荷异构体、疏水性)，而且可以准确测定产品在贮存过程中因脱氨基、氧化、硫酸化、聚集或裂变所造成的降解变化。

4. 桥接研究

如果通过变更前后产品的生产工艺、质量特性分析和稳定性研究足以证明可比性，则无须对变更后产品实施非临床或临床研究。但是，在特定质量属性与安全性和疗效之间的关系尚未确定情况下，并且观察到变更前和变更后产品的质量属性存在差异，基于变更因素可能对产品临床使用产生影响，需要实施非临床和/或临床桥接性或确证性研究。比较有效性和安全性结果(如 PK/PD、常见和严重不良事件的发生率)通常为主要目的。可能需要考虑进行非临床和/或临床桥接研究的变更包括但不限于以下实例：① 更换表达体系、细胞基质、未经批准的菌(毒)种(流感疫苗、钩端螺旋体疫苗等除外)生产的生物制品；② 改变已上市销售制品的剂型但不改变给药途径的生物制品；③ 新配方、新佐剂、偶联疫苗变更新的载体、新规格(除了对于增加每瓶装量，但处方、用量等均不变化的新规格建议不需要进行非临床/临床桥接试验)；④ 新给药方式；⑤ 由非纯化或全细胞(细菌、病毒等)疫苗改为纯化或者组分疫苗；⑥ 采用国内已上市销售的疫苗制备的结合疫苗或者联合疫苗；⑦ 与已上市销售疫苗保护性抗原谱不同的重组疫苗，采用新工艺制备并且试验室研究资料证明产品安全性和有效性明显提高的疫苗；⑧ 改变灭活剂（方法）或者脱毒剂（方法）的疫苗；⑨ 改变免疫剂量或者免疫程序的疫苗；⑩ 扩大使用人群（增加年龄组）的疫苗等。

5. 关联变更

产品某一项变更往往不是独立发生的，如生产地点变更可能同时伴随生产设备及生产工艺的变更，处方中已有药用辅料变更可能伴随或引发药品质量标准的变更，或同时伴随药品包装材料的变更等。由于这些变更对药品安全性、有效性和质量可控性影响程度可能不同，即这些变更可能归属于本指导原则中各项变更的不同类别，需注意按照不同类别变更相应技术要求分别开展研究工作，但研究工作总体上应按照技术要求较高的变更类别进行。

6. 设计空间

是已被证明有质量保障作用的物料变量（如物料属性）和工艺参数的多维组合和交互作用。在经验证研究证实的设计空间范围内的正常操作不属于变更，超出设计空间外的活动则被视为变更，通常需要启动监管部门的批准后变更程序。由于工艺的变异性和原料药的复杂性，生物制品开发和批准的设计空间可能会面临挑战。申请人可通过提供批准后对设计空间内的改变进行管理的提案，明确如何利用工艺知识、控制策略及特性化的方法评估在已批准的设计空间内的变化对产品质量产生的影响。

7. 上市后变更研究方案

在上市申请或通过上市后补充申请时，申请人可将上市后拟发生的变更研究方案、变更要满足的具体条件和验收标准及其变更的申报类别作为申报资料的一部分提交药品监管部门，进行审评和审批，经沟通交流途径，具体研究讨论实施某项变更需要进行的研究、满足的条件和验收标准，以及变更报告类别。在满足事先约定的前提下允许企业降低变更申报类别，更加高效地实施变更。

上市后变更研究方案获得认可后，必须满足达成共识的相应条件和验收标准才能实施，其间如有任何其他变更都需要根据相应的变更技术指导原则向药品监管部门递交申请。

11.5.2　变更分类

根据变更对产品质量、安全性、有效性可能产生影响的程度和风险，基本上将变更划分为三类。

微小变更：指对生物制品的质量、安全性或者有效性可能具有轻微影响或基本不产生影响的变更。

中度变更：指对生物制品的质量、安全性或者有效性可能具有中等程度影响的变更，需要通过相应的研究证明变更对产品安全性、有效性和质量可控性不产生影响。

重大变更：指对生物制品的质量、安全性或者有效性很可能产生显著影响的变更。需要通过系列的研究证明变更对产品安全性、有效性和质量可控性没有产生负面影响。

11.6 总　　结

通过与化学药品的对比分析，本章重点阐述了生物制品制造检定管理重点，生物制品制造检定、生物安全风险控制及生物制品工艺变更，了解生物制品的特点，了解这些特点对于生物制品的生产质量管理的重要性。

生物制品生产质量管理要按照生物质量的属性进行管理、评估过程中存在的风险，并采取相对应的控制措施。

思考与讨论

1. 什么是生物制品？

2. 生物制品按用途可分为哪几类？

3. 国家根据病原微生物的传染性、感染后对个体或者群体的危害程度，将病原微生物分为哪几类？每类的定义是什么？

4. 生物制品与化学药品的区别有哪些？

第12章

中药生产质量管理

12.1 概　述

以中国传统医药理论指导采集、炮制、制剂，说明作用机理，指导临床应用的药物，统称为中药。中药主要来源于天然药及其加工品，包括植物药、动物药、矿物药及部分化学、生物制品类药物。由于中药以植物药居多，故有“诸药以草为本”的说法。

中医理论来源于对医疗经验的总结及中国古代的阴阳五行思想。其内容包括精气学说、阴阳五行学说、气血津液、藏象、经络、体质、病因、发病、病机、治则、养生等。早在两千多年前，中医专著《黄帝内经》的问世，奠定了中医学的基础。时至今日，中国传统医学相关的理论、诊断法、治疗方法等，均可在此书中找到根源。

而中药则是中医的治疗手段，在中医理论指导下发挥作用，由于中医药是我国特有的，且中医理论与现代西医理论有较大区别，所以不能简单地按照化学药品的思维方式管理中药，其有着特殊的管理要求。

案例 1

电视剧《大宅门》讲述了百年老字号“百草厅”药铺的兴衰史以及医药世家白府三代人的恩恩怨怨。在该剧中有一集，白景琦的儿子白敬业在柜上掌管配药房，以市场供应短缺为借口，在九转金丹赶工时省了两道工序，还克扣三成细料，导致药没法卖，惹得许先生和涂二爷递了辞呈。白景琦秉公处置了白敬业，将其撤出配药房，并召集药行商会全体人员，当众销毁了价值七万两银子的假药。

白敬业为什么敢偷工减料？许先生和涂二爷为什么因为偷工减料而辞职？白景琦为什么当众销毁假药？

这些问题都可以从白景琦在处置假药时说的一句医药行业古训中得到答案。“修合无人见，存心有天知”，该古训的意思是做药的过程无人了解，但其动机好坏，上天自会知晓。修，指对未加工药材的炮制；合，指对药材的取舍、搭配、组合。修合就是指中药的采集、加工、配制过程，它涉及药材的产地、成色、质量、加工等因素，直接影响中药的疗效。

药品是关系病人身体健康的特殊商品，而中药较普通的化学药品又有许多特殊性，现在我们不能直接用化学药品的作用机理直接解释中药的作用机理，且绝大部分的中药材来源于植物、动物，由于植物、动物自身的多样性和不均匀性，又为中药添加了复杂性，因此中药来源多样且来源均匀性较差，成分复杂，作用机理不明，影响因素众多，所以制成成品以后质量均匀性与化学药品有明显的差距，很难像化学药品用单一或部分指标产品质量进行较为完整的评价。

中药与化学药品的对比见表 12－1。

表 12－1　中药与化学药品的对比

类　别	中　药	化　药
理论基础	中医理论	西医理论
作用机理	采用中医伦理解释	采用化学、物理、生物学、微生物学等理论解释
来　源	植物、动物、矿物质等	主要是化学物质
工　艺	传统中药：中药材采用炮制工艺进行炮制，再制成丸、散、膏、丹或汤剂等使用； 现代部分中药：将中药材提取后结合化药工艺制成片剂、胶囊剂、溶液剂、注射剂等； 工艺复杂	主要采用合成工艺制成原料药，再将原料药与辅料制成口服剂型、外用剂型和注射剂等产品； 工艺明确
成　分	成分复杂	简单，基本可以确定主要成分
质量均匀性	由于来源是动、植物，所以产品质量均匀性较差	由于主要成分基本是通过化学合成方法获得的，所以质量均匀性较好
质量可控性	由于成分复杂，现在仅能控制其中一个或数个指标成分，部分产品采用指纹图谱等方法进行控制，质量可控性较差	大部分是单一成分，少数产品是复方，但成分基本明确，基本能够定量，质量可控性好

从表 12－1 的对比可以看出中药和化学药品的区别。由于中药成分复杂、工艺不确定性、质量均匀性差、质量可控性差，因此药学工作人员不仅要具备扎实的药学知识和技能，同时还应具备对公众、社会及人类健康的高度责任感和职业道德水平，历代同仁堂人始终恪守“炮制虽繁必不敢省人工，品味虽贵必不敢减物力”的古训，实际上也是中药行业的伦理道德标准。

中药从使用的角度分为中药饮片和中药制剂，本章将从这两部分对中药生产质量管理进行阐述。

12.2　中药饮片

中药饮片生产企业处于中药产业链的中游，恰是古训“修合”的直接执行者，“存心”的良好职业道德动机放在现在企业管理中就是每一个企业需要奉行的“质量为本”的经营理念。

12.2.1　中药饮片的概念

1. 中药材

即未经加工或未制成成品的中药原料。中药材来源广泛，主要来自植物、动物和矿物，药材原植(动)物的科名、植(动)物名、拉丁学名、药用部位(矿物药注明类、族、矿石名或岩石名、主要成分)及采收季节和产地加工等,均属药材的来源范畴。

2. 中药饮片

系指药材经过炮制后可直接用于中医临床或制剂生产使用的处方药品,是供中医临床调剂及中成药生产的配方原料。

3. 中药炮制工艺

中药炮制是按照中医药理论,根据药材自身性质,以及调节制剂和临床应用的需要,所采取的一项独特的制药技术。药材凡经净制、切制或者炮炙等处理后,均称为"饮片",药材必须净制后方可进行切制或炮炙等处理。

炮制包括净制、切制和炮炙。

炮制是制备中药饮片的一门传统制药技术,是按照中医药理论,根据药材自身性质以及调剂、制剂和临床应用的需要,所采取的一项独特的制药技术。中药炮制学是遵循中医药理论体系,在继承中药传统炮制技术和理论的基础上,应用现代科学技术研究炮制理论,改进炮制工艺,制定饮片质量标准,以提高中药饮片质量,保证临床用药的安全有效。

炮制历史上又称"炮炙",南北朝刘宋·雷敩的《雷公炮炙论》以炮炙作书名,从字义上来看,"炮"和"炙"都离不开火,而这两字仅代表中药整个加工处理技术中的两种火处理方法。随着社会生产力的发展以及人们对医药知识的积累,对药材加工处理技术超出了火的范围,使"炮炙"两字不能确切反映和概括药材加工处理的全貌,现代多用"炮制"一词,"炮"代表各种与火有关的加工处理技术,而"制"代表各种更广泛的加工处理方法。

由于中药材种类繁多,来源复杂,同一名字的药材、饮片在不同省市的名字会不一样,反之亦然,且由于历史沿革的不同,各地炮制工艺和用药习惯也不一致。中药饮片不仅有国家药品标准,如药典标准,各省、自治区、直辖市食品药品监督管理部门还制定地方炮制规范或审批炮制标准,而且临床使用时往往要按照地方炮制规范附用。

常见的炮制工艺有净制、切制、炒制、炙制、煅制、蒸制等,加工过程中根据药性与不同临床用途可添加辅料处理,具体可见《中国药典》炮制通则与各地制定的炮制规范。

12.2.2 中药材基源、产地

中药材来源广泛,包括植物、动物、矿石等,尤其是植物来源的中药材,其品种的多基源性自古有之,且各地由于中医用药习惯不同,还存在同一品种使用不同基源药材的现象,所以确定中药材基源,并在加工、使用过程中仔细鉴定是十分重要的。

对于中药材基源的确定有很强的历史因素,由于现阶段对于中医药还不能用完整的"科学理论"进行解释,所以主要是基于临床和古籍、历史使用记录等判断药材的基源。

《中国药典》中有很多中药材存在多基源的情况,随着研究的深入,又对原来混用基源药材进行了区分。

如五味子,在 1995 年版的《中国药典》中五味子项下收载北五味子[五味子 Schisandra chinensis (Turcz.) Baill.]和南五味子(华中五味子 Schissandra sphenanthera Rehd. et

Wils.)两个品种，二者的性状明显不同，所含化学成分亦有很大区别，加之二者功能主治各有侧重，故 2000 年版《中国药典》将五味子分列为北五味子和南五味子两个品种。

同样类似情况还有金银花和山银花两个品种，在 2014 年 8 月 12 日和 2014 年 8 月 15 日国家药典委员会发布了《关于金银花、山银花分类有关问题的说明》和《关于金银花、山银花分类有关问题的进一步说明》，对《中国药典》中"金银花"和"山银花"的分类问题进行了详细的解释。

药材的基源不弄清楚，在临床使用时就会存在较大的风险。

案例 2

关木通事件，又称龙胆泻肝丸事件，也称马兜铃酸肾病事件，曾因品种基源混淆导致大面积的药物不良反应，对使用者造成危害。

龙胆泻肝丸是一个历史悠久的古方，原配方中有"木通"，主要指木通科的白木通或毛茛科的川木通，这两类木通均不含马兜铃酸。但在 20 世纪 30 年代，东北盛产的关木通首次进入关内，并逐渐占领了市场。到了 20 世纪 80 年代已在全国广泛应用，于是白木通退出市场，难以寻觅。在 1990 年版的《中国药典》中，龙胆泻肝丸组方中的关木通成了木通族唯一合法的身份。但关木通含有马兜铃酸，对肾脏有较强的毒性，可以损害肾小管功能，导致肾功能衰竭。

2003 年 2 月，新华社发表《龙胆泻肝丸是清火良药还是"致病"根源?》等系列报道，引起强烈的社会反响，因服用龙胆泻肝丸而导致尿毒症被送入医院的患者不断出现，而且，这种慢性肾衰竭是不可逆的永久损害。2003 年 4 月 1 日，国家药监局印发《关于取消关木通药用标准的通知》，决定取消关木通(马兜铃科)的药用标准，责令限期将龙胆泻肝丸等该类制剂用木通科木通替换关木通，含关木通的中药制剂必须凭医师处方购买。后来 2005 年版的《中国药典》已不再收载关木通、广防己、青木香三个品种(均含马兜铃酸)。

中药材产地对于药材质量有着重要的影响，各种药材的生产，无论品种、产量和质量都有一定的地域性。自古以来医家非常重视道地药材。道地药材，又称地道药材，是优质纯真药材的专用名词，它是指历史悠久、产地适宜、品种优良、产量宏丰、炮制考究、疗效突出、带有地域特点的药材。

12.2.3 中药材生产质量管理规范

中药材的产地、采收时间、生长年限、储存时间等因素均与中药材的有效成分含量相关，进而影响中药材的用药有效性。

中药材的种植环境及种植过程也会直接影响中药材的质量安全性，如对种植土壤选择不严，长期滥用农药、化肥、除草剂，导致中药材重金属及有害元素、农药残留等超标。通常认为道地药材为经过中医临床长期应用优选，与其他地区所产同种中药材相比，品质和疗效更好且质量稳定，自古医家均推崇道地药材。

中药材在生长的不同阶段中，根、茎、叶、花、果实、种子等不同部位所含的有效成分进行不同程度的积累，不同的采收时间会导致含量的明显差异，如槐花在花蕾期芦丁的含量最高，开花后则芦丁含量急剧下降；又如"三月茵陈四月蒿，五月六月当柴烧"，清明前后农历

二、三月，万物生发，植物三寸长短时采摘才有效，而农历三月一过，进入初夏，万物发叶生枝，力量分散，就没有药效了。中药的生长年限对有效成分的含量有较大影响。

同种中药材的不同药用部位的混淆也会带来用药安全风险，如中药材麻黄的根部入药则以止汗专攻，用于气虚自汗、阴虚盗汗，而麻黄茎则以发汗解表为主，两者作用相反。

基于中药材的复杂性，市场需求的日益增加，野生资源逐渐枯竭，人工种植、养殖而得的中药材比例逐年增加。为了规范中药材的生产，国家出台了《中药材生产质量管理规范》(Good Agricultural Practice for Chinese Crude Drugs, GAP)用于规范中药材的生产。

在 GAP 中对于生产基地选址、种子种苗与种源、种植与养殖、采收与产地初加工以及包装、放行与储运等中药材生产的关键环节提出了原则要求，以规范中药材的生产。

12.2.4　中药材鉴定与检测

前面说到中药材基源复杂，而且由于很多品种性状相似。

中药鉴定真伪，除外观性状鉴别外，还有显微鉴别、聚合酶链式反应—限制性内切酶长度多态性方法。

12.2.5　炮制工艺及目的

中药饮片的质量与中药材质量、炮制工艺密切相关。

由于现阶段中药的主要知识来源于传承，因此炮制工艺应严格遵循历史传承，而不能因为按现有的“科学知识”不能解释炮制工艺，就不尊重历史传承，随意更改炮制工艺。

当然炮制工艺也不是简单地遵循传承即可，随着研究的进展，人们对一些中药产生药理作用的因素也有了一定的了解，在炮制过程中应结合现阶段的认识对炮制工艺进行优化，使生产出来的饮片更好地为临床服务。如丹参含有水溶性的成分，在炮制时应该注意洗润过程中丹参在水中的浸润时间与程度，以免水溶性成分的流失；陈皮含有挥发性成分，在炮制时应该注意低温干燥的温度与时间，以免挥发性成分的流失。

1. 净选和加工

净选加工目的在于除去泥沙杂质及虫蛀霉变品，除去非药用部位，区分疗效不同的药用部位，将药材分档。

药材在切制、炮制、调配或制剂前，应选取其药用部位，去除非药用部位和杂质。常用挑选、筛选、风选、洗、漂等方法，去除附着混淆在药材中的泥土、砂石、异物及霉败物，以达到清洁药物的目的，并可将大小不等的药材筛选分开，以便分别进行炮制加工。通过去毛、去芦、去心、去核、去头足翅等加工处理，以达到去除非药用部分的目的，如石韦刷去毛、人参去芦、巴戟天去心、乌梅去核、斑蝥去头足翅等。一些矿物、介壳、果实种子药材如磁石、石决明、女贞子、苏子等需要碾捣粉碎。某些质地松软而呈丝条状的药物如竹茹、谷精草等需要揉搓成团。有些药物需要碾成绒状，如麻黄碾绒、艾叶制绒等。有些药物润湿后，加辅料黏附于上，可加强治疗作用，如朱砂拌茯神、青黛拌灯芯草等。

2. 饮片切制

饮片最初指为制备汤剂而切制成的片状药物，现泛指能调配处方而炮制成各种形状的药物。饮片切制有利于有效成分煎出、后续炮炙、调配和制剂及贮存。

饮片切制是将净选后的药材用水处理软化后，用一定的刀具切制成片、丝、段、块等形状的炮制工艺过程。药物切制成饮片后，易于提取其有效成分，容易粉碎加工，便于制备汤剂及其他制剂。在炮制中易于与辅料结合，便于进一步加工炮制。饮片纯净干燥易于贮藏保管，体积小易于调剂。饮片易于显露组织结构特征，便于药物鉴别。

饮片切制时，首先应根据药材的特点及季节、温度条件采用淋、洗、泡、漂、润等不同水处理法，使干燥药材吸收一定量的水分而软化，并有弯曲法、指掐法、穿刺法、手捏法检查水处理加工质量，习惯称“看水头”。既要防止水头太过，以免有效成分流失过多，药材太软，也易于霉烂；又要防止水头不足，药材太硬，难以切制，以软硬适中为宜。水处理后应根据药材的自然状况和炮制、鉴别、医疗及饮片外观的不同需要将其加工成一定类型。切制方法主要有切、镑、锉、劈等，视药材质地及饮片加工类型的不同而定。药材经水处理切制饮片后，含水量大，必须及时干燥，才能保证饮片的质量。饮片干燥的方法主要有两种：一是自然干燥，即晒干和阴干；二是人工干燥，即采用直火式、蒸汽式、电热式、红外线式、微波式等机械干燥设备进行干燥。

3. 炮制工艺

炮制工艺按中国药典的分类主要有以下几种。

(1) 炒：炒制分单炒(清炒)和加辅料炒。

(2) 炙：炙法是将待炮制品与液体辅料共同拌润，并炒至一定程度的方法。

(3) 制炭：制炭时应“存性”，并防止灰化，更要避免复燃。

(4) 煅：锻制时应注意煅透，使酥脆易碎。

(5) 蒸：取待炮制品，大小分档，按各品种炮制项下的规定，加清水或液体辅料拌匀、润透，置适宜的蒸制容器内，用蒸汽加热至规定程度，取出，稍晾，拌回蒸液，再晾至六成干，切片或段，干燥。

(6) 煮：取待炮制品大小分档，按各品种炮制项下的规定，加清水或规定的辅料共煮透，至切开内无白心时，取出，晾至六成干，切片，干燥。

(7) 炖：取待炮制品按各品种炮制项下的规定，加入液体辅料，置于适宜的容器内，密闭，隔水或用蒸汽加热炖透，或炖至辅料完全被吸尽时，放凉，取出，晾至六成干，切片，干燥。

(8) 煨：取待炮制品用面皮或湿纸包裹，或用吸油纸均匀地隔层分放，进行加热处理；或将其与麸皮同置炒制容器内，用文火炒至规定程度取出，放凉。

其他的炮制工艺还有以下几种。

(1) 燀：取待炮制品投入沸水中，翻动片刻，捞出。有的种子类药材，燀至种皮由皱缩至舒展、易搓去时，捞出，放入冷水中，除去种皮，晒干。

(2) 制霜(去油成霜)：除另有规定外，取待炮制品碾碎如泥，经微热，压榨除去大部分油脂，含油量符合要求后，取残渣研制成符合规定的松散粉末。

(3) 水飞：取待炮制品，置容器内，加适量水共研成糊状，再加水，搅拌，倾出混悬液。残渣再按上法反复操作数次，合并混悬液，静置，分取沉淀，干燥，研散。

(4) 发芽：取待炮制品，置容器内，加适量水浸泡后，取出，在适宜的湿度和温度下使其发芽至规定程度，晒干或低温干燥。注意避免带入油腻，以防烂芽。一般芽长不超过 1 cm。

(5) 发酵：取待炮制品加规定的辅料拌匀后，制成一定形状，置于适宜的湿度和温度下，使微生物生长至其中酶含量达到规定程度，晒干或低温干燥。注意发酵过程中，发现黄曲霉菌时应禁用。

炮制工艺不仅是传统的技术，更是以化学物质为基础的综合性应用学科，需要掌握中医基础理论和药用植物学、中药鉴定学、中药化学、中药药理学、中药炮制学等学科知识，并能综合应用所学知识，解决实际发生的问题。例如：

生地黄的主治功能为清热凉血，养阴，生津；而蒸制后的熟地黄主治功能为滋阴补血，益精填髓。

中药经炮制后往往引起其成分质和量的变化，因此要应用中药化学和分析化学的知识和技能对其进行解释和测定，如毛茛科乌头属植物乌头主要含有二萜类生物碱，其中以乌头碱、新乌头碱、次乌头碱等双酯型生物碱为主，有麻辣味，毒性大，是乌头有大毒的主要毒性成分，现代药理学研究证明，人口服 4 mg 即能死亡。当这些双酯型生物碱因水解除去酯基生成醇胺型生物碱后则无毒性。如将乌头的水溶液在 100℃ 时加热，除去 1 分子乙酸生成苯甲酰乌头宁，再继续加热使苯甲酯键水解生成乌头原碱。苯甲酰乌头宁和乌头原碱的亲水性较强、毒性小，这就是中药乌头炮制原理。

中药经炮制后也会引起药理作用的改变。如生大黄主要含泻下作用的结合型蒽苷，经炮制成制大黄之后，结合型蒽苷减少，而抗菌成分游离型蒽苷含量增加，故生大黄泻下作用强，而制大黄则抗菌作用增强，泻下作用减弱。

可以看出，中药饮片炮制工艺繁杂，但每种炮制工艺均有相应的目的。

建议首先识别中药饮片的关键质量属性，根据不同中药材的特性，分析影响中药饮片关键质量属性的生产步骤与炮制工艺参数，确定了关键生产步骤和参数后，结合设备的产能、工艺参数的控制方式等因素，固定设备的单元生产批量，按品种开展工艺验证，对每一个单元生产批量进行关键质量属性结果的判断，汇总、分析数据趋势，质量属性稳定的单元批可考虑形成一批产品。

比如，黄芩苷和汉黄芩苷是黄芩的主要有效成分，蒸或煮的目的是“杀”酶保苷，黄芩发绿是因为黄芩中的黄芩苷和汉黄芩苷在一定的环境条件下被黄芩中所含的黄芩酶酶解，也就是自身分解，产生黄芩素和汉黄芩素两种苷元，这两种苷元为邻位三羟基黄酮，易被空气中的氧气氧化而转变成为绿色。黄芩变绿说明苷已被酶解，药效降低。为防止酶解，黄芩原药材可采用蒸、沸水煮等加热使酶失活的方法炮制，以达到“杀”酶保苷的目的。

直接服用中药饮片也是一类中药饮片，即标准中明确使用过程无须经过煎煮，可直接口服或者冲服的中药饮片。该类饮片有微生物限度控制的要求，为降低生产过程微生物负荷，企业会采取不同于传统的方法，应用臭氧消毒、辐照等方法，降低成品中的微生物数量，但是需要从原理上分析这些方法或工艺对饮片本身质量、药性的影响，如臭氧的强氧化性、辐照的射线对外观、成分、临床疗效的影响。

毒性中药饮片属于医疗用毒性药品，指毒性剧烈、治疗剂量与中毒剂量相近，使用不当会致人中毒或死亡的药品。该类饮片可通过炒制、腌制、煮制等操作降低毒性。每一个环节的关键质控点都必须做出明确的规定，方能生产出合格的产品。比如，半夏用明矾浸泡去毒，需要控制液面、药量、明矾用量和时间。浸泡过程受环境温度影响较大，工艺控制还须考虑季节变化。药材大小不一，浸润时间也会受影响，需要控制原药来货的规格等级，必须分档处理。

表 12-2 为制半夏炮制工艺案例。

表 12-2 制半夏炮制工艺

<table>
<tr><th>工 序</th><th>(制半夏)炮制工艺要求</th></tr>
<tr><td>整 理</td><td>1. 分档，将半夏拆包置入专用盛器，分别用 4 号筛、6 号筛筛出三档，小档直径约小于 5 mm，中档直径为 5～10 mm，大档直径为 10～15 mm。
2. 将直径小于 5 mm 的半夏，用 2 号筛，筛去灰屑。
3. 将分档好的药材置入专用场地逐个挑选，除去发霉、虫蛀等杂质</td></tr>
<tr><td>淘 润</td><td>1. 明矾溶液的制备按辅料制备标准操作。比例：水 250 kg，明矾 20 kg，可浸半夏 100 kg。
2. 先将浸药池内放水，再将明矾溶液倒入浸药池内溶化。
3. 将整理后的半夏分别以大、中、小各档置浸药池浸润在明矾溶液中，以覆盖半夏 20 cm 为准。
4. 浸半夏去毒，按季节、温度确定浸润时间：
<table>
<tr><th rowspan="2">季 节</th><th rowspan="2">月 份</th><th rowspan="2">温度/℃</th><th colspan="3">浸时间/天</th></tr>
<tr><th>大</th><th>中</th><th>小</th></tr>
<tr><td>春、秋</td><td>3～5 月
10～11 月</td><td>15～24</td><td>16～20</td><td>14～18</td><td>12～14</td></tr>
<tr><td>夏</td><td>6～9 月</td><td>25～35</td><td>10～14</td><td>8～12</td><td>6～10</td></tr>
<tr><td>冬</td><td>12～次年 2 月</td><td>0～14</td><td>18～22</td><td>16～20</td><td>14～18</td></tr>
</table>
5. 取出已浸润的半夏仍以大、中、小三档分别用清水冲洗去明矾液(边取出边冲洗)，然后沥干</td></tr>
<tr><td>切 制</td><td>1. 按 200 型转盘式切药机操作规程操作。
2. 切片规格：薄片，厚度为 1.2～2.2 mm</td></tr>
<tr><td>第一次干燥</td><td>1. 按隧道式烘房操作规程操作。
2. 通过自动控温装置控制在 80℃以内，每隔 1 h 检查一次烘房温度，并做好记录。
3. 烘至 7～8 成干</td></tr>
<tr><td>第二次干燥</td><td>1. 姜汁备制按辅料制备标准操作规程操作(每 100 kg 净半夏，用净鲜生姜 18 kg 打汁，无鲜生姜时可用净干姜 3 kg 煎汁)。
2. 干燥之前将半夏倒入不锈钢盛器内，洒入姜汁，上下翻动拌和，使之吸尽，焖 1 h。
3. 按隧道式烘房操作规程操作。
4. 通过自动控温装置控制在 80℃以内，每隔 1 h 检查一次烘房温度，并做好记录。
5. 干燥冷却后测试含水量应不得超过 12%</td></tr>
<tr><td>筛 装</td><td>1. 按 SX-3 筛选机操作规程操作。
2. 用 20 号筛筛去药屑(杂质不超过 1%)。
3. 按照包装规格用电子秤称重，装量误差为±0.2%</td></tr>
</table>

12.2.6 供应商

中药材购进的渠道一般情况有流通市场、药材集散地、产地合作社、农户等。企业一般会从流通市场、药材集散地采购中药材，但是该种采购方式溯源性较差，不易追溯药材的产地、采收日期、产地加工情况、贮存条件等信息，不利于从源头上控制中药材质量。对不同的供应商类型应进行分级，并根据相应的质量风险级别进行分级管理，制定相应的供应商审计及考核标准，并通过质量协议等形式对供应商提供的中药材质量提出明确的质量要求。如可与中药材经营公司拟定质量协议，要求供应商提供的中药材能固定产地，能提供相对完整的中药材质量相关资料，如中药材产地信息、中药材栽培、采收时间、产地初加工、储存时间信息等。对于产地合作社和产地散户类供应商，建立供应商档案，明确中药材来源、生长年限、采收时间、产地初加工等信息，加强采购前的质量检测，根据供应的中药材质量稳定性筛选出一部分可作为长期合作的供应商，以提供质量稳定的货源。尽量减少从流通市场及药材集散地购进中药材，如需通过此渠道购进中药材，必须采购质量信息明确的中药材。

国家政策鼓励企业建立配套的中药材种植基地，从规范化种植基地购买药材，或者通过"企业＋种植户"的产业链契约模式提高中药材种植及源头质量管理的可靠性。《中药材保护和发展规划(2015—2020 年)》中写道"到 2020 年中药生产企业使用产地确定的中药材原料比例达到 50%，百强中药生产企业主要中药材原料基地化率达到 60%。建设大宗优质中药材生产基地。建设常用大宗中药材规范化、规模化、产业化基地，鼓励野生抚育和利用山地、林地、荒地、沙漠建设中药材种植养殖生态基地，保障中成药大品种和中药饮片的原料供应。实施中药材生产组织创新工程。推进中药材基地共建共享。支持中药生产流通企业、中药材生产企业强强联合，因地制宜，共建跨省(区、市)的集中连片中药材生产基地。提高中药材生产组织化水平。推动专业大户、家庭农场、合作社发展，实现中药材从分散生产向组织化生产转变。支持中药企业和社会资本积极参与、联合发展，进一步优化组织结构，提高产业化水平"。

12.2.7 产地加工

在遵循《中国药典》标准的前提下，对于药典中准予进行产地初加工的 64 个品种，鼓励有实力的中药生产企业在产区建厂进行规模化、规范化、标准化的趁鲜切制加工，从源头提升和改善中药材质量。

12.2.8 厂房设施与设备

应综合考虑共线生产中药饮片的特性、工艺和预定用途等因素，可能隐含发生品种混淆、交叉污染的质量风险。共线可行性评估的因素中，应结合中药的特殊性，充分考虑外观相似度影响、临床用药配伍与禁忌等因素。对毒性饮片共线生产的评估中，还应充分考虑炮制工艺中带毒、减毒或脱毒工段的共用控制措施。

12.2.9 贮存与养护

中药材养护是中药材储存、流通、生产过程中维护中药材使用价值的一项重要工作。由于中药材在流通过程中停留在储存阶段的时间比较长，霉变、蛀虫、泛油等是中药材储存中的常见问题，不仅会造成严重的浪费和经济损失，而且会影响用药的安全有效。

中药材发霉和生虫的根本原因，有其先天性，中药材本身容易从土壤中携带霉菌、细菌等微生物，而空气中也存在着大量的霉菌孢子，只要温度、湿度合适霉菌就能迅速生长繁殖。温度为20～35℃，环境湿度在75%以上或中药材水分含量在15%以上，是霉菌的最佳生长环境。在高温、高湿环境中，中药材在霉菌、酶、氧气等因素的共同作用下，中药材内部组织会被破坏，糖分、脂肪会被分解游离出来，形成泛糖泛油。因此有效的中药养护技术主要有低温、干燥、除氧等，通过综合运用这些技术才能够对中药材进行无害养护，以保证药材质量，保证使用者的生命安全。

12.3 中药制剂

中药制剂是指根据《中华人民共和国药典》《药品标准·中药成方制剂》《制剂规范》等对处方规定，将中药加工或提取后制成具有一定规格，可以直接用于防病治病的一类药品。中药制剂包括中药成方制剂、中成药、协定处方制剂及单味药制剂等。

传统常见中药剂型为汤、丸、散、膏、酒、搽、锭剂等，现代常见剂型为口服液、片剂、胶囊剂、颗粒剂、滴丸剂、气雾剂、喷雾剂、注射剂等。中药制剂的质量标准与化学药品制剂的质量标准不同，在中药制剂的制剂标准除个别保密品种，均有“处方”和“制法”，这两项在《中国药典》一部的凡例里明确规定：“三十一、制剂处方中的药味，均指饮片，需经炒、蒸、煮等或加辅料炮炙的，处方中用炮制品名；同一饮片炮炙方法含两种以上的，采用在饮片名称后加注‘(制)’来表述。某些毒性较大或必须注明生用者，在名称前，加注‘生’字，以免误用。三十二、除另有规定外，凡饮片均照本版药典规定的相应方法炮制；制剂中使用的饮片规格，应符合相应品种实际工艺的要求。本版药典规定的各饮片规格，系指临床配方使用的饮片规格。制剂处方中规定的药量，系指正文〔制法〕项规定的切碎、破碎或粉碎后的药量。”

此外还规定：“〔制法〕项不等同于生产工艺，主要记载规定工艺中的主要步骤和必要的技术参数，一般应明确提取溶剂的名称和提取、分离、浓缩、干燥等步骤及必要的条件。”

由于中药制剂的成分复杂，较难将其一一定性或定量，现有的产品质量标准大多仅对产品中的个别指标成分进行测定或鉴别，从这个角度而言，中药制剂的质量标准对产品的鉴别力是比较低的。

案例3

下面是国家食品药品监督管理总局飞行检查情况通报的部分内容[①]。

---

① 具体请参见 http://www.nmpa.gov.cn/WS04/CL2065/321583.html。

擅自改变炎可宁片生产工艺及处方、投料量

1. 未按法定制法将黄柏水煮醇沉浓缩后用于炎可宁片生产，而是直接使用黄柏粉投料

(1) 2015年生产的炎可宁片均使用“黄连—黄柏—大黄混合药粉”投料。

(2) 对检查现场抽取的9批炎可宁片(2014～2016年生产批次)进行显微鉴别，在2014年及2015年的生产批次中均检出黄柏显微特征。

2016年生产的全部10批炎可宁片中，前7批单独提取黄柏浸膏并干燥，未按法定制法与黄连、大黄细粉和黄芩、板蓝根浸膏混匀后干燥。

2. 擅自添加国家标准处方中未包含的淀粉和糊精

(1) 2015年生产的全部12批炎可宁片(批号：150401、150402、150403、150601、150602、150603、151001、151002、151003、151201、151202、151203)中均添加不应有的淀粉(85千克/批)和糊精(170千克/批)。

(2) 2016年生产的全部10批炎可宁片(批号：160501、160502、160503、160504、160901、1161001、1161002、1161201、1161202、1161203)中，前7批中添加了不应有的淀粉(85千克/批)和糊精(170千克/批)，后3批添加了不应有的玉米淀粉(共计178 kg)。

3. 黄柏未按处方量投料

按国家药品标准规定每1 000片炎可宁片应投黄柏413.8 g。根据该企业批量，每批炎可宁片应投黄柏745 kg。检查发现该企业多个批次炎可宁片减少了黄柏投料量。

(1) 2015年生产的全部炎可宁片共使用黄柏6 336 kg，相当于每批投入黄柏528 kg。

(2) 2016年生产的前7批炎可宁片减少黄柏投料量，其中前5批黄柏投料量约为487千克/批，剩余2批黄柏投料量约为682千克/批。

4. 大黄、黄连细粉未按处方投料

按国家药品标准规定每1 000片炎可宁片应投大黄细粉82.8 g、黄连细粉20.7 g。根据该企业批量，每批炎可宁片应投大黄细粉149 kg、黄连细粉37.26 kg。

(1) 2015年生产的全部炎可宁片中大黄细粉、黄连细粉投料量分别为53千克/批、14千克/批。

(2) 2016年生产的全部10批炎可宁片中，前7批大黄药粉投料量为77.7千克/批，黄连药粉投料量为37.3千克/批，剩余3批将理论产量为360万片制剂生产用干膏粉分拆成3份，用于540万片(理论批量)制剂生产。

这个案例说明企业利用产品标准的局限性，将本应使用中药材提取物投料的，改为直接使用药材粉，且处方用量和实际投入量与注册标准不符，这些情况很难通过正常的质量标准发现。

由于现阶段对于中药的研究还不够完整，其产品质量标准不能对产品质量有效地控制，因此更需要相关制药人员严守基本的制药伦理道德底线，切不可因小利忘大义。

12.3.1 前处理和中药提取

传统中药的前处理和中药提取工艺是经过长期的临床实践总结而得到的，且中药制剂所含药味的化学成分十分复杂，既含有多种有效成分，又有无效成分，还包含有毒成分，而且提取过程还可能包含反应的过程，现有的“科学知识”还不能够完全对提取过程进行清楚地

阐述。所以在中药制剂的生产过程中应严格按照注册批准的工艺进行生产，不得随意变更前处理和中药提取工艺。

中药提取是中成药生产和质量管理的关键环节，对于自行提取的中药提取物，应对提取全过程进行生产质量管理，包括处方、提取工艺、质量体系等。对于外购合规的中药提取物，药品生产企业需对中药提取物的质量负责，为保证产品质量应对中药提取物生产企业进行审计管理。检查供应商提取物生产使用的原料是否符合质量标准、提取工艺和设备是否符合工艺制法要求、检验数据是否真实可靠，其他包括仓储条件、质量管理体系等是否完善。

案例 4

2015 年 5 月 20 日国家食品药品监管总局发布了“对桂林兴达药业有限公司飞行检查情况”通报。

通报内容为“2015 年 5 月 9 日至 11 日，国家食品药品监管总局组织广西壮族自治区食品药品监管局对桂林兴达药业有限公司进行了飞行检查，发现该企业存在以下问题：① 擅自改变提取工艺生产银杏叶提取物，由稀乙醇提取改为 3%盐酸提取；② 从不具备资质的企业违规购进银杏叶提取物，且其提取工艺也为 3%盐酸提取；③ 将非法银杏叶提取物用于银杏叶片生产并销售；④ 将外购的银杏叶提取物重新更换为该厂标签后销售给其他药品生产企业；⑤ 伪造批生产、物料管理记录。

上述行为已严重违反《药品管理法》及药品 GMP 相关规定，广西壮族自治区食品药品监管局已收回该企业药品 GMP 证书，责令该企业停止生产、销售和使用银杏叶片，召回相关产品，并对发现的违法违规行为依法立案查处，涉嫌犯罪的，移送公安机关追究刑事责任”。

这个通报拉开了“银杏叶事件”的大幕，非法银杏叶提取物流入云南白药、康恩贝、江苏扬子江、深圳海王、宁波立华等知名乃至上市公司。使“银杏叶提取物”潜规则现象浮出水面，植物提取物风险的潘多拉盒子也随之被打开，成为 2015 年药品中的首要新闻大事。

最终报道确定违法企业 65 家，处罚 59 家，罚款总额高达 1.03 亿、4 家企业被撤销相应制剂批文、4 家企业被吊销 GMP 证和药品生产许可证资质、7 名关键人员 10 年内不许从事药品生产经营活动，8 家企业被移送公安机关。

可能有人会说，提取溶剂变更会有这么大的风险？如果最终产品符合产品质量标准是否就应该没有问题了？下面我们对此进行一些分析。

首先，要明确中药制剂与化学药品的区别，由于中药制剂是多组分协同作用，在一味药材中往往就有几十个乃至更多的组分，限于研究水平和认识，目前对大部分中药的作用机理和关键的药效成分还不能被完全了解，而中药制剂质量标准中一些含量测定的组分，往往只是现在了解、含量相对较高、能够检测的指标成分，并不能完全代表产品的质量状况，也就是说符合中药制剂的质量标准不一定是合格的产品。

其次，对桂林兴达药业有限公司生产的银杏叶片与批准工艺生产的银杏叶片进行对比分析，如表 12－3 所示。

表 12－3　桂林兴达药业有限公司生产的银杏叶片与批准工艺生产的银杏叶片对比分析

项　目	桂林兴达药业有限公司生产的银杏叶片	批准工艺生产的银杏叶片	说　　明
提取工艺	采用 3% 盐酸作为提取溶剂进行提取	采用稀乙醇作为提取溶剂进行提取	采用 3% 盐酸的提取成本较采用稀乙醇大大降低
提取物的质量分析 1	由于采用 3% 盐酸提取，使总黄酮醇苷水解，所以含有较多游离的槲皮素、山柰素和异鼠李素等苷元	总黄酮醇苷	银杏叶中的总黄酮醇苷是以槲皮素、山柰素、异鼠李素为苷元的单糖、二糖、三糖苷，3% 盐酸提取导致黄酮醇苷水解成槲皮素、山柰素和异鼠李素等苷元，而质量标准中检测总黄酮醇苷的前处理也是用甲醇－25% 盐酸(体积比为 4∶1)的混合溶液先进行水解，再检测槲皮素、山柰素、异鼠李素等苷元含量，最后换算为总黄酮醇苷含量。 所以质量标准无法鉴别出提取溶剂变化导致的质量变化。后国家食品药品监管总局采用补充检验方法即直接检测银杏叶提取物中的游离苷元才发现两种工艺的质量差异
提取物的质量分析 2	检测出槐角苷	不含槐角苷	部分提取物中以质量标准中总黄酮醇苷含量测定的槲皮素和山柰素含量较低。由于许多中药材(如槐米、槐角)中都含有这些组分，为了使槲皮素和山柰素的含量符合要求，企业在银杏叶提取物中加入了槐米、槐角提取物以提高它们的含量，但随之在产品中就会含有银杏叶提取物中不存在的槐角苷
判定	经检验，银杏叶制剂中槐角苷检查项不符合规定，定性为假药；游离槲皮素、山柰素、异鼠李素检查项不符合规定，定性为劣药		

所以从上面的分析可以看出，对于中药产品，不能简单地从质量标准的角度来判断产品质量，质量标准仅是产品质量判断的必要条件，但不是充分条件。

从案例 4 中可以看出中药提取过程和呈现问题的复杂性，所以 2014 年 7 月 29 日国家食品药品监管总局发布了《关于加强中药生产中提取和提取物监督管理的通知》(食药监药化监〔2014〕135 号)，其中包括《中药提取物备案管理实施细则》，对中成药国家药品标准处方项下载明，且具有单独国家药品标准的中药提取物实施备案管理；凡生产或使用上述应备案中药提取物的药品生产企业，均应按照《中药提取物备案管理实施细则》进行备案；中成药生产企业应严格按照药品标准投料生产，并对中药提取物的质量负责；对属于备案管理的中药提取物，可自行提取，也可购买使用已备案的中药提取物。对于不属于备案管理的中药提取物，中成药生产企业应自行提取。

1. 中药提取典型工艺描述

在中药提取、分离、浓缩、干燥等工序的控制点中，应关注对质量的影响，关注制法与临床用途的关联性。

中药提取工艺常见工序包括提取、分离、浓缩、干燥等。

中药提取是指利用一些技术最大限度提取中药饮片中的有效成分以提高产品质量及疗效。常见的提取方法有以下几种。

(1) 溶剂提取法

根据中药饮片中各种有效成分溶解度的性质，利用“相似相溶”原理，选用对需要成分溶解度大而对其他成分溶解度小的溶剂，将所需要的活性成分从药材组织内溶解出来的一种提取方法。提取溶剂包括水、亲水性有机溶剂(乙醇等)、亲脂性有机溶剂(苯等)。溶剂提取法得到的药液量一般较大，成分较复杂，一般须进一步分离、浓缩、干燥制得相应的中间产品。

(2) 水蒸气蒸馏法

利用中药饮片中的有效成分能随水蒸气蒸馏而不被破坏的一种提取方法。常用于芳香液、挥发油的提取，如金银花露的提取。

(3) 升华法

利用有效成分升华，从而分离纯化的一种方法。如丹皮酚的提取。

(4) 超临界流体萃取

利用超临界状态下的流体为萃取剂，从液体或固体中萃取中药饮片中的有效成分并进行分离的方法。萃取过程一般分为流体压缩→萃取→减压→分离四个阶段。

分离是指利用一些技术，去除物料中杂质、无效成分，分离得到有效成分的方法。常见的中药提取分离方法有过滤、离心、沉降(醇沉、碱沉、水沉等)、萃取等。

浓缩工序一般是将溶剂提取法得到的中药提取液进行加热等操作，去除药液中的提取溶剂的一种方法。为降低高温对产品质量的影响、提高浓缩效率，一般采用减压的方式进行浓缩。常见浓缩设备有单效外循环浓缩器、多效外循环浓缩器、球形浓缩器等。

干燥是进一步去除提取溶剂的一种方法，一般与粉碎结合，制得相应的提取物粉料。常见干燥方法包括真空干燥箱、带式干燥、喷雾干燥等。

中药制剂的质量与中药提取工艺直接相关，工艺路线决定了药物发挥作用的物质基础。常见中药提取工序及控制点如表 12-4 所示。

表 12-4 常见中药提取工序及控制点

提取工序	关键质量属性	关键控制点	对关键质量属性的影响
提　取	有效成分(或指标成分)含量、杂质含量、收率	溶剂的种类、浓度和加入量	溶剂的种类、浓度和加入量会直接影响有效成分以及杂质成分的溶出
		温　度	渗透、溶解、扩散能力随温度升高而增大，溶液的黏度随温度升高而降低，因此，提取中加热可加强分子运动，又可软化组织，提高溶解度，加速扩散，从而提高提取率。但对含有多量淀粉、黏液质等多糖类的中草药，由于加热可增加它们在水中的溶解度或有效成分遇热易分解，因而影响过滤速度或成品疗效，故应避免用加热法提取

续表

提取工序	关键质量属性	关键控制点		对关键质量属性的影响
提 取	有效成分（或指标成分）含量、杂质含量、收率	时 间		中药成分的提取率随提取时间的延长而增加，直至达到平衡为止。当然时间过长是没有必要的，不仅浪费时间，且往往使无效成分随时间延长而大量提出，影响质量
		饮片规格、成分		中药饮片的表面积越大即饮片越细，提取率越高。但粉碎过细，吸附作用加强，因而扩散速度受到影响，而且黏液质等多糖类用水提取时，由于药粉过细易产生更大的胶冻现象，会使大量细胞破裂，溶质间更易形成糊状，不仅影响有效成分的浸出，而且不易过滤
分 离	有效成分损失率、杂质残留率、收率	沉 降	温 度	醇沉温度低，沉淀物析出与沉降的速度加快
			时 间	沉降时间越长，分离越彻底
			含醇量	通常当含醇量为 50%～60%时可除去淀粉等杂质；含醇量达 60%时，无机盐开始沉淀；含醇量达 75%以上时，可除去蛋白质等杂质；含醇量达 80%时，几乎可除去全部淀粉、多糖、蛋白质、无机盐类杂质，但是鞣质、水溶性色素、树脂等不易除去
		过 滤	温 度	一般加热后药液黏度下降，过滤阻力会减小
			孔 径	物理截留
			压 力	加压能使过滤速度加快，但压力多大可能导致过滤材质破损
		离 心	转 速	转速越快，离心力越强，利用不同物质在离心场中的沉淀速度不同而进行快速分离
浓 缩	有效成分热敏性	温 度		温度升高，热敏成分损失
		时 间		时间长，热敏成分损失
		终点控制		制剂生产操作，终点密度太高会造成有效成分损失
干 燥	水分、有效成分含量、收率	温 度		温度高：水分低、成分损失、收率低； 温度低：水分高、收率高；物理性质变化会对制剂生产造成影响
		时 间		时间长则水分低、有效成分损失、收率低
		均匀性		温度分布的均匀性影响含量、水分的均匀性

2. 中药提取工艺关键控制点

(1) 中药饮片投料量与质量标准一致性

中药饮片的投料质量须与工艺处方一致，中药饮片质量须符合质量标准的要求。由于中药成分的复杂性，其质量的评价主要依据最终产品所含的生药量、生药转化率，难以通过部分指标成分的检测来判断成品的质量。因此在保证中药饮片投料量一致的基础上，过程控制符合产品工艺要求，才能保证最终产品的有效性和安全性。

企业应结合中药饮片、制剂产品的特性，评估制订合理的投料质量允许误差范围。

投料前中药饮片已经过检验、放行，但中药饮片投料量一般较大，投料时对外观等进行检查、复核。

(2) 中药提取物收率控制

中药提取物的收率范围应符合药典等相关法规的要求，如无法规标准，应根据中药材和中药饮片质量、投料量等因素，制订中药提取物的收率限度范围和制剂工艺，确保处方投料量与最终制剂产品的一致性。

中药提取物的收率受原料质量、提取工艺及设备影响较大，同种原料的微小差异、提取参数的波动、提取物的含水量等都会对收率造成影响。

传统中药一般为汤剂，处方药材经制备后得到的药剂均会被患者服用，即处方投料量与服用剂量一致性高。现代中成药一般分为液体制剂和固体制剂，如剂型为固体制剂，提取物收率对制剂产出量的影响可能很大，所以提取物波动范围稳定性的控制是保证中药制剂产品质量的关键。

稳定中药提取物收率首先应确保中药材、中药饮片质量的稳定性、均一性，在产品提取工艺开发过程中需要大量的试验研究工作；其次应控制并稳定提取生产参数，如采取自动化控制等措施；最后，中药提取物收率应符合制剂工艺的要求，减少对制剂工艺和质量的影响。

(3) 中药提取溶剂管理

中药提取溶剂一般为水(饮用水、纯化水、注射用水)或有机溶剂，首先应对提取溶剂进行检测，确认提取溶剂符合相关标准要求；其次，需对提取溶剂的投入量进行确认，提取溶剂的加入量直接影响提取物质量和收率。

中药提取所用的有机溶剂一般会进行回收、再利用，溶剂的回收、再利用或套用过程须结合产品质量特性进行综合评估、制订合理的套用标准，如同产品套用、不同产品套用的区别，套用次数，套用后溶剂的成分变化及检测标准等。溶剂的套用不得对产品造成交叉污染，不得对产品的质量和安全性有不利影响。当提取溶剂废弃时，应加强管理，避免对环境造成污染、恶意的再次利用等。

(4) 中药提取物外购管理或集团共用生产

对中成药国家药品标准处方项下载明，且具有单独国家药品标准的中药提取物可外购，但药品生产企业及提取物生产企业必须实施备案管理。且药品生产企业须对提取物生产过程及质量负责，即加强外购企业的供应商审计及后续跟踪管理。

药品生产企业可以(需要向当地监管部门申报批准)异地设立前处理和提取车间，也可与集团内部具有控股关系的药品生产企业共用前处理和提取车间。但药品生产企业及提取车间必须经药品监督管理局审查批准，且药品生产许可证上需注明相关内容。

中药提取和提取物是保证中药质量可控、安全有效的前提和物质基础，外购或集团共用生产的提取物在用于药品生产前须进行全面评估，确认符合产品的质量特性及制剂工艺要求。评估内容包括：提取物生产质量合规性和质量保证情况(提取原料、工艺路线、质量标准、生产过程、检测数据、包装储运等)；提取物投入制剂产品使用进行工艺验证及成品稳定性考察情况；不同供应单位外购提取物之间的差异比较；同一单位不同批次外购提取物的稳定性等。

（5）微生物污染控制

中药制剂的微生物污染主要来源于原料、设备、环境和人员等，此外由于中药制剂产品内含较多糖类等有机物质，且储存环境的温度、湿度适合微生物生长，因此微生物污染控制需从多方面综合评估。

（6）中药材、中药饮片废渣处理

中药材、中药饮片提取后的药渣，生产中的不合格品，生产过程产生的废弃物等需废弃、销毁处理；如需暂存、处理时，应当有专用区域。中成药生产企业应加强对提取后药渣的管理，促进合理使用，防止流入非法渠道。应建立药渣处置制度。对外提供和销售药渣的，应签订合同，明确药渣数量、流向和用途等，建立可追溯的登记档案。对能分离出完整药材或饮片形态的药渣应采取毁形等措施，防止流入药材或饮片流通环节。

中药饮片提取后药渣量较大，且其内含部分提取溶剂，可对该部分溶剂进行回收，降低后续处理的成本及对环境的污染。

中药材、中药饮片废渣的处理单位须具备相应资质，药品生产企业须对其处理过程及结果进行监管。常见中药废渣处理方法有制作饲料、有机肥、发酵生产可燃气等。

3. 厂房、设施、设备

厂房设置根据产品工艺特性分为一般生产区域和净化区域。一般生产区域内，应有相关措施避免中间产品直接暴露于空气、受微生物污染，可采取管道或密闭桶等方式进行物料输送；针对净化区域，存在物料暴露，需加强环境的清洁、消毒和日常监控。

厂房设施的设置应有防虫措施，对日常虫害进行监控，必要时采取相应措施。

随着中药生产的逐步自动化及密闭收膏的要求，管道越来越多的应用，弯管、死角等较多，且中药中间体一般黏性较大，在线、密闭清洁效果有待确认。可针对产品性质、设备设施构造等综合评估，适当加入人工辅助清洁、部分管道可用软管代替硬管，降低清洁难度及污染风险。生产系统及在线清洁、消毒系统的设计应综合评估各方面风险。

由于中药生产工艺中，加热设备较多，且物料黏性大，难以有效清洁，且中药成分复杂、存在配伍禁忌等问题，厂房设施设置时应避免共线生产。确实需要共线时，应结合设备设施构造、产品特性进行综合风险评估（如结合共线产品物料性质确认共线的可行性，并制订合理的共线生产、清洁方法。结合设备构造、清洁方法评估选择合理的检测指标、取样点等），制订有效措施避免污染及差错的发生。

随着科学技术的发展，自动化技术及相应设备越来越多地应用于提取生产，如计算机化系统的单体设备乃至DCS、MES等用于提取的系统化设施，新技术的应用可有效提高产品质量的稳定性、数据的可靠性。相应设备和系统必须经风险评估、验证，与产品质量属性匹配的基础上进行应用。

提取自动控制系统是利用计算机逻辑控制，将提取工艺编制为可自动化运行的程序。采用变送器测量生产过程中的相应控制参数，如温度、压力、液位等，经计算分析，并通过程序联锁，控制相应电磁阀乃至阀门动作，从而实现自动化生产。提取自动控制系统可实现生产过程数据在线存储、查询，生成电子报表，参数修改审计追踪，生产过程异常情况报警等功能,可有效提高中药生产质量的稳定性、可控性。提取自动控制系统使用是建立在人工操作、对生产工艺操作的细致把握的基础上,且自控系统的设计需符合生产工艺、产品质量的要求,评估各项控制逻辑存在的风险(特别是失控的风险,如信息采集错误、阀门仪表故障、信号丢失等),并提前制订合理有效的预防解决措施。

因此对于提取自动控制系统要进行充分的确认,尤其对于计算机化系统的控制有效性要进行充分的评估,以确保系统能够达到设计的需求。

4. 清洁方法及清洁验证

清洁方法的制订需结合设备构造、管道流向、所生产产品的性质(是否共线,是否具有毒性等)、清洁死角等综合评估,选择合理的清洁剂(清洁剂需可清除生产残留,同时清洁剂残留便于清除且清洁剂残留便于检测)。清洁方法的制订还应综合考虑清洁过程中可变的因素(如清洁的自动化程度、清洁时间、次数、人为因素等),制订的清洁方法应细化、标准,保障清洁效果的一致性。

中药生产设备常用的清洁剂包括水(饮用水、纯化水、注射用水)、碱液、小苏打等,清洁剂应便于清除,清洁剂残留易检测或对产品质量风险低。

中药生产设备常采用同品种多批次连续生产的方式,该情况下应分别制订批间清洁方法、连续生产后的清洁方法,并根据风险评估或清洁验证制订合理的连续生产批次,避免残留、微生物蓄积对产品质量产生风险。

针对毒性药材生产设备的清洁方法,应充分评估,降低交叉污染、毒性成分扩散的风险,可采用特定生产区域、专线设备进行生产。

清洁验证是为了确认清洁方法的有效性。清洁验证是根据所涉及的物料,合理地确定活性物质残留、清洁剂和微生物污染的限度标准,应根据设备构造选择合理的取样点。

清洁验证的范围及次数需经过风险评估确定,如共线生产、清洁效果存在波动时,应选择最差条件进行清洁验证。由于中药成分较复杂,黏性较大,目视检查是一个很重要的标准,但通常不能作为单一可接受标准使用。

5. 工艺用水

工艺用水一般包括饮用水、纯化水和注射用水。中药材洗涤、浸润、提取用水的质量标准不得低于饮用水标准,无菌制剂的提取用水应当采用纯化水。

中药提取设备设施的清洁最后应使用产品生产用水进行,降低对产品质量的风险。

为保障工艺用水的洁净,应从管道、用水点等方面进行评估设计,降低工艺用水受污染的风险,同时便于日常监控、管理。

6. 直接入药中药粉末

直接入药的中药粉末入药前须进行微生物限度检查,微生物限度标准应符合《中国药典》、产品质量要求。由于中药材中微生物负载较大,可结合中药材性质及灭菌方法进行评估,选择适宜的灭菌方法对其进行灭菌。

国家食品药品监督管理总局(CFDA)颁布的《药品生产质量管理规范》(2010 年修订)对中药及其制剂的灭菌操作做了详细的规定,《中国药典》也对中药及其制剂的微生物限度检查提出了严格的要求。灭菌操作作为影响中药及其制剂质量的关键操作单元,将直接影响药品安全、有效及质量稳定。

传统的灭菌技术是以干热灭菌、湿热灭菌、辐射灭菌和环氧乙烷气体灭菌为主。中药化学成分复杂,一些热敏性有效成分会随着高温而受到破坏、挥发损失、降解,直接影响治疗效果,甚至引起严重不良反应。有些中药在高温的作用下药性发生改变,这改变了中药用药的初衷,有的甚至产生有毒物质,残留在药材中必然对患者带来安全隐患。这些方法可能破坏药物的有效成分,影响疗效或可能有辐射、有机溶剂残留,影响用药安全,且能耗大、时间长,影响经济效益。这些方法存在的缺陷和问题对中药及其制剂的质量影响非常大。灭菌操作既要除去或杀灭微生物,又要保证药物的质量稳定性、治疗作用及用药安全,因此灭菌时必须结合药物的性质、剂型等综合选择有效的灭菌方法,合理地运用灭菌技术。

近几十年来出现了微波灭菌、高压脉冲电场灭菌、低温等离子体灭菌、常温瞬时超高压灭菌等多种新技术,但大多还处于实验室研究、小试或中试阶段,尚未广泛应用于工业化生产,未能改变以传统灭菌方法为主导的生产现状。

在中成药和中药饮片的生产过程中,原生药粉的灭菌结果对成品能否符合质量要求关系极大。中药原生药粉和中药饮片灭菌工艺的确定应综合考虑被灭菌原生药粉的性质、灭菌方法的有效性和经济性、灭菌后原生药粉的完整性和稳定性等因素,灭菌方法要经过验证后才能交付正式使用。日常生产中,应对灭菌方法的运行情况进行监控,确认关键参数(如温度、压力、时间、湿度、灭菌剂配比、灭菌气体浓度等)均在验证确定的范围内。此外,对灭菌方法还要定期进行再验证。

7. 中药材、中药饮片、中药提取物、中间产品贮存条件和贮存期限

根据中药材、中药饮片、中药提取物、中间产品的特性和包装方式以及稳定性考察结果,确定其贮存条件和贮存期限。如对温度敏感的药材应保存在透光性差的容器内。需对储存环境的温度进行控制,如易霉变的药材应对储存条件的湿度进行控制。

中药饮片应当贮存在单独设置的库房中,贮存鲜活中药材应当有适当的设施(如冷藏设施)。鲜用中药材采收后应当在规定的期限内投料,可存放的鲜用中药材应当采取适当的措施贮存,贮存的条件和期限应当有规定并经验证,不得对产品质量和预定用途有不利影响。

贮存的中药材和中药饮片应当定期做养护管理。贮存中药材、中药饮片、中药提取物、中间产品的仓库应具备适当的设施,并采取有效措施,保障物料和产品按照法定标准的规定贮存,符合其温度、湿度或照度等特殊要求,并于贮存期间进行监控、记录。

仓库应当保持空气流通,应当配备相应的设施或采取安全有效的养护方法,防止昆虫、鸟类或啮齿类动物等进入,防止任何生物随中药材和中药饮片被带入仓储区而造成污染和交叉污染。中药材和中药饮片贮存期间各种养护操作应当有记录。

12.3.2 工艺变更控制

由于中药制剂的复杂性,对于其工艺变更的管理就需要根据其自身的特殊性进行。

2017 年 9 月 11 日,国家药品监管部门发布《已上市中药生产工艺变更研究技术指导原则》。中药的生产工艺变更已经成为监管部门飞行检查的重点。根据《2016 年度药品检查报告》，在发现问题的中成药生产企业中，为降低生产成本，擅自改变前处理、提取工艺的现象较为突出，因探索性检验发现问题开展飞行检查的，均是企业将处方中部分应提取的中药材不按工艺规程进行提取，而是粉碎后直接投料。《已上市中药生产工艺变更研究技术指导原则》的正式发布，将进一步提升中药行业的生产质量标准和规范。其主要用于指导申请人对已上市中药拟变更生产工艺开展研究，是对《已上市中药变更研究技术指导原则（一）》相关内容的补充和完善。申请人应当根据生产工艺变更对药品安全性、有效性和质量可控性可能产生的影响开展相应的研究。当然，由于中药工艺生产的复杂性，如果通过其他科学研究获得充分的证据，证明工艺变更对药品的安全性、有效性及质量可控性不会产生负面影响，可以不必完全按该指导原则的要求进行变更研究。

已上市中药的工艺变更包括生产工艺路线、方法、参数等变更。中药生产工艺变更可能涉及药材前处理（包括药材净制、切制、炮炙、粉碎、灭菌等）、提取、分离纯化、浓缩、干燥、制剂成型等工艺的变更。药材的前处理是中药生产的重要环节。药材的前处理变更应考察对投料用饮片、后续中间体及药品制剂质量的影响。

12.4 总　　结

通过对比分析，我们了解到中药生产质量管理过程与化学药品存在较为明显的差异，了解这些差异对于中药的生产质量管理是重要的。

由于中医药理论与西医理论有很大的区别，现阶段对于中医药理论的理解很难直接按照西医药的理论进行解释，且由于中药的原料来源主要是动、植物体，来源一致性较难控制，所以在中药生产过程中遭遇的问题更为复杂。中药生产质量管理要尊重传统，发扬民族特色，但又不能故步自封，应在生产过程中逐渐了解认识到中药产品质量属性，并有针对性地开展管理工作，使中药能够更好地满足患者的需求。

思考与讨论

1. 中药和化学药有什么区别？
2. 简述中药材生产质量管理规范对中药的重要性。
3. 中药材为什么需要养护？
4. 中药材炮炙的目的是什么？

第13章

原料药生产质量管理

13.1 概　　述

我国是第二大原料药生产国和第一大原料药出口国，原料药的出口以维生素C、青霉素钾盐、扑热息痛、阿司匹林等大宗原料药为主。原料药生产企业的地域及品种分布并不均衡，原料药及相关中间体的生产商主要集中在以浙江、山东及河北为代表的传统化学工业发达地区；大宗原料药主要集中在东北、华北地区；而以出口为导向、需求量小的原料药及医药中间体的生产主要集中在江浙一带。

我国原料药的四大优势品种如下。

(1) 抗生素：生产水平处于国际先进水平，占据了国际抗生素原料30%的市场份额。

(2) 解热镇痛药：传统的优势原料药品种，其中扑热息痛、阿司匹林和安乃近的产量居世界前位，扑热息痛的产量占世界总产量的近50%。

(3) 维生素：以维生素C(VC)和维生素E(VE)为主要代表。VC年产量近5万吨，是世界最大的生产国和出口国；VE年产量在1.2万吨以上；在其他维生素中，除极少数品种不能生产外，大部分产量和出口量均居世界前列。

(4) 皮质激素类：近几年技术取得重大突破，成本下降，质量达到世界先进水平，市场占有率领先。

13.2 原料药

原料药也称为活性药用成分(Active Pharmaceutical Ingredient, API)，是用于药品生产且成为药品的一种活性成分的任何一种物质或物质的混合物，这种物质在疾病的诊断、治疗、症状缓解或疾病的预防中有药理活性或其他直接作用，或者能影响机体的功能结构。

原料药是用于生产各类制剂的原料药物，是制剂中的有效成分，是由化学合成、植物提取或者生物技术所制备的各种用来作为药用的粉末、结晶、浸膏等。原料药本身是一种具有明确结构的化学物质，在没有被药品生产使用前，它是一种普通产品，只有当它被用于药品生产时，才会被称为原料药。相对制剂来说，原料药是制剂的原料，而制剂中的其他成分，如崩解剂、润滑剂、助溶剂、稳定剂等则称为辅料。原料药和一些辅料经过批准的特定步骤加工后成为药物制剂。原料药只有加工成为药物制剂，才能成为可供临床应用的药品。

1. 按照来源分类

原料药按照来源分为化学合成药和天然化学药。

(1) 化学合成药

化学合成药可分为无机合成药和有机合成药。无机合成药为无机化合物(极个别为元素)，如氢氧化铝等；有机合成药主要是由基本有机化工原料，经一系列有机化学反应而制得的药物，如阿司匹林等。

(2) 天然化学药

天然化学药按其来源分为生物化学药与植物化学药。抗生素一般由微生物发酵制得，属于生物化学药。

原料药中，有机合成药的品种、产量及产值所占比例最大，是化学制药工业的主要支柱。

2. 按照生产分类

(1) 化学合成原料药

大多数的原料药是通过化学合成生产得到的，如磺胺嘧啶。

(2) 提取类原料药

天然化学药多为提取类原料药。

生物化学药来源于有机体，成分多属生物大分子，易被人体吸收，并直接参与人体的新陈代谢，能调节、补充、恢复和维持人体的正常功能。包括蛋白质、酶及辅酶、多糖、脂类、核酸及其降解物等，如肝素、软骨素。

植物化学药是从药用植物中提取、分离获得的一类具有明显生理活性的化学物质，主要包括生物碱、糖及苷类、萜类和蛋白质类等，如东莨菪碱、地高辛。

(3) 发酵类原料药

通过微生物发酵等方法获得的原料药，大多数的抗生素都来源于发酵过程，如青霉素、链霉素等。

(4) 多种工艺组合

采用发酵、提取和化学合成等多种工艺方法获得的原料药，半合成抗生素、甾体激素等多来源于多种工艺的组合，如阿奇霉素等。

13.3 原料药的研发管理

13.3.1 《药物的研发与生产》指南(Q11)

ICH 于 2012 年 5 月 1 日发布了 Q11，与 Q8 关注制剂产品的设计和开发不同，Q11 关注的是原料药的设计和开发，充分体现了从患者的角度进行考量、风险管理的应用、设计空间概念、生命周期的管理等理念；规定了原料药研发的一般原则、方法、关键质量属性、控制策略、工艺验证、生命周期管理以及在 ICH 缔约方辖区内原料药注册申报资料的要求。

13.3.2 起始物料的选择

1. 起始物料

起始物料是原料药生产中的关键物料，指用在原料药生产中的以主要结构片段被并入该原料药的原料、中间体或原料药。主要结构片段是指分子结构中对原料药的药理活性有贡献或是有重要意义的部分。起始物料应当是一种具备明确化学特性和结构的物质，未分离的中间体一般不作为起始物料。起始物料可以根据合同或商业协议从一个或多个供应商处购得，也可以自己生产。

起始物料的关键特点包括化学名称、组成和结构明确；原料药的关键结构组件；有商业来源；理化性质明确，稳定性满足生产工艺的要求；有公认的制备方法，质量可控；越接近原料药的起始物料质量控制应当越严格。

2. 选择起始物料的基本原则

(1) 化学合成原料药起始物料的选择

原料药的物理属性取决于最后的结晶步骤及后续操作（如研磨、微粉化），这些都在生产工艺的末期发生。接近生产工艺前端的物料属性或操作条件发生改变，一般对原料药质量的潜在影响较小。生产工艺早期引入或产生的杂质通常比生产工艺后期生成的杂质有更多机会在精制操作中被除去（如洗涤、已分离中间体的结晶），因此较少可能被带入原料药中。

应充分考虑原料药及生产工艺的控制，包括是否对杂质进行了适当的控制。对原料药的杂质谱产生影响的生产步骤，应当明确杂质在工艺过程中是如何形成的，工艺如何变更会对杂质的形成、去向和去除产生影响，控制策略是否适合原料药的生产工艺。

选择化学合成原料药的起始物料应考虑以下原则：① 杂质来源、走向、清除机制明确；② 杂质的控制策略合理；③ 关键步骤已经确定；④ 起始物料引入后的工艺应遵循 GMP 要求；⑤ 化学性质结构明确并已分离；⑥ 含原料药的关键结构片段。在选择起始物料时应当考虑上述全部原则，而不是孤立地严格遵循每一个原则。

(2) 半合成原料药的起始物料选择

半合成原料药是一种通过将生物来源的成分与化学合成方法相结合，从而引入结构组成的物质。在半合成原料药结构组成中结合了化学合成和生物来源的片段。一般情况下，源物质（微生物或植物）可以作为起始物料，如果合成工艺中的一个已分离的中间体符合上述化学合成原料药起始物料的选择原则，该中间体可作为起始物料。

应对半合成原料药的起始物料、发酵过程和提取过程对原料药的杂质谱的影响以及来源于微生物和其他污染物的风险问题等进行评估。

(3) 生物技术/生物原料药的起始物料选择

细胞库为生物技术/生物原料药的起始物料，也称为源物质，ICH 制定了来源于人或动物细胞系的生物技术产品的病毒安全性评价、rDNA 衍生蛋白质产品生产细胞的表达构建体分析、用于生物技术产品及生物制品生产的细胞基质的来源和鉴定的指南。

13.3.3 杂质研究

原料药质量是药品质量控制的关键和源头，其杂质的研究和控制与药品的临床安全性有密切关系，因此杂质控制成为原料药质量控制的关键环节之一。药品临床使用中的不良反应除取决于药品本身的药理活性外，有时还与药品中的杂质密切相关，因此需要对原料药的杂质进行严格控制。

从杂质来源分析，几乎不可能也没有必要完全除去产品中的杂质。通过选择合适的分析方法，准确分辨和测定杂质含量，综合药学、毒理学及临床研究的结果，确定杂质的合理限度。通过对起始原辅料的源头控制、制备工艺的过程控制、包装材料、贮存条件及有效期的确立等措施，将杂质控制在安全合理的范围内，这是杂质研究的最终目的。因此采用适当的分析方法检出与识别各类杂质，对原料药杂质研究非常重要。

原料药中杂质包括有机杂质(与工艺和药物结构有关的)、无机杂质和残留溶剂。各种杂质的控制要求如下。

(1) 有机杂质

对原料药在合成、精制和储存过程中最可能产生的实际存在的和潜在的杂质应进行研究，对原料药生产过程产生的或原材料引入的杂质及可能的降解产物进行科学、合理的评估。

应对原料药中杂质的检测进行研究，包括对研制和工艺验证的所有批次产品的试验，为鉴定在储存期间可能产生的潜在杂质而进行的影响因素试验。应对拟上市的原料药批次和研发过程中的杂质情况进行比较，并评估其差异。

原料药中实际存在的、含量大于鉴定限度的杂质的结构应得到确证。所有生产及储存过程中出现的大于鉴定限度的杂质的结构都应得到确证，对表观含量小于鉴定限度的杂质可以不鉴定，对含量小于鉴定限度但可能产生不寻常功效或毒性药理作用的潜在杂质，应采用合适的分析方法进行控制。

(2) 无机杂质

无机杂质通常按《中国药典》中规定的或其他适当的方法来检测和定量，应根据评估结果确定是否在原料药质量标准中增加无机杂质检查项目，其限度应根据药典或已知的安全性数据来制订。

原料药中可能存在一些元素杂质，导致不能为患者提供任何治疗效果，因此需要对原料药中的元素杂质进行控制，确保其含量控制在可接受的限度范围内。

元素杂质可以以单独或组合的形式被引入原料药中，进行风险评估时，需要考虑每一种来源的潜在贡献，以确定元素杂质的整体贡献情况。

ICH Q3D 规定了元素杂质的允许浓度，控制元素杂质是原料药全面控制策略的一部分，它能保证元素杂质不超过允许日接触量(Permitted Daily Exposure, PDE)，当元素杂质有可能超过控制阈值时，需采取更多的措施来保证其水平不超过 PDE 值。

原料药生产过程中通常采用的措施包括但不限于：改进生产工艺，通过特定或非特定的精制步骤将元素杂质降低至控制阈值以下；实施过程控制或上游控制，将元素杂质的浓度限定在控制阈值以下；建立原辅料、中间体的质量标准限度；建立原料药的质量标准限度；选择合适的容器包装系统。

(3) 残留溶剂

在原料药生产中选择适当的溶剂可提高产量或决定原料药的性质（如晶型、纯度和溶解度等），因此溶剂有时是原料药生产中非常关键的因素。残留溶剂是原料药生产过程中产生或使用的有机挥发性化合物，它们在工艺中不能完全被除尽，ICH Q3C 规定了残留溶剂的限度标准。

在原料药的生产中也可能用到一些溶剂，因为没有足够的毒理学数据，故无 PDE 值，在使用这些溶剂时应对这些溶剂在制剂中的残留水平进行合理控制。

由于残留溶剂没有疗效，因此所有残留溶剂均应尽可能除去，以符合产品质量标准、GMP 或其他基本的质量要求。在原料药的生产或纯化过程中使用溶剂时，应进行相关残留溶剂的检验，以使原料药中残留溶剂符合标准要求。

13.3.4 关键工艺参数的确定

1. 关键质量属性

原料药的关键质量属性（Critical Quality Attributes, CQAs）通常包括那些影响鉴别、纯度、生物活性和稳定性的属性或特征。当物理性质对药物制剂的生产或性能产生重要影响时，也可将其指定为关键质量属性。对于生物技术产品/生物制品而言，由于大部分的制剂关键质量属性皆与原料药相关，因此其关键质量属性是其原料药设计或其生产工艺的直接结果。

关键质量属性是某种物理、化学、生物学或微生物学的性质，应当有适当限度、范围或分布，保证预期的产品质量。潜在的关键质量属性被用于指导工艺开发，随着对原料药知识和工艺的理解的不断加深而更新。

原料药质量的确立应考虑在制剂中的使用情况，同时应对其理化性质、生物和微生物属性或特性有充分的认识和理解，这将对药物制剂的开发产生影响（如原料药的溶解性可能会影响剂型的选择）。目标产品的质量概况（Quality Target Product Profile, QTPP）、药物制剂潜在的关键质量属性及之前相关产品的经验有助于确认原料药潜在的 CQAs，杂质因可能会对药物制剂的安全性产生潜在的影响，因而是一种重要的关键质量属性。

复杂产品通常具有大量的质量属性，无法全面评价其对产品安全性和有效性的影响，可以运用药品的作用机制及生物学特性的知识，采用风险评估的方法对关键质量属性进行排序或确定优先级。先前的知识可以用在原料药开发的初始阶段，并根据生命周期中的开发数据（包括来自非临床和临床研究数据）重复更新评估。

2. 物料属性和工艺参数与原料药 CQAs 的关联

可以采用风险评估来确认对原料药的关键质量属性有潜在影响的物料属性（如原材料、起始原料、试剂、溶剂、工艺助剂、中间体的属性）和工艺参数，并采取控制策略来处理。

风险评估包括对生产工艺能力、属性检测能力及对原料药质量相关影响的严重度的评估，以确定与原料药上游的物料有关的控制策略的要素。例如，当评估物料、中间体的一个杂质与原料药关键质量属性的关联时，应考虑原料药生产工艺除去该杂质或其衍生物的能力。

与杂质相关的风险通常可以通过对原材料或中间体的质量标准，以及后续工序中稳定的纯化能力来进行控制。风险评估也可以确认那些在原料药的检测能力上有内在缺陷的关键质量属性（如病毒安全性），并在合适的生产工序中进行控制。

原料药的研发应关注对杂质的了解和控制，应理解其形成、去向、清除及与在原料药中存在的最终杂质之间的关系。由于杂质是通过多重工艺操作而产生的，因此需要对工艺过程进行评估来建立合适的杂质控制。

一般物料的质量标准和工艺参数范围主要基于批工艺历史和单变量实验来确定，但采用风险管理和科学知识可以更全面地理解物料属性和工艺参数与CQAs的关系和相互作用的影响，可以使用风险评估来确认那些可能影响CQAs的工艺参数。

采用风险管理来确定合适的物料质量标准及工艺参数范围需要遵循以下步骤：确认工艺变化的潜在源头；确认可能会对原料药质量产生最大影响的物料属性及工艺参数，这些可以基于之前的知识和风险评估工具；设计并进行研究来确认与确定物料属性和工艺参数同原料药CQAs之间的关联和关系；对数据进行分析与评估，来设定合适的范围，必要时建立设计空间。

可以开发小规模的模型，并用于支持工艺开发研究，模型开发时应考虑规模效应及生产工艺的代表性。一个科学的、确证好的模型能够预测质量，并可以被用于支持多种规模和设备的操作条件的研究。

3. 确定关键工艺参数的基本思路

关键工艺参数是对原料药生产或质量影响较大的工艺参数，通常在工艺研究阶段确定或来自历史数据，每个关键工艺参数的范围应当予以明确并得到有效控制，如超出参数范围，将会影响产品质量。

关键工艺参数的研究通常应当包括以下方面：定义产品与工艺相关的CQAs；确定对CQAs会产生潜在影响的工艺参数，即确定潜在关键工艺参数；研究潜在关键工艺参数范围，结合生产设备的控制能力确定关键工艺参数。

(1) 确定CQAs

CQAs发生偏差，将会影响药品的有效性及质量稳定性，从而威胁患者的生命安全。原料药在研发过程中应先根据相关的研究资料、药典标准、毒理数据、临床研究数据、制剂质量检测数据及加速和长期稳定性的结果等建立其质量标准，再对原料药质量标准中的质量属性逐一进行风险评估，根据质量属性对药效、安全性的影响程度来确定CQAs。

(2) 确定潜在关键工艺参数

潜在关键工艺参数是指可能对CQAs有影响的工艺参数。确定CQAs后，结合对工艺的理解，列出原料药CQAs与工艺步骤及其工艺参数之间的关系，从而判断潜在关键工艺参数。

(3) 确定关键工艺参数(Critical Process Parameter, CPP)

通过设计单因素或多变量等实验方案，分析实验所得数据，得出潜在关键工艺参数的范围，再结合生产设备的特性及控制能力，最后确定关键工艺参数。

可能对产品质量造成影响的典型CPP有温度、压力(真空)、质量、体积、程度、浓度、pH、时间(持续时间)、尺寸、数量、滴加速度、加热或冷却速度、搅拌转速或其效果(对多相体系重要)等。

13.4 原料药的生产特点

13.4.1 原料药工艺特点

原料药是用于生产各类制剂的原料，是制剂中的有效成分。原料药生产常采用化学合成、提取、发酵或组合工艺，生产工艺复杂多样，所用原辅料、生产设备具有其特殊性。原料药的生产有以下特点：往往包含复杂的化学变化和/或生物变化过程；具有较为复杂的中间控制过程；生产过程中往往会产生副产物，通常需要有纯化过程；不同品种的生产设备与生产工艺不同；同一反应设备有时会用于不同的反应；自动化程度越来越高，自动化生产设施设备、过程分析技术的应用越来越多；有些化学反应和生物反应的机理尚未彻底明了；污染更多可能来自设备物料的降解物，可能会随着工艺带到别的设备中。

13.4.2 GMP 管理要求

原料药的质量应符合药品注册标准，其生产应当符合药品生产许可和注册批准的要求，全过程应符合 GMP 管理要求。非无菌原料药的精制、干燥、粉碎、包装等生产操作的暴露环境应当按照 D 级洁净区的要求设置，无菌原料药的粉碎、过筛、混合、分装应当在 B 级背景下的 A 级洁净环境下进行。

13.4.3 安全生产

原料药生产中的安全涉及面很广，杜绝安全事故特别是重大的安全事故发生，是原料药安全生产需要关注的问题，因此必须了解所使用的设备的特定操作方法，了解原料药生产特定操作的原理，避免操作失误造成的安全隐患，同时还要对有关化学药品安全使用及出现事故的处理方法有所了解。

1. 常见危险及有害因素

在原料药的生产中，常见的危险及有害因素有火灾、爆炸、中毒和窒息、灼烫、触电、机械伤害等。

2. 化学品的正确使用和安全防护

(1) 防毒

大多数化学品都有不同程度的毒性，可通过呼吸道、消化道和皮肤进入人体而使人中毒，因此，使用前应了解其毒性、性能和防护措施，针对不同的化学品及中毒情形，采取相应的应急处理方法。

(2) 防火

为了能迅速扑灭火灾,必须按照现代的防火技术、生产工艺过程的特点、着火物质的性质、灭火剂的性质及取用是否便利等原则来选择灭火剂。常用的灭火剂有水、水蒸气、泡沫液、二氧化碳、干粉、卤代烷等。

(3) 防电

要保证电气设备的安装质量;加强用电管理,严格遵守有关安全规程和操作规程;对各种电气设备按规定进行定期检查;加强技术培训,普及安全用电知识,开展以预防为主的反事故演习。

(4) 防冲料

剧烈的化学反应过程可导致冲料甚至爆炸事故。生产人员必须坚守岗位,严密观察反应过程状况,控制反应温度、压力和物料滴加速度,保证气路畅通。

(5) 防爆炸

控制和降低易燃液体蒸气或薄雾在空气中的浓度,使其出现爆炸范围的可能性降低到最低程度,消除或控制足以点燃爆炸性气体混合物的火花、电弧或高温是采取各项技术措施的基本出发点。

(6) 防灼伤

除了高温以外,液氨、强酸、强碱、强氧化剂、溴、磷、钠、钾、苯酚、醋酸等物质都会灼伤皮肤,应注意不要让皮肤与其接触,尤其防止溅入眼中。

(7) 使用高压容器的安全防护

生产过程中有时会用到高压储气钢瓶,使用不当,会导致爆炸,因此生产操作人员需要掌握有关常识和操作规程。

13.4.4 绿色与环保

随着国家对环境保护力度的加强,化学原料药行业越来越成为环保关注的焦点,环保标准和要求的提高也给原料药行业带来一定的压力。绿色、低碳、环保是未来原料药企业发展的必经之路,原料药生产企业必须通过生产工艺、技术改进降低成本,提高污染的治理水平,提高行业清洁生产水平,加强污染治理,逐步替代高污染产品。

1. 原料药环保现状

我国是原料药中间体出口大国,同样也是污染大国,制药工业总产值不足全国 GDP 的 3%,但污染排放总量却达到 6%,以维生素、青霉素等代表品种为主的原料药属于高污染、高耗能产业,对大气、水域的污染尤为严重。

《中华人民共和国环境保护法》(2014 年修订)被称为史上最严环保法,其强化了企业污染防治责任,加大了对环境违法行为的法律制裁。《中华人民共和国环境保护法》(2014 年修订)对违法企业的处罚上不封顶,同时环保部门可以对企业直接进行查封,甚至对责任人进行直接拘留,增加了对企业的威慑力,大大提高了企业违法的成本。

环保问题是原料药生产企业发展必须面对的首要问题,如果没有做好环保工作,企业将面临停产甚至退出制药行业的风险。目前我国原料药企业的环保工作普遍做得不到位,而环保的投入是巨大的，市场机会将青睐于环保投入大、对生态友好、注重节能减排的高新企业，未来环保处理能力将成为原料药企业的核心竞争力。

2. 原料药企业的三废处理

原料药属于精细化工行业，生产品种多，生产工序多，原材料利用率低，在原料药生产中往往产生大量的废水、废渣和废气，而原料药生产产生的三废通常具有成分复杂、有机污染物种类多、含盐量高、氨氮浓度高、色度深等特性，治理难度比其他工业大。

(1) 废渣的处理

废渣指在原料药生产过程中产生的固态、半固态或浆状废物，包括生产过程中进行化合、分解、合成等化学反应所产生的不合格产品(包括中间产品)、副产物、失效催化剂、废添加剂、未反应的原料及原料中夹带的杂质等，直接从反应装置排出或在产品精制、分离、洗涤时由相应装置排出的工艺废物等。废渣污染控制首先需要从污染源头开始，改进或采用清洁生产工艺，尽量少排或不排废物；同时要强化对污染的控制，实行从产生到最终无害化处置全过程的严格管理。废渣的处理方法主要有化学与生物处理法、脱水法、焚烧法和填埋法等。

(2) 废水的处理

制药工业废水一般分为合成药物生产废水、抗生素生产废水、中成药生产废水、各类制剂生产过程中的洗涤水和冲洗废水，常用的处理方法有物化法、生物法以及它们组合的处理方法。

对于制药工业废水的治理，应落实清洁生产，通过改进设计、使用清洁的能源和原料、采用先进的工艺技术与设备、改善管理，从源头减少污染，提高资源利用效率，减少或者避免污染物的产生和排放，以减轻或者消除对人类健康和环境的危害。此外应加强物料回收和综合利用，如发酵菌体的回收利用、提取用溶剂的回收、工艺用重金属的回收等。

(3) 废气的处理

废气主要来源于生产和加工过程，原料药生产过程中产生的废气种类繁多，排气量大，废气中的组成复杂。废气常含有多种有毒、致癌、致畸、致突变、恶臭、强腐蚀性及易燃易爆的组分。

根据废气的来源和特点，可采取以下对策以减少对大气的污染：改进生产工艺，开发和采用无废或少废生产工艺，推行清洁生产，是减少废气排放的根本途径；合理调整生产布局，改善产品结构；加强综合利用，使废气资源化；开发和应用各种有效的废气治理高新技术。废气可采用直接燃烧法、热力燃烧法、催化燃烧法和吸附吸收法处理。

3. 环保政策带来的影响

(1) 环保政策

2012 年国务院发布《重点流域水污染防治规划》，要求加大医药等企业结构调整，关停高污染、高能耗的“低、小、散”企业，部分地区对医药企业排放废水的标准做出了限制，之后对水、大气、土壤的监管逐步加强，2014 年 7 月大气污染防治行动计划实施情况考核办法实施细则出台，要求限制产能扩张，淘汰落后产能。

修订后的环保法于 2015 年 1 月正式实施，不仅增加了行政拘留、查封扣押等强制性处罚,还实行排污许可管理制度,没有排污许可证的不许排污。2015 年 4 月《水污染防治行动计划》(简称"水十条")接踵而至,原料药制造被列为十大重点整治行业之一,需实施清洁化改造,新建、改建、扩建项目实行主要污染物排放等量或减量置换,制药(抗生素、维生素)行业实施绿色酶法生产技术改造,同时,"水十条"对工业排放污水进行分类,原料药企业污水排放受到限制。

2016 年《中华人民共和国环境保护税法》出台,将"环保费"改为"环保税",同时对于排放少的企业给予税收减免,增加了纳税人减排的税收减免档次,环境保护"十三五"规划中,要求原料药企业推进行业达标排放改造。

(2) 环保政策带来的影响

最严环保法实施以来,部分企业由于环保压力较大,主动或者被动选择了停产,导致产能减少。随着环保标准的提升,企业面临高昂的环保成本压力,由此推动了中间体与原料药价格的上涨。随着环保压力的增加,不达标企业将面临限产、停产整治,直至达标排放,原料药的供给将受到限制,原料药行业垄断的现象将会更加严峻。

(3) 原料药企业发展方向

在严峻的环保压力下,促进产业升级,寻求新的增长方式是原料药产业持续增长的必由之路,我国原料药国际化程度的提高,不应仅仅表现在数量上,而应更多地体现在质量上。

未来原料药将提倡清洁生产,实现污染集中治理和资源的综合利用,推动节能技术和设备的应用,实行管道化、密闭化、自动化、智能化,促使原料药生产企业严格执行制药工业节能节水标准,淘汰能耗高、运行效率低的落后工艺设备,促进经济效益和生态效益的协调发展。

13.4.5 特定操作

1. 萃取与洗涤

萃取是利用物质在两种不互溶(或微溶)溶剂中溶解度或分配比的不同来达到分离、提取或纯化目的的一种操作。应用萃取方法可以从固体或液体混合物中提取出所需物质,也可以用来洗去混合物中少量的杂质。

2. 重结晶

重结晶是利用固体混合物中各组分在某种溶剂中的溶解度不同而使其相互分离,一般先将不纯固体物质溶解于适当的热的溶剂中制成接近饱和的溶液,趁热过滤除去不溶性杂质,冷却滤液使晶体析出,而易溶性杂质仍留于母液中,过滤将晶体从母液中分出。

3. 减压蒸馏

减压蒸馏是分离可提纯有机化合物的常用方法之一,特别适用于那些在常压蒸馏时未达沸点即已受热分解、氧化或聚合的物质。

4. 磺化反应

磺化是一类重要的有机合成反应,分直接磺化和间接磺化。以磺酰基(—SO_3H)取代化合物中的氢原子，称为直接磺化，几乎所有芳环和杂环化合物都可以进行直接磺化，少数脂肪族和脂环族化合物，也可以进行这类反应。间接磺化是以磺酸基取代苯环上的非氢原子，如巯基或重氮盐。

5. 氧化反应

根据氧化剂和氧化工艺的不同，分为空气（氧气）氧化和化学试剂氧化。原料药生产常用化学试剂氧化法，具有选择性好、过程简单、方便灵活等优点。

6. 硝化反应

向有机分子中引入硝基的反应称为硝化反应，常见的硝化反应是芳烃的硝化，是作为制备氨基化合物的一条重要途径，进而制备酚、氟化物等化合物。硝化是强放热反应，放热集中，需要考虑热量的移除。

7. 氢化反应

氢化是有机化合物与氢分子的反应，原料药生产中的氢化一般有不饱和键的氢化、脱去某些保护基团（又称氢解）。在氢化反应中，高压可以增加氢在溶剂中的溶解度，氢压对反应速度的影响可以是呈线性的，也可以是呈二次方关系的，甚至有更强烈的影响。催化剂在氢化反应中起着重要的作用，大部分氢化都是在催化剂的催化下完成的。

13.5 原料药生产的新趋势

随着科技的发展，自动化生产设备和在线监测系统也越来越多地应用于原料药的生产。

13.5.1 过程分析技术(Process Analytical Technology, PAT)

传统的过程分析指采用在线仪器或者手段对过程流动的物料进行物理或化学的分析，即在过程中分析。随着原料药新技术发展，不仅过程中的物料需要分析，对于整个过程的运转和整体规律也需要分析。PAT将PAC方法、反馈控制策略、信息管理工具、产品（过程）优化策略集成用于产品生产，是一个连续在线的产品质量控制和评价平台，其优势在于改善过程的理解、更快的工艺开发、在线评估产品的质量和实现高级的控制策略。

PAT是将现代数学、理化、微生物等学科的理论与技术和风险管理整合为一体的“综合性分析”操作，通过在线工艺分析仪器对原材料、在线物料以及工艺过程的关键质量参数和性能特征进行及时测量，来设计、分析和控制生产过程，准确判定中间产品和最终产品质量状况，PAT正逐渐应用于制药工业。

PAT是一个系统，是依据生产过程中的周期性检测、关键质量参数的控制、原材料和中间产品的质量控制及生产过程，确保最终产品质量达到认可标准的程序。PAT技术大致分为多变量数据获得和分析工具，现代工艺过程分析工具，工艺过程、终点监控和控制工具，持续性改进和信息管理工具。

FDA于2004年发布了PAT指导性文件，将PAT定义为“一个通过即时测量原料、过程中物料和过程本身的关键质量指标来实现设计、分析和生产控制的系统，目的是确保最终产品的质量”。其作用具体表现在：① 采用在线测量和控制，缩短生产周期；② 防止废品、破损或者返工造成的损失；③ 实时发布系统的变化详情，如即时的物料变化关系、反应进度等；④ 提高自动化水平，减少人为误差和提高操作安全性；⑤ 节能、降耗和提高生产能力；⑥ 改进过程的连续性，以提高效率和灵活性。

1. PAT方法

PAT方法主要有光谱、色谱、质谱与联用等方法。

1）光谱法

光谱法通过把分析数据转换到集散控制系统（Distributed Control System，DCS），形成生产控制信号，最终控制执行元件（如温控仪、阀），包括原子发射光谱法（Atomic Emission，AES）、原子吸收光谱法（Atomic Absorption Spectrometry，AAS）、紫外-可见吸收光谱法、红外光谱法等。

2）色谱法

色谱法通过把分析数据转换到DCS系统，形成生产控制信号，最终控制执行元件（如温控仪、阀），通常分气相色谱（Gas Chromatography，GC）和液相色谱（Liquid Chromatography，LC）两种。色谱法因为分离效率高、灵敏度高、分析速度快而被广泛应用。

2. PAT在原料药生产中的应用

产品质量是在过程中形成或者是由过程设计决定的。FDA的PAT指南作为CGMP的开创性组成部分，通过促进生产过程的改革创新以减少制药行业中的有害风险。使用PAT技术可以提高对生产过程和产品的理解，提高对生产过程的控制，其益处在于：降低操作运行成本，改善质量，提高安全性，缩短开发周期和上市时间，减少环境污染，便于监管。

1）在制粒、粉碎与混合生产中的应用

（1）粉粒的水分检测

近红外（Near-Infrared，NIR）分析利用了水分对某几个波长（1.43 μm、1.94 μm、2.95 μm）的光有着很强的吸收特性的原理，能够准确测定多种物料成分中的含水量。其优点为：① NIR法检测水分是非接触式测量，不接触产品或样品，对被测物是无损测量；② 检测时间、响应时间短；③ NIR法测量过程中，对人体无害；④ 测量准确，能反映百分数与趋势；⑤ 能够实现在线测量；⑥ NIR测量有着很高的灵敏度。但由于NIR穿透深度仅为几微米，因此检测的是粉粒表面水分。

（2）在线粉碎粒径分析

原料药生产的粉碎工艺正向超细化发展，对粉碎物粒径的在线分析也越来越重要。把激光衍射系统和干法分散系统相结合，能对粉碎后颗粒粒径大小与粒径分布进行在线检测。气流粉碎机参数变动导致粒度变化情况也满足生产过程的实时监控要求。

（3）混合检测的应用

混合生产过程中有很多指标需要及时检测，PAT混合分析设备可以在不停止生产、采样、检测并重启设备等一系列操作下实现实时检测，能够迅速对混合组分的排列和尺寸进行鉴定并成像，从而得到混合更完整的信息。

2）在生物发酵生产中的应用

在线生物高效液相色谱(Bio HPLC)分析方法是高效液相色谱在生物发酵自动检测技术的发展，解决了生物发酵中蛋白浓度的在线检测，改善了处理过程的无菌状况，通过提高取样检测频率、浓度滴定值与组分的检测结果更符合实际时间，融入集散控制技术(Distributed Control System，DCS)，使产品质量进一步提高。

3）在多晶型研究中的应用

PAT 不仅有助于快速准确地得到结晶过程的热力学和动力学等基础数据，还有助于进一步了解结晶过程的机理，为优化结晶工艺提供强有力的辅助工具。

(1) 溶解度研究

借助 PAT 技术，可以方便快捷地获得相应晶型的热力学性质，还能实时监测过程中固相的结构，确保没有晶型转变的发生，从而保证测量数据的准确性和可靠性。

(2) 成核研究

利用 PAT 技术可以监测在不同温度下多晶型的成核过程，不同溶剂对多晶型成核和转晶过程的影响以及间歇结晶过程中的多晶型现象。

(3) 转晶研究

PAT 技术可以进行原位检测，实时反映出体系中固相和液相组成以及浓度的变化，定性和定量分析结晶过程中出现的不同晶型。

(4) 在洁净空气监测中应用

利用光谱技术可以测定存在于液体或空气中的小粒子的数量和大小，还能检测出每个粒子是惰性的还是具有生物活性的，可以用于原料药生产洁净空气的监测，确保洁净区环境符合法规要求。

(5) 在制药装备中的应用

制药装备设计应考虑 PAT 的应用，通过实行“设计保证质量”的原则，匹配在线的测量与控制系统，利用高密集的、可再现性的产品数据以及更好的控制单元操作，缩短生产周期，防止产生次品和废料，提高操作人员的安全性和整体的生产效率，提高产品质量。

13.5.2 连续化生产

大多数原料药企业采用传统的间歇性批次生产模式，在生产过程中，每个单元生产结束后都需要对中间产品进行检测，检验合格后方能进入下个单元生产操作，每个单元生产实际耗时不长，而大部分时间主要用于产品周转与检验。生产企业多采取加大批次的投料量以减少取样与中间检验次数来提高效率，但同时也带来相应的弊端：① 设备体积、质量等越来越大，变得笨重、不灵活；② 由于投料量的增加，周转的料桶随之增加，占用了大量厂房空间，降低厂房的利用率；③ 增加了设备成本及维保等费用；④ 库存难以预测，更换批次时间长，市场反应慢等。

随着原料药行业的竞争日益激烈，原料药生产企业对生产效率、产能等要求的不断提高，传统的间歇性批次生产模式已不能满足生产需求。更多的企业在考虑是否可以有效地将中间环节缩短从而减少中间产品的占用时间，或者采用新的工艺来完成生产，从而对市场信息作出快速响应，甚至订单化生产。

随着科技的长足进步，连续化生产模式已在多个跨国企业得到应用，国内的原料药企业也开始了连续化生产模式的探索，新的生产模式为原料药生产提供了一个更高效、更经济、更具柔性的可行性方案，药品监管部门（如 FDA、EMA、NMPA 等）也对连续制造表示高度关注。间歇性批次生产模式与连续化生产模式的比较如表 13 - 1 所示。

表 13 - 1　间歇性批次生产模式与连续化生产模式的比较

间歇式批次生产模式	连续化生产模式
设备笨重、占地面积大	设备精巧、占地面积小
设备布局有局限性	工艺灵活，合理利用空间
人为干预多，劳动密集型	少量专业人员即可
手动清洗	干洗及 CIP 清洗
过程缓慢，响应慢	过程可控，始终如一的受控状态

1. 连续化生产技术要求

连续化生产是指企业将原材料投入设备，按照实际工艺需求，按顺序连续不断地加工，最后制成最终产品进行销售。连续化生产是依靠现代化的控制方式及可靠稳定的工艺过程，来保证最终的产品品质一致性。连续化生产工艺相对于传统批次生产模式，对设备的硬件与软件均提出一定的技术要求。

（1）自动化

原料药的连续化生产过程中，需要进行严格、可追溯并且可验证的监控，同时采用在线取样、在线检测等辅助手段，使整个生产过程始终处于受控状态，这些需要自动化来实现，同时自动化也避免了人为干预，有益于生产的质量管理和控制。自动化不仅包括设备的自动化，还包括生产的自动化、数据采集的自动化、生产管理的自动化，只有这样才能保证连续化生产的高效、稳定、可靠，产品始终如一。

（2）密闭性管道安全输送

将传统的单元操作之间的物料周转步骤改为密闭管道输送，使连续化生产在密闭环境下进行，产品不会受到环境污染以及不同产品的交叉污染，极大地改善了环境卫生，大大降低粉尘爆炸的风险，同时可以通过系统集成，使设备占地面积减小，空间得到有效利用。

（3）节能环保

随着能源危机蔓延以及环境污染的加剧，制药工业成为环保攻坚的重点治理目标，连续化生产工艺将流程缩短，生产设备精巧，设备主要使用洁净气源，无污染且系统耗能低。

（4）GMP 的考量及在线清洗（CIP）的应用

原料药生产过程应符合 GMP 要求，连续化生产减少了人为干预，通过触摸屏操控设备，降低了产品污染的风险。此外，连续化生产更容易实现集中除尘、集中排水，保证生产车间的洁净度及最终产品的质量。

CIP 的应用彻底摆脱了设备清洗环节对操作人员的依赖，且自动化程度高，降低了生产过程中潜在的质量风险。

2. 连续化生产设备

原料药连续化生产模式对工艺设备提出了新的技术要求，为原料药生产提出了更经济灵活的新方案，同时，产品质量源于设计，新工艺也离不开专业设备及专业技术的支持。

随着制药工艺的不断发展和制药企业对原料药设备的需求，在线腐蚀可控技术、与工艺结合的模块化技术、液压和可膨胀隔膜组合的脱水技术、模拟与虚拟技术等新技术在原料药设备中得到应用。连续化生产典型设备包括物料输送系统、气动混合设备、耐磨型金属蝶阀、在线计量配料系统、粉末设备 CIP 系统和自控系统等。

3. 微通道反应器的应用

微通道技术（连续流技术）逐步进入原料药及中间体生产领域，利用微通道反应器进行原料药合成反应的研究已经成为微流控芯片和合成化学领域中新的研究热点，与在常规反应容器中进行的化学反应相比，微通道反应器具有混合时间短，比表面积大，反应物用量小，适用于在线监测，催化效率高，副反应较少，反应时间可控，系统易集成及新药物筛选效率高等特点。

微通道反应器已成功应用于多种反应：金属有机多步化学合成、气—液—固浆状流选择性加氢、二肽合成、光化学合成反应（氯化、溴化等）、简化传统的磺化反应、格氏试剂制备、低温反应、贝克曼重排反应、选择性硝化反应、过氧化物合成、气—液两相（纯氧）氧化反应、酯化和水解反应。

13.6　生产管理与过程控制

13.6.1　产业化的要素

合适的厂房与设施、足够数量并具有适当资质的人员、适当的生产设备以及完善的文件系统是原料药产业化的基本要素。

1. 人员

所有人员应当明确并理解自己的职责，熟悉与其职责相关的要求，接受必要的培训。从事原料药生产的相关人员还应接受原料药特定操作的培训，高风险操作区（如高活性、高毒性、传染性、高致敏性物料的生产区）的工作人员应进行专门的培训。

应当配备与生产产品和规模相适应的质量控制人员，负责原辅料、包装材料、中间产品和成品的质量控制，检验人员应具相应的资质并经过与所从事的检验操作相关的实践培训且通过考核。

2. 厂房与设施

厂房和生产设施应当根据所生产原料药的特性、工艺流程及相应洁净度级别要求合理设计、布局和使用。应有足够的空间用于原辅料、中间产品、包装材料和成品等各类物料和产品的存储，仓储区应当能够满足物料或产品的贮存条件（如温湿度、避光）和安全贮存的要求。

原料药的精制、干燥、粉碎和包装等生产操作的暴露环境应当在洁净环境下进行。非无菌原料药的精制、干燥、粉碎、包装等生产操作的暴露环境应当按照 D 级洁净区的要求设置。无菌原料药的粉碎、过筛、混合、分装应在 B 级背景下的 A 级洁净区中进行。

使用有机溶剂或在生产中产生大量有害气体的原料药的精制、干燥工序，在确保净化的同时要考虑防爆、防毒的有效措施，应保持相对负压，回风不宜循环使用。原料药精制、干燥、包装区域的废气、废液的排放要有防止倒灌的措施。高致敏性、易感染、高药理活性和高毒性等原料药的精制、干燥和包装应在专用和独立厂房或专用区域中进行，使用独立空气处理系统和专用设备。

3. 设备

应当根据原料药特性以及生产工艺要求选择相应的生产设备，并配备适当量程和精度的衡器、量具、仪器和仪表。设备的选型应符合原料药生产的特性，根据产品生产工艺要求的不同选择符合条件的材质、容积、转速等装备，应考虑采用高新生产设备，以提升产品能级、降低员工劳动强度、改善环境污染。精制、干燥、粉碎、包装相关设备通常不易清洁，选用设备时要尽可能考虑在线清洗系统。设备应经过确认，运行稳定可靠，设备的性能和精度能够满足生产工艺要求，维护和保养方便，不影响产品质量。

应当根据产品工艺要求配备相应的水处理系统，非无菌原料药精制工艺用水至少应当符合纯化水质量标准。应当配备与产品性质和生产规模相适应的检验仪器和设施，检验用衡器、量具、仪表、记录和控制设备以及仪器应经校准，校准的量程范围应涵盖检验的使用范围。

4. 文件系统

应建立完善的生产质量管理体系，制定保证药品质量的规章制度。应当制定内容正确的原辅料、包装材料、中间产品和成品的书面质量标准、产品工艺规程、操作规程以及记录等文件，以规范原料药生产过程中的所有活动和行为。

13.6.2 中间体或 API 的混合

生产企业为了增加批量，经常会将中间体或原料药进行混合。

混合是指将符合同一质量标准的原料药或中间体进行合并，以得到质量均一的中间体或原料药的工艺过程。生产过程中将来自同一批次的各部分产品在生产中进行合并，或者将几个批次的中间体合并在一起作进一步生产，可作为生产工艺的组成部分，不视为混合。

只有合格的单批才能用于混批，不合格批次不得与其他合格批次混合。拟混合的每批产品均应当按照规定的工艺生产、单独检验并符合相应质量标准。对于一些低风险的、不易变化的项目，如重金属、炽灼残渣，若工艺有充足的能力来保证或者对于有些项目如干燥失重，其工艺能力以及历史数据表明，实际结果远低于既定标准，可以采用定期抽检的方式来进行。

可以接受的混合操作包括但不局限于以下基本内容：将小的批次混合以增加批量；将相同中间体或原料药的尾料混合成一个批次。

应对混合过程进行足够的监控和记录，混合记录应完整、可追溯，如有必要混合批次须经检测，以符合确定的质量要求。

混合工艺应当进行验证以证明混合批的质量均一性。可根据物料用途选择合适的评估项目进行验证来评估混合是否均匀，验证项目通常选择单批结果差异性较大、检验误差小的可能受到混合过程影响的关键特性。混合验证时，需要根据不同形状的混合设备选择多个不同的取样点并考虑最难混合的部位。

如果混合对产品的稳定性可能产生不利影响，应当对最终混合的批次进行稳定性考察。混合批次的有效期或复验期应当根据参与混合的最早批次产品的生产日期确定。

13.6.3　原料药的精制、干燥与包装

精制、干燥和包装是原料药生产的最后工序，也是直接影响成品质量的关键步骤。为确保制剂产品的质量，原料药的精制、干燥、包装应符合 GMP 的要求。

每批生产结束应按规定的清场规程进行清场，更换产品时要进行残留物的日常监控。无菌原料药的生产过程中要注意离心、干燥、粉碎等设备的消毒灭菌效果和人工转移产品时的防污染措施。

1. 精制

精制工序一般包括粗品溶解、精滤、结晶、分离等过程，有的原料药的精制还需要进行脱色处理。原料药溶解脱色后必须过滤，将滤液压入或抽入洁净区的结晶罐内，应该严格检查过滤器及滤材是否符合工艺要求并定期清洗，要随时检查滤液是否澄清。

应按照工艺要求，严格控制结晶溶液浓度、温度、酸碱度、搅拌速度等工艺参数。可根据原料药的特性采用离心甩滤、板框过滤、溶剂萃取、树脂吸附、浓缩等方法分离，严格控制洗涤溶剂、洗涤次数和溶剂用量。

2. 干燥

干燥工序一般包括干燥、粉碎、过筛、混合及检验等过程。应根据原料药的性质选用不同的干燥方式和设备，严格控制干燥操作的各项工艺参数。应严格检查筛网情况，防止异物落入，粉碎和过筛时应局部防尘或安装吸尘装置。

原料药成品混合均匀后，应取样检验，检验合格的产品才能进行包装。

3. 包装

直接接触药品的内包装材料应采取适当的方法进行清洁除尘并经消毒后，专柜存放在与包装操作相同的洁净环境下。标签、合格证信息与数量应与实际一致，印有批号信息的剩余标签、合格证应由专人销毁。

4. 无菌原料药

除符合非无菌原料药的要求外，无菌原料药的精制、干燥和包装的所有设备、工器具及

管道应定期清洗与灭菌。纯化水、注射用水和药液贮罐的通气口应装有不脱落纤维的疏水性除菌过滤器以防止微生物污染。洁净区内应避免使用容易散发尘粒或纤维的物料及用具，进入洁净区的人员应控制在最低限度。内包装材料清洗后应进行灭菌处理，并在24 h内使用。

13.6.4 污染与交叉污染控制

由于原料药的生产供应链模式与制剂的生产供应链模式有较大区别，且部分原料药生产企业并不仅生产原料药，这些企业往往是综合性的化学品生产企业，且生产的品种繁多，所以在生产组织环节更容易产生交叉污染且风险不易发现，如在美国FDA发布的清洁验证指南中就有一个典型的交叉污染案例，生产制剂的原料药被农业杀虫剂生产中低剂量的中间体和降解物污染。造成这次交叉污染的原因是回收溶剂的重复使用，缺乏对溶剂桶的重复使用的控制而造成回收溶剂被污染，用于贮存杀虫剂生产过程中的回收溶剂的溶剂桶，之后又用于储存树脂生产过程的回收溶剂。该公司没有对这些溶剂桶进行适当的控制，而且没有对桶中的溶剂进行适当的检测，也没有对溶剂桶的清洁过程进行验证。部分被杀虫剂污染的原料药被供给了在另一地址的工厂进行制剂生产，导致该厂的流化床干燥器的袋子被杀虫剂污染，进而导致该厂生产的众多批次产品被污染。

生产过程中可能的污染途径有：人员、设备、环境、物料。污染可以是交叉污染、灰尘污染或微生物污染，对于许多外来物质的污染，无法通过最终检验来识别，带来巨大的质量风险。生产管理人员要时刻考虑可能的污染和交叉污染，并采取有效措施予以控制，尤其在最后的生产步骤。

在生产的每一阶段，生产操作应能防止中间体或原料药被微生物和其他物质污染。在干燥物料或产品，尤其是高活性、高毒性或高致敏性物料或产品的生产过程中，应采取特殊措施以防止粉尘的产生和扩散，纯化以后的操作应当有预防措施以避免污染。不得在同一生产操作间同时进行不同品种的生产操作，除非没有发生混淆或交叉污染的可能。

原料药生产中，共用生产线和共用设备现象比较常见，对于不易清洗的设备或产品，通常采用专用设备。应当建立书面的SOP，详细描述设备的清洁方法，对于清洁过程本身留下的残留物(如清洁剂、溶剂等)也必须被去除。设备的清洁方法应经过验证，一旦清洁方法得到验证后，电导率检测可以作为日常监控方法来检查设备的清洁程度。

生产过程中应从人员、识别、环境、物料、生产计划安排、状态标示管理等角度来采取措施，避免污染和交叉污染。对污染和交叉污染的控制措施应定期检查和评估。如果有充分的质量控制，同一中间体或原料药的残留物料可以在其后续批号之间转移或残留，但残留过程不允许产生降解产物遗留或微生物污染，以免影响原料药的杂质谱。

13.6.5 过程监控与验证

中间控制也称过程控制，指为确保产品符合有关标准，在生产中对工艺过程加以监控，以便在必要时进行调节而做的各项检查，可将对环境或者设备控制视作中间控制的一部分。

原料药生产过程中应对生产关键工艺参数、关键工艺过程、反应终点和中间体进行检查，必要时对中间产品进行取样和检验。过程控制的控制标准、检验项目和检验频率是基于实验室、中试和验证批的数据以及基于风险的角度来建立的，应当综合考虑所生产原料药的特性、反应类型、工艺步骤对产品质量影响的大小等因素，前期生产的过程控制严格程度可较低，越接近最终工序过程控制越严格。

1. 过程控制

应有书面规程规定原料药生产过程的控制点和监控方法，过程控制可以由有资质的生产人员进行，并可在质量管理部门事先批准的范围内对生产操作进行必要的调整。以工艺监控和调节工艺为目的而进行的测试过程中出现的检验结果超标(OOS)通常情况不需要做调查。所有的试验和结果均需完整记录，并作为批记录的一部分。

许多企业设立中间体化验室(Intermediate Processing Center, IPC)来进行中间体检验以缩短生产等待的时间，中间体化验室应实施同 QC 实验室相同的管理要求。

常见的中间过程控制有 pH 控制、反应终点检查、中间体检验、结晶过程检查、干燥过程检查，这些中控数据往往用来监控过程，控制项目不一定需要设立标准。工艺规程应包括对关键中间控制的批准，所有偏离既定标准的关键中间控制应按照偏差来进行调查和处理。

2. 中间体取样

应当制订操作规程详细规定生产过程的物料、中间体和原料药的取样方法，取样计划和操作应科学合理。应当按照规定的程序取样，防止被抽样样品和其他中间体或原料药污染，并确保收集后样品的完整性。

过程样品的检验结果是用来确定下一步如何处理正在加工的物料，因此中间体的取样过程极为重要。过程样品的取样应遵循与成品取样同样的规则，需要遵循以下原则：① 由经过取样操作培训的、有资质的人员来完成；② 取样量要适当，比如指定的关键检验需要 OOS 调查，那么样品至少足够用来完成检验以及可能的调查；③ 取样方法要适当，应该能够证明所取样品在整批中具有代表性；④ 应有管理制度来保证取得具有代表性的样品，包括对取样工具的要求及清洁等，并确保取样工具不对物料带来污染。

当存在不均一的风险时，比如原料药用盘式干燥时，应该考虑使用混合步骤来改善均一性。需要考虑几种特殊情况下的取样：发酵液取样做无杂菌试验，应使用经验证的方法比如火焰法、密闭方式取样、蒸汽吹扫法对取样口进行灭菌处理；回收溶剂的取样，应收集最有代表性部位的样品。常用的取样规则为 $\sqrt{n}+1$(n 指样本数量)，也可以按照 ISO 2859 取样。

取样工具与容器应进行清洁，有清晰标识并妥善保存，避免被污染。取样时应把外部污染的风险降至最低，取样点附近应无油漆碎屑、锈斑、灰尘或其他可能的污染源，可以考虑使用在线的取样探头，敞口取样时应加盖保护。

3. 过程控制的检验

应当明确关键过程控制和关键工艺监控的控制点与控制方法。过程控制的检验应按照批准的检验计划进行，包括检验方法和标准。应明确需要进行 OOS 调查的过程检验，这些检验应该是比较关键的，调查是为了发现根本原因，避免污染再次发生。

过程控制所用的方法可能不同于原料药质量标准中的检验方法，如中间物料可能含有更多种类或更大量的杂质，使用原料药的检验方法可能并不适用，应针对过程样品的特性制订具有针对性的检验方法并进行确认。需要对样品进行预处理时，预处理的方法和过程应作为分析方法的一部分并进行验证。

4. 工艺过程验证

应当在工艺验证前确定产品的关键质量属性、影响产品关键质量属性的关键工艺参数、常规生产和工艺控制中关键工艺参数范围，通过验证证明工艺操作的重现性。验证应当包括对原料药质量(尤其是纯度和杂质等)有重要影响的关键操作。

关键质量属性和工艺参数通常在研发阶段或根据历史资料和数据确定，并根据产品和工艺知识的理解进行更新。可以根据风险评估的结果采用简略的方式进行后续的工艺验证。

工艺参数分为关键参数和非关键参数。验证过程中，任何关键工艺参数都应当被确认其处于预先设定的范围之内，通常将关键工艺参数的操作控制范围作为生产指导的要求进行监控，从而确保与已建立工艺的一致性。

企业应加强统计工具、趋势分析等方面的培训，并建立持续工艺确认文件、持续工艺确认策略并周期性地审核确认范围和频率。

5. 精制、干燥和包装过程控制

工艺用水应当适合其用途并符合质量标准及相关要求。应定期监测纯化水电导率；应定期监测注射用水 pH、氯化物、铵盐，用于无菌原料药生产的注射用水还要监控细菌内毒素和微生物。

粗品的各项理化指标应符合质量标准要求。压滤液的澄清度或澄明度应满足工艺要求。应对溶液浓度、结晶温度、pH 以及搅拌速度等工艺参数进行监控，应控制分离时的洗涤溶剂量、甩滤时间和洗涤次数。

湿品的各项理化指标应符合预定标准；应控制干燥温度、干燥时间与压力等工艺参数在规定的范围；筛网的目数应与工艺要求一致，应检查筛网的完整性；应清洁使用的容器具。

应控制灭菌柜的灭菌温度、灭菌时间、物料的装载方式与数量，灭菌容器的澄明度和清洁度应符合要求，应清洁胶塞。

应确认在包产品的数量、批号等；标签内容应完整准确，数量一致，物料平衡；装桶、装箱时应检查数量、合格证、标签。

操作室温度、湿度应满足产品工艺要求，应控制洁净室洁净度符合相应的洁净级别要求。

13.6.6 特殊限制

高致敏性、易感染、高药理活性和高毒性原料药的生产一般应使用单一厂房，推荐使用隔离技术。若不能采用隔离技术，则应使用密闭设备，采用有效个人防护措施，操作间相对负压以防止交叉污染，管路对接方式应恰当。空气净化系统应使用全新风，排风应经净化处理。废弃物排放前应进行有效灭活，并监测周围环境中相关物质的限度。应防止人流、物流、文件流、清洁工具、消毒工具等因素导致的交叉污染。

生产某些激素类、细胞毒性类、高活性化学原料药时（如某些甾体化合物或抗肿瘤的细胞毒剂）应当使用专用设施（如独立的空气净化系统）和设备，空气净化系统的排风应经过净化处理，应考虑使用专用的生产区域，除非经过验证，确定了灭活和清洁规程并始终实施这些规程。

采用传统发酵工艺生产原料药时，为了预防在重复的传代培养过程中出现的表型或基因型的改变，微生物菌种应确定合适的保存条件、一定的保藏期限和允许传代次数后建立主细胞库及工作细胞库。生产菌种的保存条件应能够在一定保藏期限内保持菌种的活力，保证菌种的不变异和退化，同时能防止污染而保证生产菌种的纯种培养。应定期对菌种的无菌、纯度、存活率、生长特性、生产能力和发酵组分等进行监控，以确定其适用性，必要时进行菌种鉴别，包括表型和基因型的分析鉴别以及遗传稳定性考察。

麻醉药品、精神药品、剧毒药品、易制毒品应设专用仓库，应有防盗措施并符合国家相关法规的管理规定。

对于高致敏性、易感染、高药理活性和高毒性原料药人员宜使用专用的或一次性的工作服。专用设施包括在其生产区域内维护保养的工具。

13.6.7 溶剂回收与套用

有机溶剂常用于原料药生产的合成反应、提取和精制，为了降低生产成本，减轻环境污染，生产企业多从母液或滤液中进行溶剂的回收套用，用于原料药、中间体的生产或设备的清洗。

回收溶剂在同品种相同或不同的工艺步骤中重新使用的，应当对回收过程进行控制和监测，确保回收的溶剂符合适当的质量标准。回收溶剂用于其他品种的，应当证明不会对产品质量有不利影响。

溶剂回收是原料药生产过程中的关键工序，直接关系产品的质量、成本，也影响废水处理、尾气排放等环保问题，应对溶剂的回收和套用进行严格管理。

(1) 风险评估

应充分分析生产工艺，并评估使用回收溶剂可能会给生产和产品质量带来的风险。从对产品质量的影响来判定溶剂的回收操作是否为关键步骤，回收溶剂对产品的杂质分布的影响，比如从溶剂回收的次数、数量等对杂质的影响。通常应考虑以下方面：待回收的废溶剂的杂质情况；回收溶剂是由生产企业自行处理还是委托处理；回收溶剂是来自相同的生产线还是不同的生产线；回收溶剂的处理工艺、回收溶剂的用途。为避免交叉污染的风险，未经处理直接回收的溶剂不得用于其他品种，经纯化处理后回收的溶剂也尽量不用于其他品种。

(2) 质量标准的制定

回收溶剂的质量标准应依据试验与验证结果制定，内容通常包括：回收溶剂的来源、回收溶剂的用途、循环使用周期、纯化后溶剂的含量等关键质量属性。

(3) 生产管理

为确保溶剂回收过程得到有效的控制和监测，应制订回收溶剂的工艺规程和操作规程，规定使用的次数、回收率等重要信息。回收溶剂应有批号并与新鲜溶剂进行区分，应建立生产记录、溶剂消耗台账等记录。回收溶剂检验合格后方可使用。

(4) 回收溶剂的检验

回收溶剂在重新使用或与其他物料混合前应当进行检验，应有足够的数据证明对生产工艺的适用性。应制订回收溶剂的检验规程和记录，应对回收溶剂进行取样和检验，并定期对产品的杂质分布情况进行检验和分析。

(5) 回收溶剂的使用

回收溶剂在生产使用时要考虑最差条件，如对循环使用周期中最后批次的溶剂进行测试。如该溶剂为生产中的关键物料，则应进行产品的稳定性考察，并与新鲜溶剂生产的产品进行对照。

应建立回收溶剂的使用记录，如生产指令、溶剂使用记录等，记录应完整、可追溯，使用记录应包含所使用溶剂的名称、批号和使用量等。

检验合格的回收溶剂应在规定的期限内使用，未经检验合格或超出期限的回收溶剂不得使用。回收溶剂应用专用的桶、罐储存，标明回收溶剂名称、批号、数量、生产日期等信息。使用回收溶剂时要考虑产品杂质与回收溶剂套用周期、数量的关系。在产品工艺验证时，最差条件应包含使用回收溶剂的影响，如套用次数。

(6) 设备的清洁

应制订回收设备的清洁规程，包含清洁方法、清洁周期，使用非专用回收设备时应考虑交叉污染的风险。在换品种前，应进行充分的清洁，使用的清洁方法应有充分的数据证明其他溶剂残留不影响产品质量。应制订清洁残留限度的标准和检验方法，并进行合理的控制。

(7) 持续监控

应对回收溶剂的质量进行严格监控与趋势分析，至少每年进行一次检验数据的全面趋势分析，分析产品不合格的原因是否与回收溶剂质量有关，分析回顾工艺的偏差、变更情况。对产品的杂质分布进行趋势分析，以证明回收工艺是否稳定。如果溶剂的回收工艺能持续稳定地生产出符合质量要求的产品，可适当地减少检测或监控频次。

(8) 溶剂回收技术

采用先进的回收工艺技术，提高溶剂回收率，降低溶剂回收能耗，是原料药生产企业的重要工作。萃取和精馏结合的回收技术、蒸发和精馏耦合技术、双效精馏技术、尾气吸收、丁醇—丁酯分离回收、混合溶剂精馏分离等新技术正在溶剂回收过程中广泛使用。

13.7 生产质量管理

ICH Q7：原料药 GMP 指南是一个国际性的通用标准，是原料药生产的权威性指南。我国现行版 GMP 对原料药的 GMP 要求与 ICH Q7 基本一致，是以预防为主的质量管理体系，着眼于防止差错、混淆、污染和交叉污染的发生。

在 ICH Q7 发布前，只有少数国家和地区对原料药的生产和控制进行了 GMP 管理，许多国家正寻求法定权威机构对原料药生产商进行检查和管理。

国际药品认证合作组织(PIC/S)于 1987 年发布了原料药的 GMP 指南,但这个指南是纲要性的,只适用于活性成分。美国药品研究和制造商协会发布了包括活性成分、中间体和赋形剂的指南,该指南最终在 1998 年 2 月被 ICH Q7 概念文件所采用。美国 FDA 分别在 1987 年和 1994 年发布了原料药的检查指南与原料药 GMP 指南。欧洲制药工业协会联合会和欧洲化学工业协会在 1996 年共同制订了活性成分的 GMP 指南。WHO 分别在 1992 年和 1997 年发布了活性成分和药用辅料 2 个单独的指南。这些指南得到了监管当局的认可,是原料药国际 GMP 指南的基础。

1996 年 9 月 PIC/S 发起倡议起草一份全球统一的原料药生产 GMP 指南,解决"做什么",而不是"怎样做"。ICH 采纳了这一提议并成立了专家工作组,其成员不仅包括美国、日本和欧盟,还包括 WHO、PIC/S 成员方、印度、中国以及非处方和仿制药行业的代表。EWG 在两年半的时间内完成了原料药 GMP 指南的编写工作,于 2000 年 11 月正式发布 ICH Q7。

13.7.1 ICH Q7 的重要性与适用范围

ICH Q7 是由工业界和药政机构共同制定的第一部三方通用的 GMP 指南,建立了适用于全球范围的原料药 GMP 标准,旨在达成原料药生产的 GMP 管理共识,使原料药的检查更加便利。ICH Q7 对所有在 ICH 覆盖地区销售原料药的生产商及用于非处方药品的原料药生产均有效。

ICH Q7 的实施有助于促成原料药生产的 GMP 管理共识,在世界范围内得到广泛运用。EMEA 于 2001 年 7 月将 ICH Q7 作为欧盟 GMP 指南附件 18 颁布实施;WHO 也建议用 ICH Q7 代替原有的原料药 GMP 指南;PIC/S 于 2001 年 5 月以 ICH Q7 取代原有的 API 检查指南;澳大利亚 TGA 于 2001 年 4 月采用 ICH Q7;美国 FDA 也以 ICH Q7 取代了《原料药的生产、加工或储存指南》。

ICH Q7 适用于人用药品(医疗用品)中所使用的原料药的生产,也适用于无菌原料药灭菌之前的生产。不包括 API 生产起始物料开始前的生产操作以及无菌原料药的消毒和灭菌过程。兽药也并非强制要求,由于没有专门的兽药原料药 GMP 指南,在对兽药生产企业的检查中可能使用 ICH Q7。

ICH Q7 适用于由化学合成、提取、细胞培养/发酵、从自然资源回收或由这些工艺组合而生产的原料药。对通过细胞培养或发酵所生产的原料药及用于临床试验用药(研究用药物)的原料药的生产提出了特殊要求。

ICH Q7 的适用对象不包括所有疫苗、全细胞、全血和血浆、血液和血浆制品(血浆提取物)和基因治疗的 APIs,但是包括由血液和血浆作为原材料制得的 APIs。细胞基质(哺乳动物、植物、昆虫和微生物的细胞、组织或动物来源包括转基因动物)和前期的工艺步骤可能遵守 GMP 的规范,但不包括在 ICH Q7 中。此外,ICH Q7 不适用于医用气体、大包装的药品(医疗用品)和放射性药物的生产和控制。

企业应指定 API 生产的起始点并说明理由。对于合成工艺,起始点为起始物料进入合成过程的那一刻,对于其他工艺(如发酵、提取、精制等),应在具体实际应用的基础上建立。

起始点和起始物料的确定无论对企业和监管部门而言都是重要的，这实际上是原料药的生产 GMP 适用的起始点，表 13-2 是 ICH Q7 中对于不同类别的原料药生产 GMP 应用范围的要求。

表 13-2 ICH Q7 中对于不同类别的原料药生产 GMP 应用范围的要求

生产类型	在该生产类型中 GMP 的适用步骤(灰色)				
化学生产	"API 起始物质"的生产	"API 起始物质"进入反应过程	中间体的产生	分离和纯化	物理过程和包装
动物来源的 API	器官、液体或组织的收集	切片，混合和/或初始过程	"API 起始场质"进入反应过程	分离和纯化	物理过程和包装
植物中提取的 API	植物的收集	切片和最初的提取	"API 起始场质"进入反应过程	分离和纯化	物理过程和包装
用为 API 的草药提取物	植物的收集	切片和最初的提取		进一步提取	物理过程和包装
由碎片或粉状草药组成的 API	植物的收集和/或培养和收割	切片/碎化			物理过程和包装
生物技术发酵/细胞培养	主细胞库和工作胞库的建立	工作细胞库的维护	细胞培养和/或发酵	分离和纯化	物理过程和包装
传统产生一种 API 的发酵	细胞库的建立	细胞库的维护	细胞进入发酵阶段	分离和纯化	物理过程和包装

从起始点开始，中间体或原料药生产的各步操作应符合 GMP 的要求，包括对原料药质量有重大影响的关键步骤的验证。但是，企业选择的验证步骤不一定是一个关键步骤。

ICH Q7 通常适用于表 13-2 中灰色区域的步骤，但并不意味着需要完成所列的所有步骤。在原料药生产过程中，GMP 的要求随着工艺的进行，从原料药的早期步骤到最后的精制和包装，会越来越严格。原料药的物理加工如制粒、包衣、粒径的物理控制(如研磨、微粉化)至少应当遵循 ICH Q7 的标准。

13.7.2 GMP 六大系统的管理要点

原料药的生产质量管理要求涉及多方面，分为六大系统的要求，基于符合性检查的一个重要主旨在于能够评估每个系统是否在受控状态。

1. 质量系统

ICH Q7 的第 2 节质量管理、第 13 节变更控制、第 14 节物料的拒收和再使用、第 15 节投诉和召回、第 16 节合同生产商(包括实验室)明确了质量系统的要求。

（1）质量管理

每个药企都有相应的质量责任，应建立有效的质量管理体系，包括组织结构、程序、工艺和资源以及确保原料药符合预期质量要求所必需的活动，所有涉及质量管理的活动应有文件规定。

应设立独立于生产部门的质量部门，配备充足的人员，审核和批准所有关于生产、质量控制、质量保证程序的相关记录，并确保这些程序及相关的记录与预期用途一致。

重要的质量管理工作包括：物料与产品的放行、供应商管理、产品质量回顾、偏差处理、变更控制、OOS 管理、用户投诉管理、不合格品管理、退货与召回、GMP 自检、确认与验证、稳定性试验管理等。

应建立书面批准的规程和记录以确保起始物料、中间体和原料药的管理满足 GMP 要求。

应定期对所有生产批次产品进行质量回顾，包括投诉调查、偏差调查、不合格调查、变更控制、返工和重新加工、退货和报废、稳定性试验、关键工艺参数和质量特性。应有趋势分析，并对不合理的变量进行更正或降低程度。

（2）变更控制

应建立变更控制系统，评估可能影响中间体或原料药生产和控制的所有变更。应建立操作规程，规定原辅料、包装材料、质量标准、检验方法、厂房设施、辅助系统、设备（包括计算机硬件）、生产工艺和计算机软件变更的申请、评估、审核、批准与实施。

应评估变更对中间体或原料药质量的潜在影响，根据变更的性质、范围、对产品质量潜在影响的程度将变更分类，用科学的判断来决定变更所需的验证、额外的检验以及稳定性考察。

（3）物料的拒收和再利用

不合格中间体和原料药应当隔离并有标识，可以要求返工或重新加工，不合格物料的最终处理情况应有记录。

可以将不符合质量标准的中间体或原料药返回工艺过程，重复既定生产步骤，进行重结晶等其他物理、化学处理（如蒸馏、过滤、层析、粉碎）。如果这种返工用于大多数的批号，该返工应当作为常规生产工艺的一部分。除已列入常规生产工艺的返工外，应对将未反应的物料返回至某一工艺步骤并重复化学反应的返工进行评估，确保中间体或原料药的质量未受到生成副产物和过度反应物的不利影响。

应对重新加工的批次进行评估、检验及必要的稳定性考察，并有完整的文件和记录，证明重新加工后的产品与原工艺生产的产品质量相同。可采用同步验证的方式确定重新加工的操作规程和预期结果。应将重新加工的每个批次与正常工艺生产的批次的杂质情况进行比较，常规分析方法不足以说明重新加工批次特性的，应当采用其他方法。

反应物、中间体或原料药（如从母液或滤液中）的回收方法应经批准，回收的物料应符合其预定的标准。

溶剂可以回收并在同一工序或不同工序重新使用，回收过程应得到控制和监测，确保回收溶剂符合预定的质量标准。回收溶剂用于其他品种的，应当证明不会对产品质量有不利影响。新鲜的和回收的溶剂混合时，应当有足够的数据表明其对工艺的适用性。

退回的原料药和中间体应隔离并有标识及记录，如果储存或运输条件、包装容器的状况可能对其质量产生影响，应根据情况进行返工、重新加工或销毁。

(4) 投诉与召回

应建立投诉处理系统，对客户投诉进行调查、评估和处理。投诉被证实时，应采取措施以避免再次发生。

应建立产品召回系统，必要时对中间体或原料药进行召回。对产品召回(包括任何尝试收回不符合质量标准或一定质量的原料药)进行调查，明确问题的根源并确定整改措施。

(5) 委托生产与委托检验

委托生产与委托检验的所有活动应符合 GMP 要求，防止交叉污染并保持可追溯性。

委托方应当对受托方进行评估，以确认受托方具有完成受托工作的能力并保证符合 GMP 要求。

委托方和受托方应当签订书面合同，明确规定各方 GMP 责任(包括技术事项)，应当允许委托方对受托方进行检查或 GMP 审计。

2. 设施和设备系统

ICH Q7 的第 4 节厂房与设施、第 5 节工艺设备、第 6 节文件与记录等内容明确了设施和设备系统的要求。

(1) 厂房与设施

用于中间体和原料药生产的厂房和设施的选址、设计和建造应便于清洁、维护和操作，应有足够空间有序放置设备和物料，防止混淆和污染，物流和人流的设计应合理。

仓储区应有足够的空间，确保有序存放待验、合格、不合格的物料、中间体和原料药。应有单独的取样区用于物料、中间体和原料药的取样操作。质量控制实验室通常应与生产区分开，当生产操作与中控操作相互无影响时，中控实验室可以位于生产区内。

对产品质量有影响的所有公用设施(如蒸汽、气体、压缩空气和加热、通风和空调)应当确认合格并进行适当监控，超出限度时应采取相应措施，公用设施的系统图应保存。应提供足够的通风、空气过滤和排气系统，将污染和交叉污染降至最低限度。空气循环使用时应采取适当的措施控制污染和交叉污染的风险。固定管道应有适宜的标识，管道的安装应防止中间体或原料药受到污染。排水设施大小应适宜并安装防倒灌的装置。

青霉素或头孢菌素类高致敏性原料药的生产，应使用专用的生产区，包括设施、空气处理设备和工艺设备。涉及具有感染性、高药理活性或毒性的物料时，应考虑专用的生产区，除非已建立并采用一套经验证的灭活和清洗程序。

除草剂、杀虫剂等剧毒的非药用物质的任何生产活动都不应当使用生产原料药所使用的厂房和设备，其处理和储存应与原料药分开。

生产区域应有适当的照明，便于清洗、保养或其他操作。

污水、垃圾和其他废物应当安全、及时、卫生地处理。废物的容器和管道应有明显的标识。

应有书面规程规定厂房、设施的清洁方法与清洁周期，并对厂房设施进行清洁、维护和保养。应采取必要的措施避免所使用的灭鼠药、杀虫剂、烟熏剂等对设备、物料、产品造成污染。

(2) 工艺设备

设备的设计、选型、安装、改造和维护必须符合预定用途,应尽可能降低产生污染、交叉污染、混淆和差错的风险,便于操作、清洁、维护及必要时进行的消毒或灭菌。与原料、中间体或原料药接触表面应不影响中间体和原料药的质量。生产设备应在确认的参数范围内使用,生产设备和固定管道应有明显状态标识。设备所用的润滑剂、加热或冷却剂等应当避免与中间体或原料药直接接触,以免影响中间体或原料药质量,应尽可能使用食用级的润滑剂。应尽量使用密闭设备,设备敞口操作时,应有避免污染的措施。

应制订设备的预防性维护计划和操作规程。应制订详细的设备清洗 SOP,使操作者以可重现的、有效的方式对设备进行清洗,必要时进行消毒或灭菌。设备用于同一中间体或原料药的连续生产或连续批号的集中生产,应在适宜的时间间隔对设备进行清洗,以防污染物的积累和夹带。非专用设备应在生产不同物料之间清洁,防止交叉污染。设备应有明显的状态标识,标明内容物及清洁状况。

应按照操作规程和校验计划定期对用于保证中间体或原料药质量的控制、称量、测量、监测和测试设备进行校验并保存相关记录。衡器、量具、仪表、用于记录和控制的设备及仪器应当有明显的标识,标明其校准有效期,不得使用未经校准、超过校准有效期、失准的设备和仪器。

与 GMP 相关的计算机化系统应当验证,验证的深度和广度取决于计算机应用的差异性、复杂性和关键性。应有计算机化系统操作和维护的书面程序,并有措施防止未经许可存取或改动数据及数据丢失。对计算机化系统所做的变更应按变更程序进行并经正式批准、记录成文并作测试。

(3) 文件和记录

用于生产或检验的设备和仪器应有使用日志,记录内容包括使用、清洁、消毒/灭菌、维护和维修情况以及日期、时间、所生产检验的品名、规格、批号和操作人员。

3. 物料系统

ICH Q7 的第 6 节文件与记录、第 7 节物料管理、第 10 节贮存与分发和第 4.3 节水等内容明确了物料系统的要求。

(1) 文件和记录

物料的接收应有记录,包括生产商和供应商名称、每批原料、中间体或原料药标签和包装材料的标识和数量、物料名称和代码、供应商和生产商标识的批号、接收日期、接收人等。

应建立物料台账,记录所进行的任何测试或检查结果和结论及物料的使用情况,应保存检验报告及不合格处理单,应使用批准的标准标签对照检查。

(2) 物料管理

应建立物料的操作规程,确保物料的接收、鉴别、待验、贮存、搬运、取样、测试和批准或拒收。关键原料供应商应进行评估,物料应从质量部门批准的合格供应商处采购。

物料入库前应进行检查,确认每个包装的标签是否正确、容器是否损坏、密封处和开启证据有无破裂或污染。物料应存放在待验区,直至被取样、检查并放行使用。进厂物料应有正确标识,经取样(或检验合格)后,可与现有库存(如储槽中的溶剂或物料)混合,经放行后混合物料方可使用。采用非专用槽车运送的大宗物料,应采取适当措施避免槽车所致的交叉污染。大的贮存容器及其所附配件、进料管和出料管都应有明显标识。每批物料接收后应有指定的批号或流水号。

应对每批物料至少做一项鉴别试验，当原料药生产企业有完善的供应商审计系统时，供应商的检验报告可以用来替代其他项目的测试。应在首次采购的最初三批物料全检合格后，方可对后续批次进行部分项目的检验，但应定期进行全检，并与供应商的检验报告比较，应定期评估供应商检验报告的可靠性与准确性。工艺助剂、有害或剧毒的原料、其他特殊物料或转移到企业另一生产场地的物料可以免检，但必须取得供应商的检验报告，证明这些物料符合规定的质量标准，还应对其容器、标签和批号进行确认。应在规定的区域用规定的方法取样，取样要具有代表性，取样包装应有取样标识，避免取样的物料被污染或污染其他物料。

物料的周转和储存应防止降解、污染和交叉污染，物料应在对其质量没有不良影响的条件下和时限内储存，应有适当的标识，物料的发放应符合先进先出的原则。不合格物料应有标识并隔离存放，防止未经许可而用于生产，必要时应对物料进行重新评估以确定其适用性。

(3) 储存与发运

物料应在适当条件下(温度和湿度)储存并记录。应有单独区域用于存放待验物、不合格料、退货或召回的物料，防止其误用或未经许可擅自使用。

原料药和中间体应经质量部门放行后才能销售，标签上应注明其特殊运输或贮存条件，并以对其质量不产生负面影响的方式运输。

(4) 水

工艺用水应适合其用途，至少应当采用饮用水。饮用水不足以确保原料药的质量时，应当制订合适的物理和化学特性、微生物总数、控制菌和内毒素的标准。工艺用水处理工艺应当经过验证并进行监测。非无菌原料药用于无菌制剂时，最终离心和精制用水应当进行微生物总数、致病菌和内毒素的监测和控制。

4. 生产系统

ICH Q7 的第 6 节文件与记录、第 8 节生产和过程控制、第 13 节验证、第 18 节对细胞培养/发酵生产的 API 的专用指南等内容明确了生产系统的要求。

(1) 文件与记录

每种中间体和原料药均应有批准的工艺规程，包括：所生产的中间体或原料药名称；标有名称和代码的原料和中间体的清单；每种原料或中间体的投料量或投料比；生产地点和使用的主要设备；生产操作的详细说明(包括操作顺序、工艺参数范围、取样方法、原料中间体及产品质量标准、生产工时、预期收率、注意事项、储存条件等)。

每批中间体和原料药应有批生产记录，内容包括与生产和质量控制有关的完整资料。批生产记录应依据现行批准的工艺规程制订，其发放应按操作规程进行控制并有记录，每批产品的生产只能发放一份空白批生产记录。生产过程中的每项操作应及时详细记录，应对偏差或不合格进行调查。

(2) 生产和过程控制

原料应在适宜的条件下称量，以免影响其适用性，称量装置的精度应与其使用目的相适应。物料分装后用于生产的，应使用适当的分装容器，并标明名称、批号、数量和有效期等。关键的称量或分装操作应有复核或类似的控制手段。应将生产过程中指定步骤的实际收率与预期收率比较，应对偏差进行调查，确定偏差对相关批次产品质量的影响或潜在影响。应标明主要设备的生产状态。应对需要返工或重新加工的物料进行适当的控制，防止未经许可就使用。

应遵循工艺规程中有关时限控制的规定，反应终点或生产步骤的完成是根据过程控制的取样和检验来确定的除外。中间体应当在适宜的条件下存放，确保其适用性。中间体或原料药的混合见13.6.2，污染的控制见13.6.4，工序间的取样和控制见13.6.5。

(3) 验证

应制订验证总计划，包括生产工艺、清洁程序、分析方法及计算机系统的验证。工艺验证前应确定产品的关键质量属性、影响产品关键质量属性的关键工艺参数、常规生产和工艺控制中的关键工艺参数范围，通过验证证明工艺操作的重现性。

应根据确认或验证的对象制订确认或验证方案并经审核、批准。验证方案应明确验证的关键工序、接受标准、验证类型和验证批次。验证结束应有验证报告，确认验证的结果和结论，验证报告应经审核批准。

工艺验证是证明一个生产工艺按照规定的工艺参数能够持续生产出符合预定质量标准的中间体或原料药，工艺验证方法包括前验证、同步验证和回顾性验证。验证前应完成关键设备和辅助系统的确认，包括设计确认、安装确认、运行确认和性能确认。

应根据工艺的复杂性或要考虑的工艺变更的大小来决定验证时生产工艺的运行次数。一般前验证和同步验证应采用三个连续的、成功的批号，必要时需要更多的批号来保证工艺的一致性，回顾性验证一般应审查10～30个连续批号得到的数据来评估工艺的一致性。工艺验证应控制并监测关键的工艺参数，确认每一个原料药的杂质都在规定的限度内。

应定期对系统和生产工艺进行评估以确认其能有效运作，当系统或工艺未发生重大变化且质量回顾证实能持续稳定地生产出符合质量标准的产品时，可以不必再验证。

应针对那些如果受到污染或偶然带入异物就会对产品的质量带来极大危险的情况或工序的清洗程序进行验证。清洗程序的验证应反映实际的设备使用情况，验证方案应描述要清洗的设备、程序、物料、可接受的清洁程度、要监测和控制的参数及分析方法。取样包括擦拭法、冲洗法或可供选择法，取样方法应能定量地测量出清洗之后留在设备表面的残留物质。清洗效果应定期进行评估，以确保清洗程序是有效的。

分析方法应进行验证，采用药典标准或其他公认的标准的分析方法时应确认其适应性，用于清洗验证的分析方法应具有检测残留物或污染物的灵敏度。分析方法验证应符合ICH分析方法验证指南的要求，验证前分析设备应得到确认。已验证的分析方法的任何修改都应当保存完整的记录以证实该修改所产生的结果和规定的方法同样准确、可靠。

(4) 用细胞繁殖/发酵生产的原料药的特殊要求

生产过程的所有阶段都应建立必要的控制以保证中间体和/或原料药的质量，应采取适当的设备和环境控制来将污染的风险降低到最低程度。

工艺控制一般包括：工作细胞库的维护；恰当的接种和培养；发酵/细胞培养过程中关键操作参数的控制；细胞生长、活性和生产能力的监控；去除细胞、细胞碎片和培养基组分的收集和纯化过程；生物负载控制；生物制品的病毒安全性。

进入细胞库的人员应有授权，细胞库应保存在能够保持其存活率和防止污染的条件下。细胞库的取用和储存条件应当有记录，必要时应定期对细胞库进行监控以确定其适用性。

无菌操作条件下添加细胞基质、培养基、缓冲液和气体时应采用封闭或密闭系统，敞口操作时应当有控制措施和规程将污染的风险减少到最低限度。应对关键工艺参数（如温度、pH、搅拌速度、通气量、压力）进行监测，确保与规定的工艺一致，同时应监测细胞的生长、存活率和产量。细胞培养设备使用后应进行清洁和灭菌，必要时发酵设备应清洗、消毒或灭菌，菌种培养基使用前应灭菌。应制订规程以监测污染和决定采取的措施，应保存污染和处理的记录。更换品种生产时，应对清洁后的共用设备进行必要的检测，将交叉污染的风险降低到最低限度。

收集过程中的去除细胞或细胞组分、收集破坏后的细胞组分应在按尽可能减少污染的要求而设计的设备和操作区内进行。去除或灭活产生的微生物、细胞碎片和培养基组分（同时尽可能确保减少降解、污染和质量下降）等收集、纯化过程应足以确保中间体或原料药的质量一致性。所有设备在使用后应清洗，必要时进行消毒，若不影响中间体或原料药的质量，可以连续生产几批后清洗。敞口操作时，纯化过程应在能保证产品质量的环境下进行，多产品共用设备时，应当增加相应的控制措施。

病毒的去除和灭活对某些工艺来说是关键的工艺步骤，应在经验证的参数范围内进行。应采取合适的预防措施来防止病毒去除/灭活前的步骤对病毒去除/灭活后的步骤的潜在病毒污染。不同的精制步骤通常不使用同一台设备，共用设备重新使用前应进行清洁和消毒，应采取合适的预防措施来防止病毒从前面的步骤带入。

5. 包装和标签系统

ICH Q7 的第 9 节 API 和中间体的包装与贴签、第 17 节代理商、中间商、贸易商、分销商、再包装商和再贴签商等内容明确了包装和标签系统的要求。

(1) 原料药和中间体的包装和贴签

应有操作规程规定包装和贴签用物料的接收、鉴别、待验、取样、检查/测试、放行和周转。包装和贴签用物料应符合规定的质量标准，不合格物料应拒收，应有接收、检查记录。

包装容器应确保中间体和原料药在储存和运输中不会变质或受到污染，容器应清洁，必要时应消毒。重复使用的包装容器应按照规定的程序进行清洁并去除原有标签。

标签应由专人保管，印刷包装材料应专区存放并按操作规程和需求量控制发放。包装材料和标签的使用情况应进行物料平衡检查。未使用的标签应经确认后按操作规程退库，废弃及已打印批号的剩余包装材料和标签应由专人计数销毁并有记录。打印好的标签应进行检查，确保内容正确，并在批生产记录中保留一张标签样张。

应有操作规程确保包装材料和标签的正确使用，贴签操作应防止混淆，不同中间体或原料药的操作应采取隔离措施。标签应标明品名、批号、物料代码和储存条件等关键信息，对外销售时，标签还应标明生产商名称、地址、质量、有效期、特殊的运输要求及其他规定的要求并采取适当的封装措施。应对包装和贴标设施进行检查，确定下一次包装操作不需要的所有物料都已清除。应检查已包装和贴标的中间体原料药，确保该批的容器和包装的标签正确。

（2）代理商、中间商、贸易商、分销商、分装商和再贴签商

代理商、中间商、贸易商、分销商、分包装企业或再贴签企业应建立并执行一个有效的质量管理系统，应保留完整的文件和记录以确保已分发原料药和中间体的可追溯性。

原料药和中间体的重新包装、重新贴签和待检应在 GMP 控制下进行，以防混淆和损失。重新包装应在能防止污染和交叉污染的环境下进行。

如果原料药或中间体被重新包装于一种与原包装不同类型的包装中，应当进行稳定性考察以确定其复验期或有效期。

代理商、中间商、贸易商、分销商、分包装企业或再贴签企业应将所有质量和注册信息传递给生产商和消费者。应向消费者提供原始生产商的名称和批号。代理商有必要在管理部门要求下提供原生产商的身份证明，原生产商可直接或通过其授权代理向管理部门作回复。

代理商、中间商、贸易商、分销商、分包装企业或再贴签企业应当保留收到的所有投诉和召回的记录，必要时应协同原生产商对投诉进行检查以决定是否有必要采取进一步的措施。如果投诉是针对原生产商，代理商、中间商、贸易商、分销商、分包装企业或再贴签企业保存的记录应收集来自原生产商的反馈意见。

代理商、中间商、贸易商、分销商、分包装企业或再贴签企业应保存原料药或中间体退货的记录。

6. 实验室管理系统

ICH Q7 的第 6 节文件与记录、第 1 节实验室控制、第 12 节验证等内容明确了实验室管理系统的要求。

（1）文件与记录

检验记录应包括为确保产品符合其质量要求所进行的所有试验的完整数据，包括检查和测定，内容至少包括样品信息，依据的质量标准和检验操作规程，检验仪器或设备信息，检验用试液、培养基、对照品或标准品信息，检验过程，计算过程，检验结果，检验日期，检验人员与复核人员的签名和日期。

下列记录应完整保存：分析方法的变更，实验室仪器、设备、仪表和记录装置的周期性校验，原料药的所有稳定性测试，超标（Out of Specification，OOS）的调查。

（2）实验室控制

质量控制实验室的人员、设施、设备应与产品性质和生产规模相适应。应规定物料的取样、检验、放行或拒收、实验室数据的记录及保存。质量标准、取样方法和检验操作规程应科学合理，以确保原料、中间体、原料药、标签和包装材料能达到规定的质量标准，质量标准和检验方法应与注册批准的一致。质量标准、取样方法和检验操作规程包括相应的变更应由质量部门审核批准。应制定合理的原料药质量标准，包括杂质的控制，如有微生物限度、内毒素的要求，应建立并执行细菌总数和控制菌、内毒素的标准。应建立规程并对实验室任何偏差与 OOS 进行调查与记录。应制订试剂和标准溶液的配制规程，试剂和标准溶液应有标签并标注有效期。标准品和对照品应有标识，注明其来源，按规定储存和使用并有记录。自制工作标准品和对照品应建立质量标准及制备、鉴别、检验、批准和储存的规程并用法定标准品或对照品进行标化，应定期对工作对照品和标准品进行标化，制备、检验与标化的过程和结果应有记录。

每批中间体和原料药应进行适当的检验以确定是否符合标准。应建立原料药的杂质档案，描述产品中存在的已知和未知的杂质情况，包括每一种杂质的鉴别或定性分析指标（如保留时间）、杂质含量范围及杂质的类别。杂质谱一般与原料药的生产工艺和来源有关。来源于植物或动物组织的原料药一般不要求建立杂质档案。应定期将产品的杂质档案与注册的杂质档案或历史数据比较，查明原料、设备操作参数和生产工艺的变更所造成的变化。

每批中间体或原料药应有真实可靠的检验报告，包括产品名称、规格、批号、有效期、报告日期、复验期、检验项目、可接受的标准和检验结果以及生产商名称、地址和电话等信息。检验报告应由质量部门签发。如检验是由重新包装企业或重新加工企业进行的，应标明重新包装企业或重新加工企业的名称、地址和电话及生产商的有关资料。当重新包装企业/重新加工企业、代理商或中间商出具新的检验报告时，应标明进行检测的实验室的名称、地址、电话号码，同时提供原生产商的名称和地址、原始的检验报告的信息及其复印件。

应制订稳定性考察方案以监测原料药的稳定性，稳定性考察结果用于确定适当的贮存条件和有效期或复验期。用于稳定性测试的方法应当经过验证。稳定性考察样品的包装方式和包装材质应与上市产品相同或相仿。正常批量生产的最初三批产品应列入持续稳定性考察计划，以后每年至少应考察一个批次，除非当年未生产。储存期较短的原料药应增加检验频次，稳定性考察储存条件应与 ICH 稳定性指南一致。

应基于稳定性试验数据的评估来制订原料药的有效期或复验期，通常采用复验期，如果中试批次生产工艺模拟商业生产规模工艺且质量一致，可基于中试规模批次来确定初步的有效期或复验期。

企业应保存原料药留样用于产品质量追溯或调查，留样至少应保存至有效期后一年或该批产品全部销售后三年。留样的包装形式应与市售包装形式相同或模拟市售包装，留样量至少保留二倍全检量。

（3）验证

分析方法应进行验证，采用药典或其他公认的标准的方法时应确认其适用性。分析方法验证应包括 ICH 分析方法验证指南所包含的内容，验证的程度应反映分析的目的和原料药生产工艺的步骤，分析设备应预先得到确认。分析方法的变更应有完整记录，包括变更的理由及依据以证实变更后的方法与已有的方法同样准确可靠。

7. 其他

ICH Q7 的第 3 节人员和第 6 节文件与记录适用于所有系统。

（1）人员

企业应有足够数量并具有适当资质（含学历、培训和实践经验）的人员从事原料药和中间体的生产和管理，应明确所有从事原料药和中间体生产的人员的职责。应定期进行培训，至少包括员工所从事和 GMP 规定相关的特定操作并定期评估培训的效果。

员工应有良好的卫生和健康习惯，着装与防护措施应能防止原料药和中间体受到污染，应避免与中间体或原料药直接接触。吸烟、吃饭、喝水和存放食物仅限于在与生产区隔开的指定区域。传染病患者或体表有伤口的人员不得从事影响原料药质量的生产活动直至健康状况已恢复。

生产和控制的顾问应有足够的资质且能胜任所承担的工作。

(2) 文件和记录

与中间体或原料药生产有关的所有文件应按规程进行制订、审核、批准和分发，文件的分发、修订、替换和收回应有记录。所有文件应规定保存期，生产、控制、销售记录应至少保存至有效期后一年，有复验期的原料药的记录应保存至该批全部销售后三年。记录填写应及时、真实、准确，字迹清晰不易擦除，并标明操作人，记录的修改应有签名和日期并使原记录清晰可辨。应制订原料、中间体、原料药和标签及包装材料的质量标准，必要时应有工艺助剂、垫圈和生产中使用的影响质量的物料的质量标准，过程控制应制订可接受标准。质量标准、工艺规程、操作规程和记录的保存可以是原件或照片、微缩胶片、单片缩影胶片或其他一些真实的复制件等真实副本，电子签名应确保其真实性与安全性。

(3) Section 19 APIs for Use in Clinical Trials 适用于临床研究的原料药。临床试验用原料药的生产控制应与含有该原料药的制剂的研发阶段一致。一旦原料药的研发达到生产供临床研究用药品的阶段，生产商应确保其生产在合适的设施中进行，采用能保证原料药质量的合理的生产工艺和控制规程。

13.8 总　　结

在我国，尽管原料药是按照药品进行管理的，但是其生产质量管理过程与制剂相比还是存在显著的区别，而这些区别反映出其生产质量管理过程的风险与制剂有所不同，所以在管理过程中要认识到这些风险点，有针对性地开展管理工作，实际上这也是 ICH 起草 Q7 的目的，所以在生产质量管理过程中要运用风险管理的理念，按照 GMP 的原则进行有效的管理。

思考与讨论

1. 什么是原料药？
2. 起始物料的定义是什么？
3. 原料药生产特点有哪些？
4. 为什么说 ICH Q7 对于原料药的生产质量管理很重要？

参考文献

1. 张银杰. 社会主义经济理论[M]. 上海：上海财经大学出版社，2010.
2. 马洪，孙尚清. 现代管理百科全书[M]. 北京：中国发展出版社，1991.
3. 冯俊华. 企业管理概论[M]. 北京：化学工业出版社，2006.
4. 詹姆斯・埃文斯，威廉・林赛. 质量管理与卓越绩效：第 9 版[M]. 中国质量协会组织编译 岳盼想等译. 北京：中国人民大学出版社，2016.
5. ICH Q6A Specifications: Test Procedures and Acceptance Criteria for New Drug Substances and New Drug Products: Chemical Substances[S]. ICH, 1999.
6. 国家标准化管理委员会. 质量管理体系 要求：GB/T 19001 - 2016[S]. 北京：全国质量管理和质量保证标准技术委员会，2016.
7. ICH Q10 Pharmaceutical Quality System[S]. ICH, 2008.
8. 曹立亚. 美国药品安全监管历程与监测体系[M]. 北京：中国医药科技出版社，2006.
9. 岳正. 中国药政管理四十年[J]. 中国药事，1989(3)：5 - 8.
10. 胡颖廉. 我国药品安全监管：制度变迁和现实挑战(1949—2005)[J]. 中国卫生政策研究，2009(06)：45 - 51.
11. 人力资源和社会保障部. 2015—2017 年度人力资源和社会保障事业发展统计公报[Z]北京：人力资源保障部.
12. ICH. Q9: Quality Risk Management[S]. ICH, 2005.
13. ICH. Q8: Pharmaceutical Development[S]. ICH, 2009.
14. FDA. Guidance for Industry: Quality Systems Approach to Pharmaceutical CGMP Regulations[S]. FDA, 2006.
15. FDA. Guidance for Industry: Development and Use of Risk Minimization Action Plans [S]. FDA, 2005.
16. FDA. Guidance for Industry: Good Pharmacovigilance Practices and Pharmacoepidemiologic Assessment[S]. FDA, 2005.
17. ICH. Quality Implementation Working Group on Q8, Q9 and Q10 Questions & Answers (R4)[S]. ICH, 2010.
18. 卫生部. 药品生产质量管理规范(2010 年修订)[Z]. 北京：国家食品药品监督管理局，2011.
19. Epidemiologic notes and reports nosocomial bacteremias associated with intravenous

fluid therapy — USA[J]. Mmwr Morbidity & Mortality Weekly Report，1997，46(51)：1227-1233.

20. 国家食品药品监督管理总局食品药品审核查验中心.药物临床试验数据核查阶段性报告(2015年7月—2017年6月)[R].

21. FDA CPG Sec. 120. 100 Fraud，Untrue Statements of Material Facts，Bribery，and Illegal Gratuities[S]. FDA，1991.

22. 最高人民法院，最高人民检察院.关于办理药品、医疗器械注册申请材料造假刑事案件适用法律若干问题的解释[Z].北京：中国食品药品监管，2017.

23. 第十届全国人民代表大会常务委员会. 中华人民共和国电子签名法[Z].北京：第十届全国人民代表大会常务委员会，2004.

24. FDA. Data Integrity and Compliance With Drug CGMP Questions and Answers Guidance for Industry[S]. FDA，2018.

25. 已上市化学药品生产工艺变更研究技术指导原则[S].北京：国家食品药品监督管理总局，2017.

26. 生物制品生产工艺过程变更管理技术指导原则[S].北京：国家食品药品监督管理局，2005.

27. 疫苗生产场地变更质量可比性研究技术指导原则[S].北京：国家食品药品监督管理总局，2014.

28. 生物制品上市后变更研究的技术指导原则(征求意见稿)[S].北京：国家食品药品监督管理总局药品审评中心，2017.

29. 已上市中药生产工艺变更研究技术指导原则[S].北京：国家食品药品监督管理总局，2017.

30. 国家食品药品监督管理局.药品注册管理办法 [Z].北京：国家食品药品监督管理局，2007.

31. 中国证券监督管理委员会.关于修改《关于改革完善并严格实施上市公司退市制度的若干意见》的决定[Z].北京：中国证券监督管理委员会，2018

32. 国家食品药品监督管理局药品认证管理中心.药品 GMP 指南·厂房设施与设备[M].北京：中国医药科技出版社，2011.

33. ISPE. Good Practice Guide：Good Engineering Practice[S]. ISPE，2008.

34. ISPE. Baseline Guides Vol5：Commissioning and Qualification[S]. ISPE，2001.

35. ISPE. Good Practice Guide-Applied Risk Management for Commissioning and Qualification [S]. ISPE，2011.

36. ISPE. GAMP5 A Risk-Based Approach to Compliant GxP Computerized Systems [S]. ISPE，2008.

37. ISPE. Good Practice Guide-A Risk-Based Approach to Calibration Management[S]. ISPE，2010.

38. ISPE. PDA Technical Report No. 29 Points to Consider for Cleaning Validation[S]. ISPE，2012.

39. EMEA EudraLex-Volume 4 - Good Manufacturing Practice (GMP) guidelines[S].

EMEA,2003

40. FDA Guidance for Industry: Sterile drug product produced by aseptic processing — Good Manufacturing Practice[S]. FDA, 2004.
41. ISPE. Baseline Volume 3: Sterile Manufacturing Facilities[S]. ISPE, 1999.
42. ISPE. Baseline Volume 2: Oral Solid Dosage Form[S]. ISPE, 2017.
43. GB50457 - 2018. 医药工业洁净厂房设计规范[S].
44. Kishimoto T K , Viswanathan K , Ganguly T , et al. Contaminated heparin associated with adverse clinical events and activation of the contact system[J]. New England Journal of Medicine, 2008, 358(23): 2457 - 2467.
45. 药用辅料生产质量管理规范[S]. 北京:国家食品药品监督管理局,2006.
46. 国家药典委员会. 中华人民共和国药典[M]. 北京:中国医药科技出版社, 2015.
47. 药品委托生产监督管理规定[Z]. 北京:国家食品药品监督管理总局,2014.
48. 国家食品药品监督管理局药品认证管理中心. 药品 GMP 指南 · 质量控制实验室与物料系统 [M]. 北京:中国医药科技出版社, 2011.
49. CNAS—CL01 - 2018. 检测和校准实验室能力认可准则[S].
50. 国家标准化委员会. GB/T22278 - 200. 良好实验室规范原则[S]. 北京:全国危险化学品管理标准化技术委员会.
51. United States of America, Plaintiff, v. BARR LABORATORIES, INC., et al., Defendants[Z]. United States District Court, D. New Jersey, 1993.
52. FDA. Guidance for Industry Investigating Out-of-Specification (OOS) Test Results for Pharmaceutical Production [S]. FDA, 2006.
53. 国家食品药品监督管理局药品认证管理中心. 药品 GMP 指南 · 无菌药品[M]. 北京:中国医药科技出版社, 2011.
54. Mackel D C , Maki D G , Anderson R L , et al. Nationwide epidemic of septicemia caused by contaminated intravenous products: Mechanisms of intrinsic contamination [J]. Journal of Clinical Microbiology, 1975, 60(4): 471 - 485.
55. USP5[35],M. <797> Pharmaceutial Compounding-Sterile Preparation,350.
56. Guidance for Industry Sterile Drug Products Produced by Aseptic Processing — Current Good Manufacturing Practice[S]. FDA, 2004.
57. USP5[35],M. <1207> Sterile Product Packaging-Integrity Evaluation,856.
58. FDA Guidance for Industry Container and Closure System Integrity Testing in Lieu of Sterility Testing as a Component of the Stability Protocol for Sterile Products[S]. FDA, 2008.
59. 国家药品监督管理局. 国家药品监督管理局关于发布除菌过滤技术及应用指南等 3 个指南的通告[Z]. 北京:国家药品监督管理局,2018.
60. GB50346 - 2011. 生物安全实验室建筑技术规范[S].
61. 国家食品药品监督管理总局. 生物制品批签发管理办法 [Z]. 北京:国家食品药品监督管理总局,2017.
62. 中华人民共和国国务院. 病原微生物实验室生物安全管理条例[Z]. 北京:中华人民共和

国国务院，2018.
63. GB 50346－2011. 生物安全实验室建筑技术规范[S].
64. 第八届全国人民代表大会常务委员会. 中华人民共和国献血法[Z]. 北京：第八届全国人民代表大会常务委员会，1998.
65. 中华人民共和国国务院. 血液制品管理条例[Z]. 北京：中华人民共和国国务院，2016.
66. 国家卫生和计划生育委员会. 单采血浆站管理办法[Z]. 北京：国家卫生和计划生育委员会，2016.
67. 卫生部. 单采血浆站质量管理规范[Z]. 北京：卫生部，2006.
68. 实施原料血浆检疫期管理技术指导原则[S]. 北京：国家食品药品监督管理局，2008.
69. 血液制品去除/灭活病毒技术方法及验证指导原则[S]. 北京：国家药品监督管理局，2002.
70. 迟妍妍，王斐，张惠，等. 血液制品病毒灭活/去除方法概述[J]. 药学研究，2014，33(04)：227－229.
71. 李敏，贾君君，张钰苓. 从《中国药典》近 3 版的变化对一药多基源问题的探讨[J]. 中国中药杂志，2008，33(14)：1782－1784.
72. 国家药品监督管理局. 中药材生产质量管理规范(试行)[Z]. 北京：国家药品监督管理局，2002.
73. 中国化工网. 原料药品种及市场分析报告[Z]. 2017. http://news.chemnet.com/detail-2485189.html.
74. ICH. Q7：Good Manufacturing Practice Guide for Active Pharmaceutical Ingredients [S]. ICH，2000.
75. ICH. Q11：Development and Manufacture of Drug Substances(Chemical Entities and Biotechnological / Biological Entities)[S]. ICH，2012.
76. ICH. Q7 Guideline：Good Manufacturing Practice Guide for Active Pharmaceutical Ingredients Questions and Answers，[S]. ICH，2015.
77. ICH. Q5A(R1)：Viral Safety Evaluation of Biotechnology Products Derived from Cell Lines of Human or Animal Origin[S]. ICH，1999.
78. ICH. Q5B：Quality of Biotechnological Products：Analysis of the Expression Construct in Cells Used for Production of r-DNA Derived Protein Products[S]. ICH，1995.
79. ICH. Q5D：Derivation and Characterisation of Cell Substrates Used for Production of Biotechnological/Biological Products[S]. ICH，1997.
80. 郝杰，张哲峰，毕小平. 原料药杂质研究与控制浅析[J]. 中国现代应用药学，2015，32(06)：757－763.
81. ICH. Q3A(R2)：Impurities in New Drug Substances[S]. ICH，2006.
82. ICH. Q3D：Guideline for Elemental Impurities[S]. ICH，2014.
83. ICH. Q3C(R6)：Impurities：Guideline for Residual Solvents[S]. ICH，2016.
84. 沈小莉，陈家润，刘卫海. 原料药研发中关键工艺参数确定方法探讨[J]. 广东药学院学报，2016，32(3)：348－351.

85. ICH. Q6A：Specifications：Test Procedures and Acceptance Criteria for New Drug Substances and New Drug Products：Chemical Substances[S]. ICH，1999.
86. 国家食品药品监督管理局药品认证管理中心. 药品 GMP 指南 · 原料药[M]. 北京：中国医药科技出版社，2011.
87. 毛悌和，李政禹. 化学工业固体废物治理[M]. 北京：中国环境科学出版社，1991.
88. 聂永丰，刘富强. 固体废物处理工程技术手册[M]. 北京：化学工业出版社，2013.
89. 潘涛. 废水污染控制技术手册[M]. 北京：化学工业出版社，2013.
90. 王纯，张殿印，废气处理工程技术手册[M]. 北京：化学工业出版社，2013.
91. FDA. Guidance for Industry PAT — A Framework for Innovative Pharmaceutical Development，Manufacturing，and Quality Assurance[S]. FDA，2004.
92. 曹姬姬. 过程分析技术在制药工业的应用[J]. 化工与医药工程，2006，27(5)：28 - 30.
93. 王娜，陶晓龙，史欢欢，等. 过程分析技术在晶体多晶型研究中的应用[J]. 化学工业与工程，2017，034(002)：1 - 9.
94. 许杨兵. 原料药设备发展趋势与新技术的应用[J]. 中国药物经济学，2012，000(004)：15 - 16.
95. 穆金霞，殷学锋. 微通道反应器在合成反应中的应用[J]. 化学进展，2008，20(001)：60 - 75.
96. 国家食品药品监督管理局. 药品生产监督管理办法[Z]. 北京：国家食品药品监督管理总局，2017.
97. 胡刚. 从事原料药生产管理需要重视的五个因素[J]. 中国药物经济学，2012(05)：239 - 241.
98. 缪德骅. 药品生产质量管理规范实施指南[M]. 北京：化学工业出版社，2001.
99. FDA. Guide to inspections validation of cleaning processes[S]. FDA，1993.
100. 周庆娜，刘宪如，张丽强. 生产用溶媒回收管理[J]. 河北企业，2014(05)：34.
101. 胡刚. 原料药成本构成分析及控制方法探讨[J]. 上海医药，2012，33(19)：41 - 42.
102. FDA. Compliance Program Guidance Manual Program 7356. 002F：Active Pharmaceutical Ingredient (API) Process Inspection[S]. FDA，2016.